国家出版基金项目
NATIONAL PUBLICATION FOUNDATION
国家出版基金资助项目·“十二五”国家重点图书
航天科学与工程专著系列

DYNAMIC NAVIGATION AND FILTERING METHOD FOR AEROCRAFT

飞行器动态导航与滤波

穆荣军　崔乃刚　编著

哈爾濱工業大學出版社
HITP
HARBIN INSTITUTE OF TECHNOLOGY PRESS

内 容 简 介

本书系统地介绍了现、当代飞行器动态导航系统的设计理论和方法。结合作者教学和科研工作成果，在系统阐释多种飞行器导航手段、经典滤波估计的原理和方法基础上，重点对新型导航设备原理、动态系统建模与分析、动态自适应容错滤波及多传感器信息融合等动态导航滤波的理论和方法，进行了较为全面的探讨和分析。

本书可作为航天院校飞行器相关专业研究生和本科高年级学生的专业课教材，也可作为相关科技工作者的参考资料。

图书在版编目(CIP)数据

飞行器动态导航与滤波/穆荣军，崔乃刚编著. —哈尔滨：哈尔滨工业大学出版社，2014.1(2018.2 重印)

国家出版基金资助项目·"十二五"国家重点图书·航天科学与工程专著系列

ISBN 978－7－5603－3906－1

Ⅰ.①飞… Ⅱ.①穆… ②崔… Ⅲ.①飞行器－导航系统－研究 ②飞行器－滤波技术－研究 Ⅳ.①V448

中国版本图书馆 CIP 数据核字(2012)第 314967 号

策划编辑 杜 燕 赵文斌
责任编辑 李长波 杜 燕 李艳文 赵文斌
出版发行 哈尔滨工业大学出版社
社 址 哈尔滨市南岗区复华四道街 10 号 邮编 150006
传 真 0451－86414749
网 址 http://hitpress.hit.edu.cn
印 刷 哈尔滨市工大节能印刷厂
开 本 787mm×960mm 1/16 印张 20.5 字数 385 千字
版 次 2014 年 1 月第 1 版 2018 年 2 月第 2 次印刷
书 号 ISBN 978－7－5603－3906－1
定 价 48.00 元

前　言

《飞行器动态导航与滤波》是在哈尔滨工业大学飞行器设计专业研究生和本科高年级学生的专业课“飞行器组合导航技术”讲义的基础上编写而成的。初衷是使航空航天、空间科技等专业研究生以及高年级本科生在学习本课程过程中，对学习内容形成明确脉络、对理论和方法的细节分析有所依据。

随着航天科技和空间科学快速发展，新型航空航天飞行器不断研制问世，导致面向这些需求的导航手段和方法不断更新和改进。在撰写一本此方向专著的过程中，知识更新的速度难免存在一定程度的滞后。然而，有一些共同的特点和规律是可以把握和体现的。

从背景及其需求的角度而言，高超声速飞行器、天地往返可重复使用飞行器、大气层再入机动飞行器、空间轨道机动飞行器乃至面基（陆基、海基）行进间发射飞行器都需要以高精度、高可靠性和高速动态环境适应能力的导航系统作为基础。

从理论方法研究及教学需要的角度而言，作为导航系统设计的核心环节，上述飞行器所导致的运动参数大范围变化、参数间较强非线性耦合、时变系统模型中存在的大量不确定性和难以准确建模的随机过程等，都使传统滤波估计理论和方法受到挑战，需不断予以改进和完善。

以上对“动态”的理解，正是本书重点阐述的理论要点和教学核心目的所在。

作为一本以“教学为主线、学术思想为支撑”的学术专著和研究生专业课教材，从航天和空间专业研究生的培养要求出发，书中所阐述的理论和方法是本着动态滤波方法和导航系统设计的研究过程逐次展开的，主要包括动力学建模、轨迹设计、导航解算、误差和环境影响建模与分析、动态滤波方法、多传感器信息融合方法、组合导航系统设计方法和仿真实验分析等几部分内容。在对基本理论和方法进行必要梳理和凝练的基础上，结合多年教学经验、学术文章和科研成果，对包括国内外高速机动飞行器导航技术发展现状、新型导航设备原理、动态系统建模与分析、动态自适应容错滤波、分层 FDIR 信息联合滤波等动态导航滤波理论和方法予以着重阐释。

书中所涵盖的惯性导航、卫星导航、天文导航等导航方式，Kalman 滤波、U 滤波、粒子滤波等滤波理论方法的系统呈现，为教材中所必需，在撰写时引用或改编了众多经典教材或文献，在此一并表示感谢。在本书撰写过程中，得到国家出版基金·“十二五”国家重点图书、国家 863－702 领域有关项目的支持，得到哈尔滨工业大学出版社的大力协助，得到多所高校航天学院、国内诸多航天院所专家学者的指导，在此深表谢意。研究生韩鹏鑫、许江涛、刘斌、梁浩、芮姝做了大量的实验、计算和文字录入等工作，在此表示衷心的感谢。

由于作者水平有限，疏漏及不足之处在所难免，恳请广大读者批评指正。

作　者

2012 年 11 月

目　　录

第1章 引 言

1.1 飞行器导航技术概况

飞行器导航技术是运用相关的导航设备来确定飞行器当前的位置、速度和姿态等信息的一门技术。导航技术是飞行器制导与控制技术的基础，它为制导与控制系统提供飞行器当前的飞行状态信息，是制导与控制系统正常工作的基础。

早期飞机的导航主要靠人眼的目视导航，仅能确定粗略的视线角信息，导航精度不高，也受到周围天气、地形等环境的限制。随着机械制造、电子技术、光学技术和传感器技术的逐步发展，20 世纪 20 年代开始发展仪表导航，30 年代出现了无线电导航，首先使用的是中波四通道无线电信标和无线电罗盘。40 年代初开始研制超短波的伏尔导航系统和仪表着陆系统。50 年代初惯性导航系统开始应用于飞机导航，惯性导航系统是一种依靠惯性陀螺仪和加速度计的测量系统，它不依靠外部信息就能实现导航功能，不向外发射辐射，因此其自主性和隐蔽性都较好，50 年代末出现了多普勒导航系统。60 年代开始使用远程无线电罗兰 C 导航系统，作用距离达到 2 000 km。为满足军事上的需求，出现了塔康导航系统，后来又出现了超远程的奥米加导航系统，作用距离达到10 000 km，1963 年出现了全球导航定位系统(Global Position System，GPS)。

为提高导航系统的导航定位精度和克服单一导航系统的固有缺陷，出现了由多种导航设备构成的组合导航系统。组合导航系统采用滤波技术，把多种导航设备的信息进行融合，利用不同导航设备的优点，实现高精度的组合导航。用于飞行器组合导航的滤波方法主要有卡尔曼滤波、扩展卡尔曼滤波、无迹卡尔曼滤波(UKF)和粒子滤波。针对各滤波方法的缺点，又出现了各种改进的滤波方法。

1.2 惯性导航技术简介

惯性导航技术是建立在牛顿经典力学定律基础上的导航技术，它主要是利用陀螺仪和加速度计两种惯性敏感元器件来测量飞行器的比力和角速度信息，通过积分推算的方式来实现全自主的导航。

17 世纪，牛顿研究了高速旋转刚体的力学问题，牛顿力学定律是惯性导航的理论基础。1852 年傅科称这种刚体为陀螺，后来利用陀螺的定轴性和进动性研制出了用于姿态测量的陀螺仪。1923 年舒拉发表了“舒拉摆”理论，解决了在运动载体上建立垂线的问题，使加速度计的误差不致引起惯性导航系统误差的发散，为工程上实现惯性导航提供了理论依据。1942 年德国在 V－2 火箭上首先应用了惯性导航原理。1954 年惯性导航系统首次在飞机上试飞成功。

惯性导航系统属于一种积分推算的导航方式，即在已知初始条件的情况下，根据测量速度推算出下一时刻的位置、速度和姿态等信息，因而可以实现连续的导航信息测量。惯性导航系统具有如下优点：

(1)由于它不依赖任何外部信息，也不向外部辐射能量，因此隐蔽性好，不受外界干扰。

(2)可以全天候不间断地在全球任何地点进行导航。

(3)提供的导航数据较全面。

(4)数据更新率较高、短期精度较好。

其缺点主要有：

(1)导航定位误差随时间积累，长期导航定位精度差。

(2)需要较长的初始对准时间。

(3)价格较为昂贵。

惯性导航系统通常由惯性测量装置、惯导解算计算机和控制伺服机构组成。惯性测量装置包括陀螺仪和加速度计，分别安装在 3 个直角坐标系的轴线上，用来测量沿 3 个轴向的角速度和比力信息。计算机根据测量得到的角速度和比力信息，结合地球的引力模型可以通过积分计算出飞行器的位置、速度和姿态信息。根据在飞行器上的安装方式，可以分为平台式惯性导航系统(惯性导航装置安装在惯性平台的台体上)和捷联式惯性导航系统(惯性导航装置直接安装在飞行器上)。

1.3 卫星导航技术简介

卫星导航技术是利用导航卫星发射的无线电信号,计算载体相对于卫星的位置和无线电信号的多普勒频移量,再根据已知卫星相对于地面的位置和速度,采用相应的导航解算方法计算出载体在地球上的位置和速度的技术。现有的卫星导航系统主要有:美国的GPS(Global Position System)、俄罗斯的Glonass(Global Navigation Satellite System)、中国的北斗导航系统和欧盟的伽利略(Galileo)卫星导航系统。

卫星导航系统由导航卫星、地面主控站和用户接收机三个部分构成。

(1)导航卫星是卫星导航系统的空间部分,也是卫星导航系统的核心,由多颗卫星在空间组网构成,主要实现向外发射导航电文的功能。

(2)地面主控站的主要功能是跟踪、测量和预报卫星轨道,并对卫星上的设备进行控制和管理。

(3)用户接收机的主要功能是接收导航卫星发射的导航电文,对导航电文进行解码,并解算出载体的三维速度和位置信息。

现阶段在全球范围内应用较为广泛的卫星导航系统主要是美国的GPS导航系统,本书主要对GPS导航系统进行介绍。GPS导航定位系统能够为全球98%以上的用户提供全天候、连续、实时的高精度导航定位服务,其主要特点是:

(1)全天候,可以提供全天24小时的定位服务。

(2)定位精度高。

(3)启动时间较短,数据更新率高,可达每秒一次或数十次以上,不仅能够满足民用的需求,也能应用于军事。

(4)受天气等条件的影响小。

1.4 其他导航技术简介

在飞行器的导航系统设计中,除主要利用惯性导航技术和卫星导航技术之外,根据不同的战略战术需求和作战环境，常用的导航技术主要有天文导航技术、无线电导航技术、激光测距技术、景象匹配技术和脉冲星导航技术等。

1.4.1 天文导航技术简介

1. 天文导航技术的发展

中国古籍中有许多关于天文应用于航海的记载。西汉时代《淮南子》中记载，如在大海中乘船而不知东方或西方，那观看北极星便明白了。《齐俗训》中记载，“夫乘舟而惑者，不知东西，见斗极则悟矣。”晋代葛洪的《抱朴子外篇·嘉逐》中记载，“夫群迷乎云梦者，必须指南以知道；并乎沧海者，必仰辰极以得反。”东晋的法显从印度乘船回国的时候说，当时在海上见“大海弥漫，无边无际，不知东西，只有观看太阳、月亮和星辰而进”。一直到北宋以前，航海中还是“夜间看星星，白天看太阳”。只有到北宋时期才加了一条“在阴天看指南针”。大约到了元明时期，我国天文航海技术有了很大的发展，已能通过观测星的高度来确定地理纬度，这是我国古代航海天文学的先驱。这种方法当时叫“牵星术”。在明代时古代航海知识积累和应用达到了鼎盛。郑和七下西洋创造了世界航海史上的奇迹，完成了极其艰难复杂而又史无前例的航行。郑和的船队要在浩瀚无边的海洋中航行，仅靠观测星辰和指南针是远远不够的。郑和七下西洋形成了一套行之有效的“过洋牵星”的航海技术。所谓“过洋牵星”，是指用牵星板测量所在地的星辰高度，然后计算出该处的地理纬度，以此测定船只的具体航向。这种航海技术是郑和船队在继承中国古代天体测量方面所取得的成就的基础上，创造性地应用于航海，从而形成的一种自成体系的先进航海技术，从而使中国当时天文航海技术达到了相当高的水平，这个水平代表了 15 世纪初天文导航的世界水平。欧洲在 15 世纪以前仅能白昼顺风沿岸航行。15 世纪出现了用北极星高度或太阳中天高度求纬度的方法，当时只能先南北向驶到目的地的纬度，再东西向驶抵目的地。16 世纪虽然已有观测月距（月星之间角距）求经度法，但不够准确，而且解算繁冗。18 世纪的六分仪和天文钟问世，前者用于观测天体高度，大大提高了准确性；后者可以在海上用时间法求经度。1837 年美国船长 T. H. 萨姆纳发现天文船位线，从此可以在海上同时测定船位的经度和纬度，奠定了近代天文定位的基础。1875 年法国海军军官圣伊芙尔发明截距法，简化了天文船位线测定作业，至今仍在应用。

2. 天文定位原理和方法

天文导航是利用对自然天体的测量来确定自身位置和航向的导航技术。由于天体位置是已知的，测量天体相对于导航用户参考基准面的高度角和方位角就可计算出用户的位置和航向。

天文定位的基本问题是通过天体高度求天体船位线，按照天球和地理的对应关系，被测天体在观测时刻所对应的地理位置，即天体向地心投影的地面点，称为星下点(S)。天体星下点的经度和纬度分别等于该天体在观测时刻的格林时角和赤纬，二者均可根据被测时间从航海天文历中查得。观测所得天体高度(h)的余角为天体顶距(z)，即

$$z=90^\circ-h$$

观测时观测者必定位于以星点为中心，以天体顶距在地面所跨距离为半径的圆上，这个圆被称为天文船位圆。观测两不同的天体可得两个天文船位圆，两圆相交，靠近推算船位的交点就是天文船位。天文船位圆一般很大，对定位有用的仅是靠近推算船位的在实用上可视为直线的小弧段，称为天文船位线。通常在晨昏蒙影时间内同时观测两个以上星体求得天文船位线相交点定位；或在白天间隔一定时间观测太阳求得天文船位线，按照航向和航程移线相交定位。航海者常将上午的太阳船位线移线与观测太阳中天高度求得的纬度线相交得出中天天文船位。天文船位线的求法一般是求解由天顶、天极、天体三点构成的球面三角形(称为天文三角形)。天文三角形的解法有经度法和截距法。

1.4.2 无线电导航技术简介

无线电导航是利用无线电保障航空、航海等飞行器以及其他交通工具或运动物体准确完成运动任务，使其能够安全、准确地沿着选定的路线，准时到达目的地的一种手段。人类最初的导航，只能将石头、树、山脉等作为参照物，之后渐渐发展到天文观测法，即通过天上的太阳、月亮和星星来判断位置。中国四大发明之一的指南针就是人类导航领域的一个里程碑。无线电导航的发明，使导航系统成为航行中真正可以依赖的工具，因此具有划时代的意义。无线电导航主要利用电磁波传播的3个基本特性：

(1)电磁波在自由空间直线传播。

(2)电磁波在自由空间的传播速度是恒定的。

(3)电磁波在传播路线上遇到障碍物时会发生反射。通过测量无线电导航台所发射信号(无线电电磁波)的时间、相位、幅度、频率参量,可确定运动载体相对于导航台的方位、距离和距离差等几何参量,从而确定运动载体与导航台之间的相对位置关系,据此实现对运动载体的定位和导航。

导航系统包括装在运载体上的导航设备以及装在其他地方与导航设备配合使用的导航台。从导航台的位置来看,主要有:

(1)陆基导航系统:即导航台位于陆地上,导航台与导航设备之间用无线电联系。

(2)星基导航系统:即导航台设在人造卫星上,可扩大覆盖范围。

导航是人类从事政治、经济和军事活动所必不可少的信息技术。今天,随着人类活动的发展,对导航的要求越来越高。无线电导航在军事和民用等方面都有着广阔的应用前景。

当前应用较为广泛的无线电导航系统主要介绍如下。

1. 伏尔/测距器

伏尔/测距器分别诞生于 1946 年和 1959 年,作用距离在视线距离之内,重复精度与相对精度分别约为 0.35°(2 drms)和 185 m(2 drms)。现在全球约有甚高频全向信标(VOR)台 2 000 个,用户不下 20 万个;超高频测距器(DME)用户约 9 万个。但由于 GPS 的起用,它们的作用就大大下降了。

VOR 和 DME 两种系统配套工作可为飞机提供相对于正北的方位和到地面台的距离。我国先后研制成功这两种无线电导航系统,一共建设有 176 套 VOR 和 DME 并已投入使用,使它成为我国民用航空的主要无线电导航系统。

2. 塔康

频段和精度与 VOR/DME 相近,塔康军用,VOR 民用,二者组合则为 VOR/TAC。系统 1954 年建成,现有用户约 1.7 万个,舰基塔康将继续使用下去。

1965 年我国成功研制了超高频测向/测距系统——TACAN,它在一个频段上实现了同时测向、测距,更适合军事上使用。20 世纪 80 年代又研发了Ⅲ型地面台和机载设备以及机动式的塔康地面台,并进行了小批生产和装备。目前整个地面台生产装备了约 65 套,机载设备约 793 台。该体制已成为我国军用航空的主要装备体制。

3. **罗兰 A**

罗兰A问世于20世纪40年代，工作频率为1 950 kHz，用于海上，作用距离白天700 n mile(海里，1 n mile=1 852 m)，夜间450 n mile；定位精度白天0.5 n mile，夜间数海里。全球建有83个台，罗兰C问世后该系统陆续退出历史舞台。

1968年我国研制成功“长河一号”工程，双曲线定位体制，覆盖我国沿海1 000 km海域，从北部海域到海南岛沿海岸建设了10座导航台，昼夜发射导航信号。舰船上安装“长河一号”船载定位仪，可导航定位。共计生产了4 581台定位仪。该系统一直使用到1995年，是当时我国军民舰船的主要导航设备。

4. **罗兰 C**

罗兰C是低频、脉冲式的双曲线无线电导航与定位系统，它是在20世纪40年代由美国麻省理工学院应美国陆军的要求而研制的。当时的要求是能全天候导引飞机，能远距离工作(离发射台926 km)，并且在1万多米的高空也能收到信号。首批布站83个，称为罗兰A，主要在太平洋地区，覆盖了北大西洋、北太平洋、北海和墨西哥湾。两个站发射相同频率的信号，用户据此可确定自己的位置，精度可达到2.8 km/926 km，12.9～3.7 km/2 222.4 km。战后美国海岸警卫队把它的应用扩展到海上导航。罗兰A由于其台站的过时和维持费用的增加，在1980年退出使用，在改善的基础上研制了罗兰B，罗兰B使用3个台发射相同的频率信号，本想为港口和海湾提供精密导航，由于技术上的原因阻碍了其发展。1958年，罗兰C投入使用。罗兰C是一种远距离(1 850 km)、低频(100 kHz)的双曲线无线电导航系统，它使用两个同步发射器信号到达的时间差来定位。较低的频率允许地波沿地球表面曲面传播较远的距离，多脉冲允许接收机把天波与地波区分开来。根据不同的几何条件、接收机测时精度及传播条件，罗兰C可以提供100～200 m的精度。在20世纪60年代中期，美国空军开始研制罗兰D，它是C型的一种短距、战术型的版本，作用距离被限制在1 100 km。

5. **奥米加**

奥米加导航系统(Omega Navigation System)是以地面为基准、工作在10～14 kHz频段的无线电双曲线导航系统，是唯一基本上能覆盖全球的导航系统。

奥米加导航系统是一种超远程双曲线无线电导航系统，其作用距离可达1万多千米。

只要设置 8 个地面台，其工作区域就可覆盖全球。

1972 年，美国在北达科他州建立第一个奥米加正式导航台；1982 年，在澳大利亚伍德赛德建成最后一个台，共 8 个台。这 8 个奥米加导航台由多个国家管理，分布在美国的夏威夷和北达科他州以及挪威、利比里亚、留尼汪岛、阿根廷、澳大利亚和日本。

1.4.3 景象匹配技术简介

景象匹配，指两个不同传感器对从同一景物获取的两幅图像在空间上进行对准，确定两者之间相对位移的过程。景象匹配导航系统主要由高精度地形景象数字地图、机载图像传感器、执行匹配算法的计算机组成。在精确制导武器应用中，常常将预先拍摄到的地面景象照片，按照像素尺寸制成数字化地图，在导弹执行任务之前制定飞行路线，选择响应区域范围的景象作为基准图存入弹载匹配计算机中。如果该基准图景象特征明显，便于导弹准确匹配定位，则称之为匹配区。当导弹飞到预定位置时，弹上摄像机拍摄正下方地面的图像，并按象点尺寸、飞行高度和视场等参数生成一定大小的实时图，也送到匹配计算机中。在匹配计算机中，进行实时图与基准图的相关比较，找出两者的位移。由于基准图的地理坐标位置（或与目标的相对位置）事先已经知道，根据它与实时图的配准位置，便可确定导弹相对于目标的位置，这就是景象匹配导航技术在精确制导武器末制导中的应用过程。图像获取手段除利用光学景象外，还可利用雷达景象（尤其是合成孔径雷达成像）、红外景象等，这些新的景象获取方式为景象匹配导航系统的发展提供了新的机遇和技术支持。合成孔径雷达技术的发展已经使景象匹配导航系统的全天时、全天候、远距离应用成为现实。

以导弹用景象匹配系统为例，如果一颗“战斧”式巡航导弹要攻击萨达姆的秘密据点，那么作战司令部的首要任务就是获取萨达姆秘密据点周围区域的数字景象地图，然后根据导航要求和可选区域情况在“战斧”导弹的航迹上规划出景象匹配区域，制作数字景象匹配图（基准图）。导弹发射前把控制参数和基准图加载到“战斧”导弹的弹载导航计算机内，“战斧”巡航导弹在发射后，利用组合导航系统等待进入景象匹配区（萨达姆秘密据点附近区域），进入匹配区后，根据系统发出的匹配指令，下视系统的图像传感器开始拍摄导弹航迹正下方的地面图像（实时图），将图像与已存入导航计算机内的景象匹配图（基准图）进行比较，得出实时图与基准图配准的位置。景象匹配导航系统引导“战斧”导弹直至两幅图像完全一致时，系统进行最后的攻击以完成作战任务。

在完整的景象匹配过程中需要用到匹配区选择准则的确定（如灰度相关准则，空频域特征的准则，几何准则等）、景象的预处理（图像的增强，直方图均衡，图像的细化，图像去噪声，图像的几何畸变校正等）、景象特征提取（景象区域相关性提取，景象边缘跟踪，景象频域参数的提取，景象形态学参数的提取等）、景象分析（通过一组现有的景象选择准则与从景象图提取出的参数进行比较、综合过程）、景象评价（进行比较、综合后，对给定基准图中的可用景象进行评价和输出）、粗匹配定位算法、精匹配定位算法和匹配结果评估算法。

1. **景象匹配导航技术的优缺点**

景象匹配系统能够自主定位的机理：在地球表面的大部分地区，特别是人工开发区内，一定大小的地面景象模式在这个地区某个范围内是唯一的。景象匹配系统正是利用地面景象的唯一性特点，通过两幅图像的比对确定飞行器的空中位置。

现阶段，景象匹配导航技术主要作为组合导航系统中的辅助导航手段，与卫星导航、惯性导航或地形匹配导航配合使用。与地形匹配导航手段相比，景象匹配导航技术作用区域面积远小于地形匹配作用区域，通常大可达到数平方千米，小可达到数百平方米。景象匹配区域的选取工作也是影响景象匹配导航系统的重要因素。

景象匹配导航系统整个运行过程完全自主，既不需要外来指令，也不需要向指挥部报告信息。因此该系统不仅对提高飞行器的隐蔽性大有帮助，而且具有较强的抗电子干扰能力。当然，景象匹配导航系统的最大优势还在于它的精确性，便于实施精准打击。

景象匹配导航技术的缺点也十分明显，主要表现在：

(1)基准图的制作周期太长。从开始准备到完成耗时常在一周以上。就如前面那个例子，当“战斧”式巡航导弹准确击中萨达姆秘密据点时，萨达姆可能早已逃之夭夭。从“打”到真正动手所拖延的时间，给作战对手留了充分的时间进行作战准备，在该段时间内对重要设施实施有效保护措施，使已成型的基准图失效。

(2)当面对海洋、沙漠等在大范围内景象特征变化不明显的区域时，景象匹配导航系统将因为无法定位而无法使用或者使导航精度大大降低。另外，当飞行高度较低时，由地面大起伏引起的实时图几何变形会严重制约匹配性能，造成匹配精度严重下降甚至出现误匹配，这一问题严重制约了现有景象匹配导航技术的应用范围。

(3)难以攻击机动目标。导弹发射前要由任务规划系统将攻击目标所需数据输入制导计算机,作战时如果需要改变攻击目标,则必须保证两个条件成立:改变后的目标仍然在机载/弹载基准图内;有足够的时间在保证精度的条件下完成相关程序修改、图像匹配和调整弹道轨迹。

2.景象匹配导航技术的发展

(1)图像匹配算法研究。图像匹配算法作为地形景象匹配导航的关键技术,一直以来备受关注。由于景象匹配导航的特殊应用,图像匹配算法应当具有实时性、基于特征的图像匹配、较强的容错和抗干扰能力的特点。

(2)合成孔径雷达技术。目前机载先进图像传感器主要有合成口径雷达(SAR)、毫米波雷达、激光雷达、红外图像传感器等。最受关注的当属合成孔径雷达。SAR 可以全天候、全天时、远距离地得到类似光学照相的高分辨率雷达图像,分辨率能达到“米”级的量级,理论上 SAR 的极限分辨率与作用距离无关,远优于普通雷达,受到各国的广泛重视。其主要发展方向有多参数 SAR 系统、高质量成像 SAR 系统、超宽带 SAR 系统、SAR 干扰和抗干扰、小型化技术、动目标监测和动目标成像等,以寻求高可靠性、高分辨率、可探测目标更广泛、更加便携的 SAR 系统。这极大地推动景象匹配导航技术的发展与成熟。随着该技术的不断发展(如高分辨率与成本之间的矛盾),高质量的实时处理能力等问题将得到很好解决。

(3)基于部分 Hausdrff 距离的边缘特征景象匹配算法得到了广泛研究。基于边缘特征的景象匹配算法在图像边缘特征明显、低噪声和低信噪比下较为有效,但该算法的适应性较差,而且算法的运行时间较长,抗几何变形性能也较差。为此,可以通过运动补偿等方法获取高精度的图像,通过改进或者综合运用各种搜索方法等方式来提高算法的适应性、实时性。

(4)图像匹配技术在对岸火力支援中的应用。针对水面舰艇在对岸火力支援方面存在的不足,一是大、中口径舰炮射程近,二是缺乏对岸上目标的定位和对射击效果进行观测的手段,借鉴“战斧”式巡航导弹数字式景象匹配区域相关的技术思路,综合卫星侦察和无人机侦察的特点,将卫星侦察信息和无人机侦察信息综合应用,利用数字式景象匹配实时确定岸上目标精确位置,可用于舰载武器对岸火力支援时的岸上目标精确定位。

(5)应用于肩扛式(便携式)地对地导弹。目前战场已从大规模集团军作战转变为特种小分队渗透式的斩首作战模式。当侦查或者突击小分队抵达敌军后方,此时使用电台或卫星电话向后方发送目的地坐标极可能暴露目标甚至延误战机。在敌防空力量较强的情况下,突击小分队携带便携式的地对地的导弹将成为最佳选择。随着景象匹配导航系统装置的小型化,将普通的弹头换成高爆炸药的战斗部,从较近距离的地面对敌指挥部进行突然的精确袭击可以达到出其不意的效果。

1.4.4 脉冲星导航技术简介

1.脉冲星的基本概念

脉冲星是大质量恒星演化、坍缩、超新星爆发的遗迹,是一种具有超高温、超高压、超高密度、超强磁场、超强电场和超强引力场等极端物理条件的天体,其典型半径约为10 km,而质量却与太阳相当,核心密度达到10^{12} kg/cm^3。

脉冲星属于高速自转的中子星,其自转轴与磁极轴之间有一个夹角,两个磁极各有一个辐射波束。当星体自转且磁极波束扫过安装在地面或航天器上的探测设备时,探测设备就能够接收到一个脉冲信号,犹如海上为船只导航的灯塔。脉冲星自转周期范围一般为1.6 ms～1 000 s,且具有良好的周期稳定性,尤其是毫秒级脉冲星的自转周期变化率达到10^{-19}～10^{-21},被誉为自然界最稳定的天文时钟。脉冲星在射电、红外、可见光、紫外、X射线和γ射线等电磁波频段产生信号辐射。X射线属于高能光子,集中了脉冲星绝大部分辐射能量,适宜于小型化设备的探测与处理,但难于穿过地球稠密大气层,因此只能在地球大气层外空间才能观测到。

1967年,英国剑桥大学的休伊什教授及其博士研究生贝尔利用观测行星际闪烁的射电望远镜发现了第一颗射电脉冲星;1976年,英国的天文观测卫星羚羊5号首次观测到脉冲星X射线辐射信号。目前已发现和编目的脉冲星达到1 700多颗,其中10余颗脉冲星具有良好的X射线周期性稳定辐射特性。

2.X射线脉冲星导航定位基本原理

X射线脉冲星导航定位基本原理与GPS导航定位原理相类似。用户利用X射线探测器在某一时刻同时接收来自三颗以上X射线脉冲星信号,测量测站点(X射线探测器)至三颗以上 X 射线脉冲星的距离，而 X 射线脉冲星在太阳系质心坐标系中的坐标利用甚长基线干涉(VLBI)等测量手段预先加以测定，据此利用距离交会法解算出测站点的位置。

1.5 组合导航滤波技术简介

飞行器组合导航滤波技术是飞行器组合导航技术的核心内容，滤波技术本身是信号处理领域的核心技术，具有较长的发展历史，滤波技术的种类也较多。在飞行器设计领域应用较多的是卡尔曼滤波及改进的卡尔曼滤波等。

对于导航中的状态估计问题，应用最广泛、最成熟的滤波方法是经典的卡尔曼滤波(Kalman Filter，KF)以及由 Bucy 和 Sunahara 提出的扩展卡尔曼滤波(Extended Kalman Filter，EKF)。在动态系统的数学模型及噪声统计特性已知的情况下，卡尔曼滤波通过测量值对状态一步预报进行修正，可以得到状态的精确估计。但在实际应用中，动态系统的数学模型只是对实际系统的近似，误差总是存在的，这些误差将会导致卡尔曼滤波估计误差的增大，甚至造成滤波器发散。

高超声速飞行器、天地往返可重复使用飞行器、大气层再入机动飞行器等均需要以高精度、高可靠和适应高速动态环境的导航系统作为基础。上述飞行器所导致的运动参数大范围变化、参数间较强非线性耦合、时变系统模型中存在大量不确定性和难以准确建模的随机过程等，都要求更完善的滤波估计理论和方法。适用于此类系统的滤波方法，可以称其为动态滤波方法。通过有效的参数辨识、模式判别和观测、估计、决策、融合，消除动态特性对滤波估计各方面的影响，使滤波估计理论的应用方向得以扩展。

绝大多数非线性滤波方法都是近似求解后验概率密度函数，但要求系统状态为高斯或近高斯分布时，才可以由均值和误差协方差表示。基于近高斯分布思想，提出了 Unscented 卡尔曼滤波(Unscented Kalman Filter，UKF)、中心差分滤波(Central Difference Filter，CDF)、插值滤波(Divided Difference Filter，DDF)。Merwe 将这三种归为 Sigma 点卡尔曼滤波(Sigma－Point Kalman Filter，SPKF)。这类滤波方法较好地解决了非线性系统的滤波估计问题，与 EKF 类似。此外还有强跟踪滤波(Strong Tracking Kalman Filter，STKF)、粒子滤波(Particle Filter，PF)等。粒子滤波作为一种新出现的滤波技术，具有模型适应性强、算法收敛性好和滤波精度高等优点，但存在计算量大的问题，在未来的滤波器设计中也有可能应用于飞行器设计领域。

此外，近年来在导航领域还出现了一些由标准 Kalman 滤波发展起来的新算法，包括偏差分离滤波方法、自适应滤波方法、鲁棒滤波等。

1.6 本书的编排

第 2 章介绍飞行器动力学建模与分析方法。主要给出了动力学基本方程、常用坐标系的定义和坐标系间的转换关系，飞行器动力学方程组。

第 3 章介绍了惯性导航技术的相关原理和方法。主要给出了惯性导航原理、平台式惯性导航系统的力学编排、平台式惯性导航系统误差来源分析、平台式惯性导航系统的误差传播特性、捷联式惯性导航系统力学编排、捷联式惯性导航系统误差来源分析和捷联式惯性导航系统误差传播特性分析。

第 4 章介绍了 GPS 导航技术。主要给出了 GPS 导航原理分析、GPS 导航解算方法、GPS 导航误差来源分析、差分 GPS 原理和差分 GPS 导航解算方法，最后给出了卫星导航接收机几种常用的滤波模型。

第 5 章对其他的导航定位技术进行了简要的介绍，分别给出了导航解算方法。主要包括天文导航技术、多普勒雷达测速技术、激光测距仪技术、景象匹配技术和脉冲星导航技术等。

第 6 章对飞行器组合导航系统中常用的卡尔曼滤波理论进行了介绍。主要包括标准卡尔曼滤波算法、扩展卡尔曼滤波算法、无迹卡尔曼滤波算法和平方根卡尔曼滤波算法等。

第 7 章介绍了粒子滤波算法。主要包括贝叶斯估计理论、蒙特卡洛信号处理方法、标准粒子滤波算法和改进的粒子滤波算法等。

第 8 章对导航系统的故障诊断方法进行了介绍，包括导航系统冗余技术、导航系统直接故障诊断方法和基于残差特性分析的故障诊断方法。

第 9 章对自适应滤波理论进行了介绍，包括渐消卡尔曼滤波、多重对称渐消卡尔曼滤波和强跟踪滤波等。

第 10 章对信息融合理论进行了介绍，包括联邦滤波理论、基于 DBN 的信息融合理论等。

第 11 章主要介绍了飞行器组合导航系统的设计方法,包括 SINS/GPS 组合导航模型的建立方法和 SINS/GPS/CNS 组合导航模型的建立方法。

第 12 章介绍了惯性导航的初始对准技术。主要介绍了静基座自对准基本原理和动基座传递对准基本原理。

第 13 章是本书的实践环节,针对当前主要的飞行器导航系统设计,主要介绍了运载火箭的动态导航系统的设计实践方法和军用飞机的动态导航系统设计实践方法。对比了多种滤波器模型各自的优缺点。

第 2 章　飞行器动力学建模与分析方法

飞行器动力学模型是表征飞行器运动规律的数学模型，也是分析、计算或者模拟飞行器运动的基础。为了模拟导航系统的输出和更好地使导航系统为飞行器的飞行服务，需要建立飞行器的动力学模型。

本章将要介绍运动学与动力学基本方程的建立、常用坐标系的定义和坐标系间的转换关系以及飞行器的动力学方程组。

2.1　运动学和动力学基本方程

2.1.1　运动学基本方程

采用运动学基本方程对于质点的运动进行描述，对于运载火箭等射程较远的飞行器来说，一般在惯性坐标系下建立质点的运动学方程，惯性坐标系下运动学方程的数学表述为

$$\frac{\mathrm{d}\boldsymbol{r}}{\mathrm{d}t}=\boldsymbol{v} \tag{2.1}$$

$$\frac{\mathrm{d}\boldsymbol{\Phi}}{\mathrm{d}t}=\boldsymbol{\omega} \tag{2.2}$$

对于战术导弹等射程较近的飞行器来说，一般在发射坐标系或者地理坐标系下建立飞行器的运动学方程。由于飞行时间较短，可以忽略科氏加速度的影响，也可以采用上述的运动学方程对飞行器的运动进行描述。在实际的工程实践中，采用数值积分的方式对速度进行积分，即可求得当前的位置信息。

2.1.2　动力学基本方程

由经典力学可知，飞行器在空间中的运动可以视为质心的平动运动和围绕质心转动

的运动，即决定飞行器质心瞬时位置的 3 个自由度和决定飞行器瞬时姿态的 3 个自由度，构成飞行器的 6 自由度运动。对于研究飞行器的运动来说，一般假设飞行器为刚体，可以应用牛顿第二定律研究质心的平动运动，利用动量矩定理研究刚体绕质心的转动运动规律。

假设 m 表示刚体的质量，$\boldsymbol{v}$ 表示刚体的速度矢量，$\boldsymbol{H}$ 表示刚体相对于质心的动量矩矢量，则在惯性坐标系下，刚体质心平动和绕质心转动的动力学基本方程的矢量表达式为

$$m\frac{\mathrm{d}\boldsymbol{v}}{\mathrm{d}t}=\boldsymbol{F} \tag{2.3}$$

$$\frac{\mathrm{d}\boldsymbol{H}}{\mathrm{d}t}=\boldsymbol{M} \tag{2.4}$$

式中，$\boldsymbol{F}$ 为作用在刚体上的外力的合力矢量；$\boldsymbol{M}$ 为外力对质心的转矩。

上述飞行器的动力学方程的建立条件是参考坐标系为惯性坐标系；飞行器是常质量的刚体。

2.2 常用坐标系的定义和坐标系间的转换关系

坐标系是描述导弹运动而选取的参考基准。飞行器的运动学和动力学方程需要分解到参考坐标系的 3 个轴向进行积分解算，从而获取飞行器当前的飞行状态。飞行器所受到的空气动力也需要根据风洞实验确定计算空气动力的参考坐标系。坐标系的选取可以根据习惯和研究问题的方便而定。例如，对于我国的运载火箭和洲际弹道导弹来说，一般选取发射惯性坐标系为参考坐标系来建立运动学和动力学方程；对于舰船、航母和潜艇等，一般选取地理坐标系为参考坐标系建立运动学和动力学方程。

在飞行力学中常用的坐标系有右手直角坐标系、极坐标系和球面坐标系等。右手直角坐标系是由原点和从原点出射的 3 个互相垂直、按右手规则排序的坐标轴构成。飞行力学中常用的坐标系主要有：

① 发射坐标系；

② 发射惯性坐标系；

③ 地面坐标系；

④ 地理坐标系；

⑤ 本体坐标系；

⑥ 速度坐标系。

本章重点介绍各坐标系的定义和坐标系间的转换关系。

2.2.1　坐标系的定义

1. 发射坐标系 $o-xyz$

发射坐标系是坐标原点在发射点的随动坐标系，如图 2.1 所示，坐标原点取为飞行器发射时的发射点在地球参考椭球体水平面上的投影点 o。ox 轴指向发射瞄准方向，在过原点的参考椭球体的切平面内。oy 轴沿着地球参考椭球体的坐标原点铅垂线方向，指向上方为正，oz 轴与 ox、oy 轴构成右手正交直角坐标系。

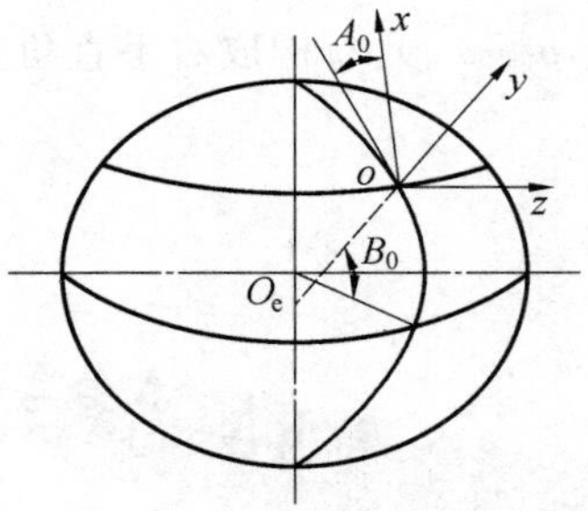

图 2.1　发射坐标系示意图

2. 发射惯性坐标系 $o-x_iy_iz_i$

发射惯性坐标系 $o-x_iy_iz_i$ 是以飞行器发射点为原点的惯性坐标系，在发射前发射惯性坐标系与发射坐标系重合，发射时刻瞬时在惯性空间固连。

3. 地面坐标系 $o-x_1y_1z_1$

地面坐标系是与地球表面固连的坐标系，坐标原点通常取在飞行器发射时刻的发射点上；ox_1 轴在水平面内，指向发射方向在地面的投影方向；oy_1 轴垂直于水平面，指向上为正；oz_1 轴与 ox_1、oy_1 轴构成右手坐标系。地面坐标系相对于地球表面是静止的，在惯性空间中，以地球自转加速度旋转。研究战术导弹等近程飞行器的运动时，可以忽略地球自转角速度的影响，即可以把地面坐标系看作惯性坐标系，主要用来建立飞行器的运动学方程。

4. **地理坐标系** $o-x_2y_2z_2$

地理坐标系是随飞行器运动的坐标系，坐标原点选取在飞行器质心的当前位置在地面上的投影点；ox_2 轴指向正东方向；oy_2 轴指向正北方向；oz_2 轴垂直于水平面向上，这样定义的地理坐标系又称东-北-天坐标系。地理坐标系相对于地球固连坐标系的旋转角速度 ω_{en} 取决于飞行器相对于地球的运动。一般舰船、潜艇和飞机等长时间飞行的飞行器选用地理坐标系作为导航坐标系来确定当前的位置。

5. **本体坐标系** $o_1-x_by_bz_b$

坐标原点 o_1 位于飞行器的质心，o_1x_b 轴沿飞行器的纵对称轴指向头部为正；o_1y_b 轴在飞行器主对称平面内，o_1y_b 垂直于 o_1x_b 轴向上为正；o_1z_b 轴垂直于主对称面，顺着发射方向看去 o_1z_b 轴指向右方为正，$o_1-x_by_bz_b$ 构成右手直角坐标系，简记为 b 系，如图 2.2 所示。

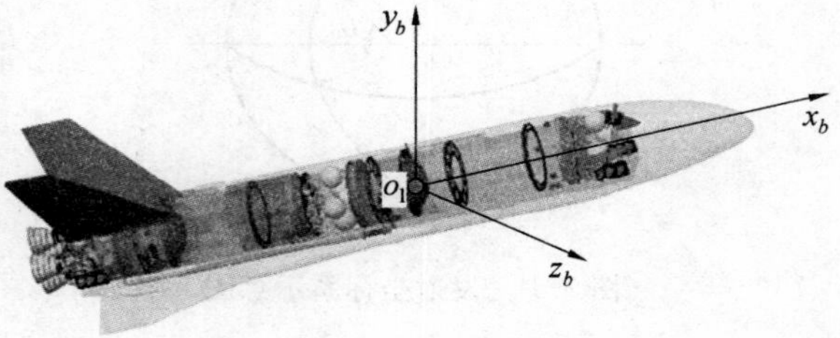

图 2.2　飞行器本体坐标系

6. **速度坐标系** $o_1-x_vy_vz_v$

坐标原点 o_1 位于飞行器的质心，o_1x_v 轴沿着飞行器的飞行速度矢量方向；o_1y_v 轴在飞行器的主对称面内，垂直于 o_1x_v 轴向上为正；o_1z_v 轴垂直于 $x_vo_1y_v$ 平面，顺着飞行方向看去 o_1z_v 轴指向右方为正。$o_1-x_vy_vz_v$ 构成右手直角坐标系，简记为 v 系，如图 2.3 所示。

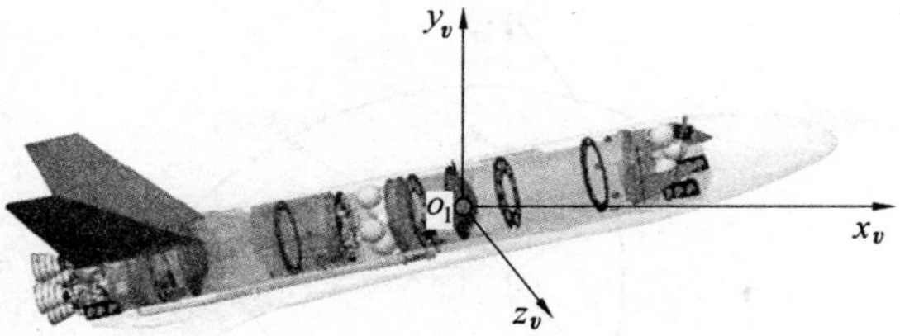

图 2.3　速度坐标系

2.2.2　坐标系间的转换关系

飞行器一般选取发射坐标系、地面坐标系或者地理坐标系作为导航坐标系，主要用于确定飞行器当前的飞行状态(包括位置、速度和姿态等)。导航坐标系与本体系之间的转换关系基本一致，仅给出发射惯性系与本体系间的转换关系和速度坐标系与本体系间的转换关系。

1. 发射惯性系与本体系间的转换关系

飞行器本体相对于发射惯性坐标系间的姿态关系，通常采用 3 个姿态角表示，分别称为俯仰角 φ、偏航角 ψ 和滚转角 γ，定义如下。

φ—— 俯仰角，飞行器本体系纵轴 ox_b 在发射惯性坐标系平面 $x_i oy_i$ 上的投影向量与 ox_i 轴向的夹角，投影向量在 ox_i 轴的上方时为正，反之为负。俯仰角的取值范围一般为 $\varphi \in [-90°, 90°]$；

ψ—— 偏航角，飞行器本体系纵轴 ox_b 与发射惯性坐标系的 $x_i oy_i$ 平面的夹角，ox_b 轴在 $x_i oy_i$ 平面的左侧时为正，反之为负。偏航角取值范围一般为 $\psi \in [-90°, 90°]$；

γ—— 滚转角，飞行器绕其纵向对称轴 ox_b 所旋转的角度，当旋转角速度的矢量方向与 ox_b 轴正方向保持一致时，滚转角 γ 取值为正，反之为负。滚转角的取值范围一般为 $\gamma \in [0°, 360°]$。

发射惯性坐标系到火箭本体系的姿态转换矩阵记为$\boldsymbol{C}_n^b$，飞行器本体坐标系可由导航坐标系以 $Z(\varphi) \rightarrow Y(\psi) \rightarrow X(\gamma)$ 的次序经三次旋转得到，旋转示意图如图 2.4 所示。

姿态转换矩阵可以写为

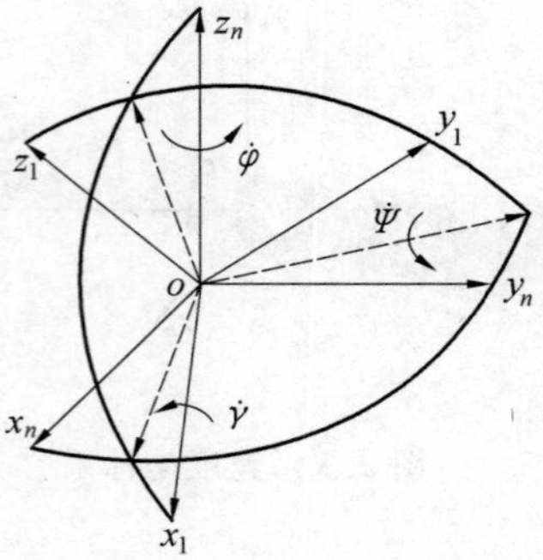

图 2.4　发射惯性坐标系与本体坐标系间的转换关系

$$
\boldsymbol{C}_n^b=\begin{bmatrix}1 & 0 & 0\\ 0 & \cos\gamma & \sin\gamma\\ 0 & -\sin\gamma & \cos\gamma\end{bmatrix}\begin{bmatrix}\cos\psi & 0 & -\sin\psi\\ 0 & 1 & 0\\ \sin\psi & 0 & \cos\psi\end{bmatrix}\begin{bmatrix}\cos\varphi & \sin\varphi & 0\\ -\sin\varphi & \cos\varphi & 0\\ 0 & 0 & 1\end{bmatrix}=
$$

$$
\begin{bmatrix}\cos\varphi\cos\psi & \sin\varphi\cos\psi & -\sin\psi\\ \cos\varphi\sin\psi\sin\gamma-\sin\varphi\cos\gamma & \sin\varphi\sin\psi\sin\gamma+\cos\varphi\cos\gamma & \cos\psi\sin\gamma\\ \cos\varphi\sin\psi\cos\gamma+\sin\varphi\sin\gamma & \sin\varphi\sin\psi\cos\gamma-\cos\varphi\sin\gamma & \cos\gamma\cos\psi\end{bmatrix}
\tag{2.5}
$$

2. 速度坐标系与本体系间的转换关系

飞行器的速度方向与本体方向间的姿态关系，通常可以用 2 个姿态角进行表示，分别称为攻角 α 和侧滑角 β，定义如下。

α—— 攻角，飞行器速度矢量 $\boldsymbol{v}$ 在飞行器纵向对称面内的投影与 o_1x_1 的夹角，顺着 o_1x_1 轴看去，速度轴投影量在 o_1x_1 的下方(在 o_1y_1 轴向分量为负)时 α 为正，一般定义取值范围 $\alpha\in[-180°,180°]$；

β—— 侧滑角，飞行器速度矢量 $\boldsymbol{v}$ 与飞行器纵向对称面的夹角，当速度轴投影量在纵对称面右方(产生沿 o_1z_v 负向的侧向力)时 β 为正，一般定义取值范围 $\beta\in[-90°,90°]$。

本体坐标系可以由速度坐标系以 $Y(\beta)\rightarrow Z(\alpha)$ 的次序经两次旋转得到，姿态转换关系为

$$
\begin{bmatrix}x_1\\ y_1\\ z_1\end{bmatrix}=L(\alpha,\beta)\begin{bmatrix}x_v\\ y_v\\ z_v\end{bmatrix}
$$

$$L(\alpha,\beta)=\begin{bmatrix}\cos\alpha\cos\beta & \sin\alpha & -\cos\alpha\sin\beta\\ -\sin\alpha\cos\beta & \cos\alpha & \sin\alpha\sin\beta\\ \sin\beta & 0 & \cos\beta\end{bmatrix} \tag{2.6}$$

2.3　飞行器动力学方程组

对于飞行器的导航来说，建立飞行器动力学方程组的目的在于分析飞行器的运动，通过数值仿真软件（例如 MATLAB,C ++）等，计算出飞行器的标准飞行轨迹，为导航系统的仿真验证奠定基础。下面给出在发射惯性坐标系和地理坐标系这两种典型坐标系下动力学方程组的建立方法。

2.3.1　飞行器受力分析

一般来说飞行器飞行过程中主要受到推力、地球引力（或重力）和气动力的影响。在计算飞行器的飞行轨迹时，一般需要把飞行器的受力分解到选用的导航坐标系下进行计算。

1. **地球引力模型**

地球为非均匀的椭球体，地球引力或者重力很难进行精确计算，对于地球引力或者重力的计算有两种方法：对于运载火箭、战略导弹等高空远程飞行器，需要精确考虑地球引力的影响，一般采用带有 J_2 项的地球引力模型；对于战术导弹等近程低空飞行器，由于飞行高度较低，一般采用简单的地球引力模型就能满足计算精度要求。

(1) 带有 J_2 项的地球引力模型。由于地球的结构构成复杂，地球的密度分布不均，地表崎岖不平，因此很难对其进行精确的数学建模。这里采用国际上常用的地球模型表示方法，即认为地球是一个质量分布均匀的正常椭球体，其各项物理参数的大小和意义见表 2.1。

表 2.1　地球物理参数

名称	符号	值
地球的赤道半径	a_e	6 378 140 m
地球的平均半径	R_m	6 371 004 m
地球的扁率	e	1/298.257
地球的自转角速度	ω_e	$7.292\,115 \times 10^{-5}$ rad/s
地球的引力常数	GM	$3.986\,005 \times 10^{14}$ m^3/s^2
地球的二阶项系数	J_2	$1.082\,63 \times 10^{-3}$

地球引力加速度在发射惯性系下的分量计算方法为

$$\begin{bmatrix} g_{ax} \\ g_{ay} \\ g_{az} \end{bmatrix} = g_r \begin{bmatrix} \dfrac{x_a + R_{ox}}{r} \\ \dfrac{y_a + R_{oy}}{r} \\ \dfrac{z_a + R_{oz}}{r} \end{bmatrix} + g_\omega \begin{bmatrix} \cos B_0 \cos A_0 \\ \sin B_0 \\ -\cos B_0 \sin A_0 \end{bmatrix} \tag{2.7}$$

其中

$$\begin{cases} g_r = -\dfrac{GM}{r^2}\left[1 + \dfrac{3}{2} J_2 \left(\dfrac{a_e}{r}\right)^2 (1 - 5\sin^2 \varphi_e)\right] \\ g_\omega = -\dfrac{GM}{r^2} 3 J_2 \left(\dfrac{a_e}{r}\right)^2 \sin \varphi_e \end{cases} \tag{2.8}$$

箭下点地球半径的计算公式为

$$R = \frac{a_e(1-e)}{\sqrt{\sin^2 \varphi_e + (1-e)^2 \cos^2 \varphi_e}} \tag{2.9}$$

箭下点地心纬度为

$$\varphi_e = \sin^{-1}(\omega \cdot r) = \sin^{-1}\left[\frac{(x + R_{0x})\omega_x + (y + R_{0y})\omega_y + (z + R_{0z})\omega_z}{r\omega_e}\right] \tag{2.10}$$

火箭地心矢径为

$$r = \sqrt{(x + R_{0x})^2 + (y + R_{0y})^2 + (z + R_{0z})^2} \tag{2.11}$$

地球短半轴为

$$b_e = a_e(1-e) \tag{2.12}$$

地心在发射坐标系上的分量为

$$\begin{bmatrix} R_{0x} \\ R_{0y} \\ R_{0z} \end{bmatrix} = \begin{bmatrix} -R_0 \sin\gamma\cos A_0 \\ R_0\cos\gamma + H_0 \\ R_0\sin\gamma\sin A_0 \end{bmatrix} \tag{2.13}$$

$$\gamma = B_0 - \varphi_{e0} \tag{2.14}$$

地球自转角速度在发射坐标系上的分量为

$$\begin{bmatrix} \omega_x \\ \omega_y \\ \omega_z \end{bmatrix} = \begin{bmatrix} \omega_e\cos B_0\cos A_0 \\ \omega_e\sin B_0 \\ -\omega_e\cos B_0\sin A_0 \end{bmatrix} \tag{2.15}$$

其中，a_e 为地球半长轴，e 为地球扁率，φ_{e0} 为发射点处地心纬度，B_0 为发射点处地理纬度，A_0 为发射方位角，H_0 为发射点高度，ω_e 为地球自转角速度，R_0 为发射点地心距离。

(2) 简化地球重力计算方法。对地球的重力进行简单计算，可以认为地球为均匀圆球，地球表面的引力加速度为 $g_0=9.81\ \mathrm{m/s^2}$，地球平均半径为 $R_e=6\ 378\ 137\ \mathrm{m}$。在导航坐标系内坐标为$(x,y,z)$的点 A 处，地球引力在导航系统下的分量为

$$G_1 = m\begin{bmatrix} G_x \\ G_y \\ G_z \end{bmatrix} = m\begin{bmatrix} -g_0R_e^2x/r^3 \\ -g_0R_e^2(y+R_e)/r^3 \\ -g_0R_e^2z/r^3 \end{bmatrix} \tag{2.16}$$

式中，$r=\sqrt{x^2+(y+R_e)^2+z^2}$，为点 A 处的地心距；m 为飞行器的质量。

2. **发动机推力**

发动机的推力在不存在安装误差时，推力的方向沿着飞行器的纵轴方向。在本体系下，推力可以表示为

$$\boldsymbol{P}_b = [P_0\quad 0\quad 0]^{\mathrm{T}} \tag{2.17}$$

式中，P_0 为发动机额定推力。

3. **空气动力**

飞行器受到的气动力通过气动力系数进行计算，气动力系数的获取需要根据风洞实

验进行测量，因此计算气动力的坐标系需要根据风洞实验采用的坐标系为基准，一般来说采用速度坐标系进行气动力的解算，在速度坐标系下气动力的表达式为

$$\boldsymbol{R}_v = \frac{1}{2}\rho v^2 S \begin{bmatrix} C_\mathrm{D} \\ C_\mathrm{L} \\ C_\mathrm{S} \end{bmatrix} \tag{2.18}$$

式中，C_D，C_L，C_S 分别称为阻力、升力和侧力系数；$v=\sqrt{v_x^2+v_y^2+v_z^2}$，为飞行速度；$S$ 为飞行器的参考面积；ρ 为空气密度，它是距地面高度的函数，根据采用的不同大气模型具有不同的表达形式。

4. 空气动力矩

飞行器本体系内所受到的相对于质心的转动力矩为

$$\boldsymbol{M} = \begin{bmatrix} M_x \\ M_y \\ M_z \end{bmatrix} = \frac{1}{2}\rho v^2 S \begin{bmatrix} m_x l_x \\ m_y l_y \\ m_z l_z \end{bmatrix} \tag{2.19}$$

式中，m_x，m_y，m_z 为滚转、偏航和俯仰力矩系数；l_x，l_y，l_z 为滚转、偏航和俯仰力矩对应的参考长度。

2.3.2 飞行器运动学方程

一般常用的导航坐标系主要有发射惯性坐标系（地面坐标系可以看作惯性坐标系进行处理）和地理坐标系，下面给出在这两种典型导航坐标系下的飞行器运动学方程。

1. 发射惯性坐标系下运动学方程

(1) 质心平动运动学方程。

$$\begin{cases} \dfrac{\mathrm{d}x}{\mathrm{d}t} = v_x \\ \dfrac{\mathrm{d}y}{\mathrm{d}t} = v_y \\ \dfrac{\mathrm{d}z}{\mathrm{d}t} = v_z \end{cases} \tag{2.20}$$

(2) 绕质心转动的运动学方程。由发射惯性系 n 到火箭本体系 b 的坐标旋转关系

$z(\varphi) \to y(\psi) \to x(\gamma)$ 可知，绕质心转动的运动学方程为

$$\begin{bmatrix} \dot{\varphi} \\ \dot{\psi} \\ \dot{\gamma} \end{bmatrix} = \begin{bmatrix} \dfrac{1}{\cos\psi}(\omega_{y1}\sin\gamma + \omega_{z1}\cos\gamma) \\ \omega_{y1}\cos\gamma - \omega_{z1}\sin\gamma \\ \omega_{x1} + \tan\psi(\omega_{y1}\sin\gamma + \omega_{z1}\cos\gamma) \end{bmatrix} \quad (\psi \neq \pm 90^\circ) \tag{2.21}$$

2. **地理坐标系下运动学方程**

(1) 质心平动的运动学方程。地理坐标系下一般选用当前飞行器所处的经度、纬度和高度来表征当前飞行器的位置，其运动学方程为

$$\begin{cases} \dot{L} = \dfrac{v_N}{R_0 + h} \\ \dot{\lambda} = \dfrac{v_E}{(R_0 + h)\cos L} \\ \dot{h} = -v_D \end{cases} \tag{2.22}$$

式中，L 为当地纬度；λ 为当地精度；h 为当地水平面的高度；v_N、v_E 和 v_D 分别为北向、东向和天向的速度；R_0 为地球平均半径。

(2) 绕质心转动的运动学方程。由地理坐标系 n 到火箭本体系 b 的坐标旋转关系 $z(\varphi) \to y(\psi) \to x(\gamma)$ 可知，绕质心转动的运动学方程为

$$\begin{bmatrix} \dot{\varphi} \\ \dot{\psi} \\ \dot{\gamma} \end{bmatrix} = \begin{bmatrix} \dfrac{1}{\cos\psi}(\omega_{nby}\sin\gamma + \omega_{nbz}\cos\gamma) \\ \omega_{nby}\cos\gamma - \omega_{nbz}\sin\gamma \\ \omega_{nbx} + \tan\psi(\omega_{nby}\sin\gamma + \omega_{nbz}\cos\gamma) \end{bmatrix} \quad (\psi \neq \pm 90^\circ) \tag{2.23}$$

2.3.3　飞行器动力学方程

1. **发射惯性坐标系下动力学方程**

(1) 质心平动的动力学方程。

$$m\dot{\boldsymbol{v}} = \boldsymbol{C}_b^n \boldsymbol{P} + \boldsymbol{G}_I + \boldsymbol{C}_b^n \boldsymbol{C}_v^b \boldsymbol{R} \tag{2.24}$$

(2) 绕质心转动的动力学方程。在飞行器本体坐标系内，绕质心转动的动力学方程为

$$\frac{\delta \boldsymbol{H}}{\delta t}+\boldsymbol{\omega}\times\boldsymbol{H}=\boldsymbol{M} \tag{2.25}$$

式中，$\boldsymbol{M}$ 为气动力矩；$\boldsymbol{H}$ 为角动量；$\boldsymbol{\omega}$ 为角速度矢量。

角动量可以用如下公式计算

$$\boldsymbol{H}=\iiint_v \boldsymbol{r}\times(\boldsymbol{\omega}\times\boldsymbol{r})\,\mathrm{d}m=$$

$$\iiint_v \begin{bmatrix} y^2+z^2 & -xy & -xz \\ -xy & x^2+z^2 & -yz \\ -xz & -yz & x^2+y^2 \end{bmatrix}\mathrm{d}m \begin{bmatrix}\omega_x\\ \omega_y\\ \omega_z\end{bmatrix}=\boldsymbol{J}\begin{bmatrix}\omega_x\\ \omega_y\\ \omega_z\end{bmatrix} \tag{2.26}$$

式中，$\boldsymbol{J}$ 为飞行器的转动惯量。

2. 地理坐标系下动力学方程

地理坐标系为移动坐标系，地理坐标系下的动力学方程为

$$\frac{\mathrm{d}\boldsymbol{v}}{\mathrm{d}t}=\frac{\delta \boldsymbol{v}}{\delta t}+\boldsymbol{\omega}\times\boldsymbol{v} \tag{2.27}$$

式中，$\boldsymbol{\omega}$ 为地理坐标系的转动角速度矢量，它包括两部分：地球自转的角速度分量 ω_{ie} 和由载体线运动引起的角速度分量 ω_{eg}。

设 ω_{ie} 为地球自转角速度，则地理坐标系的旋转角速度如图 2.5 所示。

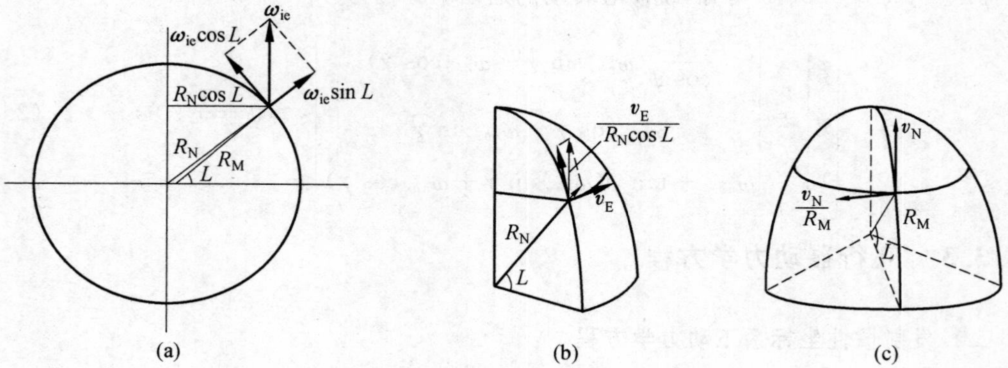

图 2.5　地理坐标系的旋转角速度

根据图 2.5 的几何关系可知

$$\boldsymbol{\omega}=\begin{bmatrix}-\dfrac{v_N}{R_M}\\ \omega_{ie}\cos L+\dfrac{v_E}{R_N}\\ \omega_{ie}\sin L+\dfrac{v_E}{R_N}\tan L\end{bmatrix} \tag{2.28}$$

代入式(2.27)有

$$\begin{bmatrix}\dot{v}_E\\ \dot{v}_N\\ \dot{v}_D\end{bmatrix}=\begin{bmatrix}f_E\\ f_N\\ f_D\end{bmatrix}-\begin{bmatrix}0 & -\left(2\omega_{ie}\sin L+\dfrac{v_E}{R_N}\tan L\right) & 2\omega_{ie}\cos L+\dfrac{v_E}{R_N}\\ 2\omega_{ie}\sin L+\dfrac{v_E}{R_N}\tan L & 0 & \dfrac{v_N}{R_M}\\ -\left(2\omega_{ie}\cos L+\dfrac{v_E}{R_N}\right) & -\dfrac{v_N}{R_M} & 0\end{bmatrix}\times$$

$$\begin{bmatrix}v_E\\ v_N\\ v_D\end{bmatrix}+\begin{bmatrix}0\\ 0\\ -g\end{bmatrix} \tag{2.29}$$

展开后有

$$\begin{cases}\dot{v}_E=f_E+\left(2\omega_{ie}\sin L+\dfrac{v_E}{R_N}\tan L\right)v_N-\left(2\omega_{ie}\cos L+\dfrac{v_E}{R_N}\right)v_D\\ \dot{v}_N=f_N-\left(2\omega_{ie}\sin L+\dfrac{v_E}{R_N}\tan L\right)v_E-\dfrac{v_N}{R_M}v_D\\ \dot{v}_D=f_D+\left(2\omega_{ie}\cos L+\dfrac{v_E}{R_N}\right)v_E+\dfrac{v_N^2}{R_M}-g\end{cases} \tag{2.30}$$

对于舰船、飞机和潜艇等，垂直速度远小于水平速度，一般可以忽略垂直方向速度的影响，则上式可简化为

$$\begin{cases}\dot{v}_E=f_E+\left(2\omega_{ie}\sin L+\dfrac{v_E}{R_N}\tan L\right)v_N\\ \dot{v}_N=f_N-\left(2\omega_{ie}\sin L+\dfrac{v_E}{R_N}\tan L\right)v_E\end{cases} \tag{2.31}$$

第 3 章　惯性导航技术

惯性导航系统以陀螺和加速度计为敏感器测量载体相对惯性空间的角速率和加速度信息，在给定的运动初始条件下，根据牛顿运动定律推算载体的瞬时速度和位置信息。惯导系统具有不依赖外界信息、不向外界辐射能量、不受干扰、隐蔽性好的特点，且能够连续地提供载体的全部导航、制导参数，因此得到广泛应用。

3.1　惯性导航原理

3.1.1　惯性导航解算原理

首先介绍一个简单的二维平面导航系统。取 $o\text{-}xy$ 为定位坐标系（见图 3.1），载体的瞬时位置为 (x,y)。载体内的导航平台把两个加速度计的测量轴分别稳定在 x 轴，y 轴，则加速度计分别测量载体 x 轴和 y 轴相对惯性空间的运动加速度，经导航计算机的运算得到载体的瞬时速度和瞬时位置。

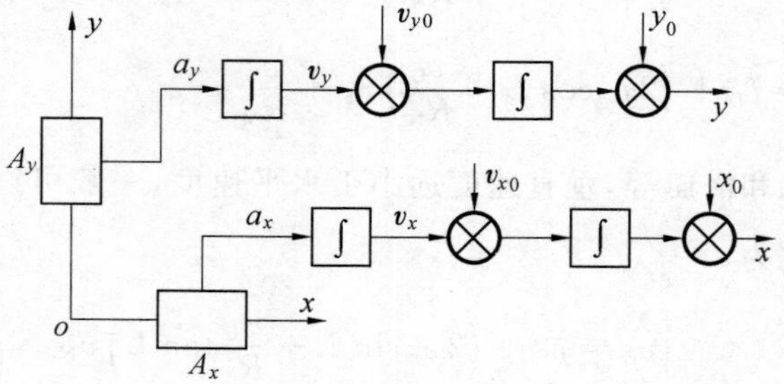

图 3.1　惯性导航基本原理

根据加速度计测量的加速度，通过积分求解出速度，速度积分即可求解出位置。

$$\begin{cases} v_x = v_{x0} + \int_0^t a_x \mathrm{d}t & v_y = v_{y0} + \int_0^t a_y \mathrm{d}t \\ x = x_0 + \int_0^t v_x \mathrm{d}t & y = y_0 + \int_0^t v_y \mathrm{d}t \end{cases} \tag{3.1}$$

这是简化了的理想情况，由于运载体还有姿态变化，所以用于导航解算的加速度信息必须是导航坐标系内的数学向量。根据构建导航坐标系的方法可将惯性导航系统分为两大类型：平台式惯性导航系统和捷联式惯性导航系统。

平台式惯性导航系统采用物理平台，导航加速度计和陀螺都安装在由框架构成的稳定平台上。陀螺敏感平台的角运动，在施矩信息的控制下通过平台稳定回路使平台始终跟踪要求的导航坐标系。加速度计输出的信息送到导航计算机计算出载体位置、速度等导航信息。姿态数据直接取自于平台环架（见图 3.2）。

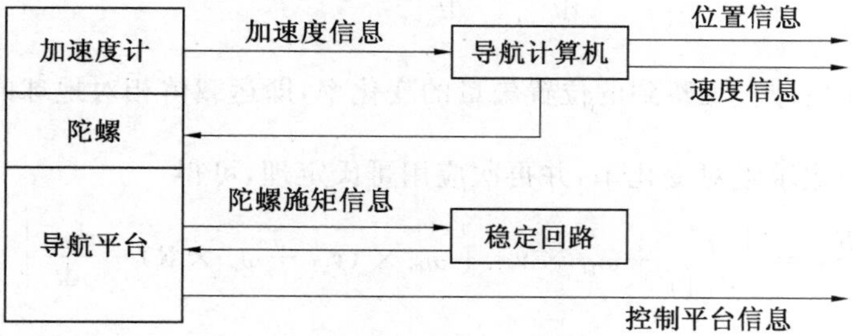

图 3.2　平台式惯性导航系统原理简图

捷联式惯性导航系统采用数学平台，导航加速度计和陀螺直接安装在载体上。陀螺测量的角速度信息 ω_{ib} 减去计算得到的导航坐标系相对惯性空间的角速度 ω_{b} 得到本体坐标系相对导航坐标系的角速度 ω_{nb}，利用该信息计算姿态矩阵。可把载体坐标系轴向加速度信息转到导航坐标系轴向，再进行导航计算。利用姿态矩阵元素，提取姿态和航向信息（见图 3.3）。

设平台上的加速度计质量块的质量为 m，受到的力为非引力外力 $\boldsymbol{F}$ 和地球引力 $\boldsymbol{G}$，根据牛顿第二定律

$$\boldsymbol{F} + \boldsymbol{G} = m \left. \frac{\mathrm{d}^2 \boldsymbol{R}}{\mathrm{d}t^2} \right|_{\mathrm{i}} \tag{3.2}$$

即

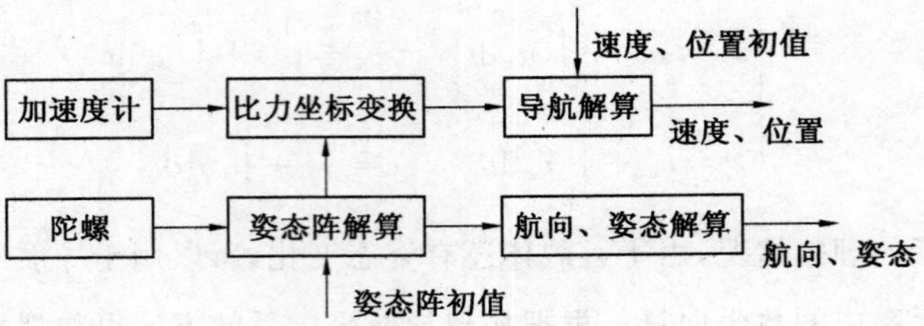

图 3.3　捷联式惯性导航系统原理简图

$$\left.\frac{\mathrm{d}^2\boldsymbol{R}}{\mathrm{d}t^2}\right|_{\mathrm{i}}=\boldsymbol{f}+\boldsymbol{g} \tag{3.3}$$

这个方程被称为导航方程。其中 $\boldsymbol{f}$ 是单位质量上作用的非引力外力，称为比力。

根据哥氏定理有

$$\left.\frac{\mathrm{d}\boldsymbol{R}}{\mathrm{d}t}\right|_{\mathrm{i}}=\left.\frac{\mathrm{d}\boldsymbol{R}}{\mathrm{d}t}\right|_{\mathrm{e}}+\omega_{\mathrm{ie}}\times\boldsymbol{R} \tag{3.4}$$

其中，$\left.\frac{\mathrm{d}\boldsymbol{R}}{\mathrm{d}t}\right|_{\mathrm{e}}$ 是在地球上观察到的位置矢量的变化率，即运载体相对地球的运动速度，简称地速。对上式两边求绝对变化率，并再次应用哥氏定理，可得

$$\left.\frac{\mathrm{d}^2\boldsymbol{R}}{\mathrm{d}t^2}\right|_{\mathrm{i}}=\left.\frac{\mathrm{d}\boldsymbol{v}_{\mathrm{eT}}}{\mathrm{d}t}\right|_{\mathrm{T}}+\omega_{\mathrm{iT}}\times\boldsymbol{v}_{\mathrm{eT}}+\omega_{\mathrm{ie}}\times(\boldsymbol{v}_{\mathrm{eT}}+\omega_{\mathrm{ie}}\times\boldsymbol{R})+\left.\frac{\mathrm{d}\omega_{\mathrm{ie}}}{\mathrm{d}t}\right|_{\mathrm{i}}\times\boldsymbol{R} \tag{3.5}$$

则上式写为

$$\left.\frac{\mathrm{d}^2\boldsymbol{R}}{\mathrm{d}t^2}\right|_{\mathrm{i}}=\left.\frac{\mathrm{d}\boldsymbol{v}_{\mathrm{eT}}}{\mathrm{d}t}\right|_{\mathrm{T}}+(2\omega_{\mathrm{ie}}+\omega_{\mathrm{eT}})\times\boldsymbol{v}_{\mathrm{eT}}+\omega_{\mathrm{ie}}\times[\omega_{\mathrm{ie}}\times\boldsymbol{R}] \tag{3.6}$$

代入导航方程则得到

$$\left.\frac{\mathrm{d}\boldsymbol{v}_{\mathrm{eT}}}{\mathrm{d}t}\right|_{\mathrm{T}}=\boldsymbol{f}-(2\omega_{\mathrm{ie}}+\omega_{\mathrm{eT}})\times\boldsymbol{v}_{\mathrm{eT}}+\boldsymbol{g}-\omega_{\mathrm{ie}}\times[\omega_{\mathrm{ie}}\times\boldsymbol{R}] \tag{3.7}$$

其中，$\omega_{\mathrm{ie}}\times[\omega_{\mathrm{ie}}\times\boldsymbol{R}]$ 为由于地球的转动，系统感受的向心加速度。由质量引力和向心力引起的加速度的总和构成了当地重力矢量，用 $\boldsymbol{g}_1$ 表示，即

$$\boldsymbol{g}_1=\boldsymbol{g}-\omega_{\mathrm{ie}}\times[\omega_{\mathrm{ie}}\times\boldsymbol{R}] \tag{3.8}$$

则得到

$$\left.\frac{\mathrm{d}\boldsymbol{v}_{\mathrm{eT}}}{\mathrm{d}t}\right|_{\mathrm{T}}=\boldsymbol{f}-(2\omega_{\mathrm{ie}}+\omega_{\mathrm{eT}})\times\boldsymbol{v}_{\mathrm{eT}}+\boldsymbol{g}_1 \tag{3.9}$$

该式为比力方程，是惯性导航系统的基本方程。

3.1.2　陀螺仪原理

在惯性导航中，利用陀螺仪测量载体的角速度。当前应用较为广泛的陀螺仪主要有机械转子陀螺仪、激光陀螺仪和光纤陀螺仪等。机械转子陀螺仪主要利用了陀螺转子的定轴性和进动性原理；激光陀螺仪和光纤陀螺仪主要利用了萨格奈克干涉仪原理来实现角速度的测量。下面分别介绍三种陀螺仪的测量原理。

1. 机械转子陀螺仪原理

(1) 陀螺仪的定轴性。陀螺仪转子可以视为绕定点转动的刚体，根据动量矩定理有

$$\left.\frac{\mathrm{d}\boldsymbol{H}}{\mathrm{d}t}\right|_{\mathrm{i}}=\boldsymbol{M} \tag{3.10}$$

式中，$\boldsymbol{M}$ 为陀螺转子受到的力矩。

当 $\boldsymbol{M}=\boldsymbol{0}$ 时，机械转子的角动量 $\boldsymbol{H}$ 在惯性空间保持恒定不变，即转子的自转轴在惯性空间中的指向恒定不变，这就是陀螺仪的定轴性。

(2) 陀螺仪的进动性。当外力矩 $\boldsymbol{M}\neq\boldsymbol{0}$，根据动量矩定理有

$$\left.\frac{\mathrm{d}\boldsymbol{H}}{\mathrm{d}t}\right|_{\mathrm{i}}=\boldsymbol{M} \tag{3.11}$$

其中，$\left.\frac{\mathrm{d}\boldsymbol{H}}{\mathrm{d}t}\right|_{\mathrm{i}}$ 是角动量 $\boldsymbol{H}$ 的矢端的速度，即

$$\boldsymbol{v}_H=\boldsymbol{M} \tag{3.12}$$

上式说明角动量 $\boldsymbol{H}$ 的矢端速度大小等于 M，方向平行于外力矩 $\boldsymbol{M}$。由于存在矢端速度，因此陀螺会围绕着支撑点旋转，即陀螺发生进动。

设陀螺的进动角速度为 $\boldsymbol{\omega}$，则有

$$|\boldsymbol{\omega}|=\frac{|\boldsymbol{v}_H|}{|\boldsymbol{H}|}=\frac{\boldsymbol{M}}{\boldsymbol{H}} \tag{3.13}$$

其中，进动角速度 $\boldsymbol{\omega}$ 的方向垂直于 $\boldsymbol{M}$ 和 $\boldsymbol{H}$ 确定的平面。

根据推导则有

$$\boldsymbol{\omega}\times\boldsymbol{H}=\boldsymbol{M} \tag{3.14}$$

此式即为陀螺仪的进动方程，它表明在受到外力矩作用时，陀螺会以角速度 $\boldsymbol{\omega}$ 绕着支撑点旋转，陀螺的进动性示意图如图 3.4 所示。

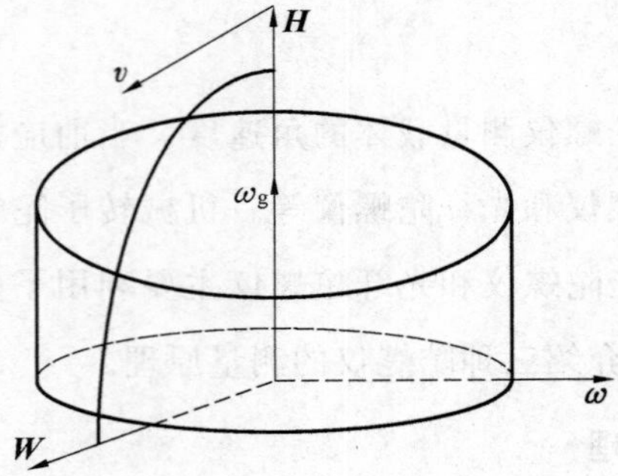

图 3.4　陀螺仪的进动

(3) 陀螺力矩。根据牛顿第三定律，当有外力矩对陀螺转子作用时，转子将会对施力者产生反作用力矩，即陀螺力矩 $\boldsymbol{M}_G$，则有

$$\boldsymbol{M}_G = -\boldsymbol{M} \tag{3.15}$$

由陀螺仪的进动方程有

$$\boldsymbol{M}_G = -\boldsymbol{\omega} \times \boldsymbol{H} = \boldsymbol{H} \times \boldsymbol{\omega} \tag{3.16}$$

根据测量得到的陀螺力矩，即可求取陀螺的进动角速度。

2. 激光陀螺仪原理

激光陀螺的工作原理是建立在量子力学基础上的，与转子陀螺的工作原理有本质区别。这种陀螺是全固态结构形式，不需要活动部件，不存在支撑问题。激光陀螺结构简单，动态范围宽，启动和响应快，过载能力大，可靠性高，输出易于数字化。

激光陀螺测量的基础是萨格奈克干涉。1913 年，法国科学家萨格奈克研制出了一种光学干涉仪，用于验证用无运动部件的光学系统同样可以检测出相对惯性空间的旋转运动。下面对该装置的工作原理进行简要分析。

图 3.5 为萨格奈克干涉仪的光路结构图。光源发出的光经过狭缝后形成一束光，此光束到达半透半反分光镜 S 后产生两束光，透射光 a 光束和反射光 b 光束。透射光 a 经反射镜 M_1、M_2 和 M_3 到达分光镜 S 后又形成反射光和透射光，其中透射光到达屏幕 Q；反射光 b 经反射镜 M_1、M_2 和 M_3 到达分光镜 S，其中反射光到达屏幕 Q。

设闭合光路的长度为

$$L = SM_1 + M_1M_2 + M_2M_3 + M_3S \tag{3.17}$$

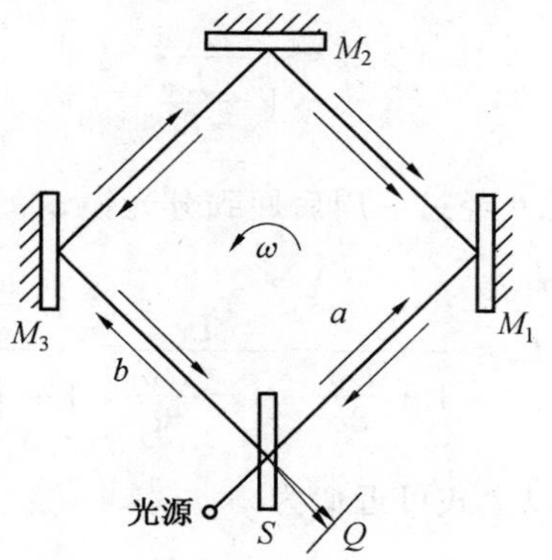

图 3.5　萨格奈克干涉仪的光路结构图

当干涉仪相对惯性空间静止时，透射光 a 和反射光 b 经过的光路长度相同，则所用时间相同。由于两束光同时到达屏幕 Q，且来自同光源，频率相同，那么相位差为零，在屏幕 Q 上形成的干涉条纹对称分布。

当 $\omega \neq 0$ 时，分束点 S、M_1、M_2 和 M_3 具有切向速度

$$v=\frac{L}{4}\cos 45^\circ \cdot \omega=\frac{L}{4\sqrt{2}}\omega \tag{3.18}$$

在分束点处的光路上的投影为

$$v\cos 45^\circ=\frac{L}{8}\omega \tag{3.19}$$

当透射光 a 传播一周回到分光镜 S 时，由于沿光路方向有速度 $v_a=\frac{L}{8}\omega$，所以它走过了更多的路程，即

$$L_a=L+v_a t_a=L+\frac{L}{8}\omega t_a \tag{3.20}$$

其中 $t_a=\frac{L_a}{c}$，c 为光速。

可由上述两方程求出 L_a，即

$$L_a=\frac{L}{1+\frac{L\omega}{8c}} \tag{3.21}$$

同理可推出反射光 b 的总光程

$$L_b = \frac{L}{1 - \frac{L\omega}{8c}} \tag{3.22}$$

这样，透射光 a 和反射光 b 经过一周后回到分光镜 S 的光程差为

$$L_a - L_b = \frac{L}{1 + \frac{L\omega}{8c}} - \frac{L}{1 - \frac{L\omega}{8c}} = \frac{\frac{L^2\omega}{4c}}{1 - \left(\frac{L\omega}{8c}\right)^2} \tag{3.23}$$

因为光速 c 远远大于 $L\omega$，所以上式可近似为

$$L_a - L_b = \frac{L^2\omega}{4c} \tag{3.24}$$

光路为正方形，则光路所包围的面积为 $A = \left(\frac{L}{4}\right)^2 = \frac{L^2}{16}$，即 $L^2 = 16A$，所以

$$L_a - L_b = \frac{4A}{c}\omega \tag{3.25}$$

光程差与输入角速度成正比，上式对任何形状的闭合光路都成立。

1925 年美国科学家迈克尔孙和盖尔根据干涉仪研制出了一个巨型光学陀螺用于测量地球的自转角速度。它的矩形光路为 300 m×600 m，激光波长为 $\lambda=0.7\ \mu\text{m}$。测量的地球旋转角速度为 15(°)/h，若不计纬度影响，可计算得光程差 $\Delta L = 0.174\ \mu\text{m} = \frac{\lambda}{4}$，即干涉条纹移动了 $\frac{1}{4}$ 个明暗条纹周期间距。

以萨格奈克干涉仪为基础，激光陀螺作出了两点关键改进：

(1) 采用激光作为光源，激光的相干性良好，使相反运行的两束光在陀螺腔体内形成谐振。

(2) 改测量光程差(即相位差)为测量两束光的频率差，即拍频，显著提高了陀螺的测量灵敏度。

图 3.6 为一个典型的环形激光陀螺简图。激光陀螺采用三个反射镜组成环形谐振腔，即闭合光路。激光管沿光轴传播的光子向两侧经过透镜射出，在回路中形成两路相反的光束。谐振腔由激光管和反射镜构成，其中激光管包括氦氖气体和端面偏振镜片。对每一光束来说，只有经过一圈返回原处时相位差为 2π 整数倍的光子才能又发出与之相应

的第二代光子，并以此规律逐渐增强，对于相位差不满足此条件的光子则逐渐衰减至消失。若回路中的光子不断获得增益，则闭合光路工作在谐振状态。谐振腔形成谐振的条件是

$$\frac{2\pi L}{\lambda}=2\pi q \tag{3.26}$$

即

$$L=q\lambda \tag{3.27}$$

其中，L 为谐振腔长度，即一圈的光程；λ 为波长；q 为正整数。当满足以上条件时，若谐振腔角速度为零，则两束光在腔体中形成驻波，干涉条纹静止不动。q 值的不同选取便可得到谐振腔的一个振模。

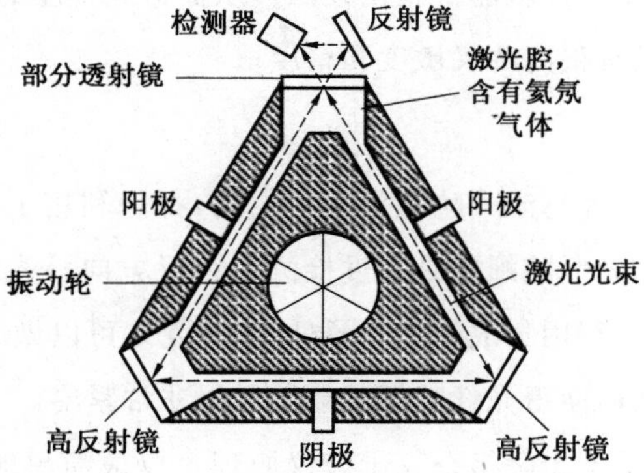

图 3.6　典型的环形激光陀螺简图

设激光谐振腔光路长度为 L，基座角速度为 ω。光束 a 和光束 b 满足谐振条件，则由式(3.27) 可得

$$f=\frac{c}{\lambda} \tag{3.28}$$

可得两束光的频率为

$$\begin{cases} f_a=\dfrac{cq}{L_a} \\ f_b=\dfrac{cq}{L_b} \end{cases} \tag{3.29}$$

频率差(拍频) 为

$$\Delta f = f_a - f_b = \frac{L_a - L_b}{L_a L_b} cq \tag{3.30}$$

其中，$L_a - L_b = \Delta L = \frac{4A}{c}\omega$，$L_a L_b = \frac{L^2}{1-\left(\frac{L\omega}{6\sqrt{3}\,c}\right)^2}$，因为光速 c 远远大于 $L\omega$，则近似为 $L_a L_b = L^2$。

所以

$$\Delta f = \frac{4A}{L^2} q\omega = \frac{4A}{L\lambda}\omega \tag{3.31}$$

其中，L 为谐振腔光程；λ 为激光源波长；A 为谐振腔光路所围面积。

具有频率差的两束光的干涉条纹以一定的速度向某一个方向不断移动，只要对单位时间内移动过的条纹数做统计就能得到拍频 Δf，从而得到基座的角速度 ω。与萨格奈克干涉仪相比，激光陀螺具有很高的灵敏度和精度。

3. 光纤陀螺仪原理

光纤陀螺仪的测量原理与激光陀螺仪基本相同，都是利用了量子力学的原理。但是与激光陀螺仪不同的是，光纤陀螺仪是通过检测以相反方向沿光路传播的两条光束之间的相位差来检测角运动。利用集成的光学器件，这种陀螺可以做成真正的固态敏感器，甚至是完全闭环的形式，从而使得光纤陀螺仪能够做得非常紧凑。

光纤陀螺仪的工作是基于萨格奈克干涉仪原理。以最简单的形式为例，激光光源发出的光，通过分光镜分为两束沿相反方向传播的光，光线沿着环形的光纤线圈传播。在第二个分束器处，沿着相反方向传播的两束光被合成，形成一幅干涉图案，通过对干涉图案的检测，可以计算出两束光线间的光程差，再由光程差计算出旋转角速度，如图 3.7 所示。

设一个含有 N 匝线圈的光纤陀螺在以角速度 ω 旋转，两条沿相反方向传播的光线的光程差为

$$\Delta L = N \cdot \frac{4\omega A}{c} \tag{3.32}$$

光程差与两束光线间的相位差 $\Delta\Phi$ 有如下关系

$$\Delta\Phi = 2\pi \frac{\Delta L}{\lambda} \tag{3.33}$$

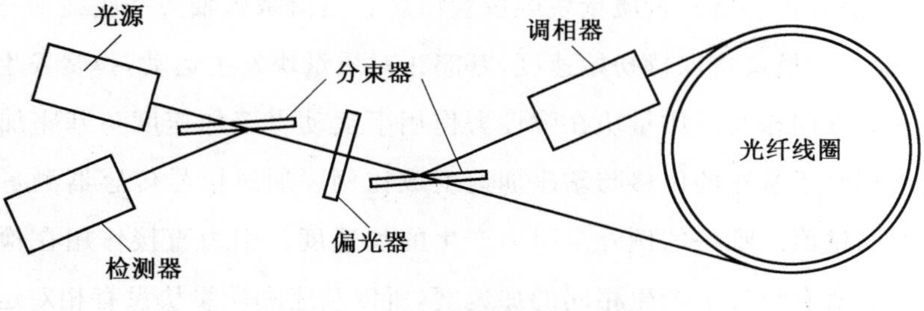

图 3.7　干涉式光纤陀螺原理简图

由上述两式有

$$\Delta\Phi = N \cdot \frac{8\pi\omega A}{c\lambda} \tag{3.34}$$

则旋转角速度为

$$\omega = \frac{1}{N}\frac{c\,\Delta\Phi\lambda}{8\pi A} \tag{3.35}$$

因光纤长度可以非常长，所以用相位差测量角速度仍可以有很高的灵敏度。显然，光纤陀螺是通过增加光纤匝数以增大光路所围面积来提高灵敏度的。

光纤陀螺可分为干涉型光纤陀螺、谐振腔光纤陀螺以及布里渊光纤陀螺。目前国内光纤陀螺的研究主要围绕 4 个方面：提高角速度测量的灵敏度、扩大测量范围、抑制漂移和工程实际应用。

3.1.3　加速度计原理

陀螺仪测量载体的角运动信息，加速度计测量载体的线运动信息，两者都是构造惯导系统的核心器件，其精度高低和性能优劣基本上决定了惯导系统的精度和性能。当前不论在航空航天还是其他技术领域，加速度计都得到了广泛应用。近年来随着型号及其应用领域的发展，对加速度计的精度特性要求也在不断提高。依照其应用对象和使用环境，对主要性能大体要求为测量范围 $-g$ 到几十 g，阈值$10^{-5}g \sim 10^{-6}g$，输出特性线性度$10^{-2}\% \sim 10^{-4}\%$，偏值$10^{-3}\% \sim 10^{-5}\%$。加速度计种类较多，以下主要介绍摆式加速度计和振梁加速度计。

1. 加速度计的基本测量原理

图 3.8 是一个简单的加速度计。由弹簧约束的检测质量块可以沿加速度计基座的敏

感轴移动,一个信号传感器测量质量块的位置信息。当沿敏感轴向基座施加一个力,在惯性力作用下,检测质量块将保持初始速度,基座相对质量块发生运动,弹簧发生变形,产生的弹性力与变形方向相反。质量块在弹性力作用下运动直至加速度与基座加速度相同,得到的质量块相对于基座的位移与基座加速度成比例。通过信号传感器测量这个位移,得到加速度的测量值。唯一的例外是引力产生的加速度。引力直接作用在检测质量上,并在加速度计的所有组件上产生相同的加速度,所以基座和质量块没有相对运动。因此,加速度计测量的是比力,即非引力加速度,而不是总加速度。在应用中要对加速度计的输出作适当处理后才能获得基座的运动加速度。

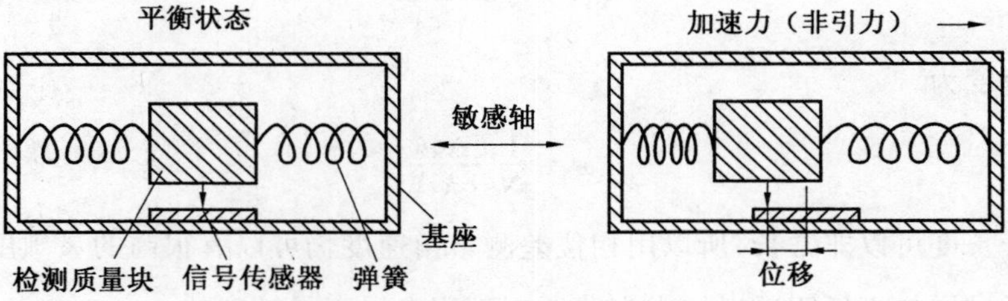

图 3.8　简单的加速度计

图 3.8 所示的加速度计是不完整的。检测质量块需要垂直支承在敏感轴上,并需要阻尼器限制检测质量块的振荡。质量块与基座支承面间存在摩擦力也将影响加速度计的测量精度。

上述即为加速度计的基本测量原理。

2. 摆式加速度计原理

图 3.9 为一个机械开环摆式加速度计。检测质量块通过摆臂和铰链与基座相连,形成一个摆。这使得检测质量块可以沿敏感轴自由移动,同时支持在其他两个轴之间。用一对弹簧或单弹簧来传递基座和摆沿敏感轴的力,同时铰链提供阻尼。可以通过在基座中填充油的方式获得进一步的阻尼。

开环设计的加速度计性能由三个因素严重制约。首先,信号传感器通常是一个可变电阻,它的线性比较差。其次,弹性力不是严格的线性函数,弹簧的压缩和伸长表现出滞后以及非线性。最后,敏感轴垂直于摆臂,摆组件摆动时相对于基座移动。结果导致沿所需敏感轴的响应和正交比力的敏感度均为非线性。

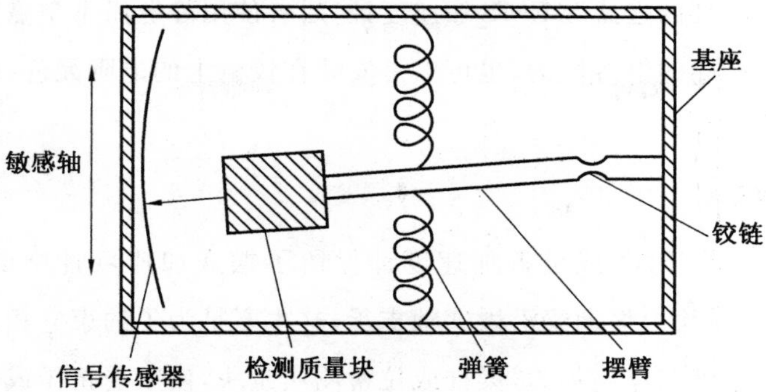

图 3.9　机械开环摆式加速度计

要解决这些问题,精密加速度计使用一个闭环,或力反馈。在力反馈加速度计中,力矩器使摆组件保持在一个相对于基座恒定的位置,无论该加速度计所受比力与否。信号传感器检测到摆组件偏离平衡位置,则力矩器调整它回到平衡位置。在力反馈加速度计中,力矩器施加的力正比于比力。图 3.10 为一个机械力反馈加速度计。力矩器包括一个安装在摆上的电磁铁和一对安装在基座两侧的异性永磁体。该图中为电容式信号传感器,包括 4 个电容板,在基座和摆组件之间形成两个电容器。随着摆组件的移动,一对板的电容增加,而另一对的电容减小。或者可以使用电感或光学传感器。

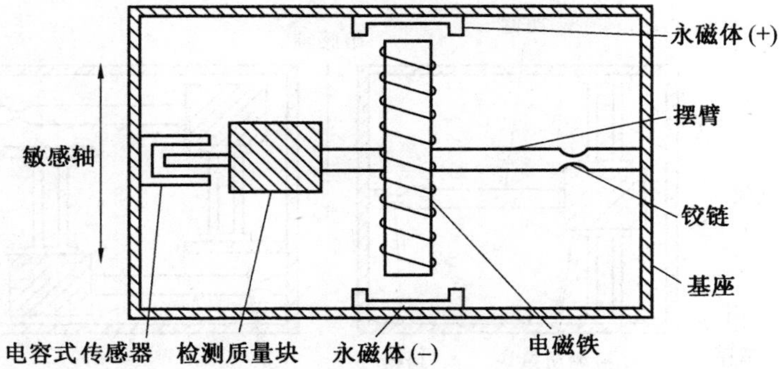

图 3.10　机械力反馈加速度计

闭环配置确保敏感轴与加速度计基座保持对齐,力矩器能够提供比开环加速度计的弹簧和信号传感器更大的动态范围和更好的线性。然而,缺点是当加速度计不受力时摆组件是自由的,在运输过程中易受到损害,特别是充气基座而非充油基座。铰链、摆臂、检测质量块、力矩器、信号传感系统和电子控制设备的设计均会影响性能。

还有开环和闭环的摆式MEMS加速度计，后者使用静电而不是磁力矩器。信号传感器可以是如上文所述的电容性的，也可以是安装在铰链上的电阻元件，因其被拉伸和压缩发生阻值变化。

3. **振梁加速度计**

振梁加速度计(VBA)或谐振加速度计保留了摆式加速度计中的检测质量块和摆臂。然而，检测质量块由振动梁沿敏感轴支承，这主要是为了约束它相对于基座的运动。当沿敏感轴向加速度基座施加力，梁推或拉检测质量块，使梁受挤压或拉伸。该梁由加速度计电子系统驱动以它的谐振频率振动，挤压梁则降低了谐振频率，而拉伸梁则提高了频率。因此，通过测量谐振频率，可以确定沿敏感轴的比力。

通过使用一对振动梁可以改进性能，两梁布置成一个被挤压时而另一个被拉伸。它们可以支撑单个检测质量块或两个独立的检测质量块，如图 3.11 所示。二元件的音叉谐振器比单一元件的谐振器更加平衡。较大规模的振梁加速度计均使用石英元件，因其能提供一个尖锐的共振峰。石英和硅的 MEMS 振梁加速度计也已经研制出来。振梁加速度计是一种固有的开环装置，然而检测质量块基本上是固定的，敏感轴没有相对于基座的变化。

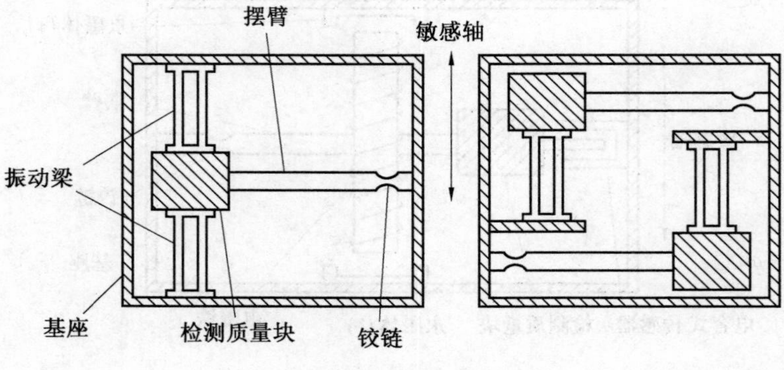

图 3.11　振梁加速度计

3.2　平台式惯性导航系统的力学编排

平台式惯性导航系统的力学编排是指实现正确控制惯性平台和解算导航参数的方案

和方程，包括平台指令角速度的计算公式及速度和位置的解算方程（姿态角可以直接从平台框架上读取，不需要相应的解算方法）。下面分别介绍以地理坐标系和发射惯性系为导航坐标系的力学编排。

3.2.1　地理坐标系下系统的力学编排

选用地理坐标系作为导航坐标系时，由于地理坐标系是非惯性坐标系，它由于地球转动和飞行器的线运动而以一定的角速度旋转，因此平台式惯性导航系统在进行导航计算时，需要通过施加一定的指令角速度来保证对地理坐标系的跟踪。在地理坐标系下，一般采用经度、纬度和高度来表示飞行器的位置，用东向、北向和天向的速度来表示飞行器当前的速度。下面给出平台指令角速度的计算方法和位置、速度的导航解算方法。

1. 平台的指令角速度

以地理坐标系为导航坐标系，即理想平台坐标系 T 为地理坐标系 g。平台模拟地理坐标系，将三个加速度计的敏感轴定在当地的东、北、天方位上，平台跟踪地理坐标系。

$$\omega_{iT} = \omega_{ig} \tag{3.36}$$

地理坐标系的旋转角速度由两部分组成：跟随地球旋转的角速度 ω_{ie} 和载体运动引起的相对地球的旋转角速度 ω_{eg}，即

$$\omega_{ig} = \omega_{ie} + \omega_{eg} \tag{3.37}$$

将它们分解到地理坐标系中表示得到

$$\omega_{iT}^{T} = \omega_{ig}^{g} = \omega_{ie}^{g} + \omega_{eg}^{g} = \begin{bmatrix} 0 \\ \omega_{ie}\cos L \\ \omega_{ie}\sin L \end{bmatrix} + \begin{bmatrix} -\dfrac{v_N}{R_M} \\ \dfrac{v_E}{R_N} \\ \dfrac{v_E}{R_N}\tan L \end{bmatrix} = \begin{bmatrix} -\dfrac{v_N}{R_M} \\ \omega_{ie}\cos L + \dfrac{v_E}{R_N} \\ \omega_{ie}\sin L + \dfrac{v_E}{R_N}\tan L \end{bmatrix} \tag{3.38}$$

2. 速度解算方程

将式(3.38)代入比力方程 $\dot{\boldsymbol{v}}_{eT}^{T} = \boldsymbol{f}^{T} - (2\boldsymbol{\omega}_{ie}^{T} + \omega_{eT}^{T}) \times \boldsymbol{v}_{eT}^{T} + \boldsymbol{g}^{T}$，则

$$\begin{bmatrix}\dot{v}_E\\\dot{v}_N\\\dot{v}_U\end{bmatrix}=\begin{bmatrix}f_E\\f_N\\f_U\end{bmatrix}-\begin{bmatrix}0 & -\left(2\omega_{ie}\sin L+\frac{v_E}{R_N}\tan L\right) & 2\omega_{ie}\cos L+\frac{v_E}{R_N}\\ 2\omega_{ie}\sin L+\frac{v_E}{R_N}\tan L & 0 & \frac{v_N}{R_M}\\ -\left(2\omega_{ie}\cos L+\frac{v_E}{R_N}\right) & -\frac{v_N}{R_M} & 0\end{bmatrix}\times$$

$$\begin{bmatrix}v_E\\v_N\\v_U\end{bmatrix}+\begin{bmatrix}0\\0\\-g\end{bmatrix}\tag{3.39}$$

展开得到

$$\dot{v}_E=f_E+\left(2\omega_{ie}\sin L+\frac{v_E}{R_N}\tan L\right)v_N-\left(2\omega_{ie}\cos L+\frac{v_E}{R_N}\right)v_U\tag{3.40}$$

$$\dot{v}_N=f_N-\left(2\omega_{ie}\sin L+\frac{v_E}{R_N}\tan L\right)v_E-\frac{v_N}{R_M}v_U\tag{3.41}$$

$$\dot{v}_U=f_U+\left(2\omega_{ie}\cos L+\frac{v_E}{R_N}\right)v_E+\frac{v_N^2}{R_M}-g\tag{3.42}$$

计算 v_E,v_N 时可略去 v_U 的影响。

3. 经度和纬度解算方程

$$\dot{L}=\frac{v_N}{R_M}\tag{3.43}$$

$$\dot{\lambda}=\frac{v_E}{R_N\cos L}\tag{3.44}$$

4. 高度计算

纯惯性高度通道发散,可用外来高度参考信息引入阻尼。

3.2.2 发射惯性系下系统的力学编排

选用发射惯性系作为导航坐标系时,平台式惯性导航系统的稳定平台实时跟踪发射惯性坐标系,由于发射惯性坐标系是惯性坐标系,没有旋转运动,因此不需要给惯导平台施加指令加速度,仅需要根据飞行器的旋转,对平台进行相应的旋转来保证对发射惯性坐标系的跟踪即可。下面给出在发射惯性坐标系下的位置和速度解算方法。

1. 速度解算方程

发射惯性系下的比力方程为

$$\dot{v}_{\mathrm{i}} = \boldsymbol{f}_{\mathrm{i}} + \boldsymbol{g}_{\mathrm{i}} \tag{3.45}$$

展开得到

$$\begin{cases} \dot{v}_x = f_x + g_x \\ \dot{v}_y = f_y + g_y \\ \dot{v}_z = f_z + g_z \end{cases} \tag{3.46}$$

2. 位置解算方程

$$\begin{cases} \dot{x} = v_x \\ \dot{y} = v_y \\ \dot{z} = v_z \end{cases} \tag{3.47}$$

3.3　平台式惯性导航系统误差来源

实际情况中，惯性仪器和系统在制造、装调中总存在误差，所有这些误差因素称为误差源。误差源大致可分为如下几种。

1. 元件误差

惯性敏感元件（加速度计和陀螺仪）由于原理、加工、安装工艺的不完善可导致输出的误差从而导致系统误差。主要有惯性元件的零偏、刻度系数误差以及安装误差，还包括计算机舍入误差、电流变换装置误差等。

2. 安装误差

安装误差主要是指陀螺仪和加速度计在平台上的安装误差。

3. 初始条件误差

确定初始条件时产生的误差为初始条件误差，包括平台的初始对准误差、计算机在解算力学编排方程时引入的初始速度及位置误差等。

4. **干扰误差**

干扰误差主要包括冲击与振动运动干扰。

5. **其他误差**

主要是数学建模中因近似引起的误差，如地球的模型描述误差、有害加速度补偿忽略二阶小量引起的误差、牛顿第二定律对运动速度很高的载体不够精确的误差等。

3.4 平台式惯性导航系统的误差传播特性

惯性导航系统的误差传播特性反映了导航误差随时间变化的过程。当惯性器件(陀螺仪和加速度计)存在测量误差时，由于测量噪声和测量误差的影响，测量的加速度和比力误差会通过积分导致速度、位置和姿态误差。在长时间的飞行器导航应用中，惯性导航系统的累积误差必须予以修正以保证导航系统的导航精度，通常采用组合导航滤波器实现。常用的滤波器主要是卡尔曼滤波器。在建立卡尔曼滤波器的过程中，需要建立系统的状态方程，状态方程反映了系统的状态随时间递推的变化，一般采用惯性导航系统的误差传播方程作为系统的状态方程。

3.4.1 地理坐标系下平台惯导误差传播特性

1. **姿态误差方程**

姿态误差角 $\delta\boldsymbol{\theta}=[\delta\theta_x \quad \delta\theta_y \quad \delta\theta_z]^{\mathrm{T}}$ 为计算导航坐标系 c 相对理想平台系 T 的误差角矢量，主要用来描述计算导航坐标系与理想平台坐标系间的姿态转换关系，不对应于实际的角度物理量。$\boldsymbol{\psi}=[\psi_x \quad \psi_y \quad \psi_z]^{\mathrm{T}}$ 为实际平台系 P 相对计算导航坐标系 c 的误差角矢量，同样仅代表实际平台系与计算导航坐标系间的姿态转换关系。$\boldsymbol{\varphi}=[\varphi_x \quad \varphi_y \quad \varphi_z]^{\mathrm{T}}$ 为实际平台系 P 相对理想平台系 T 的误差角矢量，姿态误差角矢量 $\boldsymbol{\varphi}$ 不对应于俯仰、偏航和滚转角误差，这点在实际工程应用中需要注意。于是，有

$$\boldsymbol{C}_T^c=\begin{bmatrix} 1 & \delta\theta_z & -\delta\theta_y \\ -\delta\theta_z & 1 & \delta\theta_x \\ \delta\theta_y & -\delta\theta_x & 1 \end{bmatrix} \tag{3.48}$$

$$\boldsymbol{C}_c^P=\begin{bmatrix}1 & \psi_z & -\psi_y\\ -\psi_z & 1 & \psi_x\\ \psi_y & -\psi_x & 1\end{bmatrix} \tag{3.49}$$

$$\boldsymbol{C}_T^P=\begin{bmatrix}1 & \varphi_z & -\varphi_y\\ -\varphi_z & 1 & \varphi_x\\ \varphi_y & -\varphi_x & 1\end{bmatrix} \tag{3.50}$$

由于 $\boldsymbol{C}_T^P=\boldsymbol{C}_c^P\cdot\boldsymbol{C}_T^c$，将式(3.48)～(3.50)代入，并略去二阶小量，得

$$\begin{bmatrix}1 & \varphi_z & -\varphi_y\\ -\varphi_z & 1 & \varphi_x\\ \varphi_y & -\varphi_x & 1\end{bmatrix}=\begin{bmatrix}1 & \psi_z+\delta\theta_z & -(\psi_y+\delta\theta_y)\\ -(\psi_z+\delta\theta_z) & 1 & \psi_x+\delta\theta_x\\ \psi_y+\delta\theta_y & -(\psi_x+\delta\theta_x) & 1\end{bmatrix} \tag{3.51}$$

则得到

$$\boldsymbol{\varphi}=\boldsymbol{\psi}+\delta\boldsymbol{\theta} \tag{3.52}$$

即为平台的姿态误差角。

上式写成计算导航坐标系 c 内的数学向量形式，对两边求导

$$\begin{bmatrix}\dot{\varphi}_x\\ \dot{\varphi}_y\\ \dot{\varphi}_z\end{bmatrix}=\begin{bmatrix}\delta\dot{\theta}_x\\ \delta\dot{\theta}_y\\ \delta\dot{\theta}_z\end{bmatrix}+\left.\frac{\mathrm{d}\boldsymbol{\psi}}{\mathrm{d}t}\right|_c \tag{3.53}$$

把 ψ 方程代入上式有

$$\begin{bmatrix}\dot{\varphi}_x\\ \dot{\varphi}_y\\ \dot{\varphi}_z\end{bmatrix}=\begin{bmatrix}\delta\dot{\theta}_x\\ \delta\dot{\theta}_y\\ \delta\dot{\theta}_z\end{bmatrix}+\begin{bmatrix}0 & -\psi_z & \psi_y\\ \psi_z & 0 & -\psi_x\\ -\psi_y & \psi_x & 0\end{bmatrix}\begin{bmatrix}\omega_{igx}^g\\ \omega_{igy}^g\\ \omega_{igz}^g\end{bmatrix}+\begin{bmatrix}\varepsilon_x\\ \varepsilon_y\\ \varepsilon_z\end{bmatrix} \tag{3.54}$$

$$\dot{\varphi}_x=-\frac{\delta v_N}{R}+\varphi_y\left(\omega_{ie}\sin L+\frac{v_E}{R}\tan L\right)-\varphi_z\left(\omega_{ie}\cos L+\frac{v_E}{R}\right)+\varepsilon_E \tag{3.55}$$

$$\dot{\varphi}_y=\frac{\delta v_E}{R}-\varphi_z\frac{v_N}{R}-\varphi_x\left(\omega_{ie}\sin L+\frac{v_E}{R}\tan L\right)-\delta L\omega_{ie}\sin L+\varepsilon_N \tag{3.56}$$

$$\dot{\varphi}_z=-\frac{\delta v_E}{R}\tan L+\delta L\left(\omega_{ie}\cos L+\frac{v_E}{R}\sec^2 L\right)+\varphi_x\left(\omega_{ie}\cos L+\frac{v_E}{R}\right)+\varphi_y\frac{v_N}{R}+\varepsilon_U \tag{3.57}$$

2. **速度误差方程**

当不考虑任何误差时，无误差速度由下式确定

$$\dot{v}_{\mathrm{E}}=f_{\mathrm{E}}+\left(2\omega_{\mathrm{ie}}\sin L+\frac{v_{\mathrm{E}}}{R}\tan L\right)v_{\mathrm{N}} \tag{3.58}$$

$$\dot{v}_{\mathrm{N}}=f_{\mathrm{N}}-\left(2\omega_{\mathrm{ie}}\sin L+\frac{v_{\mathrm{E}}}{R}\tan L\right)v_{\mathrm{E}} \tag{3.59}$$

由于加速度计的输出误差、平台的姿态误差及计算误差等影响，系统的速度输出由下式确定

$$\begin{cases}\dot{v}_{\mathrm{Ec}}=f_{\mathrm{Ec}}+\left(2\omega_{\mathrm{ie}}\sin L_{\mathrm{c}}+\dfrac{v_{\mathrm{Ec}}}{R}\tan L_{\mathrm{c}}\right)v_{\mathrm{Nc}}\\ \dot{v}_{\mathrm{Nc}}=f_{\mathrm{Nc}}-\left(2\omega_{\mathrm{ie}}\sin L_{\mathrm{c}}+\dfrac{v_{\mathrm{Ec}}}{R}\tan L_{\mathrm{c}}\right)v_{\mathrm{Ec}}\end{cases} \tag{3.60}$$

显然

$$\begin{cases}\delta v_{\mathrm{E}}=v_{\mathrm{Ec}}-v_{\mathrm{E}}\\ \delta v_{\mathrm{N}}=v_{\mathrm{Nc}}-v_{\mathrm{N}}\\ \delta L=L_{\mathrm{c}}-L\end{cases} \tag{3.61}$$

是系统误差。平台姿态误差角是 $\boldsymbol{\varphi}=[\varphi_x \quad \varphi_y \quad \varphi_z]^{\mathrm{T}}$，则加速度计输出的比力为

$$\boldsymbol{f}_{\mathrm{c}}=\boldsymbol{C}_g^p\boldsymbol{f}^g+\nabla^p=\begin{bmatrix}1 & \varphi_z & -\varphi_y\\ -\varphi_z & 1 & \varphi_x\\ \varphi_y & -\varphi_x & 1\end{bmatrix}\begin{bmatrix}f_{\mathrm{E}}\\ f_{\mathrm{N}}\\ f_{\mathrm{U}}\end{bmatrix}+\begin{bmatrix}\nabla_{\mathrm{E}}\\ \nabla_{\mathrm{N}}\\ \nabla_{\mathrm{U}}\end{bmatrix} \tag{3.62}$$

所以

$$\begin{cases}f_{\mathrm{Ec}}=f_{\mathrm{E}}+\varphi_z f_{\mathrm{N}}-\varphi_y f_{\mathrm{U}}+\nabla_{\mathrm{E}}\\ f_{\mathrm{Nc}}=f_{\mathrm{N}}-\varphi_z f_{\mathrm{E}}+\varphi_x f_{\mathrm{U}}+\nabla_{\mathrm{N}}\end{cases} \tag{3.63}$$

而

$$\begin{cases}\tan L_{\mathrm{c}}=\tan(L+\delta L)=\tan L+\delta L\sec^2 L\\ \sin L_{\mathrm{c}}=\sin(L+\delta L)=\sin L+\delta L\cos L\end{cases} \tag{3.64}$$

代入并略去误差的二阶小量，得

$$\dot{v}_{\mathrm{E}}+\delta\dot{v}_{\mathrm{E}}=f_{\mathrm{E}}+\left(2\omega_{\mathrm{ie}}\sin L+\frac{v_{\mathrm{E}}}{R}\tan L\right)(\delta v_{\mathrm{N}}+v_{\mathrm{N}})+$$

$$\delta L\left(2v_N\omega_{ie}\cos L+\frac{v_Ev_N}{R}\sec^2 L\right)+$$

$$\delta v_E\frac{v_N}{R}\tan L+\varphi_z f_N-\varphi_y f_U+\nabla_E \tag{3.65}$$

$$\dot{v}_N+\delta\dot{v}_N=f_N-\left(2\omega_{ie}\sin L+\frac{v_E}{R}\tan L\right)(v_E+\delta v_E)-$$

$$-\delta L\left(2v_E\omega_{ie}\cos L+\frac{v_E^2}{R}\sec^2 L\right)$$

$$-\delta v_E\frac{v_E}{R}\tan L-\varphi_z f_E+\varphi_x f_U+\nabla_N \tag{3.66}$$

与无误差速度方程相减，得速度误差方程

$$\delta\dot{v}_E=\left(2\omega_{ie}\sin L+\frac{v_E}{R}\tan L\right)\delta v_N+\delta L\left(2v_N\omega_{ie}\cos L+\frac{v_Ev_N}{R}\sec^2 L\right)+$$

$$\delta v_E\frac{v_N}{R}\tan L+\varphi_z f_N-\varphi_y f_U+\nabla_E \tag{3.67}$$

$$\delta\dot{v}_N=-\left(2\omega_{ie}\sin L+\frac{v_E}{R}\tan L\right)\delta v_E-\delta L\left(2v_E\omega_{ie}\cos L+\frac{v_E^2}{R}\sec^2 L\right)-$$

$$\delta v_E\frac{v_E}{R}\tan L-\varphi_z f_E+\varphi_x f_U+\nabla_N \tag{3.68}$$

根据速度方程，当略去垂直速度 v_U 的影响时，则

$$\begin{cases} f_E=\dot{v}_E-\left(2\omega_{ie}\sin L+\dfrac{v_E}{R}\tan L\right)v_N \\ f_N=\dot{v}_N+\left(2\omega_{ie}\sin L+\dfrac{v_E}{R}\tan L\right)v_E \\ f_U=\dot{v}_U-\left(2\omega_{ie}\cos L+\dfrac{v_E}{R}\right)v_E-\dfrac{v_N^2}{R_M}+g \end{cases} \tag{3.69}$$

代入速度误差方程，则

$$\delta\dot{v}_E=\left(2\omega_{ie}\sin L+\frac{v_E}{R}\tan L\right)\delta v_N+\delta L\left(2v_N\omega_{ie}\cos L+\frac{v_Ev_N}{R}\sec^2 L\right)+$$

$$\delta v_E\frac{v_N}{R}\tan L+\varphi_z\left[\dot{v}_N+\left(2\omega_{ie}\sin L+\frac{v_E}{R}\tan L\right)v_E\right]-$$

$$\varphi_y\left[\dot{v}_U-\left(2\omega_{ie}\cos L+\frac{v_E}{R}\right)v_E-\frac{v_N^2}{R}+g\right]+\nabla_E \tag{3.70}$$

$$\delta\dot{v}_N = -\left(2\omega_{ie}\sin L + \frac{v_E}{R}\tan L\right)\delta v_E - \delta L\left(2v_E\omega_{ie}\cos L + \frac{v_E^2}{R}\sec^2 L\right) -$$

$$\varphi_z\left[\dot{v}_E - \left(2\omega_{ie}\sin L + \frac{v_E}{R}\tan L\right)v_N\right] +$$

$$\varphi_x\left[\dot{v}_U - \left(2\omega_{ie}\cos L + \frac{v_E}{R}\right)v_E - \frac{v_N^2}{R} + g\right] + \nabla_N \tag{3.71}$$

3. **定位误差方程**

$$\delta\dot{L} = \frac{\delta v_N}{R} \tag{3.72}$$

$$\delta\dot{\lambda} = \frac{\delta v_E}{R}\sec L + \delta L\,\frac{v_E}{R}\sec L\tan L \tag{3.73}$$

3.4.2 发射惯性系下平台惯导误差传播特性

与地理坐标系不同，在发射惯性坐标系下，飞行器的位置不再由经度、纬度和高度予以表示，而由 x,y,z 方向的坐标表示，因此其位置误差的传播特性与地理坐标系下的略有不同，姿态传播特性相同，在此不再赘述。

1. **速度误差方程**

由 $\delta\dot{v} = \delta\boldsymbol{f} + \delta\boldsymbol{g}$ 得到

$$\begin{bmatrix}\delta\dot{v}_x\\ \delta\dot{v}_y\\ \delta\dot{v}_z\end{bmatrix} = \begin{bmatrix}0 & \varphi_z & -\varphi_y\\ -\varphi_z & 0 & \varphi_x\\ \varphi_y & -\varphi_x & 0\end{bmatrix}\begin{bmatrix}f_x\\ f_y\\ f_z\end{bmatrix} + \begin{bmatrix}\nabla_x\\ \nabla_y\\ \nabla_z\end{bmatrix} + \begin{bmatrix}\delta g_x\\ \delta g_y\\ \delta g_z\end{bmatrix} \tag{3.74}$$

展开得到

$$\begin{cases}\delta\dot{v}_x = \varphi_z f_y - \varphi_y f_z + \nabla_x + \delta g_x\\ \delta\dot{v}_y = \varphi_x f_z - \varphi_z f_x + \nabla_y + \delta g_y\\ \delta\dot{v}_z = \varphi_y f_x - \varphi_x f_y + \nabla_z + \delta g_z\end{cases} \tag{3.75}$$

2. **位置误差方程**

$$\begin{cases}\delta\dot{x}=\delta v_x\\ \delta\dot{y}=\delta v_y\\ \delta\dot{z}=\delta v_z\end{cases}\tag{3.76}$$

3.5　捷联式惯性导航系统力学编排

捷联式惯性导航系统是一种质量轻、结构相对简单的导航系统，与平台式惯性导航系统不同，捷联式惯性导航系统没有复杂的稳定平台，因此结构简单、成本较低。但是捷联式惯性导航系统的陀螺仪直接安装在飞行器上，没有稳定的平台对外界干扰进行隔离，会受到飞行器的结构振动等干扰因素影响。对于机械式陀螺仪来说，外界干扰会带来一定的测量误差，对于激光陀螺仪和光纤陀螺仪，外界的机械振动干扰对陀螺仪的测量影响较小。随着光电技术、微机械技术和相关制造技术的进步，捷联式惯性导航系统的导航精度已经有了很大的提高，在飞行器导航，特别是战术武器上应用广泛。捷联式惯性导航系统的力学编排是根据测量值解算导航信息的基础，下面分别介绍捷联式惯性导航系统在地理坐标系下和发射惯性坐标系下的力学编排。

3.5.1　地理坐标系捷联式惯性导航系统力学编排

1. **姿态解算方法**

姿态更新算法是由测量角速度解算飞行器姿态的方法。设由载体的机体轴确定的坐标系为 b，惯导系统所采用的导航坐标系为 n，则由 b 系到 n 系的坐标变换矩阵 $\boldsymbol{C}_b^n$ 称为载体的姿态矩阵。姿态更新是指根据惯性器件的输出实时计算出 $\boldsymbol{C}_b^n$ 矩阵。由于 b 系和 n 系均为直角坐标系，各轴之间始终保持直角，所以可将坐标系理解成刚体，当只研究两个坐标系间的角位置关系时，可对一个坐标系做平移，使其原点与另一个坐标系的原点重合。因此，两坐标系间的空间角位置关系可理解成刚体的定点转动。姿态更新算法包括四元数算法、等效旋转矢量算法、欧拉角算法等。下面主要介绍欧拉角法和四元数法。

(1) 欧拉角法。设姿态速率为 ω_{nb}，由于飞行器本体坐标系由导航坐标系以 $Z(\varphi)\rightarrow$

$Y(\psi) \rightarrow X(\gamma)$ 的次序经三次旋转得到，因此在飞行器坐标系 b 内的角速度分量可由姿态角速率表示为

$$\begin{bmatrix} \omega_{\mathrm{nb}x}^{b} \\ \omega_{\mathrm{nby}}^{b} \\ \omega_{\mathrm{nb}z}^{b} \end{bmatrix} = L(\psi,\gamma)\begin{bmatrix} 0 \\ 0 \\ \dot{\varphi} \end{bmatrix} + L(\gamma)\begin{bmatrix} 0 \\ \dot{\psi} \\ 0 \end{bmatrix} + \begin{bmatrix} \dot{\gamma} \\ 0 \\ 0 \end{bmatrix} =$$

$$\begin{bmatrix} 1 & 0 & 0 \\ 0 & \cos\gamma & \sin\gamma \\ 0 & -\sin\gamma & \cos\gamma \end{bmatrix}\begin{bmatrix} \cos\psi & 0 & -\sin\psi \\ 0 & 1 & 0 \\ \sin\psi & 0 & \cos\psi \end{bmatrix}\begin{bmatrix} 0 \\ 0 \\ \dot{\varphi} \end{bmatrix} +$$

$$\begin{bmatrix} 1 & 0 & 0 \\ 0 & \cos\gamma & \sin\gamma \\ 0 & -\sin\gamma & \cos\gamma \end{bmatrix}\begin{bmatrix} 0 \\ \dot{\psi} \\ 0 \end{bmatrix} + \begin{bmatrix} \dot{\gamma} \\ 0 \\ 0 \end{bmatrix} = \begin{bmatrix} \dot{\gamma} - \dot{\varphi}\sin\psi \\ \dot{\varphi}\cos\psi\sin\gamma + \dot{\psi}\cos\gamma \\ \dot{\varphi}\cos\psi\cos\gamma - \dot{\psi}\sin\gamma \end{bmatrix} \tag{3.77}$$

则

$$\begin{bmatrix} \dot{\varphi} \\ \dot{\psi} \\ \dot{\gamma} \end{bmatrix} = \begin{bmatrix} \dfrac{1}{\cos\psi}(\omega_{y1}\sin\gamma + \omega_{z1}\cos\gamma) \\ \omega_{y1}\cos\gamma - \omega_{z1}\sin\gamma \\ \omega_{x1} + \tan\psi(\omega_{y1}\sin\gamma + \omega_{z1}\cos\gamma) \end{bmatrix} \quad (\psi \neq \pm 90^\circ) \tag{3.78}$$

即得到欧拉角微分方程为

$$\begin{cases} \dot{\varphi} = \dfrac{1}{\cos\psi}(\omega_{y1}\sin\gamma + \omega_{z1}\cos\gamma) \\ \dot{\psi} = \omega_{y1}\cos\gamma - \omega_{z1}\sin\gamma \\ \dot{\gamma} = \omega_{x1} + \tan\psi(\omega_{y1}\sin\gamma + \omega_{z1}\cos\gamma) \end{cases} \tag{3.79}$$

欧拉角算法包含三角运算，给实时运算带来一定困难，而且当偏航角接近 90° 时方程出现退化现象，这相当于平台惯导中惯性平台的锁定，所以这种方法只适用于水平姿态变化不大的情况，而不适用于全姿态载体的姿态确定。为了解决欧拉角算法不适用于全姿态载体的姿态解算问题，一般我们采用四元数算法进行姿态角的解算。

(2) 四元数法。四元数的定义为

$$Q(q_0, q_1, q_2, q_3) = q_0 + q_1\boldsymbol{i} + q_2\boldsymbol{j} + q_3\boldsymbol{k} \tag{3.80}$$

在描述两个坐标系间的旋转关系时，可以采用四元数进行描述。四元数描述坐标系间的旋转关系的具体推导过程可参考相关专业文献。下面给出四元数的更新方程和由四元数解算姿态角的方法。

四元数更新方程为

$$\begin{bmatrix}\dot{q}_0\\ \dot{q}_1\\ \dot{q}_2\\ \dot{q}_3\end{bmatrix}=\frac{1}{2}\begin{bmatrix}0 & -\omega_x & -\omega_y & -\omega_z\\ \omega_x & 0 & \omega_z & -\omega_y\\ \omega_y & -\omega_z & 0 & \omega_x\\ \omega_z & \omega_y & -\omega_x & 0\end{bmatrix}\begin{bmatrix}q_0\\ q_1\\ q_2\\ q_3\end{bmatrix} \tag{3.81}$$

由姿态四元数给出姿态转换矩阵的表达式为

$$\boldsymbol{C}_b^n=\begin{bmatrix}q_0^2+q_1^2-q_2^2-q_3^2 & 2(q_1q_2-q_0q_3) & 2(q_1q_3+q_0q_2)\\ 2(q_1q_2+q_0q_3) & q_0^2-q_1^2+q_2^2-q_3^2 & 2(q_2q_3-q_0q_1)\\ 2(q_1q_3-q_0q_2) & 2(q_2q_3-q_0q_1) & q_0^2-q_1^2-q_2^2+q_3^2\end{bmatrix} \tag{3.82}$$

还可通过三次基本旋转得到坐标变化矩阵，即

$$\boldsymbol{C}_b^n=\begin{bmatrix}\cos\gamma & 0 & -\sin\gamma\\ 0 & 1 & 0\\ \sin\gamma & 0 & \cos\gamma\end{bmatrix}\begin{bmatrix}1 & 0 & 0\\ 0 & \cos\theta & \sin\theta\\ 0 & -\sin\theta & \cos\theta\end{bmatrix}\begin{bmatrix}\cos\psi & -\sin\psi & 0\\ \sin\psi & \cos\psi & 0\\ 0 & 0 & 1\end{bmatrix}=$$

$$\begin{bmatrix}\cos\gamma\cos\psi+\sin\gamma\sin\psi\sin\theta & -\cos\gamma\sin\psi+\sin\gamma\cos\psi\sin\theta & -\sin\gamma\cos\theta\\ \sin\psi\cos\theta & \cos\psi\cos\theta & \sin\theta\\ \sin\gamma\cos\psi-\cos\gamma\sin\psi\sin\theta & -\sin\gamma\sin\psi-\cos\gamma\cos\psi\sin\theta & \cos\gamma\cos\theta\end{bmatrix} \tag{3.83}$$

记

$$\boldsymbol{C}_b^n=\begin{bmatrix}T_{11} & T_{12} & T_{13}\\ T_{21} & T_{22} & T_{23}\\ T_{31} & T_{32} & T_{33}\end{bmatrix} \tag{3.84}$$

则

$$\boldsymbol{C}_n^b=(\boldsymbol{C}_b^n)^{\mathrm{T}}=\begin{bmatrix}T_{11} & T_{21} & T_{31}\\ T_{12} & T_{22} & T_{32}\\ T_{13} & T_{23} & T_{33}\end{bmatrix}\tag{3.85}$$

由姿态转换矩阵和姿态角间的关系可知

$$\begin{cases}\varphi=\arctan(T_{21}/T_{11})\\ \psi=\arcsin(-T_{31})\\ \gamma_{主}=\arctan(T_{32}/T_{33})\end{cases}\tag{3.86}$$

2. **速度算法**

根据比力方程，速度由下式确定

$$\dot{\boldsymbol{v}}^n=\boldsymbol{C}_b^n\boldsymbol{f}^b-(2\boldsymbol{\omega}_{\mathrm{ie}}^n+\boldsymbol{\omega}_{\mathrm{en}}^n)\times\boldsymbol{v}^n+\boldsymbol{g}^n\tag{3.87}$$

展开得

$$\begin{bmatrix}\dot{v}_{\mathrm{E}}\\ \dot{v}_{\mathrm{N}}\\ \dot{v}_{\mathrm{U}}\end{bmatrix}=\begin{bmatrix}T_{11} & T_{12} & T_{13}\\ T_{21} & T_{22} & T_{23}\\ T_{31} & T_{32} & T_{33}\end{bmatrix}\begin{bmatrix}f_x\\ f_y\\ f_z\end{bmatrix}+\begin{bmatrix}0\\ 0\\ -g\end{bmatrix}-$$

$$\begin{bmatrix}0 & -\left(2\omega_{\mathrm{ie}}\sin L+\dfrac{v_{\mathrm{E}}}{R_{\mathrm{N}}}\tan L\right) & 2\omega_{\mathrm{ie}}\cos L+\dfrac{v_{\mathrm{E}}}{R_{\mathrm{N}}}\\ 2\omega_{\mathrm{ie}}\sin L+\dfrac{v_{\mathrm{E}}}{R_{\mathrm{N}}}\tan L & 0 & \dfrac{v_{\mathrm{N}}}{R_{\mathrm{M}}}\\ -\left(2\omega_{\mathrm{ie}}\cos L+\dfrac{v_{\mathrm{E}}}{R_{\mathrm{N}}}\right) & -\dfrac{v_{\mathrm{N}}}{R_{\mathrm{M}}} & 0\end{bmatrix}\times\begin{bmatrix}v_{\mathrm{E}}\\ v_{\mathrm{N}}\\ v_{\mathrm{U}}\end{bmatrix}\tag{3.88}$$

展开得到

$$\dot{v}_{\mathrm{E}}=T_{11}f_x+T_{12}f_y+T_{13}f_z+\left(2\omega_{\mathrm{ie}}\sin L+\frac{v_{\mathrm{E}}}{R_{\mathrm{N}}}\tan L\right)v_{\mathrm{N}}-\left(2\omega_{\mathrm{ie}}\cos L+\frac{v_{\mathrm{E}}}{R_{\mathrm{N}}}\right)v_{\mathrm{U}}\tag{3.89}$$

$$\dot{v}_{\mathrm{N}}=T_{21}f_x+T_{22}f_y+T_{23}f_z-\left(2\omega_{\mathrm{ie}}\sin L+\frac{v_{\mathrm{E}}}{R_{\mathrm{N}}}\tan L\right)v_{\mathrm{E}}-\frac{v_{\mathrm{N}}}{R_{\mathrm{M}}}v_{\mathrm{U}}\tag{3.90}$$

$$\dot{v}_U = T_{31} f_x + T_{32} f_y + T_{33} f_z + \left(2\omega_{ie}\cos L + \frac{v_E}{R_N}\right) v_E + \frac{v_N^2}{R_M} - g \tag{3.91}$$

3. **位置算法**

$$\dot{L} = \frac{v_N}{R_M + h} \tag{3.92}$$

$$\dot{\lambda} = \frac{v_E \sec L}{R_N + h} \tag{3.93}$$

$$\dot{h} = -v_U \tag{3.94}$$

3.5.2　发射惯性系下系统的力学编排

1. **速度更新算法**

$$\dot{\boldsymbol{v}}^n = \boldsymbol{C}_b^n \boldsymbol{f}^n + \boldsymbol{g}^n \tag{3.95}$$

展开得到

$$\dot{v}_x = T_{11} f_x + T_{12} f_y + T_{13} f_z + g_x \tag{3.96}$$

$$\dot{v}_y = T_{21} f_x + T_{22} f_y + T_{23} f_z + g_y \tag{3.97}$$

$$\dot{v}_z = T_{31} f_x + T_{32} f_y + T_{33} f_z + g_z \tag{3.98}$$

2. **位置更新算法**

$$\begin{cases} \dot{x} = v_x \\ \dot{y} = v_y \\ \dot{z} = v_z \end{cases} \tag{3.99}$$

3. **姿态更新算法**

在发射惯性坐标系下的姿态更新算法与地理坐标系下的姿态更新算法基本相同，同样可以根据实际情况选用欧拉角法或者四元数法进行姿态角的解算。

需要注意的是：采用欧拉角法进行姿态角的更新时，由于姿态角的定义方式不同，导致本体坐标系和导航坐标系间的姿态转换顺序不同，因此其欧拉角更新方程不一样，需要根据具体的姿态角定义方式，推导相应的欧拉角姿态更新算法。

3.6 捷联式惯性导航系统误差来源

捷联惯导系统的误差来源与平台惯导系统基本相同。其主要区别在于对平台的构造方式上，前者采用数学方式，后者采用物理形式，但在本质上两类系统是相同的。由于陀螺在平台控制系统中起控制器件作用，而在捷联惯导系统中起测量器件作用，所以陀螺漂移及刻度系数误差对系统的影响方式并不相同。在捷联惯导系统中，陀螺漂移引起的数学平台漂移率与陀螺漂移的方向相反，刻度系数误差引起对载体角速度的测量误差，经姿态更新计算引入系统。

3.7 捷联式惯性导航系统误差传播特性

捷联式惯性导航系统的误差传播特性描述了导航误差在系统中随时间的传播过程。下面分别给出在发射惯性坐标系下和地理坐标系下的误差传播方程。

3.7.1 地理坐标系下系统的误差传播特性

1. **姿态失准角误差传播方程**

定义捷联惯导模拟的数学平台同实际导航坐标系间的误差角为姿态失准角，记为

$$\boldsymbol{\varphi}=[\varphi_x \quad \varphi_y \quad \varphi_z]^{\mathrm{T}} \tag{3.100}$$

由姿态失准角构成的反对称矩阵为

$$\boldsymbol{\varphi}^{\times}=\begin{bmatrix} 0 & -\varphi_z & \varphi_y \\ \varphi_z & 0 & -\varphi_x \\ -\varphi_y & \varphi_x & 0 \end{bmatrix} \tag{3.101}$$

姿态转换矩阵更新方程为

$$\dot{\boldsymbol{C}}_b^n=\boldsymbol{C}_b^n\boldsymbol{\omega}_{nb}^{b\times} \tag{3.102}$$

式中，$\boldsymbol{\omega}_{nb}^{b\times}$ 为由本体系内表示的本体系相对于导航系的运动角速度 $\boldsymbol{\omega}_{nb}^{b}$ 构成的反对称矩阵。

由于惯导设备测量和计算过程存在误差，惯导系统实际输出的姿态转换矩阵 $\tilde{\boldsymbol{C}}_b^n$ 同理

想姿态转换矩阵 $\boldsymbol{C}_b^n$ 间存在以下关系

$$\tilde{\boldsymbol{C}}_b^n = \boldsymbol{C}_b^n + \delta\boldsymbol{C}_b^n = (\boldsymbol{I} + \boldsymbol{\varphi}^{\times})\boldsymbol{C}_b^n \tag{3.103}$$

从而

$$\delta\boldsymbol{C}_b^n = \boldsymbol{\varphi}^{\times}\boldsymbol{C}_b^n \tag{3.104}$$

对上式求导得

$$\delta\dot{\boldsymbol{C}}_b^n = \dot{\boldsymbol{\varphi}}^{\times}\boldsymbol{C}_b^n + \boldsymbol{\varphi}^{\times}\dot{\boldsymbol{C}}_b^n = \dot{\boldsymbol{\varphi}}^{\times}\boldsymbol{C}_b^n + \boldsymbol{\varphi}^{\times}\boldsymbol{C}_b^n\boldsymbol{\omega}_{nb}^{b\times} \tag{3.105}$$

对式(3.104)求微分可得

$$\delta\dot{\boldsymbol{C}}_b^n = \delta\boldsymbol{C}_b^n\boldsymbol{\omega}_{nb}^{b\times} + \boldsymbol{C}_b^n\delta\boldsymbol{\omega}_{nb}^{b\times} = \boldsymbol{\varphi}^{\times}\boldsymbol{C}_b^n\boldsymbol{\omega}_{nb}^{b\times} + \boldsymbol{C}_b^n\delta\boldsymbol{\omega}_{nb}^{b\times} \tag{3.106}$$

从而

$$\dot{\boldsymbol{\varphi}}^{\times} = \boldsymbol{C}_b^n\delta\boldsymbol{\omega}_{nb}^{b\times}(\boldsymbol{C}_b^n)^{\mathrm{T}} \tag{3.107}$$

结合矢量运算 $(\boldsymbol{ab})^{\times} = \boldsymbol{ab}^{\times}\boldsymbol{a}^{\mathrm{T}}$ 可得

$$\dot{\boldsymbol{\varphi}} = \boldsymbol{C}_b^n\delta\boldsymbol{\omega}_{nb}^b \tag{3.108}$$

其中，$\delta\boldsymbol{\omega}_{nb}^b$ 为角速度的误差部分，即陀螺漂移误差，可记为

$$\delta\boldsymbol{\omega}_{nb}^b = [\varepsilon_x \quad \varepsilon_y \quad \varepsilon_z]^{\mathrm{T}} \tag{3.109}$$

2. **速度误差方程**

实际速度计算值由下式确定

$$\dot{\boldsymbol{v}}^c = \hat{\boldsymbol{C}}_b^n\tilde{\boldsymbol{f}}^b - (2\boldsymbol{\omega}_{\mathrm{ie}}^c + \boldsymbol{\omega}_{\mathrm{en}}^c)\times\boldsymbol{v}^c + \boldsymbol{g}^c \tag{3.110}$$

其中

$$\boldsymbol{v}^c = \boldsymbol{v}^n + \delta\boldsymbol{v}^n \tag{3.111}$$

$$\boldsymbol{\omega}_{\mathrm{ie}}^c = \boldsymbol{\omega}_{\mathrm{ie}}^n + \delta\boldsymbol{\omega}_{\mathrm{ie}}^n \tag{3.112}$$

$$\boldsymbol{\omega}_{\mathrm{en}}^c = \boldsymbol{\omega}_{\mathrm{en}}^n + \delta\boldsymbol{\omega}_{\mathrm{en}}^n \tag{3.113}$$

$$\boldsymbol{g}^c = \boldsymbol{g}^n + \delta\boldsymbol{g} \tag{3.114}$$

$$\hat{\boldsymbol{C}}_b^n = \boldsymbol{C}_n^{n'}\boldsymbol{C}_b^n = (\boldsymbol{I} - \boldsymbol{\varphi}^{\times})\boldsymbol{C}_b^n \tag{3.115}$$

$$\tilde{\boldsymbol{f}}^b = (\boldsymbol{I} + [\delta K_A])(\boldsymbol{I} + [\delta A])\boldsymbol{f}^b + \nabla^b \tag{3.116}$$

$$\boldsymbol{\varphi}^{\times} = \begin{bmatrix} 0 & -\varphi_{\mathrm{U}} & \varphi_{\mathrm{N}} \\ \varphi_{\mathrm{U}} & 0 & -\varphi_{\mathrm{E}} \\ -\varphi_{\mathrm{N}} & \varphi_{\mathrm{E}} & 0 \end{bmatrix} \tag{3.117}$$

$$[\delta K_A]=\mathrm{diag}[\delta K_{Ax} \quad \delta K_{Ay} \quad \delta K_{Az}] \tag{3.118}$$

$$[\delta A]=\begin{bmatrix} 0 & \delta A_z & -\delta A_y \\ -\delta A_z & 0 & \delta A_x \\ \delta A_y & -\delta A_x & 0 \end{bmatrix} \tag{3.119}$$

其中，φ_{E}、φ_{N}、φ_{U} 为姿态误差角；δK_{Ai} 和 $\delta A_i\,(i=x,y,z)$ 分别为加速度计的刻度系数误差和安装误差角。

此式减去速度的理想值方程，忽略 $\delta \boldsymbol{g}$ 的影响，并略去二阶小量，得

$$\delta \dot{\boldsymbol{v}}^n=-\boldsymbol{\varphi}^{\times}\boldsymbol{f}^n+\boldsymbol{C}_b^n([\delta K_A]+[\delta A])\boldsymbol{f}^b+\delta \boldsymbol{v}^n\times(2\boldsymbol{\omega}_{\mathrm{ie}}^n+\boldsymbol{\omega}_{\mathrm{en}}^n)+ \\ \boldsymbol{v}^n\times(2\delta\boldsymbol{\omega}_{\mathrm{ie}}^n+\delta\boldsymbol{\omega}_{\mathrm{en}}^n)+\nabla^n \tag{3.120}$$

其中

$$\boldsymbol{\omega}_{\mathrm{ie}}^n=\begin{bmatrix} 0 \\ \omega_{\mathrm{ie}}\cos L \\ \omega_{\mathrm{ie}}\sin L \end{bmatrix},\quad \delta\boldsymbol{\omega}_{\mathrm{ie}}^n=\begin{bmatrix} 0 \\ -\delta L\omega_{\mathrm{ie}}\sin L \\ \delta L\omega_{\mathrm{ie}}\cos L \end{bmatrix} \tag{3.121}$$

$$\boldsymbol{\omega}_{\mathrm{en}}^n=\begin{bmatrix} -\dfrac{v_{\mathrm{N}}}{R_{\mathrm{M}}+h} \\ \dfrac{v_{\mathrm{E}}}{R_{\mathrm{N}}+h} \\ \dfrac{v_{\mathrm{E}}}{R_{\mathrm{N}}+h}\tan L \end{bmatrix},\quad \delta\boldsymbol{\omega}_{\mathrm{en}}^n=\begin{bmatrix} -\dfrac{\delta v_{\mathrm{N}}}{R_{\mathrm{M}}+h}+\delta h\dfrac{v_{\mathrm{N}}}{(R_{\mathrm{M}}+h)^2} \\ \dfrac{\delta v_{\mathrm{E}}}{R_{\mathrm{N}}+h}-\delta h\dfrac{v_{\mathrm{E}}}{(R_{\mathrm{N}}+h)^2} \\ \dfrac{\delta v_{\mathrm{E}}}{R_{\mathrm{N}}+h}\tan L+\delta L\dfrac{v_{\mathrm{E}}}{R_{\mathrm{N}}+h}\sec^2 L-\delta h\dfrac{v_{\mathrm{E}}\tan L}{(R_{\mathrm{N}}+h)^2} \end{bmatrix} \tag{3.122}$$

代入得到

$$\delta\dot{v}_{\mathrm{E}}=\varphi_{\mathrm{U}}f_{\mathrm{N}}-\varphi_{\mathrm{N}}f_{\mathrm{U}}+T_{11}(\delta K_{Ax}f_x+\delta A_z f_y-\delta A_y f_x)+ \\ T_{12}(\delta K_{Ay}f_y-\delta A_z f_x+\delta A_x f_z)+T_{13}(\delta K_{Az}f_z+\delta A_y f_x-\delta A_x f_y)+ \\ \delta v_{\mathrm{E}}\frac{v_{\mathrm{N}}\tan L-v_{\mathrm{U}}}{R_{\mathrm{N}}+h}+\delta v_{\mathrm{N}}\left(2\omega_{\mathrm{ie}}\sin L+\frac{v_{\mathrm{E}}}{R_{\mathrm{N}}+h}\tan L\right)- \\ \delta v_{\mathrm{U}}\left(2\omega_{\mathrm{ie}}\cos L+\frac{v_{\mathrm{E}}}{R_{\mathrm{N}}+h}\right)+\delta L\left[2\omega_{\mathrm{ie}}(v_{\mathrm{U}}\sin L+v_{\mathrm{N}}\cos L)+\frac{v_{\mathrm{E}}v_{\mathrm{N}}}{R_{\mathrm{N}}+h}\sec^2 L\right]+ \\ \delta h\frac{v_{\mathrm{E}}v_{\mathrm{U}}-v_{\mathrm{E}}v_{\mathrm{N}}\tan L}{(R_{\mathrm{N}}+h)^2}+\nabla_{\mathrm{E}} \tag{3.123}$$

$$\begin{aligned}\delta\dot{v}_{\mathrm{N}} = & -\varphi_{\mathrm{U}} f_{\mathrm{E}} + \varphi_{\mathrm{E}} f_{\mathrm{U}} + T_{21}(\delta K_{Ax} f_x + \delta A_z f_y - \delta A_y f_x) + \\ & T_{22}(\delta K_{Ay} f_y - \delta A_z f_x + \delta A_x f_z) + T_{23}(\delta K_{Az} f_z + \delta A_y f_x - \delta A_x f_y) - \\ & \delta v_{\mathrm{E}}\left(2\omega_{\mathrm{ie}}\sin L + \frac{v_{\mathrm{E}}}{R_{\mathrm{N}}+h}\tan L\right) - \delta v_{\mathrm{N}}\frac{v_{\mathrm{U}}}{R_{\mathrm{M}}+h} - \delta v_{\mathrm{U}}\frac{v_{\mathrm{N}}}{R_{\mathrm{M}}+h} - \\ & \delta L\left(2v_{\mathrm{E}}\omega_{\mathrm{ie}}\cos L + \frac{v_{\mathrm{E}}^2}{R_{\mathrm{N}}+h}\sec^2 L\right) + \delta h\left[\frac{v_{\mathrm{N}} v_{\mathrm{U}}}{(R_{\mathrm{M}}+h)^2} + \frac{v_{\mathrm{E}}^2\tan L}{(R_{\mathrm{N}}+h)^2}\right] + \nabla_{\mathrm{N}}\end{aligned} \tag{3.124}$$

$$\begin{aligned}\delta\dot{v}_{\mathrm{U}} = & \varphi_{\mathrm{N}} f_{\mathrm{E}} - \varphi_{\mathrm{E}} f_{\mathrm{N}} + T_{31}(\delta K_{Ax} f_x + \delta A_z f_y - \delta A_y f_x) + \\ & T_{32}(\delta K_{Ay} f_y - \delta A_z f_x + \delta A_x f_z) + T_{33}(\delta K_{Az} f_z + \delta A_y f_x - \delta A_x f_y) + \\ & \delta v_{\mathrm{E}}\cdot 2\left(\omega_{\mathrm{ie}}\cos L + \frac{v_{\mathrm{E}}}{R_{\mathrm{N}}+h}\right) + \delta v_{\mathrm{N}}\frac{2v_{\mathrm{N}}}{R_{\mathrm{M}}+h} - \\ & \delta L\cdot 2v_{\mathrm{E}}\omega_{\mathrm{ie}}\sin L - \delta h\left[\frac{v_{\mathrm{N}}^2}{(R_{\mathrm{M}}+h)^2} + \frac{v_{\mathrm{E}}^2}{(R_{\mathrm{N}}+h)^2}\right] + \nabla_{\mathrm{U}}\end{aligned} \tag{3.125}$$

其中

$$\nabla_{\mathrm{E}} = T_{11}\nabla_x + T_{12}\nabla_y + T_{13}\nabla_z \tag{3.126}$$

$$\nabla_{\mathrm{N}} = T_{21}\nabla_x + T_{22}\nabla_y + T_{23}\nabla_z \tag{3.127}$$

$$\nabla_{\mathrm{U}} = T_{31}\nabla_x + T_{32}\nabla_y + T_{33}\nabla_z \tag{3.128}$$

3. 定位误差方程

$$\delta\dot{L} = \frac{\delta v_{\mathrm{N}}}{R_{\mathrm{M}}+h} - \delta h\frac{v_{\mathrm{N}}}{(R_{\mathrm{M}}+h)^2} \tag{3.129}$$

$$\delta\dot{\lambda} = \frac{\delta v_{\mathrm{E}}}{R_{\mathrm{N}}+h}\sec L + \delta L\frac{v_{\mathrm{E}}}{R_{\mathrm{N}}+h}\tan L\sec L - \delta h\frac{v_{\mathrm{E}}\sec L}{(R_{\mathrm{N}}+h)^2} \tag{3.130}$$

$$\delta\dot{h} = \delta v_{\mathrm{U}} \tag{3.131}$$

3.7.2　发射惯性系下系统的误差传播特性

1. 速度误差方程

$$\dot{\boldsymbol{v}}^n = \boldsymbol{C}_b^n\boldsymbol{f}^n + \boldsymbol{g}^n \tag{3.132}$$

微分可得

$$\delta\boldsymbol{v}^n = (\delta\boldsymbol{C}_b^n)\boldsymbol{f}^b + \boldsymbol{C}_b^n\delta\boldsymbol{f}^b + \delta\boldsymbol{g} \tag{3.133}$$

其中

$$\delta \boldsymbol{C}_b^n = \boldsymbol{\varphi}^{\times} \boldsymbol{C}_b^n \tag{3.134}$$

$$\delta \boldsymbol{f}^b = \Delta \boldsymbol{a} \tag{3.135}$$

$$\delta \boldsymbol{g} = [\delta g_x \quad \delta g_y \quad \delta g_z]^{\mathrm{T}} \tag{3.136}$$

展开得到

$$\begin{aligned} \delta \dot{v}_x = & -\varphi_z [T_{21} f_x + T_{22} f_y + T_{23} f_z] + \varphi_y [T_{31} f_x + T_{32} f_y + T_{33} f_z] + \\ & \delta g_x + T_{11} a_x + T_{12} a_y + T_{13} a_z \end{aligned} \tag{3.137}$$

$$\begin{aligned} \delta \dot{v}_y = & \varphi_z [T_{11} f_x + T_{12} f_y + T_{13} f_z] - \varphi_x [T_{31} f_x + T_{32} f_y + T_{33} f_z] + \\ & \delta g_x + T_{21} a_x + T_{22} a_y + T_{23} a_z \end{aligned} \tag{3.138}$$

$$\begin{aligned} \delta \dot{v}_z = & -\varphi_y [T_{11} f_x + T_{12} f_y + T_{13} f_z] + \varphi_x [T_{21} f_x + T_{22} f_y + T_{23} f_z] + \\ & \delta g_x + T_{31} a_x + T_{32} a_y + T_{33} a_z \end{aligned} \tag{3.139}$$

2. 定位误差方程

$$\begin{cases} \delta \dot{x} = \delta v_x \\ \delta \dot{y} = \delta v_y \\ \delta \dot{z} = \delta v_z \end{cases} \tag{3.140}$$

第 4 章　卫星导航技术

卫星导航技术是利用卫星发射的导航信号确定当前载体位置和速度的技术，它具有导航定位精度高、实时性好等特点。随着美国的全球导航定位系统(Global Position System,GPS)向全球用户免费开放，卫星导航系统已经对人们的生活产生了重要的影响。由于卫星导航定位系统的导航精度较高，其也被广泛应用于军事领域，特别是在飞行器导航系统中，卫星导航技术应用较多。下面以美国的 GPS 为例，介绍卫星导航系统的导航定位原理和相关的导航解算方法。

4.1　卫星导航原理

GPS(全球定位系统)采用多星、高轨、测距体制，以距离作为基本观测量，通过对 4 颗卫星同时进行距离测量，即可解算出接收机的位置。如图 4.1 所示，装在载体上的接收机同时测定 4 颗卫星的距离，方法是测量卫星发射电波至接收机接收到电波的时间差 τ，乘以光速 c 求得距离 ρ，即

$$\rho = c \cdot \tau = c(t_r - t_s) \tag{4.1}$$

式中，t_r 为接收机接收的时刻；t_s 为卫星发射电波的时刻。

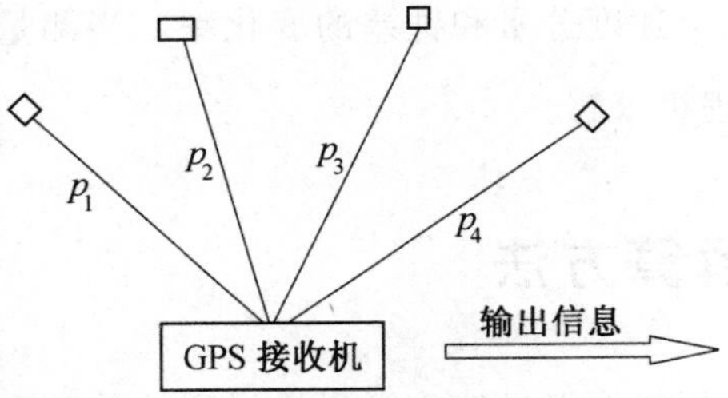

图 4.1　GPS 定位原理图

GPS 统一采用原子时系统，由于卫星钟和接收机时钟与 GPS 原子时不同步，都存在

钟差。设其分别为 Δt_s 和 Δt_r，实际测得的时间差包含有钟差的影响，为

$$\tau' = (t_r + \Delta t_r) - (t_s + \Delta t_s) \tag{4.2}$$

卫星钟差由 GPS 地面监控系统测定，并通过导航电文提供给用户，可以认为是已知值，所以实际测得的距离应为（已加卫星钟差改正）

$$\rho' = c\tau' = c(t_r - t_s) + c\Delta t_r = \rho + c\Delta t_r \tag{4.3}$$

它不是接收机到卫星的真实距离，故称为伪距观测值。

用 X_j、Y_j、Z_j 表示第 j 颗卫星在地球协议坐标系（WGS-84）中的直角坐标，它可以利用卫星发播的导航电文中给出的卫星位置信息经计算得到，可以认为是已知量。用 X、Y、Z 表示接收机在同一坐标系中的位置，与接收机钟差同为待求量，上式可写为

$$\rho' = \sqrt{(X - X_j)^2 + (Y - Y_j)^2 + (Z - Z_j)^2} + c\Delta t_r \tag{4.4}$$

式中共 4 个未知参数，只需对 4 颗卫星同步观测，获得 4 个伪距观测值，组成 4 个方程式即可解出接收机位置 (X,Y,Z) 和钟差 Δt_r。

GPS 系统除可提供三维位置和精密时间信息以外，还可以提供用户的三个速度分量。其基本原理是通过测量无线电波载频的多普勒频移，得到用户与 GPS 卫星间的伪距变化率，进而建立以下方程组来求解载体的速度信息

$$\dot{\rho}_i = \frac{(X - X_i)(\dot{X} - \dot{X}_i) - (Y - Y_i)(\dot{Y} - \dot{Y}_i) - (Z - Z_i)(\dot{Z} - \dot{Z}_i)}{(X - X_i)^2 + (Y - Y_i)^2 + (Z - Z_i)^2} - c\Delta\dot{t} \tag{4.5}$$

方程组中 X,Y,Z 为由伪距方程组解得的载体位置分量；X_i,Y_i,Z_i 以及 $\dot{X}_i,\dot{Y}_i,\dot{Z}_i$ 分别为 GPS 卫星的位置和速度分量，一般由接收机根据导航电文直接通过内部解算得到。方程组中的未知量为载体的三个速度分量和钟差的变化率。当测量时间很短时，可认为钟差变化率 $\Delta\dot{t} = 0$，以简化方程组求解。

4.2 卫星导航解算方法

卫星导航解算方法是指根据卫星接收机测量得到的伪距和载波相位值，来解算出当前的位置和速度的方法。采用较多的数值解算方法主要有最小二乘法和滤波方法，下面主要对最小二乘法（Least Square，LS）计算用户位置和速度的具体实现予以介绍。

4.2.1　位置解算

将伪距观测量方程和 LS 的状态观测方程相比，可知伪距方程是非线性方程，不能直接用LS方法解算，所以首先要将伪距方程线性化才能利用LS方法。在实际中，最常用的线性化方法是利用一阶泰勒级数展开。

假设用户的坐标和本地钟差有一个初始值 $\boldsymbol{x}_0=[x_0,y_0,z_0,b_0]$，那么基于这个起始值将伪距方程进行一阶泰勒级数展开就会得到

$$\tilde{\rho}_i(\boldsymbol{x}_u)=\rho_i(\boldsymbol{x}_0)+\left.\frac{\partial\rho_i}{\partial x_u}\right|_{x_0}(x_u-x_0)+\left.\frac{\partial\rho_i}{\partial y_u}\right|_{y_0}(y_u-y_0)+\left.\frac{\partial\rho_i}{\partial z_u}\right|_{z_0}(z_u-z_0)+\left.\frac{\partial\rho_i}{\partial b}\right|_{b_0}(b-b_0)+h.o.t.+n_{\rho_i} \tag{4.6}$$

其中，$i=1,2,\cdots,m$。这里 $h.o.t.$ 是高阶泰勒级数项。

$$\rho_i(\boldsymbol{x}_0)=\sqrt{(x_0-x_{s_i})^2+(y_0-y_{s_i})^2+(z_0-z_{s_i})^2}+cb_0 \tag{4.7}$$

$$\left.\frac{\partial\rho_i}{\partial x_u}\right|_{x_0}=-\frac{x_0-x_{s_i}}{\sqrt{(x_0-x_{s_i})^2+(y_0-y_{s_i})^2+(z_0-z_{s_i})^2}} \tag{4.8}$$

$$\left.\frac{\partial\rho_i}{\partial y_u}\right|_{y_0}=-\frac{y_0-y_{s_i}}{\sqrt{(x_0-x_{s_i})^2+(y_0-y_{s_i})^2+(z_0-z_{s_i})^2}} \tag{4.9}$$

$$\left.\frac{\partial\rho_i}{\partial z_u}\right|_{z_0}=-\frac{z_0-z_{s_i}}{\sqrt{(x_0-x_{s_i})^2+(y_0-y_{s_i})^2+(z_0-z_{s_i})^2}} \tag{4.10}$$

$$\left.\frac{\partial\rho_i}{\partial b}\right|_{b_0}=1 \tag{4.11}$$

$\rho_i(\boldsymbol{x}_0)$ 是用当前的位置、钟差和卫星位置算出的，往往被称为预测伪距量，注意将其与真实的伪距观测量区分开。此处下标 i 表示不同的卫星。

定义如下矢量

$$\boldsymbol{u}_i\triangleq\left[\left.\frac{\partial\rho_i}{\partial x_u}\right|_{x_0},\left.\frac{\partial\rho_i}{\partial y_u}\right|_{y_0},\left.\frac{\partial\rho_i}{\partial z_u}\right|_{z_0},1\right] \tag{4.12}$$

$$\mathrm{d}\boldsymbol{x}_0\triangleq[(x_u-x_0),(y_u-y_0),(z_u-z_0),(b-b_0)]^{\mathrm{T}} \tag{4.13}$$

其中，$\boldsymbol{u}_i$ 的前 3 个元素构成的矢量，这里记为 $\boldsymbol{DC}_i=\left[\left.\frac{\partial\rho_i}{\partial x_u}\right|_{x_0},\left.\frac{\partial\rho_i}{\partial y_u}\right|_{y_0},\left.\frac{\partial\rho_i}{\partial z_u}\right|_{z_0}\right]$，该矢量是从用户位置到卫星的单位方向矢量在 ECEF 坐标系中的表示。每一个卫星都有自己的方向

余弦矢量。后面会讲到该矢量还可以在其他坐标系中表示，但物理意义是一样的。

将式(4.6)稍作整理并略去高阶项得到

$$\tilde{\rho}_i(\boldsymbol{x}_u)-\rho_i(\boldsymbol{x}_0)=\boldsymbol{u}_i \triangle \mathrm{d}\boldsymbol{x}_0+u_{\rho_i} \tag{4.14}$$

其中，(•)意为矢量点乘。

式(4.14)中等号左边是用观测到的伪距量减去利用初始点预测的伪距量，一般把这个差称为伪距残差，用 $\delta\rho_i$ 来表示。伪距残差的数学表达式就如等号右边所示，可以看出伪距残差可以表示为线性方程的形式。但需要注意的是，这里的线性化只是在一阶泰勒级数意义上的近似。严格来说，式(4.14)中不能用等号，而只能用近似号。后面会提到，随着多次迭代，线性化的结果会越来越精确。

式(4.14)是对一个卫星的伪距观测量所做的线性化，对于 m 个观测量同时做线性化得到如下的矩阵形式

$$\delta\boldsymbol{\rho}=\boldsymbol{H}\mathrm{d}\boldsymbol{x}_0+\boldsymbol{n}_\rho \tag{4.15}$$

式中，$\delta\boldsymbol{\rho}=[\delta\rho_1,\delta\rho_2,\cdots,\delta\rho_m]$；$\boldsymbol{H}=[u_1^{\mathrm{T}},u_2^{\mathrm{T}},\cdots,u_m^{\mathrm{T}}]^{\mathrm{T}}$；$\boldsymbol{n}_\rho=[u_{\rho_1},u_{\rho_2},\cdots,u_{\rho_m}]^{\mathrm{T}}$。

LS 的解为

$$\mathrm{d}\boldsymbol{x}_0=(\boldsymbol{H}^{\mathrm{T}}\boldsymbol{H})^{-1}\boldsymbol{H}^{\mathrm{T}}\delta\boldsymbol{\rho} \tag{4.16}$$

上式得到的是通过一次线性化后初始点和真实点之间的修正量，将这个修正量用来更新初始点，得到修正后的解，即

$$\boldsymbol{x}_1=\boldsymbol{x}_0+\mathrm{d}\boldsymbol{x}_0 \tag{4.17}$$

然后再用 $\boldsymbol{x}_1$ 作为初始点来重复式(4.7)～式(4.17)的过程，得到新的修正量 $\mathrm{d}\boldsymbol{x}_1$ 来更新上一次的解。

上述过程用通用的方式来描述，对第 k 次更新来说，其过程为

$$\mathrm{d}\boldsymbol{x}_{k-1}=(\boldsymbol{H}_{k-1}^{\mathrm{T}}\boldsymbol{H}_{k-1})^{-1}\boldsymbol{H}_{k-1}^{\mathrm{T}}\delta\boldsymbol{\rho}_{k-1} \tag{4.18}$$

$$\boldsymbol{x}_k=\boldsymbol{x}_{k-1}+\mathrm{d}\boldsymbol{x}_{k-1} \tag{4.19}$$

在式(4.16)中，$\boldsymbol{H}$ 和 $\delta\boldsymbol{\rho}$ 都被加上了下标，是因为每一次更新 $\boldsymbol{x}_k$ 以后都要重新计算每颗卫星的方向余弦矢量和其对应的伪距残差。更新终结的条件是通过判断 $\|\mathrm{d}\boldsymbol{x}_k\|$，即

$$\|\mathrm{d}\boldsymbol{x}_k\|<\text{预定门限} \tag{4.20}$$

其中，预定门限是预先设定的一个阈值，当 $\|\mathrm{d}\boldsymbol{x}_k\|$ 小于该阈值时，就认为可以停止更新

了。一般来说，如果设置初始点为地心，那么只需要迭代约 5 次就能收敛到满意的精度。随着迭代次数的增加，$\|\mathrm{d}\boldsymbol{x}_k\|$ 的值越来越小，式(4.13) 的线性化的精度就越来越高。

在迭代中间的时刻，$\|\mathrm{d}\boldsymbol{x}_k\|$ 的值可以非常小，比如小于 1 cm。这里需要注意的是，这并不意味着得到的用户的位置和钟差的误差已经小于1 cm了。$\|\mathrm{d}\boldsymbol{x}_k\|$ 的收敛只是意味着我们已经找到了使 Least Square 的代价函数最小的解，并不是说代价函数已经趋近于零，所以用户的位置和钟差的误差还可能比较大。因此，试图通过增大迭代次数的方法来提高解的精度是行不通的。关于位置和钟差的误差在后续几何精度因子的内容中还要进一步说明。

另外，需要提出的是，这里提出的迭代法只是牛顿迭代法，它是数值计算方法的一种，不要将其和 RLS(Recursive Least Square) 方法相混。

4.2.2　速度解算

在本节利用 Least Square 方法来求解用户的速度。

假设接收机能获取 m 颗卫星的多普勒观测量，可得

$$\begin{cases} f_{d_1} = \boldsymbol{DC}_1 \cdot (v_{s_1} - \boldsymbol{v}_u) + c\dot{b} + n_{d_1} \\ f_{d_2} = \boldsymbol{DC}_2 \cdot (v_{s_2} - \boldsymbol{v}_u) + c\dot{b} + n_{d_2} \\ \vdots \\ f_{d_m} = \boldsymbol{DC}_m \cdot (v_{s_m} - \boldsymbol{v}_u) + c\dot{b} + n_{d_m} \end{cases} \tag{4.21}$$

式中，f_{d_m} 是第 m 颗卫星的多普勒观测量，单位是 m/s；$\boldsymbol{DC}_m$ 是第 m 颗卫星的方向余弦矢量，该矢量由位置求解的过程提供，一般是当迭代收敛时得到的；v_{s_m} 是第 m 颗卫星的速度，可以通过公式解算出来。

式(4.21) 中共有 4 个待解的未知量，分别为用户的速度矢量 $\boldsymbol{v}_u = [\dot{x}_u, \dot{y}_u, \dot{z}_u]^{\mathrm{T}}$ 和钟漂 $c\dot{b}$，为以下描述方便，统一用一个矢量 $\dot{\boldsymbol{x}}_u = [\dot{x}_u, \dot{y}_u, \dot{z}_u, c\dot{b}]^{\mathrm{T}}$ 表示。

将式(4.21) 中的卫星速度项稍做整理，移到等号左边得到

$$\begin{cases} f_{d_1} - \boldsymbol{DC}_1 \cdot \boldsymbol{v}_{s_1} = -\boldsymbol{DC}_1 \cdot \boldsymbol{v}_u + c\dot{b} + n_{d_1} \\ f_{d_2} - \boldsymbol{DC}_2 \cdot \boldsymbol{v}_{s_2} = -\boldsymbol{DC}_2 \cdot \boldsymbol{v}_u + c\dot{b} + n_{d_2} \\ \vdots \\ f_{d_m} - \boldsymbol{DC}_m \cdot \boldsymbol{v}_{s_m} = -\boldsymbol{DC}_m \cdot \boldsymbol{v}_u + c\dot{b} + n_{d_m} \end{cases} \tag{4.22}$$

式(4.22)很容易理解：GPS卫星作为高速运动的飞行器，其高速的运动贡献了多普勒频移中的大部分，所以必须将这部分去掉，然后剩下的部分将完全由用户的运动和本地钟漂决定。当然，噪声项依然保留其中。一般把 $f_{d_1} - \boldsymbol{DC}_1 \cdot \boldsymbol{v}_{s_1}$ 称为线性化的多普勒观测量。

当用户静止不动时，因为

$$(-\boldsymbol{DC}_i \cdot \boldsymbol{v}_u) = 0, \quad (i = 1, \cdots, m) \tag{4.23}$$

则式(4.22)右边完全由本地钟漂和噪声项决定。本地钟漂对所有卫星的观测量来说是一个公共项，而噪声项相对来说比较小，所以此时如果我们在同一时刻对多颗卫星的线性化的多普勒观测量进行观测，会发现它们的值非常接近。这一特性在实际系统调试时非常有用。

如果定义

$$\boldsymbol{f}'_d \triangleq \begin{bmatrix} f_{d_1} - \boldsymbol{DC}_1 \cdot v_{s_1} = -\boldsymbol{DC}_1 \cdot \boldsymbol{v}_u + c\dot{b} + n_{d_1} \\ f_{d_2} - \boldsymbol{DC}_2 \cdot v_{s_2} = -\boldsymbol{DC}_2 \cdot \boldsymbol{v}_u + c\dot{b} + n_{d_2} \\ \vdots \\ f_{d_m} - \boldsymbol{DC}_m \cdot v_{s_m} = -\boldsymbol{DC}_m \cdot \boldsymbol{v}_u + c\dot{b} + n_{d_m} \end{bmatrix}, \quad \boldsymbol{H} \triangleq \begin{bmatrix} u_1 \\ u_2 \\ \vdots \\ u_m \end{bmatrix}, \quad \boldsymbol{u}_d \triangleq \begin{bmatrix} n_{d_1} \\ n_{d_2} \\ \vdots \\ n_{d_m} \end{bmatrix} \tag{4.24}$$

则(4.22)可以写成矩阵的形式，即

$$\boldsymbol{f}'_d = \boldsymbol{H}\boldsymbol{x}_u + \boldsymbol{n}_d \tag{4.25}$$

通过对比，会发现式(4.23)已经是标准的状态观测方程了。式(4.25)是线性方程，所以对其求解和对位置的解算不同，速度解算无须迭代，可以直接用 Least Square 方法求解

$$\dot{x}_u = (\boldsymbol{H}^{\mathrm{T}}\boldsymbol{H})^{-1}\boldsymbol{H}^{\mathrm{T}}\boldsymbol{f}'_d \tag{4.26}$$

上式体现的$(\boldsymbol{H}^{\mathrm{T}}\boldsymbol{H})^{-1}\boldsymbol{H}^{\mathrm{T}}$ 的性质在此处依然成立，所以所有多普勒观测量中的公共误差项都不会影响用户速度的解算，而只会影响钟漂的解算。

由此可以看出，在接收机内部利用LS方法进行PVT求解时，一般的顺序是先运用牛顿迭代法求得用户的位置和钟差，然后再利用在该过程中得到的卫星方向余弦矢量形成$\boldsymbol{H}$矩阵，同时从多普勒观测量扣除卫星运动速度得到线性化的多普勒观测量，最后利用式(4.26)求得用户的速度和钟漂。

4.3　卫星导航误差来源分析

GPS定位系统的定位精度受到许多误差源的影响，其主要误差源来自6个方面：

(1)选择可用性(SA)误差：美国为安全起见，人为引入到卫星星历中的误差。这种类型的伪距误差大约是30 m。PPS用户具有完全消除这些误差的能力。

(2)电离层滞后：由于电离层效应导致信号传播延迟而引起的观测值的误差。电离层中存在自由电子，GPS信号在电离层中传播时将产生延迟，延迟值与沿卫星和用户接收机视线方向上的电子密度有关，在垂直方向上延迟值所引起的误差典型情况下为白天20～30 m、晚间3～6 m，在低仰角情况下可能是9～45 m。采用双频接收机可以绝大部分消除这种误差的影响。

(3)对流层滞后：由低层大气引起的信号传播延迟，即电磁波信号通过对流层时其传播速度不同于真空中光速所引起的，分干大气分量和湿大气分量，当卫星仰角较低时该延迟可达30 m。这些误差是一致且可建模的。折射指数的变化对低轨卫星可引起参考站与用户间1～3 m的误差。

(4)多径误差：由于反射信号进入接收机天线引起的观测误差。当天线附近有较大的反射面时，多径误差的影响较大。在极端情况下，对测距的影响可达15 m或更大。

(5)星历误差：实际卫星的位置与卫星轨道数据预报的位置之间的差。通常情况下大约只有3 m，但在SA作用下可达30 m。由于是GPS所播发的卫星位置不正确产生的，对于不同的用户在不同的角度观测同一颗卫星时，星历误差对于测量的影响是不一样的，因此计算得到的位置也就不同。这就意味着两台接收机同时跟踪某一特定的卫星并不能完全消除星历误差。

(6)卫星钟差:卫星时钟时间与卫星数据预告时间的差。地面监控站建立修正量并送至星上数据信息包中,用户读出这些数据,校准授时信号。由于 GPS 是基于单程测距,它主要取决于预报的卫星钟,卫星钟差对 C/A 码用户和 P 码用户是相同的。

4.4 差分卫星导航原理

减少 GPS 测量误差显然是提高 GPS 定位精度的措施之一,而差分 GPS(DGPS)是一种应用广泛并且又行之有效的降低甚至消除各种 GPS 测量误差的方法。按定位精度而言,差分 GPS 至少可达到 GPS 精密定位服务这一水平。

差分 GPS 的基本工作原理主要是依据卫星时钟误差、卫星星历误差、电离层延时与对流层延时所具有的空间相关性和时间相关性这一事实。对于处在同一地域内的不同接收机,它们的 GPS 测量值中所包含的上述 4 种误差成分近似相等或者高度相关。人们通常将其中的一个接收机作为参考之用,并称该接收机所在地为基准站(或基站),而该接收机也就常称为基准站接收机。基准站接收机的位置是预先精确知道的,这样人们就可以准确计算从卫星到基准站接收机的真实几何距离。如果将基准站接收机对卫星的距离测量值与这一真实几何距离相比较,那么它们两者的差异就等于基准站接收机对这一卫星的测量误差。由于在同一时刻、同一地域内的其他接收机对同一卫星的距离测量值有相关或相近的误差,如果基准站将其接收机的测量误差通过电波发射台播送给流动站(即用户)接收机,那么流动站就可以利用接收到的基准站接收机的测量误差来校正流动站接收机对同一卫星的距离测量值,从而提高流动站接收机的测量和定位的精度,这就是差分 GPS 的基本工作原理。人们通常将这种由基准站播发的、用来降低甚至消除流动站 GPS 测量误差的校正量称为差分校正量。

很明显,流动站接收机离基准站接收机越接近,同一卫星信号到这两个接收机的传播途径也越接近,两接收机之间测量误差的相关性通常就越强,差分系统的工作效果随之就越好。人们通常将这个流动站与基准站之间的距离称为基线长度。例如,一个局域差分系统的基线长通常在 20～100 km 之内。

同一卫星的时钟偏差对不同的接收机来说是相同的,故差分技术基本上能全部消除卫星时钟偏差。美国政府停止实行SA政策的一个技术上的考虑，就是出于差分技术能消除卫星时钟SA干扰对GPS测量的影响。卫星钟差变化相当缓慢，大致以1～2 mm/s的速度变化。

卫星星历误差存在着很强的空间和时间相关性。如果流动站接收机离基准站的距离（即基准线长度）为100 km，那么这一距离对于运行高度约为20 200 km的中轨卫星来说，只相当于角度为0.3°的信号传播路径差别，因而卫星空间位置误差在这两个十分相近的传播路径上的投影差别也很小。

若电离层与对流层相对稳定，则它们的延时随时间变化的幅度小而缓慢。对于角度差别只有0.3°的不同信号传播路径，它们的延时均具有高度的空间相关性。例如，在相距100 km的情况下，基准站和流动站所受到的电离层延时差异大致只在3 cm这一量级。这样，对于单频接收机而言，差分是一种降低电离层延时误差极其有效的手段。电离层延时还具有良好的时间相关性，它基本上在24 h内只完成一个周期的变化。然而，如果电离层不稳定，例如近几年来所发现的“电离层风暴”，那么电离层延时的相关性和差分技术的基本假设就遭到破坏，以致威胁到差分系统的性能。

对于高仰角卫星而言，两个不同信号传播途径方向上的对流层延时差异大致与基线长度成正比。当基线长度为100 km时，不同方向上的对流层延时差异在2 cm这一量级。当流动站与基准站处在不同高度时，差分后的对流层延时误差会增大至米级。当局部气流稳定时，对流层延时的时间相关性较高，但在气流变动激烈特别是对低仰角卫星来讲，对流层延时在每分钟内的变化量可达米级。

多路径情况在基准站与流动站两处可能完全不同，也就是说多路径的空间相关性较弱，但它有时可呈几分钟的时间相关性。不同接收机之间的接收机噪声通常不呈任何相关性，并且同一接收机中的接收机噪声在时间上也不相关，而是呈一种变化很快的随机噪声。因此，多路径与接收机噪声对GPS测量值的影响不能通过差分得到改善；相反，由它们两者所引起的基准站接收机测量误差会错误地成为差分校正值的一部分而播发给各个流动站接收机，从而使得流动站接收机的这两部分测量误差不减反增。考虑到接收机噪声通常比多路径误差小，于是多路径成为差分系统特别是短基线、基于载波相位测量值的差分系统的主要误差源。为了降低基准站接收机的多路径效应与接收机噪声，基准站一般配备高性能 GPS 接收机和高性能天线，并且接收机天线又通常安装在地势高而开阔的位置上。

4.5 差分卫星导航解算方法

根据差分基准站发送的信息方式的不同，可将差分定位分为 4 类，即位置差分；伪距差分；相位平滑伪距差分；相位差分。这 4 类差分方式的工作原理是相同的，即都是由基准站发送改正数、由用户站接收并对其测量结果进行改正，以获得精确的定位结果。所不同的是，发送改正数的具体内容不一样，其差分定位精度也不同。下面将分别叙述各类差分方式的工作原理。

4.5.1 位置差分

安装于基准站上的卫星导航接收机，同步观测 4 颗以上的卫星，按照静态定位方法，便可解算出它的三维坐标。由于伪距观测量中含有卫星钟钟差、基准站钟差、大气层的折射影响等多种误差，故采用解算出的基准站的三维坐标值与已知的（比如预先通过精密天文测量，或大地测量确定的）观测站三维坐标值是不一样的。设已知坐标值为精确值，则接收机解算值对其存在的位置误差为

$$\begin{cases}\Delta x = x_0 - x_b \\ \Delta y = y_0 - y_b \\ \Delta z = z_0 - z_b\end{cases} \tag{4.27}$$

式中，$(x_b, y_b, z_b)^T$ 为基准站接收机观测计算出的基准站坐标值；$(x_0, y_0, z_0)^T$ 为基准站 T_0 的已知精确坐标值；$(\Delta x, \Delta y, \Delta z)^T$ 为基准站坐标计算值的改正数，它通过基准站发送的数据链传给用户。

设动态用户的接收机天线为 T_i，它通过数据链，接收到基准站 T_0 的坐标改正数，并对动态用户 T_i 所计算出的本身坐标值 (x_{im}, y_{im}, z_{im}) 进行改正

$$\begin{cases}x_i = x_{im} + \Delta x \\ y_i = y_{im} + \Delta y \\ z_i = z_{im} + \Delta z\end{cases} \tag{4.28}$$

由于动态用户 T_i 和GPS卫星相对于协议地球坐标系存在相对运动，若进一步考虑到位置改正数的动态变化，则有

$$\begin{cases} x_i = x_{im} + \Delta x + \dfrac{\mathrm{d}\Delta x}{\mathrm{d}t}(t - t_0) \\ y_i = y_{im} + \Delta y + \dfrac{\mathrm{d}\Delta y}{\mathrm{d}t}(t - t_0) \\ z_i = z_{im} + \Delta z + \dfrac{\mathrm{d}\Delta z}{\mathrm{d}t}(t - t_0) \end{cases} \tag{4.29}$$

式中，t_0 为校正参考时刻。

使用基准站 T_0 的位置改正数去修正动态用户 T_i 的位置计算值，以求得比较精确的动态用户的位置坐标，此即是位置差分的基本工作原理。这种差分方式的优点是计算方法简单，只需在要解算的坐标中加进改正数即可，这对卫星导航接收机的要求不高，甚至最简单的接收机都能适用。但是，位置差分要求运动载体和基准站要能同时观测同一组卫星，故载体相对于基准站的运动范围受到限制（100 km 以内）。

4.5.2　测码伪距差分

伪距差分是目前用途最广的一种技术，几乎所有的商用差分 GPS 接收机均采用这种技术。国际海事无线电委员会推荐的 RTCM SC－104 也采用了这种技术。

在基准站上的接收机要求得它至可见卫星的距离，并将此计算出的距离与含有误差的测量值加以比较。利用一个 $\alpha - \beta$ 滤波器将此差值滤波并求出其偏差。然后将所有卫星的测距误差传输给用户，用户利用此测距误差来改正测量的伪距。最后，用户利用改正后的伪距求解出本身的位置，就可消去公共误差，提高定位精度。

基准站的接收机测量出全部卫星的伪距 ρ^i 和收集全部卫星的星历文件。计算出各个卫星的地心坐标（X^j, Y^j, Z^j），同时，可采用各种方法精确求出基准站的地心坐标（X_b，Y_b，Z_b）。这样，利用每一时刻计算的卫星地心坐标和基准站的已知地心坐标反求出每一时刻到基准站的真实距离 R_b^j，即

$$R_b^j = \sqrt{(X^j - X_b)^2 + (Y^j - Y_b)^2 + (Z^j - Z_b)^2} \tag{4.30}$$

式中，上标 j 表示第 j 颗卫星，下同。

设基准站接收机测得至第 j 颗卫星的伪距为

$$\rho_b^j = R_b^j + c(\mathrm{d}T_b - \mathrm{d}t^j) + \mathrm{d}\rho_b^j + d_{\mathrm{bion}}^j + d_{\mathrm{btrop}}^j \tag{4.31}$$

式中　ρ_b^j—— 基准站接收机在时元 t 测得的基准站第 j 颗卫星的伪距；

R_b^j—— 基准站在时元 t 至第 j 颗卫星的真实距离；

$\mathrm{d}t^j$—— 第 j 颗 GPS 卫星时钟相对于系统时的偏差；

$\mathrm{d}T_b$—— 基准站接收机时钟相对于系统时的偏差；

$\mathrm{d}\rho_b^j$——GPS 卫星星历误差在基准站引起的距离偏差；

d_{bion}^j—— 电离层时延在基准站引起的距离偏差；

d_{btrop}^j—— 对流层时延在基准站引起的距离偏差。

c—— 电磁波传播速度。

根据上面的伪距公式，可以求出伪距的改正数为

$$\Delta\rho_b^j = R_b^j - \rho_b^j = -c(\mathrm{d}T_b - \mathrm{d}t^j) - \mathrm{d}\rho_b^j - d_{\mathrm{bion}}^j - d_{\mathrm{btrop}}^j \tag{4.32}$$

对于动态用户而言，动态接收机也对第 j 颗卫星作伪距测量，其观测值为

$$\rho_k^j = R_k^j + c(\mathrm{d}T_k - \mathrm{d}t^j) + \mathrm{d}\rho_k^j + d_{\mathrm{kion}}^j + d_{\mathrm{ktrop}}^j \tag{4.33}$$

式中各符号与式(4.31)中意义相似，只是 k 表示动态用户。动态接收机在测量伪距的同时，接受来自基准站接收机的伪距改正值并改正自己测得的伪距

$$\rho_k^j + \Delta\rho_b^j = R_k^j + c(\mathrm{d}T_k - \mathrm{d}T_b) + (\mathrm{d}\rho_k^j - \mathrm{d}\rho_b^j) + (d_{\mathrm{kion}}^j - d_{\mathrm{bion}}^j) + (d_{\mathrm{ktrop}}^j - d_{\mathrm{btrop}}^j) \tag{4.34}$$

比较式(4.33)和式(4.34)可知，消除了卫星时钟偏差引起的距离误差，且当基准站与用户站距离在 100 km 以内时可以认为

$$\mathrm{d}\rho_k^j = \mathrm{d}\rho_b^j,\quad d_{\mathrm{kion}}^j = d_{\mathrm{bion}}^j,\quad d_{\mathrm{ktrop}}^j = d_{\mathrm{btrop}}^j$$

则有

$$\rho_k^j + \Delta\rho_b^j = R_b^j + c(\mathrm{d}T_k - \mathrm{d}T_b) = \sqrt{(X^j - X_k)^2 + (Y^j - Y_k)^2 + (Z^j - Z_k)^2} + d \tag{4.35}$$

其中，

$d = c(\mathrm{d}T_k - \mathrm{d}T_b)$；

X^j, Y^j, Z^j—— 第 j 颗 GPS 卫星在时元 t 的在轨位置；

X_k, Y_k, Z_k—— 动态用户的 GPS 信号接收天线在时元 t 的三维位置。

将式(4.35)按泰勒公式展开并取一次项线性化后得

$$\rho_{\mathrm{k}}^{j}+\Delta\rho_{\mathrm{b}}^{j}=D_{j0}-\frac{X^{j}(t)-X_{\mathrm{k0}}}{D_{j0}(t)}\cdot\Delta X_{\mathrm{k}}-\frac{Y^{j}(t)-Y_{\mathrm{k0}}}{D_{j0}(t)}\cdot\Delta Y_{\mathrm{k}}-\frac{Z^{j}(t)-Z_{\mathrm{k0}}}{D_{j0}(t)}\cdot\Delta Z_{\mathrm{k}}+d \tag{4.36}$$

其中，$D_{j0}=\sqrt{(X^{j}(t)-X_{\mathrm{k0}})^{2}+(Y^{j}(t)-Y_{\mathrm{k0}})^{2}+(Z^{j}(t)-Z_{\mathrm{k0}})^{2}}$；$X_{\mathrm{k0}},Y_{\mathrm{k0}},Z_{\mathrm{k0}}$ 为动态用户的初始或近似三维坐标；$\Delta X_{\mathrm{k}},\Delta Y_{\mathrm{k}},\Delta Z_{\mathrm{k}}$ 为动态用户在时元 t 的三维坐标改正值，此时动态用户在时元 t 的三维坐标是

$$\begin{cases}X_{\mathrm{k}}(t)=X_{\mathrm{k0}}+\Delta X_{\mathrm{k}}(t)\\ Y_{\mathrm{k}}(t)=Y_{\mathrm{k0}}+\Delta Y_{\mathrm{k}}(t)\\ Z_{\mathrm{k}}(t)=Z_{\mathrm{k0}}+\Delta Z_{\mathrm{k}}(t)\end{cases} \tag{4.37}$$

当同步观测了 4 颗 GPS 卫星后，可列出 4 个被线性化的方程，联立后可以解得

$$[\Delta X_{\mathrm{k}}(t)\quad \Delta Y_{\mathrm{k}}(t)\quad \Delta Z_{\mathrm{k}}(t)\quad d(t)]^{\mathrm{T}}=\boldsymbol{A}^{-1}(t)\boldsymbol{B}(t) \tag{4.38}$$

其中

$$\boldsymbol{A}(t)=\begin{bmatrix}\dfrac{X^{1}(t)-X_{\mathrm{k0}}}{D_{10}(t)} & \dfrac{Y^{1}(t)-Y_{\mathrm{k0}}}{D_{10}(t)} & \dfrac{Z^{1}(t)-Z_{\mathrm{k0}}}{D_{10}(t)} & -1\\ \dfrac{X^{2}(t)-X_{\mathrm{k0}}}{D_{20}(t)} & \dfrac{Y^{2}(t)-Y_{\mathrm{k0}}}{D_{20}(t)} & \dfrac{Z^{2}(t)-Z_{\mathrm{k0}}}{D_{20}(t)} & -1\\ \dfrac{X^{3}(t)-X_{\mathrm{k0}}}{D_{30}(t)} & \dfrac{Y^{3}(t)-Y_{\mathrm{k0}}}{D_{30}(t)} & \dfrac{Z^{3}(t)-Z_{\mathrm{k0}}}{D_{30}(t)} & -1\\ \dfrac{X^{4}(t)-X_{\mathrm{k0}}}{D_{40}(t)} & \dfrac{Y^{4}(t)-Y_{\mathrm{k0}}}{D_{40}(t)} & \dfrac{Z^{4}(t)-Z_{\mathrm{k0}}}{D_{40}(t)} & -1\end{bmatrix} \tag{4.39}$$

$$\boldsymbol{B}(t)=\begin{bmatrix}D_{10}-\rho_{\mathrm{k}}^{1}-\Delta\rho_{\mathrm{b}}^{1}\\ D_{20}-\rho_{\mathrm{k}}^{2}-\Delta\rho_{\mathrm{b}}^{2}\\ D_{30}-\rho_{\mathrm{k}}^{3}-\Delta\rho_{\mathrm{b}}^{3}\\ D_{40}-\rho_{\mathrm{k}}^{4}-\Delta\rho_{\mathrm{b}}^{4}\end{bmatrix} \tag{4.40}$$

因为伪距校正值是由基准站在时间上离散地发送的，而且卫星运动会引起伪距误差的变化(在基准站各次发送之间变化很大)，所以，发送的误差校正值为

$$\Delta\rho_{\mathrm{b}}^{j}(t_{m})=R_{\mathrm{b}}^{j}(t_{m})-\rho_{\mathrm{b}}^{j}(t_{m}) \tag{4.41}$$

只有在计算出校正值的瞬间才是精确的。为了使用户接收机能够补偿这种运动，差

分站还发送伪距速率校正值 $\Delta\dot{\rho}_b^j(t_m)$。用户接收机随后调整伪距校正，以便与它自己的伪距测量时间 t 相对应，即

$$\Delta\rho_b^j(t) = \Delta\rho_b^j(t_m) + \Delta\dot{\rho}_b^j(t_m) \cdot (t - t_m) \tag{4.42}$$

然后，计算校正后的用户接收机伪距

$$\rho_{\mathrm{kcor}}^j(t) = \rho_k^j(t) + \Delta\rho_b^j(t) \tag{4.43}$$

再进行解算。

这种差分的优点在于：基准站接收机所发送的差分改正数，是所有在视卫星的伪距校正值。用户只需选用其中任意 4 颗以上卫星伪距校正值进行改正，即可实现差分定位。这种改正数能够提供 $\Delta\rho_b^j$ 和 $\Delta\dot{\rho}_b^j$，这使得在未得到改正数的空隙内，继续进行精密定位。

4.5.3　相位平滑伪距差分

接收机除了提供伪距测量外，稍加改进，可同时提供载波相位测量。由于载波相位的测量精度比码相位的测量精度高 2 个数量级，因此，如果能获得载波整周数，就可以获得近乎无噪声的伪距测量。一般情况下，无法获得载波整周数，但能获得载波多普勒频率计数。实际上，载频多普勒计数测量反映了载波相位变化信息，即反映了伪距变化率的测量。在接收机中一般利用这一信息作为用户的速度估计。考虑到载频多普勒测量的高精度，并且精确地反映了伪距变化，因此若能利用这一信息来辅助码伪距测量就可以获得比单独采用测距码伪距测量更高的精度。这一思想也称为相位平滑伪距测量。

根据之前论述的测码伪距差分，并简化表示符号，伪距和相位的观测方程为

$$\rho^j = R_k^j + c\mathrm{d}\tau + \upsilon_1 \tag{4.44}$$

$$\lambda(\varphi^j + N^j) = R_k^j + c\mathrm{d}\tau + \upsilon_2 \tag{4.45}$$

式中，ρ^j 为经差分改正后的用户站到卫星的伪距；$\mathrm{d}\tau$ 为钟差；φ^j 为载波相位观测值；N^j 为整周相位模糊度；λ 为波长；R_k^j 为用户站至卫星的真实距离，其中包括用户站的三维坐标；υ_1、υ_2 为接收机的测量噪声。

式(4.45) 中包含着相位模糊度 N^j。由于 N^j 的求解是相当困难的，无法直接将绝对值 N^j 用于动态测量。因此采用历元间的相位变化量来平滑伪距。

取 t_1、t_2 两时刻的相位观测量之差

$$\delta\rho^j(t_1,t_2)=\lambda[\varphi^j(t_2)-\varphi^j(t_1)]=$$

$$R_k^j(t_2)-R_k^j(t_1)+c\mathrm{d}\tau(t_2)-c\mathrm{d}\tau(t_1)+\upsilon'_2 \tag{4.46}$$

式中，整周相位模糊度消除了。若基准站与用户站相距不太远，相位测量的噪声电平为毫米量级，所以相对伪距观测而言，可视 $\upsilon'_2=0$。

此时，在 t_2 时刻的伪距观测量为

$$\rho^j(t_2)=R_k^j(t_2)+c\mathrm{d}\tau(t_2)+\upsilon_1 \tag{4.47}$$

将式(4.46) 代入式(4.47) 中，得

$$\rho^j(t_2)=R_k^j(t_1)+c\mathrm{d}\tau(t_1)+\delta\rho^j(t_1,t_2)+\upsilon_1 \tag{4.48}$$

考虑到差分伪距观测量的噪声呈高斯白噪声，均值为零，则由式(4.48)，可由 t_2 时刻差分伪距观测量经相位变化量回推 t_1 时刻的差分伪距观测量为

$$\rho^j(t_1)=\rho^j(t_2)-\delta\rho^j(t_1,t_2) \tag{4.49}$$

由式(4.49) 看出，我们可以由不同时刻的相位差回推求出 t_1 时刻的伪距值。假定有 k 个历元的观测值 $\rho^j(t_1),\rho^j(t_2),\cdots,\rho^j(t_k)$，利用相位观测量可求出从 t_1 到 t_k 的相位差值：$\delta\rho^j(t_1,t_2),\delta\rho^j(t_1,t_3),\cdots,\delta\rho^j(t_1,t_k)$。利用上述两个差可求出 t_1 时刻 k 个伪距观测量

$$\begin{cases}\rho^j(t_1)=\rho^j(t_1)\\ \rho^j(t_1)=\rho^j(t_2)-\delta\rho^j(t_1,t_2)\\ \vdots\\ \rho^j(t_1)=\rho^j(t_k)-\delta\rho^j(t_1,t_k)\end{cases} \tag{4.50}$$

对所有推求值取平均，得到 t_1 时刻的伪距平滑值为

$$\overline{\rho^j(t_1)}=\frac{1}{k}\sum\rho^j(t_1) \tag{4.51}$$

式(4.51) 为相位平滑的伪距观测量，大大减小了噪声电平。每时刻的噪声都服从于以上假设的分布，且其方差记为 $\sigma^2(\rho)$，则差分伪距平滑值的误差方差为

$$\sigma^2(\bar{\rho})=\frac{1}{k}\sigma^2(\rho) \tag{4.52}$$

求得 t_1 时刻的平滑值后，可推得其他各时刻的平均值

$$\overline{\rho^j(t_k)}=\overline{\rho^j(t_1)}+\delta\rho^j(t_1,t_k) \tag{4.53}$$

以上的推导适用于数据的后处理。为实时应用采用另一种平滑形式，即类似于滤波

的形式。

设起始条件$\overline{\rho^j(t_1)}=\rho^j(t_1)$，则可推得

$$\overline{\rho^j(t_k)}=\frac{1}{k}\rho^j(t_k)+\frac{k-1}{k}\left[\overline{\rho^j(t_{k-1})}+\delta\rho^j(t_{k-1},t_k)\right] \tag{4.54}$$

式(4.54)可理解为相位平滑的差分伪距值是直接差分伪距观测量与推算量的加权平均。

因为对各颗卫星的伪距观测是等精度的，则求解点位时观测方程的权阵仅与平滑次数有关，即权阵为(n个卫星)

$$\begin{bmatrix} k_1 & 0 & \cdots & 0 \\ 0 & k_1 & \cdots & 0 \\ \vdots & \vdots & & \vdots \\ 0 & 0 & \cdots & k_1 \end{bmatrix} \tag{4.55}$$

最后可以根据测码伪距差分中的计算方法解出用户站的坐标。

4.5.4 载波相位差分

利用GPS卫星载波相位进行的静态测量能够获得很高的精度($10^{-6}\sim10^{-8}$)。但为了可靠地求解出相位模糊度，要求静止观测一两个小时或更长时间，这样就限制了在工程作业中的应用。于是快速测量的方法应运而生。例如，采用整周模糊度快速逼近技术(FARA)使基线观测时间缩短到5 min，采用准动态(Stop and Go)，往返重复设站(Re－occupation)和动态(Kinematic)来提高GPS作业效率。这些技术的应用对推动精密GPS测量起了促进作用。但是，上述这些作业方式都是事后进行数据处理，不能实时提交成果和实时评定成果质量，很难避免出现事后检查不合格造成的返工现象。

差分GPS的出现，能实时给定载体的位置，精度为米级，满足了引航、水下测量等工程的要求。位置差分、伪距差分、伪距差分相位平滑等技术已成功地用于各种作业中。随之而来的是更加精密的测量技术——载波相位差分技术。

载波相位差分技术又称为RTK技术(Real Time Kinematic)，是建立在实时处理两个测站的载波相位基础上的。它能实时提供观测点的三维坐标，并达到厘米级的高精度。

与伪距差分原理相同，由基准站通过数据链实时将其载波观测量及站坐标信息一同

传送给用户站。用户站接收 GPS 卫星的载波相位与来自基准站的载波相位，并组成相位差分观测值进行实时处理，能实时给出厘米级的定位结果。

实现载波相位差分的方法分为两类：修正法和求差法。前者与伪距差分相同，基准站将载波相位修正量发送给用户站，以改正其载波相位，然后求解坐标。后者将基准站采集的载波相位发送给用户台进行求差解算坐标。前者为准 RTK 技术，后者为真正的 RTK 技术。

1. 修正法

在基准站观测第 j 个 GPS 卫星，求得伪距为

$$\rho_b^j = R_b^j + c(\mathrm{d}T_b - \mathrm{d}t^j) + \mathrm{d}\rho_b^j + d_{\mathrm{bion}}^j + d_{\mathrm{btrop}}^j + \mathrm{d}M_b + \upsilon_b \tag{4.56}$$

式中，R_b^j 为基准站到第 j 个卫星的真实距离，可由基准站坐标和卫星的星历求得；$\mathrm{d}T_b$ 为基准站的时钟偏差；$\mathrm{d}t^j$ 为第 j 个卫星的时钟偏差；$\mathrm{d}\rho_b^j$ 为第 j 个卫星的星历误差引起的伪距误差；d_{bion}^j 为电离层效应；d_{btrop}^j 为对流层效应；$\mathrm{d}M_b$ 为多径效应；υ_b 为接收机噪声。

利用卫星星历计算出卫星的位置与已知基准站的精确坐标来计算出卫星至基准站的真实距离 R_b^j，这样可求出伪距改正数

$$\Delta\rho_b^j = R_b^j - \rho_b^j = -c(\mathrm{d}T_b - \mathrm{d}t^j) - \mathrm{d}\rho_b^j - d_{\mathrm{bion}}^j - d_{\mathrm{btrop}}^j - \mathrm{d}M_b - \upsilon_b \tag{4.57}$$

同时，用户台接收到的伪距为

$$\rho_u^j = R_u^j + c(\mathrm{d}T_u - \mathrm{d}t^j) + \mathrm{d}\rho_u^j + d_{\mathrm{uion}}^j + d_{\mathrm{utrop}}^j + \mathrm{d}M_u + \upsilon_u \tag{4.58}$$

如果用 $\Delta\rho_b^j$ 对用户伪距进行修正，则

$$\begin{aligned}\Delta\rho_b^j + \rho_u^j = {} & R_u^j + c(\mathrm{d}T_u - \mathrm{d}T_b) + (\mathrm{d}\rho_u^j - \mathrm{d}\rho_b^j) + (d_{\mathrm{uion}}^j - d_{\mathrm{bion}}^j) + \\ & (d_{\mathrm{utrop}}^j - d_{\mathrm{btrop}}^j) + (\mathrm{d}M_u - \mathrm{d}M_b) + (\upsilon_u - \upsilon_b)\end{aligned} \tag{4.59}$$

当基准站与用户站相距较近时(小于 100 km)，则

$$\mathrm{d}\rho_u^j = \mathrm{d}\rho_b^j, \quad d_{\mathrm{uion}}^j = d_{\mathrm{bion}}^j, \quad d_{\mathrm{utrop}}^j = d_{\mathrm{btrop}}^j \tag{4.60}$$

所以

$$\begin{aligned}\Delta\rho_b^j + \rho_u^j = {} & R_u^j + c(\mathrm{d}T_u - \mathrm{d}T_b) + (\mathrm{d}M_u - \mathrm{d}M_b) + (\upsilon_u - \upsilon_b) = \\ & \sqrt{(X^j - X_u)^2 + (Y^j - Y_u)^2 + (Z^j - Z_u)^2} + \Delta\mathrm{d}\rho\end{aligned} \tag{4.61}$$

如果基准站与用户站同时观测相同的 4 颗卫星，则有 4 个式(4.61)的联立方程，由此可求解出用户站的坐标(X_u,Y_u,Z_u)和 $\Delta\mathrm{d}\rho$。而 $\Delta\mathrm{d}\rho$ 中包含同一观测历元的各项残差

$$\Delta \mathrm{d}\rho = c(\mathrm{d}T_\mathrm{u} - \mathrm{d}T_\mathrm{b}) + (\mathrm{d}M_\mathrm{u} - \mathrm{d}M_\mathrm{b}) + (\upsilon_\mathrm{u} - \upsilon_\mathrm{b}) \tag{4.62}$$

对于载波相位测量

$$\rho_\mathrm{u}^j = \lambda(N_\mathrm{u}^j + \Delta N_\mathrm{u}^j) + \varphi_\mathrm{u}^j \tag{4.63}$$

式中，N_u^j 为起始相位模糊度，即相位整周数的初始值；ΔN_u^j 为从起始历元开始至观测历元间的相位整周数；φ_u^j 为测量相位的小数部分；λ 为载波波长，对于 L_1 频段为 19 cm。

将式(4.63)代入基准站和用户站的观测方程式(4.61)中，并考虑到，基准站的载波相位数据链传送至用户站，在用户站上将两者进行差分，最后得到

$$R_\mathrm{b}^j + \lambda(N_\mathrm{u}^j - N_\mathrm{b}^j) + \lambda(\Delta N_\mathrm{u}^j - \Delta N_\mathrm{b}^j) + \varphi_\mathrm{u}^j - \varphi_\mathrm{b}^j = \sqrt{(X^j - X_\mathrm{u})^2 + (Y^j - Y_\mathrm{u})^2 + (Z^j - Z_\mathrm{u})^2} + \Delta \mathrm{d}\rho \tag{4.64}$$

式中，R_b^j 为基准站到卫星的真实距离，是由卫星星历与基准站的坐标求出的。求解此方程最关键的问题是如何求解初始相位模糊度。

下面介绍利用快速逼近技术来解算的过程。

令 $\Delta\varphi = \lambda(\Delta N_\mathrm{u}^j - \Delta N_\mathrm{b}^j) + \varphi_\mathrm{u}^j - \varphi_\mathrm{u}^j$ 为载波相位测量差值，令 $N^j = N_\mathrm{u}^j - N_\mathrm{b}^j$ 为起始相位整周数之差，在整个测量时段中保持卫星跟踪不失锁，此时 N^j 为常数。在同一历元中，式(4.64)可写为

$$R_\mathrm{b}^j + \lambda N^j + \Delta\varphi = \sqrt{(X^j - X_\mathrm{u})^2 + (Y^j - Y_\mathrm{u})^2 + (Z^j - Z_\mathrm{u})^2} + \Delta \mathrm{d}\rho \tag{4.65}$$

式中，未知数有 $N^j, X_\mathrm{u}, Y_\mathrm{u}, Z_\mathrm{u}$ 及 $\Delta \mathrm{d}\rho$；N^j 为基准站与用户站对第 j 颗星的起始整周模糊度之差，为整数形式。

在测量中，如果保持卫星不失锁，除相位整周数 N^j 保持不变外，其他均为变量，即 $(X_\mathrm{u}, Y_\mathrm{u}, Z_\mathrm{u})$ 和 $\Delta \mathrm{d}\rho$ 在每个历元都不同。$(X_\mathrm{u}, Y_\mathrm{u}, Z_\mathrm{u})$ 为运动目标，是求解的参数。而对 $\Delta \mathrm{d}\rho$ 变化程度分析如下：

$$\Delta \mathrm{d}\rho = c(\mathrm{d}T_\mathrm{u} - \mathrm{d}T_\mathrm{b}) + (\mathrm{d}M_\mathrm{u} - \mathrm{d}M_\mathrm{b}) + (\upsilon_\mathrm{u} - \upsilon_\mathrm{b}) \tag{4.66}$$

第一项 $c(\mathrm{d}T_\mathrm{u} - \mathrm{d}T_\mathrm{b})$ 为基准站与用户站时钟偏差导致的距离误差。在数据处理时，程序要求采用系统时，并且把两站采集数据的时间归化到整秒上进行。这样，尽管接收机采用的晶体振动器稳定度仅为10^{-7}，但仍能保证达到10^{-7}的精度。所以这一项在第 i 个历元和第 $i+1$ 个历元间基本不变。

第二项 $\mathrm{d}M_\mathrm{u} - \mathrm{d}M_\mathrm{b}$ 是由于两站间多径效应不一样所致。对于基准站而言，天线保持

不动，所以 dM_b 不变。用户站是处于运动中的，dM_u 可能有些变化，但在两个观测历元之间 $dM_u - dM_b$ 基本不变。

第三项 $\upsilon_u - \upsilon_b$ 为两个 GPS 接收机的测量噪声。一般同型号的接收机其测量噪声基本相同。

由此，在每个历元之间的 $\Delta d\rho$ 基本保持不变，在求解过程中可以视为常数。

由以上分析看出，在第 1 个历元观测了 4 颗卫星，可以得到式(4.60)的 4 个单差方程，其中包括 8 个未知数：$X_u, Y_u, Z_u, \Delta d\rho, N^j\ (j=1,2,3,4)$。第 2 个历元中又得到式(4.54)的 4 个单差方程，共有 8 个单差方程，但又增加了 3 个未知数：X_u^1, Y_u^1, Z_u^1。由此继续观测 5 个历元后，可得到式(4.64)的 20 个单差方程，共包括 20 个未知数：$X_u^i, Y_u^i, Z_u^i\ (i=1,2,3,4,5), \Delta d\rho, N^j\ (j=1,2,3,4)$。将该值代入式(4.66)中，此时方程中仅有 X_u, Y_u, Z_u 三个未知数。如果在一个历元中观测 4 颗卫星，就可求解出用户站的精确坐标，精度可达到厘米级。在动态定位过程中，如果由于某种原因卫星失锁，也可以采用这种方法重新估算 N^j 而继续精确定位。

2. 求差法

将基准站上观测的载波相位通过数据链传送到用户站。用户站保持静止不动观测若干历元后进行计算，求解其相位模糊度。这一过程称为初始化。

求差法，即单差、双差和三差 3 种数学模型，已广泛应用于静态测量中，在很多文献中已有论述。这里只简单介绍其工作原理。

仿照式(4.60)，在基准站和用户站上同时在 t_1 和 t_2 历元上观测两颗卫星 (i,j)，基准站的载波相位观测值由数据链实时传送给用户站。这样，在用户站共获得了 8 个观测量，即

$$\begin{cases}\varphi_b^i(t_1)=N_b^i+\varphi_{b1}^i+\omega_1\tau_s^i+\omega_1\tau_b\\ \varphi_b^i(t_2)=N_b^i+\varphi_{b2}^i+\omega_1\tau_s^i+\omega_1\tau_b\\ \varphi_b^j(t_1)=N_b^j+\varphi_{b1}^j+\omega_1\tau_s^j+\omega_1\tau_b\\ \varphi_b^j(t_2)=N_b^j+\varphi_{b2}^j+\omega_1\tau_s^j+\omega_1\tau_b\\ \varphi_u^i(t_1)=N_u^i+\varphi_{u1}^i+\omega_1\tau_s^i+\omega_1\tau_u\\ \varphi_u^i(t_2)=N_u^i+\varphi_{u2}^i+\omega_1\tau_s^i+\omega_1\tau_u\\ \varphi_u^j(t_1)=N_u^j+\varphi_{u1}^j+\omega_1\tau_s^j+\omega_1\tau_u\\ \varphi_u^j(t_2)=N_u^j+\varphi_{u2}^j+\omega_1\tau_s^j+\omega_1\tau_u\end{cases}\tag{4.67}$$

式中，N 为整周相位模糊度；φ 为相位小数；τ_s 为卫星钟差；τ_u 为用户接收机钟差；τ_b 为基准站钟差。

单差：将两台接收机在同一历元观测同一卫星的载波相位观测值相减，得到 4 个单差方程

$$\begin{cases}d\varphi_{ub}^i(t_1)=(N_u^i-N_b^i)+(\varphi_{u1}^i-\varphi_{b1}^i)+\omega_1(\tau_u-\tau_b)\\ d\varphi_{ub}^i(t_2)=(N_u^i-N_b^i)+(\varphi_{u2}^i-\varphi_{b2}^i)+\omega_1(\tau_u-\tau_b)\\ d\varphi_{ub}^j(t_1)=(N_u^j-N_b^j)+(\varphi_{u1}^j-\varphi_{b1}^j)+\omega_1(\tau_u-\tau_b)\\ d\varphi_{ub}^j(t_2)=(N_u^j-N_b^j)+(\varphi_{u2}^j-\varphi_{b2}^j)+\omega_1(\tau_u-\tau_b)\end{cases}\tag{4.68}$$

从式(4.68)看出，单差方程中已消去了卫星钟差，将两台接收机同时观测两颗卫星的载波相位观测值求差，即同一历元的单差相减，得到 2 个双差方程

$$\begin{cases}\Delta\varphi_{ub}^{ij}(t_1)=(N_u^i-N_b^i)-(N_u^j-N_b^j)+(\varphi_{u1}^i-\varphi_{b1}^i)-(\varphi_{u1}^j-\varphi_{b1}^j)\\ \Delta\varphi_{ub}^{ij}(t_2)=(N_u^i-N_b^i)-(N_u^j-N_b^j)+(\varphi_{u2}^i-\varphi_{b2}^i)-(\varphi_{u2}^j-\varphi_{b2}^j)\end{cases}\tag{4.69}$$

由式(4.69)看出，此双差方程中已消去了接收机的钟差。将两台接收机在不同历元上的观测值相减，即对双差方程求差，得到三差方程

$$\nabla\varphi_{ub}^{ij}(t_1,t_2)=(\varphi_{u1}^j-\varphi_{b1}^j)-(\varphi_{u1}^i-\varphi_{b1}^i)+(\varphi_{u2}^i-\varphi_{b2}^i)-(\varphi_{u2}^j-\varphi_{b2}^j)\tag{4.70}$$

从式(4.70)看出，此处已消去了相位模糊度。

在静态测量数据处理中，主要任务是求解基线矢量。因此，它的计算程序是：利用三差求解出近似的基线长度，再利用浮动双差法求解出相位模糊度和基线矢量。将求得的相位模糊度凑整后，进行固定双差的计算，最后求解出精密的基线矢量。

但在动态应用中，要求的不是基线矢量，而是用户所在的实时位置。因此，它的计算程序如下：

(1) 在初始化阶段，静态观测若干历元。历元数目的多少取决于用户站到基准站的距离。在数据处理中，重复静态观测的程序，求出相位模糊度，并加以确认此项为模糊度正确无误。

(2) 将求出的相位模糊度代入式(4.57)中，双差方程中只包括 $\Delta X,\Delta Y,\Delta Z$ 三个位置分量。此时，只要观测 3 颗卫星，就可进行求解。这样，在实际作业中，观测 4 ～ 6 颗卫星就可实时准确无误地求解 $\Delta X,\Delta Y,\Delta Z$。

(3) 将基准站的地心坐标 X_b,Y_b,Z_b 输出，就可求得用户站的地心坐标

$$\begin{bmatrix} X_u \\ Y_u \\ Z_u \end{bmatrix} = \begin{bmatrix} X_b \\ Y_b \\ Z_b \end{bmatrix} + \begin{bmatrix} \Delta X \\ \Delta Y \\ \Delta Z \end{bmatrix} \tag{4.71}$$

(4) 将当地坐标系与地心坐标的转换参数输出，就可以得到当地坐标系的直角坐标。

载波相位差分技术既有十分广阔的应用前景，又有着很大的难度。由于它的测量精度高、时间短，所以在快速静态测量、动态测量、准动态测量中得到广泛的应用，能快速高精度建立工程控制网和实际工程作业。同时，可进一步拓宽到实时三维动态放样、一步法成图等作业中。例如，海上精密打桩工程、定点打孔炸礁、地籍测绘地图等。

4.6　卫星导航接收机几种常用的滤波模型

4.6.1　静止用户：P 模型

当接收机处于静态时，因为速度恒定为 0，所以只需要把位置坐标和时钟作为系统状态，即 $\boldsymbol{x}=[\boldsymbol{x}_p^T,\boldsymbol{x}_c^T]^T$，这里位置状态向量 $\boldsymbol{x}_p=[x,y,z]^T$，时钟状态向量 $\boldsymbol{x}_c=[b,d]^T$，b 为本地钟差，d 为本地钟漂。因为一般来说，时钟向量必须被包括在系统状态中，为了突出 $\boldsymbol{x}_p$，所以这种 KF 模型被称为 P 模型。

在 P 模型中，位置状态被认为是随机游走过程。P 模型的系统状态方程为

$$\begin{bmatrix}\dot{x}\\\dot{y}\\\dot{z}\\\dot{b}\\\dot{d}\end{bmatrix}=\begin{bmatrix}0&0&0&0&0\\0&0&0&0&0\\0&0&0&0&0\\0&0&0&0&1\\0&0&0&0&0\end{bmatrix}\begin{bmatrix}x\\y\\z\\b\\d\end{bmatrix}+\begin{bmatrix}w_x\\w_y\\w_z\\w_b\\w_d\end{bmatrix}\tag{4.72}$$

其中

$$\boldsymbol{w}_{\mathrm{p}}=\begin{bmatrix}w_x\\w_y\\w_z\end{bmatrix},\quad \boldsymbol{w}_{\mathrm{c}}=\begin{bmatrix}w_b\\w_d\end{bmatrix}\tag{4.73}$$

分别是位置的处理噪声向量和时钟的处理噪声向量。

在P模型中，由于系统状态不包括速度向量，一般选用伪距观测量就足够了。如果需要使用多普勒观测量，需要将其速度分量置0。

伪距观测量的观测方程为

$$\begin{cases}\rho_1=\sqrt{(x-x_{\mathrm{s1}})^2+(y-y_{\mathrm{s1}})^2+(z-z_{\mathrm{s1}})^2}+b+v_1\\\rho_2=\sqrt{(x-x_{\mathrm{s2}})^2+(y-y_{\mathrm{s2}})^2+(z-z_{\mathrm{s2}})^2}+b+v_2\\\vdots\\\rho_m=\sqrt{(x-x_{\mathrm{s}m})^2+(y-y_{\mathrm{s}m})^2+(z-z_{\mathrm{s}m})^2}+b+v_m\end{cases}\tag{4.74}$$

可见，伪距观测量是状态向量的非线性函数。

多普勒观测量的观测方程为

$$\begin{bmatrix}f'_{\mathrm{d1}}\\f'_{\mathrm{d2}}\\\vdots\\f'_{\mathrm{d}i}\end{bmatrix}=\begin{bmatrix}0&0&0&0&1\\0&0&0&0&1\\\vdots&\vdots&\vdots&\vdots&\vdots\\0&0&0&0&1\end{bmatrix}\begin{bmatrix}x\\y\\z\\b\\d\end{bmatrix}+\begin{bmatrix}v_1\\v_2\\\vdots\\v_i\end{bmatrix}\tag{4.75}$$

这里 $f'_{\mathrm{d}i},i=1,\cdots,m$，是线性化的多普勒观测量，即从伪码跟踪环的NCO得到的多普勒频移再减去卫星速度在方向余弦上的投影分量。

4.6.2　低动态用户:PV 模型

当用户处于一种低动态运动的环境时,就应该采用 PV 模型。这种模型应用的场合包括平稳驾驶的车船和步行者等。在这种模型中,速度分量被认为是随机游走过程,而位置分量是速度分量的积分,时钟模型保持不变。系统状态向量 $\boldsymbol{x}=[\boldsymbol{x}_{\mathrm{p}}^{\mathrm{T}},\boldsymbol{x}_{\mathrm{v}}^{\mathrm{T}},\boldsymbol{x}_{\mathrm{c}}^{\mathrm{T}}]^{\mathrm{T}}$,其中,$\boldsymbol{x}_{\mathrm{v}}=[v_x,v_y,v_z]^{\mathrm{T}}$ 是速度状态向量,$\boldsymbol{x}_{\mathrm{p}}$ 和 $\boldsymbol{x}_{\mathrm{c}}$ 的含义保持不变。

PV 模型的系统状态方程为

$$\begin{bmatrix}\dot{x}\\\dot{y}\\\dot{z}\\\dot{v}_x\\\dot{v}_y\\\dot{v}_z\\\dot{b}\\\dot{d}\end{bmatrix}=\begin{bmatrix}0&0&0&1&0&0&0&0\\0&0&0&0&1&0&0&0\\0&0&0&0&0&1&0&0\\0&0&0&0&0&0&0&0\\0&0&0&0&0&0&0&0\\0&0&0&0&0&0&0&0\\0&0&0&0&0&0&0&1\\0&0&0&0&0&0&0&0\end{bmatrix}\begin{bmatrix}x\\y\\z\\v_x\\v_y\\v_z\\b\\d\end{bmatrix}+\begin{bmatrix}w_x\\w_y\\w_z\\w_{v_x}\\w_{v_y}\\w_{v_z}\\w_b\\w_d\end{bmatrix}\tag{4.76}$$

这里 $\boldsymbol{w}_{\mathrm{v}}=[w_{v_x},w_{v_y},w_{v_z}]^{\mathrm{T}}$ 是速度状态的处理噪声向量。位置状态和时钟状态的处理噪声向量 $\boldsymbol{w}_{\mathrm{p}}$ 和 $\boldsymbol{w}_{\mathrm{c}}$ 与 P 模型中的定义一样。在 PV 模型中,可以认为位置状态的处理噪声向量 $\boldsymbol{w}_{\mathrm{p}}=\boldsymbol{0}$,即认为位置状态没有处理噪声。

伪距观测量和 P 模型相比没有变化,而多普勒观测量则变为

$$\begin{bmatrix}f'_{\mathrm{d}1}\\f'_{\mathrm{d}2}\\\vdots\\f'_{\mathrm{d}m}\end{bmatrix}=\begin{bmatrix}0&0&0&h_{x1}&h_{y1}&h_{z1}&0&1\\0&0&0&h_{x2}&h_{y2}&0&1&1\\\vdots&\vdots&\vdots&\vdots&\vdots&\vdots&\vdots&\vdots\\0&0&0&h_{xm}&h_{ym}&h_{zm}&0&1\end{bmatrix}\begin{bmatrix}\boldsymbol{x}_{\mathrm{p}}\\\boldsymbol{x}_{\mathrm{v}}\\\boldsymbol{x}_{\mathrm{c}}\end{bmatrix}+\begin{bmatrix}v_1\\v_2\\\vdots\\v_m\end{bmatrix}\tag{4.77}$$

此处,$\boldsymbol{H}=[h_x,h_y,h_z]^{\mathrm{T}}$,此时速度向量不再是 0,所以观测方程中相对应的矩阵元素也不再是 0。

4.6.3 高动态用户:PVA 模型

在某些应用场合,用户的运动加速度变化范围很大,如高速飞行器,此时就需要将 3 个加速度分量加进系统状态向量内,这种模型称为 PVA 模型。和 PV 模型相比,PVA 模型多了 3 个加速度分量。因为 PVA 模型的状态分量比较多,为了表述的简洁,下面的公式中将采用分块矩阵的表现形式。

PVA 模型中的系统状态向量 $\boldsymbol{x}=[\boldsymbol{x}_{\mathrm{p}}^{\mathrm{T}},\boldsymbol{x}_{\mathrm{v}}^{\mathrm{T}},\boldsymbol{x}^{\mathrm{T}},\boldsymbol{x}_{\mathrm{a}},\boldsymbol{x}_{\mathrm{c}}^{\mathrm{T}}]^{\mathrm{T}}$,其中,$\boldsymbol{x}_{\mathrm{p}},\boldsymbol{x}_{\mathrm{v}},\boldsymbol{x}_{\mathrm{c}}$ 分别是位置状态向量、速度状态向量和时钟状态向量。$\boldsymbol{x}_{\mathrm{p}}$ 和 $\boldsymbol{x}_{\mathrm{v}}$ 的定义与 PV 模型中的定义一样,$\boldsymbol{x}_{\mathrm{a}}=[a_x,a_y,a_z]^{\mathrm{T}}$ 是新加进的加速度状态向量。

在这种模型中,位置状态是速度状态的积分,速度状态是加速度状态的积分,加速度状态可以用一阶马尔可夫过程来近似,即

$$\dot{x}_{\mathrm{p}}=\boldsymbol{x}_{\mathrm{v}} \tag{4.78}$$

$$\dot{x}=\boldsymbol{x}_{\mathrm{a}} \tag{4.79}$$

$$\dot{x}_{\mathrm{a}}=D\boldsymbol{x}_{\mathrm{a}} \tag{4.80}$$

这里 $D=\mathrm{diag}\{-\frac{1}{\tau_x},-\frac{1}{\tau_y},-\frac{1}{\tau_z}\}$,$\tau_x,\tau_y,\tau_z$ 分别是 3 个加速度各自的时间相关常数。

于是 PVA 模型的系统状态方程可以写为

$$\begin{bmatrix}\dot{x}_{\mathrm{p}}\\ \dot{x}_{\mathrm{v}}\\ \dot{x}_{\mathrm{a}}\\ \dot{x}_{\mathrm{c}}\end{bmatrix}=\begin{bmatrix}\boldsymbol{0}&\boldsymbol{I}&\boldsymbol{0}&\boldsymbol{0}\\ \boldsymbol{0}&\boldsymbol{0}&\boldsymbol{I}&\boldsymbol{0}\\ \boldsymbol{0}&\boldsymbol{0}&\boldsymbol{D}&\boldsymbol{0}\\ \boldsymbol{0}&\boldsymbol{0}&\boldsymbol{0}&\boldsymbol{F}_{\mathrm{c}}\end{bmatrix}\begin{bmatrix}\boldsymbol{x}_{\mathrm{p}}\\ \boldsymbol{x}_{\mathrm{v}}\\ \boldsymbol{x}_{\mathrm{a}}\\ \boldsymbol{x}_{\mathrm{c}}\end{bmatrix}+\begin{bmatrix}\boldsymbol{w}_{\mathrm{p}}\\ \boldsymbol{w}_{\mathrm{v}}\\ \boldsymbol{w}_{\mathrm{a}}\\ \boldsymbol{w}_{\mathrm{c}}\end{bmatrix} \tag{4.81}$$

式中,$\boldsymbol{I}$ 为 3×3 的单位矩阵,$\boldsymbol{F}_{\mathrm{c}}=\begin{bmatrix}0&1\\0&0\end{bmatrix}$。

伪距观测量和多普勒观测量与 PV 模型相比没有变化,只是因为新的状态向量有 11 个元素,所以将观测矩阵相应的元素加以调整即可。

第5章 其他导航定位技术

5.1 天文导航技术

天文导航是以已知准确空间位置、不可毁灭的自然天体为基准，并通过光电和射电方式被动探测天体位置，经解算确定飞行器的经度、纬度、航向和姿态等信息。

天文导航作为一种隐蔽、可靠的导航手段，其主要用途有导航、校准惯导及为武器系统提供位置、航向和姿态信息等。天文导航主要有以下优势：被动式测量、自主式导航；导航精度较高；抗干扰能力强、可靠性高；可同时提供位置和姿态信息；成本低廉；导航误差不随时间积累等。但天文导航也存在不足之处：输出信息不连续，在某些情况下会受到外界环境的影响，如在航空、航海领域的应用容易受到气候条件的影响。

天文导航系统由天体测量部分和导航解算部分组成。天体测量部分一般由天体敏感器和相应的接口电路组成。根据不同的任务和飞行区域，可以采用的天体敏感器有太阳敏感器、地球敏感器、恒星敏感器、天文望远镜及星照相仪等。天体敏感器敏感天体发出或反射的光，从而获取被观测天体相对于航天器的方位，为导航解算提供观测信息。

5.1.1 航天器基于轨道动力学方程的天文导航基本原理

基于轨道动力学方程的天文导航方法包括直接敏感地平和利用星光折射间接敏感地平的天文导航方法，其基本原理都是在航天器轨道动力学方程和天体量测信息的基础上，利用滤波技术精确估计航天器的位置和速度。

1. 直接敏感地平自主天文导航方法的基本原理

直接敏感地平自主天文导航方法利用星敏感器观测导航恒星得到该星光在星敏感器测量坐标系的方向，通过星敏感器安装矩阵的转换，可算得星光在航天器本体坐标系中的方向；再利用红外地球敏感器或空间六分仪直接测得航天器垂线方向或航天器至地球边缘的切线方向，得到地心矢量在航天器本体坐标系中的方向；继而得到天文量测信息如星光角距等，再结合轨道动力学方程和先进的滤波技术即可估计出航天器的位置信息。

2. **利用星光折射间接敏感地平自主天文导航方法的基本原理**

利用星光折射间接敏感地平的自主天文导航方法利用星敏感器同时观测两颗星，一颗星的星光高度远大于大气层的高度，星光未受折射，而另一颗星的星光则被大气折射，这样两颗星光之间的角距将不同于标称值，该角距的变化量即为星光折射角。星光折射角与大气密度之间存在较精确的函数关系，而大气密度随高度的变化也有较准确的模型，从而可以精确地确定出折射星光在大气层中的高度，这个观测量反映了航天器与地球之间的几何关系，从中可以获得间接的地平信息。由于星敏感器的精度远高于地平仪的精度，因此，利用星光折射法可以得到更为精确的航天器位置信息。

5.1.2　航天器纯天文几何解析方法基本原理

由于天体在惯性空间中任意时刻的位置是可以确定的，因此通过航天器观测得到的天体方位信息，就可以确定航天器在该时刻的姿态信息。通过对三颗或三颗以上恒星的观测数据就可以确定航天器在惯性空间中的姿态。但是要确定航天器在空间中的位置，还需要位置已知的近天体的观测数据。在航天器上观测到的两颗恒星之间的夹角不会随航天器位置的改变而变化，而一颗恒星和一颗行星中心之间的夹角则会随航天器位置的改变而改变，该角度的变化才能够表示位置的变化。

用天体敏感器来测量某一颗恒星和某一颗行星光盘中心之间的夹角，航天器的位置就可由空间的一个圆锥面来确定。这个圆锥面的顶点为所观测的行星的质心，轴线指向观测的恒星，锥心角等于观测得到的恒星和行星光盘中心之间的夹角。根据这一观测数据可确定航天器必位于该圆锥面上。通过对第二颗恒星和同一颗行星进行第二次测量，便得到顶点也和行星的位置相重合的第二个圆锥。这两个圆锥相交便确定了两条位置线，航天器就位于这两条位置线的一条上，模糊度可以通过观测第三颗恒星来消除。但是，航天器位置的大概值一般已知，因此，航天器的实际位置线通常不需要第三颗恒星就可以确定。

5.2　多普勒雷达测速技术

多普勒雷达就是利用多普勒效应进行定位、测速、测距等工作的雷达。多普勒效应就是，当声音、光和无线电波等振动源与观测者以相对速度 v 相对运动时，观测者所收到的振动频率与振动源所发出的频率有所不同。由多普勒效应所形成的频率变化称为多普勒频移，它与相对速度 v 成正比，与振动的频率成反比。

当雷达发射一固定频率的脉冲波对空扫描时，如遇到活动目标，回波的频率与发射波的频率出现频率差，这一差值称为多普勒频率。根据多普勒频率的大小，可测出目标对雷达的径向相对运动速度；根据发射脉冲和接收的时间差，可以测出目标的距离。同时用频率过滤方法检测目标的多普勒频率谱线，滤除干扰杂波的谱线，可使雷达从强杂波中分辨出目标信号。所以脉冲多普勒雷达比普通雷达的抗杂波干扰能力强，能探测出隐蔽在背景中的活动目标。

5.2.1　多普勒雷达测速原理

多普勒雷达的基本工作原理是多普勒效应。当无线电波在发射器和接收器间传播时，如果接收器和发射器间有相对运动，那么接收器接收到的电波频率与发射器发射电波的频率会有差异，这一频率差异称为多普勒频移，常记为 f_d。f_d 与接收器和发射器之间的相对速度成正比，即

$$f_d = \frac{vf_0}{c} = \frac{v}{\lambda} \tag{5.1}$$

式中，v 为发射器和接收器之间的相对运动速度；f_0 为发射频率；c 为光速；λ 为发射信号的波长。

这就是多普勒效应的基本原理。

图 5.1 给出了多普勒雷达一个波束的基本几何关系，该波束斜向朝着地面，部分波束的能量被反向散射回来，如果飞行器的速度是 v，则这个速度在波束方向的分量是 $v\cos\zeta$，ζ 是飞行速度与波束中心线方向间的夹角。

对于多普勒雷达接收机来说，因为发射机和接收机都在飞行器上，都在以速度 v 沿地

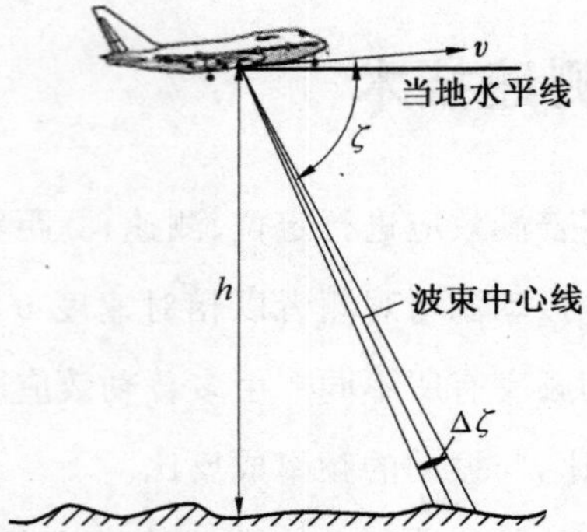

图 5.1　多普勒雷达一个波束的基本几何关系

面运动，因此，接收到的多普勒频移为

$$f_d = \frac{2vf_0}{c}\cos\zeta = 2\frac{v}{\lambda}\cos\zeta \tag{5.2}$$

上式即为多普勒雷达测量飞行载体运动速度的基本公式。

研究表明，为了提供载体的三维速度分量，多普勒测速雷达至少需要采用 3 个非共面的波束，因此现代多普勒雷达采用 4 个波束，如图 5.2 所示。

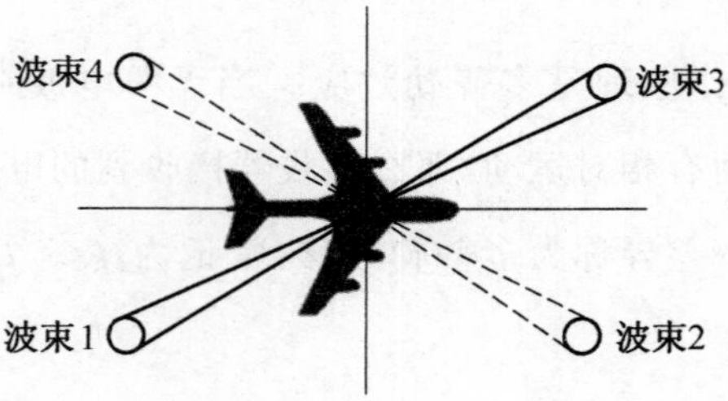

图 5.2　多普勒雷达四波束布局

图 5.2 所示为飞机上常用的多普勒雷达的四波束布局，飞机上的平板阵列天线产生 4 个波束。由图可见，将第一和第二波束的多普勒频率合并起来，就可以导出飞机纵向（机轴方向）速度分量的估计值；同样，把第三和第四波束的多普勒频率合并起来，也可以导出飞机纵向速度分量的估计值。可以把这两个估计值加起来取平均值，以提高对纵向速度的估计精度。在正常情况下，这两个估计值之间的差异应该不大，而一旦发现它们之间有较大差异时，就说明多普勒测量值有差错，此时导出的速度数据是可疑而不能采用的。许多多普勒雷达用这种特性作为内部自检功能的一部分。

与此类似，将第一和第四波束的多普勒频率合并在一起，或将第二和第三波束的多普勒频率合并在一起，两者都可以导出飞机横向速度分量的估计值。另外，将第二和第四波束的多普勒频率合并在一起，或将第一与第三波束的多普勒频率合并在一起，都可以导出飞机的垂直方向（竖向）速度分量估计值。因此，都可以用平均的方法产生精度更高的横向或竖向速度分量估计值。

早期的非相干脉冲调制多普勒雷达要求对天线作航迹、俯仰和滚转稳定，而连续波雷达的天线是固定安装在载体上的。间断连续波雷达的天线既可以选择机电姿态稳定，也可以选用“数据稳定”。所谓数据稳定，是利用来自垂向陀螺的姿态数据进行坐标变换，以把固定安装在载体上的天线波束数据转换到地球坐标系中。随着现代高速处理器技术的应用，数据稳定计算已经非常容易，因此，大多数现代多普勒雷达天线已经固定安装在载体上，而且大都采用平板天线阵。

在导航系统中，多普勒雷达测速采用四波束系统，它的发射天线是固定在机身上的平板天线，天线发射波束的方向相对于载体本体坐标系的角位置不变，如图 5.3 所示，在本体坐标系中 n_1, n_2, n_3, n_4 为 4 个波束发射方向。

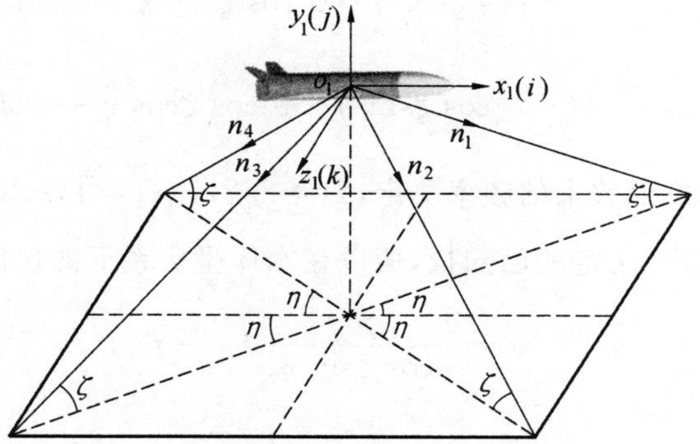

图 5.3　发射波束在本体坐标系中方位

在本体坐标系中，沿 3 个坐标轴向的单位向量分别为 $\boldsymbol{i}, \boldsymbol{j}, \boldsymbol{k}$，发射波束相对于对称面水平偏角为 η，水平倾角为 ζ，在本体坐标系中表示的速度向量为 $\boldsymbol{v}^b = v_x\boldsymbol{i} + v_y\boldsymbol{j} + v_z\boldsymbol{k}$，则有

$$\begin{cases} \boldsymbol{n}_1 = -\boldsymbol{i}\cos\zeta\sin\eta + \boldsymbol{j}\cos\zeta\cos\eta - \boldsymbol{k}\sin\zeta \\ \boldsymbol{n}_2 = \boldsymbol{i}\cos\zeta\sin\eta + \boldsymbol{j}\cos\zeta\cos\eta - \boldsymbol{k}\sin\zeta \\ \boldsymbol{n}_3 = \boldsymbol{i}\cos\zeta\sin\eta - \boldsymbol{j}\cos\zeta\cos\eta - \boldsymbol{k}\sin\zeta \\ \boldsymbol{n}_4 = -\boldsymbol{i}\cos\zeta\sin\eta - \boldsymbol{j}\cos\zeta\cos\eta - \boldsymbol{k}\sin\zeta \end{cases} \tag{5.3}$$

地速 $\boldsymbol{v}$ 在波束方向 $\boldsymbol{n}_1,\boldsymbol{n}_2,\boldsymbol{n}_3,\boldsymbol{n}_4$ 上的投影为

$$\begin{cases} v_1 = \boldsymbol{v}\cdot\boldsymbol{n}_1 = -v_x\cos\zeta\sin\eta + v_y\cos\zeta\cos\eta - v_z\sin\zeta \\ v_2 = \boldsymbol{v}\cdot\boldsymbol{n}_2 = v_x\cos\zeta\sin\eta + v_y\cos\zeta\cos\eta - v_z\sin\zeta \\ v_3 = \boldsymbol{v}\cdot\boldsymbol{n}_3 = v_x\cos\zeta\sin\eta - v_y\cos\zeta\cos\eta - v_z\sin\zeta \\ v_4 = \boldsymbol{v}\cdot\boldsymbol{n}_4 = -v_x\cos\zeta\sin\eta - v_y\cos\zeta\cos\eta - v_z\sin\zeta \end{cases} \tag{5.4}$$

则在 $\boldsymbol{n}_1,\boldsymbol{n}_2,\boldsymbol{n}_3,\boldsymbol{n}_4$ 方向上的频移分别为

$$\begin{cases} f_{\mathrm{d1}} = \dfrac{2}{\lambda}(-v_x\cos\zeta\sin\eta + v_y\cos\zeta\cos\eta - v_z\sin\zeta) \\ f_{\mathrm{d2}} = \dfrac{2}{\lambda}(v_x\cos\zeta\sin\eta + v_y\cos\zeta\cos\eta - v_z\sin\zeta) \\ f_{\mathrm{d3}} = \dfrac{2}{\lambda}(v_x\cos\zeta\sin\eta - v_y\cos\zeta\cos\eta - v_z\sin\zeta) \\ f_{\mathrm{d4}} = \dfrac{2}{\lambda}(-v_x\cos\zeta\sin\eta - v_y\cos\zeta\cos\eta - v_z\sin\zeta) \end{cases} \tag{5.5}$$

λ 由多普勒雷达发射波束的频率决定，$f_0 = c/\lambda$，$f_{\mathrm{d}i}(i=1,2,3,4)$ 由多普勒雷达量测得到，ζ,η 为由安装方位决定的已知量，所以在本体坐标系下的速度 $\boldsymbol{v}^b$ 各分量为

$$\begin{cases} v_x = \dfrac{\lambda}{4\cos\zeta\sin\eta}(f_{\mathrm{d2}} - f_{\mathrm{d1}}) \\ v_y = \dfrac{\lambda}{4\cos\zeta\sin\eta}(f_{\mathrm{d2}} - f_{\mathrm{d3}}) \\ v_z = -\dfrac{\lambda}{4\sin\zeta}(f_{\mathrm{d1}} + f_{\mathrm{d3}}) \end{cases} \tag{5.6}$$

在导航坐标系（发射点惯性坐标系）中，多普勒测得的飞行速度为

$$\boldsymbol{v}_D^n = \boldsymbol{C}_b^n \cdot \boldsymbol{v}^b \tag{5.7}$$

其中，$\boldsymbol{C}_b^n$ 为由本体坐标系到导航坐标系的姿态转换矩阵。

在以上分析中，假设地速矢量 $\boldsymbol{v}$ 与飞行器纵轴 o_1x_1 方向一致，通过测量多普勒频移可

以确定飞行器的速度。在实际应用中，地速方向与飞行器的纵轴可能并不一致，它们之间相差一个角度，称为地速矢量与飞行器纵轴间的偏流角，记为 χ，如图 5.4 所示。

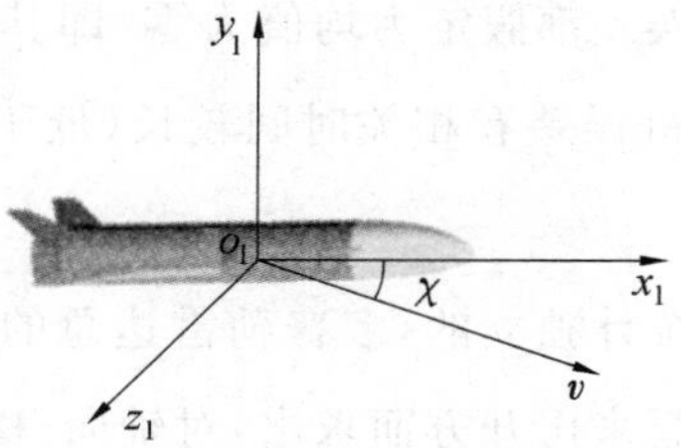

图 5.4　偏流角

根据频移可以计算出的速度是载体轴向的速度，为得到载体飞行方向的速度，就需要计算和考虑 χ 的影响。

5.2.2　多普勒雷达测速误差

多普勒雷达测速误差由多种原因引起，包括由多普勒信号频谱类似噪声的性质而造成的多普勒扰动误差；由多普勒雷达波束的指向角不准而造成的波束指向误差；雷达发射频率不准造成的误差；由于频率跟踪器对多普勒频移测量不准而引起的频移测量误差；多普勒雷达波束范围内散射系数随视角变化引起的误差，这种误差陆上较小，海上较大（即海偏移）；由载体机动引起的沿波束方向的速度分量所造成的误差；在海上应用时，还有洋流和风引起的误差。此外，还有姿态稳定误差、天线安装误差和计算机模数变换分辨力等造成的误差。这些误差源所造成的多普勒雷达测速误差有大有小，从性质上可分为两类：系统误差和随机误差。系统误差在载体飞行期间不随时间而变化，随机误差随时间而变化。系统误差又分为速度偏移误差和刻度系数误差，而随机误差也有相关时间较长和较短两种。

速度偏移误差所造成的定位误差随工作时间而线性增长。但是，实际偏移误差随每一部雷达和载体的各次飞行而不同，因此要用多架次飞行所得数据进行统计处理，并用统计平均值对雷达加以校准。因此，这里所说的速度偏移误差是指对多普勒雷达进行校准之后余下的测速偏差，其大小用标准偏差来表示。

刻度系数误差表示的是多普勒雷达的测速误差，其大小是与载体速度成正比的那一部分。该部分多普勒雷达测速误差等于刻度系数误差与载体速度的乘积。实际的刻度系数误差也是随每部雷达和各次飞行而变化，也需要通过统计均值对雷达进行校准。这里分析的刻度系数误差指校准后留下的那部分偏差，其大小也用标准偏差表示。

多普勒雷达的随机测速误差都假定为均值为零，即其均值已包含在上述速度偏移误差和刻度系数误差当中。随机误差有相关时间较长（低于 15 min）和较短（约 0.1 s）两种。

上述测速误差源之间是统计独立的，多普勒雷达总的测速误差的标准偏差可以用它们各自的标准偏差的平方加起来再开方而求出，对轴向、横向和垂向速度均是如此。

5.3 激光测距仪

激光测距仪是利用激光对目标的距离进行准确测定的仪器。激光测距仪在工作时向目标射出一束很细的激光，由光电元件接收目标反射的激光束，计时器测定激光束从发射到接收的时间，计算出从观测者到目标的距离。

激光测距仪无论在军事应用方面，还是科学技术、生产建设方面，都起着重要作用。由于其质量轻、体积小、操作简单、速度快而准确、测量精度高等优点，使其成为目前高精度测距最理想的仪器。

测距仪由激光器发出按某一频率变化的正弦调制光波，光波的强度变化规律与光源的驱动电源的变化完全相同，发出的光波到达被测目标。通常这种测距仪都配置了被称为合作目标的反射镜，这块反射镜能把入射光束反射回去，而且保证反射光的方向与入射光方向完全一致。在仪器的接收端获得调制光波的回波，经鉴相和光电转换后，得到与接收到的光波调制频率相位完全相同的电信号，将此电信号放大后与光源的驱动电压相比较，测得两个正弦电压的相位差，根据所测相位差就可算得所测距离。

5.3.1 激光测距仪原理

激光测距，是利用激光的单色性和相干性好、方向性强等特点，以实现高精度的计量和检测，如测量长度、距离、速度、角度等。根据测量方法的不同，可将其分为脉冲法、相位法、干涉法三种。相位法由于其测量精度高而被广泛采用。这里主要介绍相位法激光测距的原理。

相位法激光测距是通过测量相位延迟的方法，间接测定调制光信号在被测量距离上往返所需的时间 t 来计算距离 L，原理如图 5.5 所示，图中 A 为发射点，B 为接收点，直接测量 AB 两点光波的相位移是不可能的，因此通常都是采用合作目标，即在 B 点设置由反射棱镜组成的反射器，使测距仪发出的光波经发射器反射后再返回到测距仪，然后由测距仪的测相系统对光波往返二倍距离后的相位移进行测量。为了便于理解，假设测距仪的接收系统置于 A' 点，并且 $AB=BA'$，$AA'=2L$，则距离和光信号相位的关系可表示为

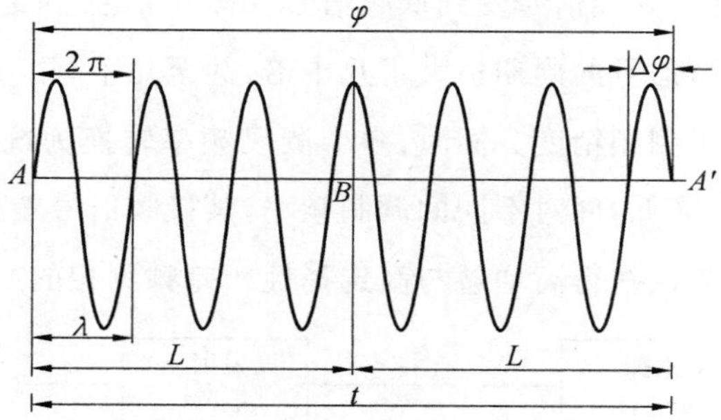

图 5.5　相位式激光测距原理图

$$L=\frac{ct}{2} \tag{5.8}$$

$$t=\frac{\varphi}{\omega}=\frac{2N\pi+\Delta\varphi}{2\pi f}=(N+\frac{\Delta\varphi}{2\pi})\frac{1}{f} \tag{5.9}$$

分析两式，则有

$$L=\frac{1}{2}ct=\frac{c}{2}(N+\frac{\Delta\varphi}{2\pi})\frac{1}{f}=\frac{\lambda}{2}(N+\frac{\Delta\varphi}{2\pi})=\frac{\lambda}{2}(N+\Delta N) \tag{5.10}$$

式中，L 为测站点起点和终点之间的距离；c 为激光在大气中传播的速度；t 为光往返起点和终点一次所需的时间；φ 为信号往返测距一次产生的总相位延迟；ω 为调制信号的角频率；f 为信号的调制频率；λ 为调制波的波长；N 为测距所包含调制波长个数；$\Delta\varphi$ 为信号往返测距一次产生相位延迟不足 2π 部分；ΔN 为测距所包含调制波不足半波长的小数部分，有

$$\Delta N=\frac{\Delta\varphi}{2\pi} \tag{5.11}$$

由上面的推导可知：只要测出信号从发送到接收的相位差就可以求出设备和测点之

间的距离 L。

5.3.2 相位 $\Delta\varphi$ 的测定

为了保证一定的测量精度，激光信号的频率必须选得很高，一般要十几兆赫到几百兆赫。如果在这样高的频率下直接对发射波和接收波进行相位比较，电路中可能会产生很多的附加相位，这样会降低测相的精度，所以采用差频法测相。

所谓差频测相就是将高频信号变到低频信号而相位信息不变，然后对该低频信号进行测相。在频率降低后，信号的周期扩大了几十倍，甚至几千、几万倍，这样就大大提高了测相的分辨率，即提高了测相精度。同时，多个测尺频率转换为统一低频信号测相后，对接收机的频率响应要求降低，即对不同的调制频率，其接收信号差频后的滤波放大频率始终固定，这样有利于接收机获得高增益与高选择性。差频测相的原理如图 5.6 所示。

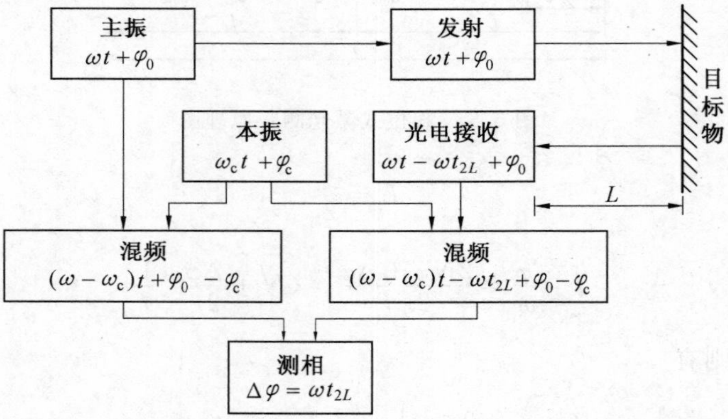

图 5.6　差频测相的原理图

假定主控振荡器信号为 $u_S=A\cos(\omega t+\varphi_0)$，发射后经 $2L$ 距离返回接收机，接收到的信号为 $u_R=B\cos(\omega t-\omega t_{2L}+\varphi_0)$，$\Delta\varphi$ 表示相位变化，则发射与接收时刻的相位差为

$$\Delta\varphi=\omega t_{2L}=2\pi f t_{2L} \tag{5.12}$$

设本振信号为

$$u_c=C\cos(\omega_c t+\varphi_c) \tag{5.13}$$

式中，C 为振幅；ω_c 为角频率；φ_c 为初相位。把本振信号送到混频器与接收信号进行混频，可以得到

$$u_1 = u_R u_c =$$

$$\frac{BC}{2}[\cos((\omega + \omega_c)t - \omega t_{2L} + \varphi_0 + \varphi_c) + \cos((\omega - \omega_c)t - \omega t_{2L} + \varphi_0 - \varphi_c)] \quad (5.14)$$

式中，$\frac{BC}{2}\cos((\omega + \omega_c)t - \omega t_{2L} + \varphi_0 + \varphi_c)$ 为高频信号，经选取 $\omega - \omega_c$ 频率的带通滤波器后可滤除。因此可得低频测距信号为

$$u_{1L} = \frac{BC}{2}\cos((\omega - \omega_c)t - \omega t_{2L} + \varphi_0 - \varphi_c) \quad (5.15)$$

发射信号与本振信号混频后，可得

$$u_2 = u_S u_c = \frac{AC}{2}[\cos((\omega + \omega_c)t + \varphi_0 + \varphi_c) + \cos((\omega - \omega_c)t + \varphi_0 - \varphi_c)] \quad (5.16)$$

经带通滤波器滤除高频成分后，可得低频参考信号为

$$u_{2L} = \frac{AC}{2}\cos((\omega - \omega_c)t + \varphi_0 - \varphi_c) \quad (5.17)$$

由以上两个低频信号做差，可得相位差为

$$\Delta\varphi' = \omega t_{2L} = 2\pi f t_{2L} \quad (5.18)$$

即

$$\Delta\varphi' = \Delta\varphi \quad (5.19)$$

可见，差频前后，得到的低频信号的相位差与直接测量高频信号的相位差是一样的，但是测量的频率降低为原来的$\frac{1}{M}$($M = \frac{\omega}{\omega - \omega_c} = \frac{f}{f - f_c}$)，也就是周期扩展了 M 倍，测相精度也提高了 M 倍。例如，电路选择调制频率为 20 MHz，本振频率为 20.01 MHz，可得中频信号为 10 kHz，测相频率降低为原来的$\frac{1}{2\ 000}$，测相精度也就提高了 2 000 倍。

5.3.3　激光测距仪的误差分析

激光测距仪的误差来源主要由以下几方面构成。

1. 频率漂移误差

系统需要设置主振信号、本振信号、调制信号和参考信号的频率。如果这些频率都由

单独的振荡器产生，由于各自的漂移不同，导致混频电路产生的差频信号发生漂移，从而产生测量误差；因此，选用高稳定度、高精度的温度补偿晶体振荡器可以得到稳定的主振信号，采用锁相环频率合成的方法得到稳定的本振信号及其他所需要的频率。

2. **相位测量误差**

相位的测量和计算影响测距系统的测距精度。而影响相位测量的因素很多，其中主要的就是过零检测不准和脉冲计数误差。在理想情况下，使用过零比较后，得到的是占空比为 50% 的方波；但是在实际应用中，由于存在零点漂移，使得比较后的方波的占空比发生了变化。经过异或门鉴相后所得的相位差比实际的小或大，从而产生测量误差。所以，在波形变换电路中，要选择高速、高精度的专用电压比较器芯片。

3. **电子线路的干扰**

接收电路除接收到有用信号外，还会收到一些干扰信号。信号通过混频器后，由于混频器非线性的存在，会产生中低频干扰信号，从而影响测量结果。对电路板合理布局，并对系统进行良好的屏蔽是非常重要的，这样可减小或消除干扰。

激光测距的原理是通过测量激光光束在待测距离上往返传播的时间来换算出距离的。激光测距仪的种类很多，按测程区分，大体分为三类：短程激光测距，测程在 5 km 以内，适用于各种工程测量；中长程激光测距，测程为 5 至几十千米，适用于地震预报观测和大地控制测量等；远程及超远程激光测距，用于测量导弹、月球、人造地球卫星等空间目标的距离。

5.4 景象匹配技术

5.4.1 景象匹配原理

景象匹配又称为模板匹配，就是在一副较大的图像（称为基准图像）上唯一地准确定位一副较小图像（称为实时图像或者模板图像）的计算处理过程。它被广泛应用于导航定位、目标识别、运动分析和变化检测等。在飞行器应用中，通过景象匹配过程可以确定出实时导航传感器（生成实时图像）当前的位置，然后通过导航传感器的安装方位和预先设定的解算方法来确定飞行器当前的位置。飞行器上景象匹配导航系统的工作原理如图5.7所示。

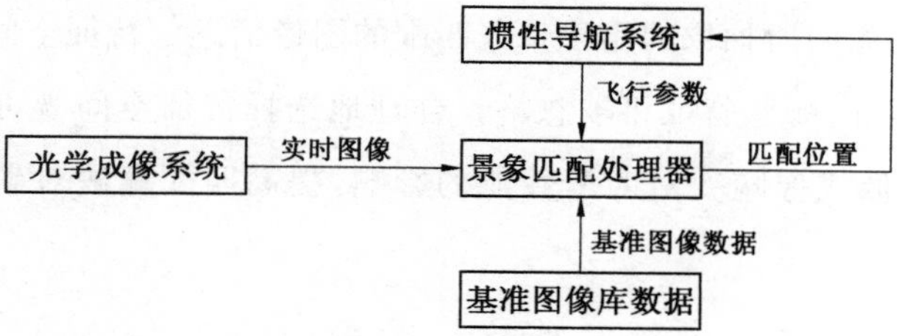

图 5.7　景象匹配导航系统的工作原理

从数字的角度看，景象匹配是两幅图像之间的空间坐标和相应灰度的匹配。假设 $I_1(x,y)$ 为景象区域 A 的成像，$I_2(x,y)$ 中不仅包含景象区域 A，而且还包含与区域 A 相连的其他景象区域，则二者的关系可以表示为

$$I_2(x,y)=g(I_1(f(x,y)))$$

式中，f 是一个二维空间的坐标变换；g 是一个一维的灰度变换。

从上式可以看出，景象匹配问题就是要寻找最佳的灰度和空间坐标变换。在实际情况中，由于造成灰度差异的原因非常多，因此有时灰度差异是无法完全去除的。相比较而言，图像之间的坐标匹配更为关键。然而实际匹配过程中，图像之间并不能通过一个或多个坐标变换来达到坐标上的完全匹配。因此，无法用一个简单的变换模型来建立两幅图像之间的关系。通常采用的方法是寻找图像中不变或变化很小的特征作为匹配的依据，只要这些特征之间能达到上式所描述的关系，就认为两幅图像之间达到了匹配。

在进行匹配前，首先要确定的是图像之间的变换关系，即图像之间变换的数学模型。数学模型的确定依赖于图像之间的差异类型。图像之间的差异可以分为相关差异和非相关差异。相关差异主要是几何上的差异，是由传感器未知的变化和传感器噪声造成的，可以用一定的数学模型来描述。非相关差异主要是由图像获取时的客观条件造成的，无法预先知道，因此很难用某种数学模型来完全准确描述，通常只能用相应的数学模型来近似模拟。

5.4.2　景象匹配算法的四项基本要素

各种景象匹配算法都是特征空间、相似性度量、搜索空间和搜索算法四项基本要素的组合。

1. 特征空间

特征空间是在图像中所抽取的用于景象匹配的图像信息。特征空间的选择决定了图像的哪些特征参与匹配，哪些特征将被忽略。合理地选择特征空间既可以减少匹配算法的计算量，也可以降低成像畸变对匹配性能的影响，提高匹配算法对景象模式的适应能力。

2. 相似性度量

相似性度量是衡量匹配图像特征之间的相似程度的量度，也可称为匹配准则。这个准则就是判断两幅图像是否达到匹配的衡量标准，因而在图像匹配中要做的第一项工作就是选择合适的相似性度量。

3. 搜索空间

景象匹配问题是一个参数的最优估计问题，待估计参数所组成的空间即是搜索空间。也就是说，搜索空间是指所有可能的变换组成的空间。由于搜索空间是用于校正图像的一类几何变换，因而成像畸变的类型和强度决定了搜索空间的组成和范围。图像的几何变换可以分为全局的、局部的和位移场形式的3类。

4. 搜索算法

搜索算法又称搜索策略，其目的是在搜索空间中找到一个最优变换，使得两幅图像间的相似性度量达到最大值。寻找最佳的搜索策略对于减少计算量有重要意义，搜索空间越复杂，选择合适的搜索算法就越重要。常用的搜索算法有穷举搜索、层次性搜索、多尺度搜索、序贯判决、松弛算法、广义 Hough 变换、线性规划、树与图匹配、动态规划、启发式搜索等。每一种搜索算法都有其优点以及局限性。在多数情况下，搜索算法的选择是由变换模型的特点和所采用的特征来决定的。

以上四项基本要素是相互联系、相互影响的，在设计匹配算法时，应首先根据实际应用背景确定图像的景象类型和成像畸变范围，合理选择性能指标，并依此确定所采用的特征空间和搜索空间，然后利用搜索方法找到使相似度量值最大的最优变换参数。

5.5　脉冲星导航技术

脉冲星是高速旋转的中子星。中子星是一种几乎由中子构成的天体，是大质量恒星演化、坍缩、超新星爆发的遗迹，是一种具有超高密度、超高温度、超强磁场、超强辐射和超强引力场的天体。脉冲星的自转轴与磁轴之间有一个夹角，两个磁极各有一个辐射波束，若星体自转且磁极波束扫过安装在地面或航天器上的探测设备，就能获得一个脉冲信号。脉冲星自转非常稳定，可以用作时间标准。

由于脉冲星能够同时提供时间信号和空间位置坐标，利用空间脉冲星网络的导航系统的开发研究受到重视。安装在空间飞行器上的脉冲星导航系统能够实现飞行器的自主导航，不需要庞大地面系统的支持，更具有安全性。目前，已发现射电脉冲星约 1 750 颗，X 射线脉冲星 50 余颗。并且，脉冲星的搜寻工作正在深入开展，有望发现更好、更多适合导航用的脉冲星。

5.5.1　X 射线脉冲星导航定位基本原理

X 射线脉冲星能够为近地空间、太阳系和银河系等飞行的航天器提供自主导航能力，完成位置、速度、姿态和时间测定任务。计时精度优于或等于铯原子钟，支持未来日益增长的高地球轨道飞行和星际飞行任务。X 射线脉冲星导航定位将带来太空飞行器位置、姿态和时间测定的一场新的革命。

X射线脉冲星导航定位基本原理与GPS导航定位原理相类似。用户利用X射线探测器在某一时刻同时接收来自 3 颗以上 X 射线脉冲星的信号，测量测站点(X 射线探测器)至 3 颗以上 X 射线脉冲星的距离，而 X 射线脉冲星在太阳系质心坐标系中的坐标利用甚长基线干涉(VLBI) 等测量手段预先加以测定，据此利用距离交会法解算出测站点的位置。设在时刻 t_s 在测站点用 X 射线探测器同时测得该点至 3 颗 X 射线脉冲星的距离，利用下述方程即可解算出测站点的三维坐标。

$$\rho_1^2 = (X - X_1)^2 + (Y - Y_1)^2 + (Z - Z_1)^2$$

$$\rho_2^2 = (X - X_2)^2 + (Y - Y_2)^2 + (Z - Z_2)^2$$

$$\rho_3^2 = (X - X_3)^2 + (Y - Y_3)^2 + (Z - Z_3)^2$$

式中，ρ_1，ρ_2，ρ_3 是测站点分别到 3 颗 X 射线脉冲星的距离；X，Y，Z 是测站点的三维坐标；X_i，Y_i，Z_i 是 3 颗 X 射线脉冲星的三维坐标（$i=1,2,3$）。

5.5.2 X 射线脉冲星导航定位基本要素

X 射线脉冲星导航定位基本要素包括 X 射线探测器、卫星系统、脉冲星编目、脉冲星探测、脉冲星计时模型和导航定位算法等部分。

1. X 射线探测器

X 射线探测器用于探测和接收来自 X 射线脉冲星的信号，由 X 射线成像仪和光子计数器组成。由于 X 射线脉冲星的 X 射线脉冲信号非常微弱，需要极高灵敏度、快的响应时间、高信噪比和高的时间分辨率的探测器。

2. 卫星系统

装有 X 射线探测器的空间飞行平台，用于特定的飞行探测任务。

3. 脉冲星编目表

对用于导航的 X 射线脉冲星进行编目，确定其位置和物理特征。脉冲星源位置的测定精度应在 0.000 1 弧秒范围，以便满足空间飞行器 10 m 的定位精度要求。

4. 脉冲星探测

寻找辐射 X 射线的脉冲星，目前已找到十多颗满足要求的 X 射线脉冲星。随着时间的推移，将会发现更多满足要求的 X 射线脉冲星。

5. 脉冲星计时模型

恢复和跟踪 X 射线计时信号，用于精确的时间计量。

6. 导航定位算法

将接收的 X 射线脉冲星即时数据转换为空间飞行器三维的、实时的坐标。包括导航定位算法和计算机处理软件。

第6章　卡尔曼滤波理论

滤波器通常用来从含有噪声的信号中提取出人们感兴趣的、有用的信号，在这个意义下，滤波器广泛应用于通信、雷达、声呐和导航等众多领域。在飞行器导航系统中，滤波器主要用来对导航设备输出的带有噪声的导航信号进行估计，消除或者减弱噪声的影响，从而提高当前的导航定位精度。在飞行器导航领域中，工程上应用最为广泛的滤波器设计理论主要是卡尔曼滤波理论及其改进的理论，卡尔曼滤波理论是在维纳滤波理论和现代控制理论基础上发展起来的，在高斯白噪声作用下，卡尔曼滤波理论是一种线性最优的滤波理论。

6.1　卡尔曼滤波算法

卡尔曼滤波算法(Kalman Filter，KF)是由卡尔曼(Kalman)于1960年提出，它是一种基于线性系统精确模型的时域递推估计方法，在高斯白噪声情况下，卡尔曼滤波能够实现最优估计。由于卡尔曼滤波算法采用线性递推算法，计算简单，易于计算机实现，因此卡尔曼滤波方法一经提出，便立即受到了工程界的重视，在航空、航天等领域得到了广泛的应用。卡尔曼滤波算法的基础是维纳滤波理论中提出的正交性原理和现代控制理论。

6.1.1　卡尔曼滤波问题

对于一个线性动态离散系统的滤波估计问题，主要包括两个过程：状态递推更新过程和测量更新过程。

1. 状态递推更新方程

$$\boldsymbol{X}_k = \boldsymbol{\varphi}_{k,k-1}\boldsymbol{X}_{k-1} + \boldsymbol{\Gamma}_{k-1}\boldsymbol{W}_{k-1} \tag{6.1}$$

式中，$\boldsymbol{\varphi}_{k,k-1}$为状态转移矩阵；$n\times 1$维向量$\boldsymbol{W}_{k-1}$为过程噪声；$\boldsymbol{\Gamma}_{k-1}$为噪声驱动矩阵，过程噪声可以建模为高斯白噪声过程，则有

$$E[\boldsymbol{W}_k]=0$$

$$E[\boldsymbol{W}_n\boldsymbol{W}_k^{\mathrm{T}}]=\begin{cases}Q_k & (n=k)\\ 0 & (n\neq k)\end{cases}$$

2. **测量方程**

$$\boldsymbol{Z}_k=\boldsymbol{H}_k\boldsymbol{X}_k+\boldsymbol{V}_k \tag{6.2}$$

式中,$\boldsymbol{H}_k$ 为已知的测量矩阵;$\boldsymbol{V}_k$ 为测量噪声。可以建模为零均值的高斯白噪声序列,满足条件

$$E[\boldsymbol{V}_k]=0$$

$$E[\boldsymbol{V}_n\boldsymbol{V}_k^{\mathrm{T}}]=\begin{cases}R_k & (n=k)\\ 0 & (n\neq k)\end{cases}$$

测量方程确定了系统可测量与系统状态量之间的关系。

假设测量过程和状态更新过程在统计学上是相互独立的,则有

$$E[\boldsymbol{W}_n\boldsymbol{V}_k^{\mathrm{T}}]=0$$

上式对所有的 n 和 k 均成立。

卡尔曼滤波问题,即通过测量值组成的测量序列 $Z(1),Z(2),\cdots,Z(n)$,对所有的 $n\geqslant 1$ 的系统状态 $\boldsymbol{X}_k$ 进行最小均方估计。

6.1.2 卡尔曼滤波方程

对于待估计状态 $\boldsymbol{X}_k$,若系统能够同时满足式(6.1)、(6.2),就可以利用卡尔曼滤波方法计算求取状态估计值 $\hat{\boldsymbol{X}}_k$,离散卡尔曼滤波算法的具体求解过程如下:

状态一步预测方程为

$$\hat{\boldsymbol{X}}_{k|k-1}=\boldsymbol{\varphi}_{k,k-1}\hat{\boldsymbol{X}}_{k-1} \tag{6.3}$$

状态估计值计算方程为

$$\hat{\boldsymbol{X}}_k=\hat{\boldsymbol{X}}_{k|k-1}+\boldsymbol{K}_k(\boldsymbol{Z}_k-\boldsymbol{H}_k\hat{X}_{k|k-1}) \tag{6.4}$$

滤波增益方程为

$$\boldsymbol{K}_k=\boldsymbol{P}_{k|k-1}\boldsymbol{H}_k^{\mathrm{T}}(\boldsymbol{H}_k\boldsymbol{P}_{k|k-1}\boldsymbol{H}_k^{\mathrm{T}}+\boldsymbol{R}_k)^{-1} \tag{6.5}$$

一步预测均方差方程为

$$\boldsymbol{P}_{k|k-1}=\boldsymbol{\varphi}_{k,k-1}\boldsymbol{P}_{k-1}\boldsymbol{\varphi}_{k,k-1}^{\mathrm{T}}+\boldsymbol{\Gamma}_{k-1}\boldsymbol{Q}_{k-1}\boldsymbol{\Gamma}_{k-1}^{\mathrm{T}} \tag{6.6}$$

估计均方误差方程为

$$\boldsymbol{P}_k=(\boldsymbol{I}-\boldsymbol{K}_k\boldsymbol{H}_k)\boldsymbol{P}_{k|k-1}(\boldsymbol{I}-\boldsymbol{K}_k\boldsymbol{H}_k)^{\mathrm{T}}+\boldsymbol{K}_k\boldsymbol{R}_k\boldsymbol{K}_k^{\mathrm{T}} \tag{6.7}$$

或

$$\boldsymbol{P}_k=(\boldsymbol{I}-\boldsymbol{K}_k\boldsymbol{H}_k)\boldsymbol{P}_{k/k-1} \tag{6.8}$$

或

$$\boldsymbol{P}_k^{-1}=\boldsymbol{P}_{k/k-1}^{-1}+\boldsymbol{H}_k^{\mathrm{T}}\boldsymbol{R}_k^{-1}\boldsymbol{H}_k \tag{6.9}$$

6.1.3　滤波初始条件

1. 滤波初值选取

为了实现卡尔曼滤波的时间更新和测量更新过程，显然需要确定初始条件，包括状态初值和估计均方误差初值的选取。

一般情况下不可能精确知道初始状态，通常用均值和相关矩阵对它进行描述，在 $k=0$ 时刻没有任何观测数据的情况下，可选择初始的状态估计值为

$$\hat{\boldsymbol{X}}_{1/0}=E[\boldsymbol{X}_1] \tag{6.10}$$

其相关矩阵为

$$\boldsymbol{P}_{1/0}=E[(\boldsymbol{X}_1-E[\boldsymbol{X}_1])(\boldsymbol{X}_1-E[\boldsymbol{X}_1])^{\mathrm{T}}]$$

一般工程实际应用中，对于零均值的状态向量，一般滤波初始值可以选为

$$\hat{\boldsymbol{X}}_0=0\text{，}\quad \boldsymbol{P}_0=\alpha\boldsymbol{I}_n$$

其中 α 为较大的整数，如果系统是一致渐进稳定的，则任意地选取初始值也不会对最终的滤波估计结果产生影响，初始的误差会随着滤波步数的增加逐渐衰减到零。在滤波过程中，估计均方误差矩阵需要保持正定性，滤波器才能保持良好的收敛性，因此一般在实际应用中，采用式(6.10)来计算滤波估计均方误差矩阵。

2. 一步转移矩阵的离散形式

由上述给出的卡尔曼滤波过程可知，卡尔曼滤波基本方程仅适用于离散系统，但实际系统一般为连续系统，动力学特性用连续的微分方程描述，所以在进行滤波估计之前，一般需要对系统方程进行离散化操作。

设描述连续系统的状态方程为

$$\dot{\boldsymbol{X}}(t)=\boldsymbol{\Phi}(t)\boldsymbol{X}(t)+\boldsymbol{W}(t) \tag{6.11}$$

式中，$\boldsymbol{W}(t)$ 为零均值高斯白噪声矩阵。

根据线性系统理论，系统方程的离散化形式为

$$\boldsymbol{X}(t_{k+1})=\boldsymbol{\Phi}(t_{k+1},t_k)\boldsymbol{X}(t_k)+\boldsymbol{W}_k \tag{6.12}$$

其中一步转移矩阵满足方程

$$\boldsymbol{\Phi}(t_{k+1},t_k)=\mathrm{e}^{T\cdot\boldsymbol{F}(t_k)} \tag{6.13}$$

泰勒展开有

$$\boldsymbol{\Phi}_{k+1,k}=\boldsymbol{I}+T\cdot\boldsymbol{F}_k+\frac{T^2}{2!}\boldsymbol{F}_k^2+\frac{T^3}{3!}\boldsymbol{F}_k^3+\cdots \tag{6.14}$$

式中，T 为滤波周期，$\boldsymbol{F}_k=\boldsymbol{F}(t_k)$。

6.1.4 滤波发散现象与解决方法

卡尔曼滤波通过递推计算估计均方误差来实现对滤波增益矩阵的更新过程，存在严重的数值不稳定性问题，这已由大量文献证明。在通过计算机实现卡尔曼滤波器时，由于存在计算截断误差等，将会使得估计均方误差矩阵 $\boldsymbol{P}_k$ 可能出现非正定的情况，这显然是不能被接受的，有可能造成滤波器失去稳定性。由于有限字长运算引起的卡尔曼滤波器失去稳定性的现象我们称为发散现象。

解决发散现象有多种方法，其中最为简单的是人为加上高斯白噪声，增大加性噪声的方差，以保证矩阵 $\boldsymbol{P}_k$ 对于所有的 k 均保持正定。克服滤波发散现象的方法还有平方根滤波法、UD 分解法等。本书将对平方根卡尔曼滤波算法进行详细的讨论（见 6.4 节）。

6.1.5 卡尔曼滤波器总结

卡尔曼滤波器是具有递归结构的有限维线性离散时间系统，很适合用数字计算机实现。卡尔曼滤波器的一个关键特性是：卡尔曼滤波器是从随机状态空间模型导出的线性动态系统状态的最小均方（方差）估计。卡尔曼滤波器计算流程如图 6.1 所示。

根据图 6.1 给出的卡尔曼滤波器算法流程图，可以在数字计算机上实现卡尔曼滤波过程。

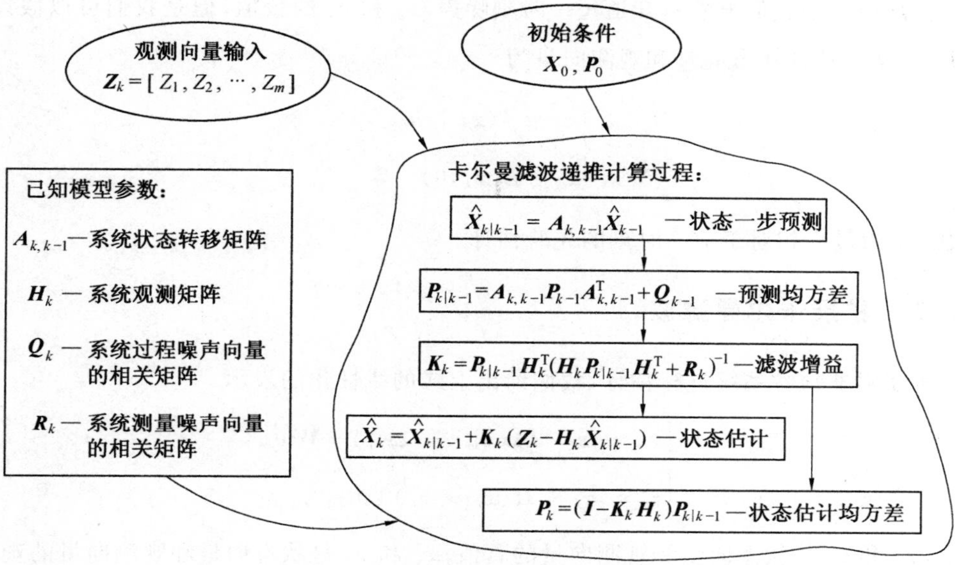

图 6.1　卡尔曼滤波器计算流程图

6.2　扩展卡尔曼滤波算法

前面讨论的卡尔曼滤波问题,都是针对线性系统而言的。如果模型是非线性的,我们可以通过扩展卡尔曼滤波方法来进行滤波估计。扩展卡尔曼滤波器(External Kalman Filter)是将期望和方差线性化的卡尔曼滤波器,简称 EKF。

6.2.1　系统模型

同泰勒级数类似,面对非线性问题时,我们可以通过求取过程和量测方程的偏导数来线性化系统模型,并计算当前的估计。假设非线性系统模型为

$$\begin{cases} \boldsymbol{x}_k = f(x_{k-1}, u_{k-1}, w_{k-1}) \\ \boldsymbol{z}_k = h(x_k, v_k) \end{cases} \tag{6.15}$$

随机变量 w_{k-1} 和 v_k 代表过程激励噪声和观测噪声。差分递推状态方程中的非线性函数 $f(\cdot)$ 将上一时刻 $k-1$ 的状态映射到当前时刻 k 的状态。非线性函数 $h(\cdot)$ 反映了状态变量 x_k 和观测变量 z_k 之间的关系。

实际应用中我们显然不知道每一时刻噪声 w_k 和 v_k 的数值，但是我们可以假设它们均为零，从而估计状态向量和观测向量为

$$\begin{cases}\tilde{x}_k = f(\hat{x}_{k-1}, u_{k-1}, 0) \\ \tilde{z}_k = h(\tilde{x}_k, 0)\end{cases} \tag{6.16}$$

其中，$\hat{x}_k$ 为过程相对于前一时刻的先验估计。

6.2.2 扩展卡尔曼滤波

为了对非线性系统进行估计，我们给出上式的线性化的表示

$$\begin{cases}x_k \approx \tilde{x}_k + \boldsymbol{A}(x_{k-1} - \hat{x}_{k-1}) + \boldsymbol{W}w_{k-1} \\ z_k \approx \tilde{z}_k + \boldsymbol{H}(x_k - \tilde{x}_k)\boldsymbol{V}v_k\end{cases} \tag{6.17}$$

其中，x_k 和 z_k 是状态向量和观测向量的真值；$\tilde{x}_k$ 和 $\tilde{z}_k$ 是状态向量和观测向量的观测值；$\hat{x}_{k-1}$ 是 $k-1$ 时刻的后验估计；w_{k-1} 和 v_{k-1} 分别为过程噪声和测量噪声。

$\boldsymbol{A}$ 是 f 对状态向量 $\boldsymbol{x}$ 的偏导的雅可比矩阵

$$\boldsymbol{A}_{i,j} = \frac{\partial f_i}{\partial x_j}(\hat{x}_{k-1}, u_{k-1}, 0) \tag{6.18}$$

$\boldsymbol{W}$ 是 f 对 $\boldsymbol{w}$ 的偏导数的雅可比矩阵

$$\boldsymbol{W}_{i,j} = \frac{\partial f_i}{\partial w_j}(\hat{X}_{k-1}, u_{k-1}, 0) \tag{6.19}$$

$\boldsymbol{H}$ 是 h 对于 $\boldsymbol{x}$ 的偏导数的雅可比矩阵

$$\boldsymbol{H}_{i,j} = \frac{\partial h_i}{\partial x_j}(\tilde{x}_k, 0) \tag{6.20}$$

$\boldsymbol{V}$ 是 h 对 $\boldsymbol{v}$ 的偏导数的雅可比矩阵

$$\boldsymbol{V}_{i,j} = \frac{\partial h_i}{\partial v_j}(\tilde{x}_k, 0) \tag{6.21}$$

为简单起见，没有在 $\boldsymbol{A}$,$\boldsymbol{W}$,$\boldsymbol{H}$,$\boldsymbol{V}$ 加入下标 k，但它们实际上是随时间变化的。

定义新的预测误差的表达式为

$$\tilde{e}_{x_k} = x_k - \tilde{x}_k \tag{6.22}$$

观测向量的残差

$$\tilde{e}_{z_k} = z_k - \tilde{z}_k \tag{6.23}$$

通过对观测向量的残差进行加权，从而实现对状态预测的修正。

$$\hat{x}_k = \tilde{x}_k + \boldsymbol{K}_k(z_k - \tilde{z}_k) \tag{6.24}$$

扩展卡尔曼滤波器的计算过程：

(1) 时间更新方程

$$\begin{cases} \hat{x}_{k/k-1} = f(\hat{x}_{k-1}, u_{k-1}, 0) \\ \boldsymbol{P}_{k/k-1} = \boldsymbol{A}_k \boldsymbol{P}_{k-1} \boldsymbol{A}_k^{\mathrm{T}} + \boldsymbol{W}_k \boldsymbol{Q}_{k-1} \boldsymbol{W}_k^{\mathrm{T}} \end{cases} \tag{6.25}$$

其中，$\boldsymbol{A}_k$ 和 $\boldsymbol{W}_k$ 为 k 时刻的过程雅可比矩阵。跟离散卡尔曼滤波器一样，时间更新方程将状态和协方差估计从 $k-1$ 时刻向前推算到 k 时刻。

(2) 状态更新方程

$$\begin{cases} \boldsymbol{K}_k = \boldsymbol{P}_{k/k-1} \boldsymbol{H}_k^{\mathrm{T}} (\boldsymbol{H}_k \boldsymbol{P}_{k/k-1} \boldsymbol{H}_k^{\mathrm{T}} + \boldsymbol{V}_k \boldsymbol{R}_k \boldsymbol{V}_k^{\mathrm{T}})^{-1} \\ \hat{x}_k = \hat{x}_{k/k-1} + \boldsymbol{K}_k(z_k - h(\hat{x}_{k/k-1}, 0)) \\ \boldsymbol{P}_k = (\boldsymbol{I} - \boldsymbol{K}_k \boldsymbol{H}_k) \boldsymbol{P}_{k/k-1} \end{cases} \tag{6.26}$$

其中，$\boldsymbol{H}_k$ 和 $\boldsymbol{V}_k$ 为 k 时刻的测量雅可比矩阵；$\boldsymbol{R}_k$ 是 k 时刻的观测噪声的协方差矩阵。跟离散卡尔曼滤波器一样，测量更新方程利用观测值 z_k 对系统的状态和协方差估计进行校正。

扩展卡尔曼滤波器的基本流程图与离散卡尔曼滤波器的计算流程基本一样，其计算流程图如图 6.2 所示。

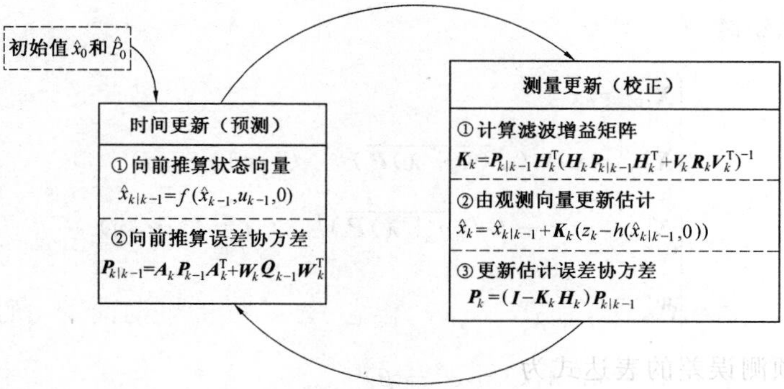

图 6.2　扩展卡尔曼滤波算法计算流程

6.3 无迹卡尔曼滤波算法

扩展卡尔曼滤波算法是通过对非线性系统线性化的方法实现滤波过程，由于线性化存在一定的线性化误差，因此扩展卡尔曼滤波算法是一种次优的滤波方法。无迹卡尔曼滤波（UKF）是一种次优非线性贝叶斯滤波方法，UKF 是通过对状态向量进行采样（即 sigma 采样点）来比较状态向量的统计学分布特性，然后通过 UT 变换实现状态向量的更新过程。UT 变换是用于计算经过非线性变换的随机变量统计的一种新方法，其不需要对非线性状态和量测方程进行线性化，而是通过 UT 变换来对状态向量的后验概率密度进行近似化。

6.3.1 UT 变换

无迹变换（Unscented Transformation, UT）是一种通过非线性变化来计算一个随机变量的统计学特性的方法。其实现原理是：在原状态分布中按照采样法则获得一组采样点，使采样点集的均值和协方差与原状态的均值和协方差一致；通过非线性变换函数对采样点进行计算，得到变化后的采样点，通过对变换后的点集求取变换后的均值和协方差。由于没有经过线性化的过程，没有忽略高阶项，因此该方法比扩展卡尔曼滤波（EKF）方法准确。

假设 n 维状态向量 $\boldsymbol{X}$ 的统计学特性为：均值为 $\bar{X}$，方差为 $\boldsymbol{P}_x$。构造具有 $2n+1$ 个 sigma 采样点的矩阵。

$$\begin{cases} \boldsymbol{X}_{(0)}=\bar{\boldsymbol{x}} \\ \boldsymbol{X}_{(i)}=\bar{\boldsymbol{x}}+(\sqrt{(n+\lambda)\boldsymbol{P}})_i^{\mathrm{T}} \quad (i=1,\cdots,n) \\ \boldsymbol{X}_{(i+n)}=\bar{\boldsymbol{x}}-(\sqrt{(n+\lambda)\boldsymbol{P}})_i^{\mathrm{T}} \quad (i=1,\cdots,n) \\ w_0^m=\dfrac{\lambda}{n+\lambda} \\ w_0^c=w_0^m+(1-\alpha^2+\beta) \\ w_i^c=w_i^m=\dfrac{1}{2(n+\lambda)} \quad (i=1,\cdots,n) \end{cases} \tag{6.27}$$

其中，$\lambda=\alpha^2(n+k)-n$ 为比例因子，α 决定了 $\hat{x}$ 周围采样点的分布状态，调节 α 的值可以使高阶项的影响达到最小，通常情况下 $\alpha\in[0,1]$；k 的取值虽无明确限制，但是通常情况下应保证 $(n+\lambda)\boldsymbol{P}$ 为半正定矩阵。对于高斯分布，当状态变量为一维时常取 $k=2$，当状态变量为多维时一般选取 $k=3-n$；当进行状态估计时常选取 $k=0$，进行参数估计时常选取 $k=3-n$；β 是待选参数，$\beta\geqslant 0$，调节 β 可以提高方差的估计精度，对于高斯分布 $\beta=2$ 是最优的；$(\sqrt{(n+\lambda)\boldsymbol{P}})_i^{\mathrm{T}}$ 是矩阵 $(n+\lambda)\boldsymbol{P}$ 的第 i 列。

UT 变换后的采样点可通过对采样点状态向量 $\boldsymbol{X}$ 的非线性函数得到

$$\boldsymbol{y}_i=f(\boldsymbol{X}_i)\quad(i=0,\cdots,2n)\tag{6.28}$$

$\boldsymbol{y}_i$ 的均值和方差为

$$\overline{\boldsymbol{y}}_u\approx\sum_{i=0}^{2n}\boldsymbol{w}_i^m\boldsymbol{y}_i\tag{6.29}$$

$$\overline{\boldsymbol{P}}_u\approx\sum_{i=0}^{2n}\boldsymbol{w}_i^c(\boldsymbol{y}_i-\overline{\boldsymbol{y}}_u)(\boldsymbol{y}_i-\overline{\boldsymbol{y}}_u)^{\mathrm{T}}\tag{6.30}$$

UT 变化与一般的采样方法（如蒙特卡洛方法）不同，它不需要数量巨大的采样点，就能逼近状态向量的统计学特性。在高斯白噪声作用下，对于任意的非线性系统，UT 能够实现 3 阶或 3 阶以上的滤波估计精度，在非高斯白噪声作用下，对于任意的非线性系统，UKF 滤波算法能够实现至少 2 阶的估计精度。UKF 算法与扩展卡尔曼滤波算法的形象对比如图 6.3 所示。

6.3.2　UKF 算法描述

在 UT 变换基础上建立起来的 UKF 算法是剑桥大学的 Julier 于 1996 年提出来的，UKF 算法是 UT 变换和卡尔曼滤波算法的综合，UKF 通过 UT 变换完成状态更新的过程，不需要计算雅可比矩阵(Jacobeans)或 Hessians 矩阵，其总的计算量与扩展卡尔曼滤波算法相当。由于 UKF 没有线性化过程，因此具有更高的估计精度。

UKF 的算法描述如下：

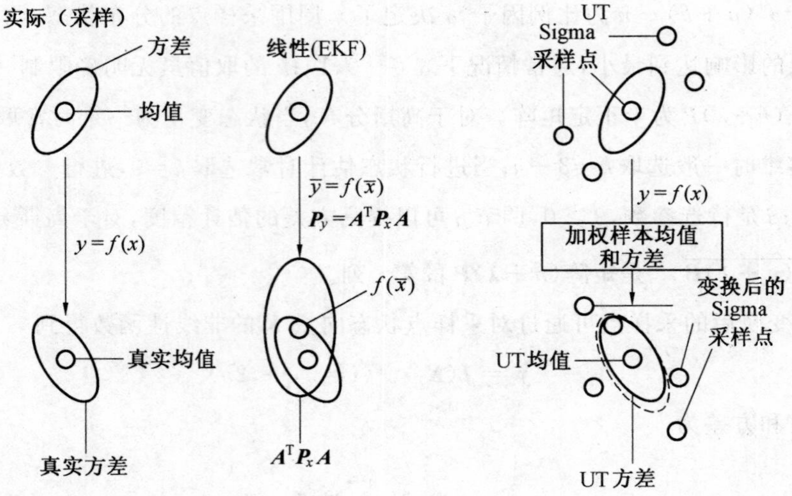

图 6.3　UKF 算法示意图

(1) 初始化。初始状态 x_0 的统计学特性为

$$\begin{cases}\hat{x}_0=E[\boldsymbol{x}_0]\\ \boldsymbol{P}_0=E[(\boldsymbol{x}_0-\hat{x}_0)(\boldsymbol{x}_0-\hat{x}_0)^{\mathrm{T}}]\end{cases}\tag{6.31}$$

考虑噪声，扩展后的状态向量及其方差为

$$\begin{cases}\hat{x}_0^a=E[\boldsymbol{x}^a][\hat{x}_0^{\mathrm{T}}\quad 0\quad 0]\\ \boldsymbol{P}_0^a=E[(\boldsymbol{x}_0^a-\hat{x}_0^a)(\boldsymbol{x}_0^a-\hat{x}_0^a)^{\mathrm{T}}]=\begin{bmatrix}\boldsymbol{P}_0 & \mathbf{0} & \mathbf{0}\\ \mathbf{0} & \boldsymbol{Q}_0 & \mathbf{0}\\ \mathbf{0} & \mathbf{0} & \boldsymbol{R}_0\end{bmatrix}\end{cases}\tag{6.32}$$

(2) 系统的扩展状态向量表示为

$$\begin{cases}\boldsymbol{x}_k^a=[\boldsymbol{x}_k^{\mathrm{T}}\quad \boldsymbol{w}_k^{\mathrm{T}}\quad \boldsymbol{v}_k^{\mathrm{T}}]^{\mathrm{T}}\\ \boldsymbol{P}_k^a=E[(\boldsymbol{x}_k^a-\hat{x}_k^a)(\boldsymbol{x}_k^a-\hat{x}_k^a)^{\mathrm{T}}]=\begin{bmatrix}\boldsymbol{P}_k & \mathbf{0} & \mathbf{0}\\ \mathbf{0} & \boldsymbol{Q}_k & \mathbf{0}\\ \mathbf{0} & \mathbf{0} & \boldsymbol{R}_k\end{bmatrix}\end{cases}\tag{6.33}$$

计算 sigma 采样点

$$\chi_{k-1}^{a}=\left[\hat{x}_{k-1}^{a}\quad \hat{x}_{k-1}^{a}+\sqrt{(n+\lambda)\boldsymbol{P}_{k-1}^{a}}\quad \hat{x}_{k-1}^{a}-\sqrt{(n+\lambda)\boldsymbol{P}_{k-1}^{a}}\right] \tag{6.34}$$

(3) 时间更新

$$\begin{cases}\chi_{k/k-1}^{x}=f\left[\boldsymbol{\chi}_{k-1}^{x}\quad \boldsymbol{u}_{k-1}\quad \boldsymbol{\chi}_{k-1}^{w}\right]\\ \hat{x}_{k/k-1}=\sum_{i=0}^{2n}\boldsymbol{w}_{i}^{m}\chi_{i,k/k-1}^{x}\\ \boldsymbol{P}_{k/k-1}=\sum_{i=0}^{2n}\boldsymbol{w}_{i}^{c}\left[\chi_{i,k/k-1}^{x}-\hat{x}_{k/k-1}\right]\left[\chi_{i,k/k-1}^{x}-\hat{x}_{k/k-1}\right]^{\mathrm{T}}\\ y_{k/k-1}=h(\chi_{k/k-1}^{x},\chi_{k/k-1}^{v})\\ \hat{y}_{k/k-1}=\sum_{i=0}^{2n}\boldsymbol{w}_{i}^{m}z_{i,k/k-1}\end{cases} \tag{6.35}$$

式中，$\hat{x}_{k/k-1}$ 为所有粒子的一步预测加权和。

(4) 测量更新

$$\begin{cases}\boldsymbol{P}_{y_{k-1}y_{k-1}}=\sum_{i=0}^{2n}\boldsymbol{w}_{i}^{c}\left[(y_{i,k/k-1}-\hat{y}_{k/k-1})\right]\left[(y_{i,k/k-1}-\hat{y}_{k/k-1})\right]^{\mathrm{T}}\\ \boldsymbol{P}_{x_{k/k-1}y_{k/k-1}}=\sum_{i=0}^{2n}\boldsymbol{w}_{i}^{c}\left[\chi_{i,k/k-1}^{x}-\hat{x}_{k/k-1}\right]\left[\chi_{i,k/k-1}^{x}-\hat{x}_{k/k-1}\right]^{\mathrm{T}}\\ \boldsymbol{K}_{k}=\boldsymbol{P}_{x_{k/k-1}y_{k/k-1}}\boldsymbol{P}_{x_{k/k-1}y_{k/k-1}}^{-1}\\ \hat{x}_{k}=\hat{x}_{k-1}+\boldsymbol{K}_{k}(y_{k}-\hat{y}_{k/k-1})\\ \boldsymbol{P}_{k}=\boldsymbol{P}_{k/k-1}+\boldsymbol{K}_{k}\boldsymbol{P}_{y_{k-1}y_{k-1}}\boldsymbol{K}_{k}^{\mathrm{T}}\end{cases} \tag{6.36}$$

如果系统的状态噪声和测量噪声为加性噪声，则不需要对系统的状态向量进行增广处理，算法中的时间更新和状态更新方程得以简化。

6.4　平方根卡尔曼滤波算法

卡尔曼滤波器中协方差类型的递归传递矩阵 $\boldsymbol{P}_k$ 表示滤波器状态估计误差的自相关矩阵；由于数值计算过程中存在阶段误差等因素影响，状态估计误差阵 $\boldsymbol{P}_k$ 在递归过程中可能出现非正定的情况，这可能会导致滤波器的发散，在工程实际应用中显然是不能被接受的。为了解决这一问题，相关学者提出了多种抑制滤波发散的方法，下面对其中的平方根卡尔曼滤波算法进行介绍。

平方根卡尔曼滤波算法将状态估计误差传播矩阵 $\boldsymbol{P}_k$ 分解为平方根下三角阵 $\boldsymbol{P}_k^{1/2}$，通过对 $\boldsymbol{P}_k^{1/2}$ 进行递归传递来解决算法发散问题。$\boldsymbol{P}_k$ 与 $\boldsymbol{P}_k^{1/2}$ 之间有如下关系

$$\boldsymbol{P}_k = \boldsymbol{P}_k^{1/2}\boldsymbol{P}_k^{H/2} \tag{6.37}$$

其中，上三角阵 $\boldsymbol{P}_k^{H/2}$ 为 $\boldsymbol{P}_k^{1/2}$ 的埃尔米特转置。与卡尔曼滤波器中计算 $\boldsymbol{P}_k$ 的过程不一样，相关矩阵的非负定特性通过平方矩阵和其埃尔米特转置的乘积予以保证，同时在计算过程中 $\boldsymbol{P}_k^{1/2}$ 的计算量仅有 $\boldsymbol{P}_k$ 计算量的一半，亦能达到同样的精度，这也是平方根卡尔曼滤波算法的优点之一。

本节中，我们将针对平方根卡尔曼滤波算法的具体形式，考虑以下数学模型

$$\begin{cases}\boldsymbol{X}_k = \boldsymbol{A}_{k,k-1}\boldsymbol{X}_{k-1} \\ \boldsymbol{Z}_k = \boldsymbol{H}_k\boldsymbol{X}_k + \boldsymbol{V}_k\end{cases} \tag{6.38}$$

式中，$\boldsymbol{X}_k$ 为状态向量；$\boldsymbol{A}_{k,k-1}$ 为状态转移矩阵；$\boldsymbol{Z}_k$ 为测量信号；$\boldsymbol{H}_k$ 为测量矩阵；$\boldsymbol{V}_k$ 为零均值，方差为 1 的白噪声序列。在推导平方根卡尔曼滤波算法之前，先给出需要用到的矩阵分解的基本公式。

6.4.1 矩阵分解引理

假设有两个 $N \times M$ 维的矩阵 $\boldsymbol{A}$ 和 $\boldsymbol{B}$，其中 $N \leqslant M$，矩阵因子分解定理指出

$$\boldsymbol{A}\boldsymbol{A}^{\mathrm{T}} = \boldsymbol{B}\boldsymbol{B}^{\mathrm{T}} \tag{6.39}$$

当且仅当存在下面的归一化矩阵 $\boldsymbol{\Theta}$ 使得

$$\boldsymbol{B} = \boldsymbol{A}\boldsymbol{\Theta} \tag{6.40}$$

由上式有

$$\boldsymbol{B}\boldsymbol{B}^{\mathrm{T}} = \boldsymbol{A}\boldsymbol{\Theta}\boldsymbol{\Theta}^{\mathrm{T}}\boldsymbol{A}^{\mathrm{T}} \tag{6.41}$$

由归一矩阵定义有

$$\boldsymbol{\Theta}\boldsymbol{\Theta}^{\mathrm{T}} = \boldsymbol{I} \tag{6.42}$$

其中，$\boldsymbol{I}$ 为 $M \times M$ 的单位矩阵。

6.4.2 平方根卡尔曼滤波器

系统的状态方程和量测方程为

$$X_k = \varphi_{k,k-1} X_{k-1} + \Gamma_{k-1} W_{k-1} \tag{6.43}$$

$$Z_k = H_k X_k + V_k \tag{6.44}$$

式中，W_k 和 V_k 分别为系统过程噪声和测量噪声，均为零均值白噪声，且相互独立。其协方差分别为 Q_k 和 R_k。

对状态误差协方差矩阵进行平方根分解

$$\begin{cases} P_k = P_k^{1/2} P_k^{\mathrm{T}} \\ P_{k,k-1} = P_{k,k-1}^{1/2} P_{k,k-1}^{\mathrm{T}} \end{cases} \tag{6.45}$$

平方根卡尔曼滤波量测更新

$$\begin{cases} a_k = P_{k,k-1}^{\mathrm{T}} H_k^{\mathrm{T}} \\ b_k = (H_k P_{k,k-1}^{1/2} P_{k,k-1}^{\mathrm{T}} H_k^{\mathrm{T}} + R_k)^{-1} \quad 或 \quad b_k = (a_k^{\mathrm{T}} a_k + R_k)^{-1} \end{cases} \tag{6.46}$$

$$\begin{cases} \gamma_k = (1 + \sqrt{b_k R_k})^{-1} \\ K_k = b_k P_{k,k-1}^{1/2} a_k \\ \hat{X}_k = \hat{X}_{k,k-1} + K_k (Z_k - H_k \hat{X}_{k,k-1}) \\ P_k^{1/2} = P_{k,k-1}^{1/2} - \gamma_k K_k a_k^{\mathrm{T}} \end{cases} \tag{6.47}$$

第 7 章　粒子滤波理论

我们已经对卡尔曼滤波算法及其改进算法进行了介绍，卡尔曼滤波算法和无迹卡尔曼滤波算法均是在高斯滤波框架下的滤波方法，仅能对高斯噪声系统进行滤波处理。本章我们将对粒子滤波算法及其相关理论进行介绍，粒子滤波算法不需要有高斯噪声假设，它是一种基于贝叶斯极大似然估计理论的估计方法，通过蒙特卡洛方法进行随机采样来实现对状态参数的概率密度近似。

7.1　动态状态空间模型

在分析研究实际的物理系统时，需要建立相应的系统模型。在许多工程领域，包括通信、雷达、声呐和导航等，随着现代控制理论的发展，经常采用动态状态空间模型来对系统的很多问题进行描述。在贝叶斯理论框架下，一般系统的动态状态空间模型可以用一个状态转移模型和量测模型描述。

状态转移模型：$p(\boldsymbol{x}_t \mid \boldsymbol{x}_{t-1})$

量测模型：$p(\boldsymbol{z}_t \mid \boldsymbol{x}_t)$

其中 $\boldsymbol{x}_t$ 为 t 时刻的状态向量，$\boldsymbol{y}_t$ 为 t 时刻的测量向量，状态向量跟随着一个一阶马尔可夫过程，测量向量与状态向量之间相互独立。对于非线性、非高斯过程，其模型可以表示为

$$\boldsymbol{x}_t = f(\boldsymbol{x}_{t-1}, \boldsymbol{w}_{t-1}) \tag{7.1}$$

$$\boldsymbol{y}_t = g(\boldsymbol{x}_t, \boldsymbol{v}_t) \tag{7.2}$$

其中，$\boldsymbol{w}_{t-1}$ 和 $\boldsymbol{v}_t$ 分别为系统过程噪声和测量噪声，它们之间相互独立，协方差分别为 Q_t 和 R_t；$f(\cdot)$ 和 $h(\cdot)$ 为有界非线性映射，仅与系统模型有关。

7.2　贝叶斯估计理论

近几十年来，统计学中的贝叶斯学派有了重大发展，贝叶斯估计理论已经和经典的频

率估计理论并列为当前的两大估计理论。贝叶斯估计理论的主要特点是利用状态参数 $\boldsymbol{x}$ 的先验分布，在得到样本观测值 $\boldsymbol{x}=(x_1,x_2,\cdots,x_n)^{\mathrm{T}}$ 后，由 $\boldsymbol{x}$ 的先验知识和样本观测值构成较为完整的后验信息。根据状态参数 $\boldsymbol{x}$ 的后验概率密度分布即能确定其统计学特性。

7.2.1 贝叶斯定理

贝叶斯定理的主要内容为：假设 $\boldsymbol{y}=[y_1,y_2,\cdots,y_n]$ 为独立的观测量，每个变量对应于未知参数 $\boldsymbol{x}$ 的条件概率密度为 $p(\boldsymbol{z}\mid\boldsymbol{x})$，则未知参数的后验概率密度为

$$p(\boldsymbol{x}\mid\boldsymbol{z})=\frac{p(\boldsymbol{z}\mid\boldsymbol{x})p(\boldsymbol{x})}{p(\boldsymbol{z})}=\frac{p(\boldsymbol{z}\mid\boldsymbol{x})p(\boldsymbol{x})}{\int p(\boldsymbol{z}\mid\boldsymbol{x})p(\boldsymbol{x})\,\mathrm{d}\boldsymbol{x}} \tag{7.3}$$

其中，$p(\boldsymbol{x})$ 为先验概率密度。

7.2.2 贝叶斯信号处理方法

运用贝叶斯理论进行递归滤波一般可以分为两个步骤完成：预测和更新。预测是根据系统模型信息和前一时刻的后验概率密度函数计算下一时刻的后验概率密度函数；更新是利用当前的观测值对后验概率密度进行修正。因此应用贝叶斯原理进行滤波处理，不仅可以获得状态变量的后验概率密度函数，还可以递归获得更新后的状态变量的估计值，无需对历史的量测数据进行存储，从而简化了算法、节省了存储空间。

假设已知从 0 到 k 时刻的量测值 $z_{0:k}$，$k-1$ 时刻以前的后验概率密度分布为 $p(x_{0:k-1}\mid z_{0:k-1})$，则预测和更新过程如下：

预测

$$p(x_{0:k}\mid z_{0:k-1})=\int p(x_{0:k}\mid x_{0:k-1})\,p(x_{0:k-1}\mid z_{0:k-1})\,\mathrm{d}x_{0:k-1} \tag{7.4}$$

更新

$$p(x_{0:k}\mid z_{0:k})=\frac{p(z_k\mid x_{0:k})\,p(x_{0:k}\mid z_{0:k-1})}{p(z_k\mid z_{0:k-1})} \tag{7.5}$$

对于第 k 时刻的递推过程如下：

预测

$$p(x_k\mid z_{0:k-1})=\int p(x_k\mid x_{k-1})\,p(x_{k-1}\mid z_{0:k-1})\,\mathrm{d}x_{k-1} \tag{7.6}$$

更新

$$p(x_k \mid z_{0:k}) = \frac{p(z_k \mid x_k)\,p(x_k \mid z_{0:k-1})}{\int p(z_k \mid x_k)\,p(x_k \mid z_{0:k-1})\,\mathrm{d}x_k} \tag{7.7}$$

7.3 粒子滤波理论

7.3.1 蒙特卡洛信号处理方法

在蒙特卡洛信号处理过程中，后验概率密度可以由一种采样的粒子集加权获得，后验概率密度可以由如下公式近似

$$\hat{p}(x_{0:t} \mid y_{1:t}) = \frac{1}{N}\sum_{i=1}^{N}\omega_t^i\delta(x_{0:t} - x_{0:t}^i) \tag{7.8}$$

式中，ω_t^i 为对应粒子的加权值且 $\sum_{i=1}^{N}\omega_t^i = 1$；$\hat{p}(x_{0:t} \mid y_{1:t})$ 为后验概率密度的近似值。

根据动态系统的状态方程可得如下的期望形式

$$E(g(x_{0:t})) = \int g(x_{0:t})\,p(x_{0:t} \mid y_{1:t})\,\mathrm{d}x_{0:t} \tag{7.9}$$

上述期望可以用如下的离散形式近似得到

$$\bar{E}(g(x_{0:t})) = \frac{1}{N}\sum_{i=1}^{N} g(x_{0:t}^i) \tag{7.10}$$

式中，$x_{0:t}^i\ (i = 1,2,\cdots,N)$ 为相互独立的样本点，根据大数定理可知，当样本点足够多 $(N \to \infty)$ 时，有

$$\bar{E}(g(x_{0:t})) \xrightarrow{N \to \infty} E(g(x_{0:t})) \tag{7.11}$$

7.3.2 贝叶斯重要性采样

上面已经提到，状态的后验概率密度可以用采样粒子和相应的加权值相乘，再求和表示。在实际过程中，直接运用后验概率密度函数进行采样有一定的困难，但是若从某个重要密度函数 $q(x_{0:t} \mid y_{1:t})$ 中取出样本点可能比较容易，则期望的估计为

$$E(g(x_{0:t})) = \int g(x_{0:t})\frac{p(x_{0:t} \mid z_{1:t})}{q(x_{0:t} \mid y_{1:t})}q(x_{0:t} \mid y_{1:t})\,\mathrm{d}x_{0:t} =$$

$$\int g(x_{0:t}) \frac{p(z_{1:t} \mid x_{0:t}) p(x_{0:t})}{p(z_{1:t}) q(x_{0:t} \mid z_{1:t})} q(x_{0:t} \mid z_{1:t}) \mathrm{d}x_{0:t} =$$

$$\int g(x_{0:t}) \frac{\omega_t(x_{0:t})}{p(z_{1:t})} q(x_{0:t} \mid z_{1:t}) \mathrm{d}x_{0:t} \tag{7.12}$$

式中，$\omega_t(x_{0:t})$ 为重要性权值。

$$\omega_t = \frac{p(z_{1:t} \mid x_{0:t}) p(x_{0:t})}{q(x_{0:t} \mid z_{1:t})} \tag{7.13}$$

由于 $p(z_{1:t})$ 不能够已知，可以采用以下方程计算

$$E(g(x_{0:t})) = \frac{1}{p(z_{1:t})} \int g(x_{0:t}) \omega_t(x_{0:t}) q(x_{0:t} \mid z_{1:t}) \mathrm{d}x_{0:t} =$$

$$\frac{\int g(x_{0:t}) \omega_t(x_{0:t}) q(x_{0:t} \mid y_{1:t}) \mathrm{d}x_{0:t}}{\int \omega_t(x_{0:t}) q(x_{0:t} \mid y_{1:t}) \mathrm{d}x_{0:t}} \tag{7.14}$$

根据蒙特卡洛方法，可以用如下的估计来对期望进行近似

$$\bar{E}(g(x_{0:t})) = \frac{1/N \sum_{i=1}^{N} g(x_{0:t}^i) \omega_t(x_{0:t}^i)}{1/N \sum_{i=1}^{N} \omega_t(x_{0:t}^i)} =$$

$$\sum_{i=1}^{N} g(x_{0:t}^i) \tilde{\omega}_t(x_{0:t}^i) \tag{7.15}$$

其中，$\tilde{\omega}_t(x_{0:t}^i)$ 为归一化后的权值，可表示为

$$\tilde{\omega}_t^i = \frac{\omega_t^i}{\sum_{j=1}^{N} \omega_t^j} \tag{7.16}$$

7.3.3　序贯重要性采样技术

为了在不修改先前状态 $x_{0:t-1}$ 的情况下计算当前时间的序贯后验概率密度，可以采用公式

$$q(x_{0:t} \mid z_{1:t}) = q(x_{0:t-1} \mid z_{1:t-1}) q(\boldsymbol{x}_t \mid x_{0:t-1}, z_{1:t}) \tag{7.17}$$

这里我们假设当前的状态分布不依赖于未来的观测值。在该假设下，状态对应于一个马氏过程(Markov Process)，并且测量状态是有条件独立的，我们可以得到

$$\begin{cases} p(x_{0:t})=p(x_0)\prod_{j=1}^{t}p(x_j \mid x_{j-1}) \\ p(z_{1:t} \mid x_{0:t})=\prod_{j=1}^{t}p(z_j \mid x_j) \end{cases} \tag{7.18}$$

根据上述两式，得到重要性权值的递归形式为

$$\omega_t=\frac{p(z_{1:t} \mid x_{0:t})p(x_{0:t})}{q(x_{0:t-1} \mid z_{1:t-1})q(x_t \mid x_{0:t-1},z_{1:t})}=$$

$$\omega_{t-1}\frac{p(z_{1:t} \mid x_{0:t})p(x_{0:t})}{p(z_{1:t-1} \mid x_{0:t-1})p(x_{0:t-1})}\frac{1}{q(x_t \mid x_{0:t-1},z_{1:t})}=$$

$$\omega_{t-1}\frac{p(z_t \mid x_t)p(\boldsymbol{x}_t \mid x_{t-1})}{q(x_t \mid x_{0:t-1},y_{1:t})} \tag{7.19}$$

上式提供了重要性权值的递推计算方法，上述过程被称为序贯重要性采样(SIS)，利用重要性采样方法能够对状态进行有效估计。

7.3.4　粒子滤波算法

(1) 初始化粒子群：$t=0$。对于 $i=1,2,\cdots,N$，由状态向量的先验概率密度函数 $p(x_0)$ 产生采样粒子群 x_0^i，所有的采样粒子的重要性权值取为 $1/N$，N 为粒子的采样数量。

(2) 更新重要性权值。对于 $i=1,2,\cdots,N$，采用如下公式计算当前的重要性权值

$$\omega_t^i=\omega_{t-1}^i\frac{p(z_t \mid x_t^i)p(x_t^i \mid x_{t-1}^i)}{q(x_t^i \mid x_{0:t-1}^i,y_{1:t})}$$

权值归一化

$$\tilde{\omega}_t^i=\frac{\omega_t^i}{\sum_{j=1}^{N}\omega_t^j}$$

(3) 对状态参数进行估计

$$\hat{x}_t=\sum_{i=1}^{N}\omega_t^i x_t^i$$

(4) 重采样。重置重要性权值 $\omega_t^i=\tilde{\omega}_t^i=\dfrac{1}{N}$，根据 $p(x_{0:t}^i \mid y_{1:t})$ 重新确定采样，确定新的样本点集合。

(5) 预测。利用状态方程预测下一步的未知参数。

7.4　改进的粒子滤波算法

7.4.1　扩展卡尔曼粒子滤波(EPKF)

扩展卡尔曼滤波(EKF)是一种常用的非线性滤波方法，EKF 结合最新的测量值，通过高斯近似不断更新后验分布来实现递推估计，EKF 每一时刻的后验概率密度可以表示为

$$p(x_t \mid z_t) \approx N(\hat{x}_t, \hat{P}_t) \tag{7.20}$$

其中，x_t 为当前 t 时刻的状态估计值；$\hat{P}_t$ 为 t 时刻的估计方差。在粒子滤波中，可以采用 EKF 算法对每个粒子进行更新，将最后得到的近似后验概率密度作为重要性密度函数，即

$$q(x_t^i \mid x_{t-1}^i, z_t) = N(\hat{x}_t^i, \hat{P}_t^i) \tag{7.21}$$

然后根据重要性密度函数，采集新的样本粒子，以此来完成粒子滤波中的粒子重采样过程，这就是扩展卡尔曼粒子滤波(EPKF)。

利用 EKF 进行粒子重采样的过程如下。

$$\begin{cases} \bar{x}_{t/t-1}^i = g(x_{t-1}^i) \\ \boldsymbol{P}_{t/t-1}^i = \boldsymbol{F}_t^i \boldsymbol{P}_{t-1} (\boldsymbol{F}_t^i)^{\mathrm{T}} + \boldsymbol{G}_t^i \boldsymbol{Q}_t (\boldsymbol{G}_t^i)^{\mathrm{T}} \\ \boldsymbol{K}_t = \boldsymbol{P}_{t/t-1}^i (\boldsymbol{H}_t^i)^{\mathrm{T}} [\boldsymbol{H}_t^i \boldsymbol{P}_{t/t-1}^i (\boldsymbol{H}_t^i)^{\mathrm{T}} + \boldsymbol{R}_t]^{-1} \\ \bar{x}_t^i = \bar{x}_{t/t-1}^i + \boldsymbol{K}_t (z_t - h(\bar{x}_{t/t-1}^i)) \\ \hat{P}_t^i = \boldsymbol{P}_{t/t-1}^i - \boldsymbol{K}_t \boldsymbol{H}_t^i \boldsymbol{P}_{t/t-1}^i \end{cases} \tag{7.22}$$

或

$$\hat{P}_t^i = (I - \boldsymbol{K}_t \boldsymbol{H}_t^i) \boldsymbol{P}_{t/t-1}^i (\boldsymbol{I} - \boldsymbol{K}_t \boldsymbol{H}_t^i)^{\mathrm{T}} + \boldsymbol{K}_t \boldsymbol{R}_t \boldsymbol{K}_t^{\mathrm{T}}$$

更新产生粒子：

$$\hat{x}_t^i \sim q(x_t^i \mid x_{0:t-1}^i, z_{1:t}) = N(\bar{x}_t^i, \hat{P}_t^i)$$

与标准的粒子滤波算法相比，应用 EKF 可以得到一个更好的重要性密度函数，对于一个高斯系统，EPKF 能够克服标准粒子滤波算法存在的问题，但对于非高斯和强非线性

系统，由于 EKF 一阶线性化存在较大的非线性误差，这时采用 EPKF 进行滤波会带来较大的问题，有可能导致误差过大，甚至出现滤波发散现象。

7.4.2　无味粒子滤波(UPF)

在标准粒子滤波算法中，粒子的重采样过程是粒子滤波较为关键的一步，为了求解方便，一般将重要性密度函数取为先验概率密度。但是这种处理方式没有利用当前的测量信息，使得滤波过程很依赖于系统模型的准确程度，如果模型不准确，则根据采样粒子计算出的后验概率密度将存在较大的偏差，这样给出的滤波估计结果将会有很大误差。EPKF 解决了这一问题，但引入了系统模型的线性化过程，存在一定的线性化误差。本节给出结合 UKF 和粒子滤波的 UPF 算法，该算法结合了 UKF 和粒子滤波的优点，能够成功解决粒子滤波在非线性系统中的应用问题。

在传统的粒子滤波基础上，UPF 主要对重采样过程进行了改造，UPF 算法的粒子重采样过程如下。

时间更新过程

$$\begin{cases}\chi_{t/t-1}^{x}=f[\chi_{t-1}^{x}\quad u_{t-1}\quad \chi_{t-1}^{w}]\\ \hat{x}_{t/t-1}=\sum_{i=0}^{2n}w_i^m\chi_{i,t/t-1}^{x}\\ \boldsymbol{P}_{t/t-1}=\sum_{i=0}^{2n}w_i^c[\chi_{i,t/t-1}^{x}-\hat{x}_{t/t-1}][\chi_{i,t/t-1}^{x}-\hat{x}_{t/t-1}]^{\mathrm{T}}\\ z_{t/t-1}=h(\chi_{t/t-1}^{x},\chi_{t/t-1}^{v})\\ \hat{z}_{t/t-1}=\sum_{i=0}^{2n}w_i^m z_{i,t/t-1}\end{cases}\tag{7.23}$$

测量更新过程

$$\begin{cases} \boldsymbol{P}_{z_{t-1}z_{t-1}} = \sum_{i=0}^{2n} w_i^c \left[(z_{i,t/t-1}^j - \hat{z}_{t/t-1}^j) \right] \left[(z_{i,t/t-1}^j - \hat{z}_{t/t-1}^j) \right]^{\mathrm{T}} \\ \boldsymbol{P}_{x_{t/t-1}z_{t/t-1}} = \sum_{i=0}^{2n} w_i^c \left[\chi_{i,t/t-1}^{x/j} - \hat{x}_{t/t-1}^j \right] \left[\chi_{i,t/t-1}^{x/j} - \hat{x}_{t/t-1}^j \right]^{\mathrm{T}} \\ \boldsymbol{K}_t = \boldsymbol{P}_{x_{t/t-1}y_{t/t-1}} \boldsymbol{P}_{x_{t/t-1}y_{t/t-1}}^{-1} \\ \bar{x}_t^i = \bar{x}_{t-1}^i + \boldsymbol{K}_t (z_t - \hat{z}_{t/t-1}^i) \\ \hat{P}_t^i = \boldsymbol{P}_{t/t-1}^i + \boldsymbol{K}_t \boldsymbol{P}_{z_{t-1}z_{t-1}} \boldsymbol{K}_t^{\mathrm{T}} \end{cases} \tag{7.24}$$

粒子重采样

$$\hat{x}_t^i \sim q(x_t^i \mid x_{0:t-1}^i, z_{1:t}) = N(\bar{x}_t^i, \hat{P}_t^i) \tag{7.25}$$

其中，$N(\cdot)$ 表示高斯分布。

第 8 章　导航系统故障诊断方法

导航系统作为飞行器 GNC 系统的主要组成部分之一，承担着为制导与控制系统提供精确的导航参考信息的任务。高精度、高可靠的导航系统是确保飞行器能够执行任务的重要保障。由于飞行器的飞行环境一般变化较大、飞行速度快，各种振动和外界干扰都有可能导致导航设备失效，因此为了确保飞行器导航系统的正常工作，一般可以对惯性导航设备进行冗余备份设计，并设置故障检测算法，对惯性器件的输出数据进行实时监测，从而确保惯导系统稳定、正常工作。辅助导航设备为修正惯导的累积误差服务，当辅助导航设备出现故障时，会通过滤波更新过程对导航数据参数进行污染，导致导航输出故障，因此也需要采用相应的故障检测方法对辅助导航设备进行故障的检测，确保整个导航系统安全、无故障运行。

8.1　导航系统冗余技术

8.1.1　冗余技术的概念

冗余是指具有多余的资源，当系统中的某一部分（或整机）出现故障时，可以由冗余的部分（或整机）顶替故障的部分（或整机）工作，以保证系统在规定时间内正常地完成规定功能。

冗余技术一般可以分为硬件冗余技术和解析冗余技术。早先的冗余技术是基于硬件的扩展，称为硬件冗余技术。其基本思想是，在原部件（系统）的基础上并联安装一个或多个功能相同的备份部件，当原部件发生故障或者失效时，其功能可以由与它并联的其他备份部件完成，从而不影响整个系统的正常工作。由于硬件冗余技术的实现是基于多个功能相同的部件并联，在提高系统可靠性的同时也会带来一系列的问题：

(1)增加了系统的成本、结构、质量和所需要的空间。

(2)在某些情况下,硬件冗余技术的实现受到很大的局限。

(3)对于大型的复杂系统全部采用硬件冗余技术也不大可能。

针对硬件冗余技术存在的诸多问题,美国麻省理工学院的 Beard 首先提出了解析冗余的思想。解析冗余技术是利用系统不同部件之间的内在联系和功能上的冗余性,当系统的某些部件失效时,用其余完好的部件部分甚至全部地承担起故障部件所丧失的作用,使系统的性能在允许的范围内。解析冗余技术不需要增加硬件设备,具有成本低、易于实现的优点,在容错控制中已经得到了广泛的应用。

对于简单并联冗余系统来说,当冗余单元超过一定数量时,可靠性提高的速度大为减慢,所以不是冗余数越多,可靠性增长越快。因此在设计中要考虑可靠性增长与成本、体积、质量以及能耗等之间的关系,进行优化设计。

8.1.2　冗余方案

系统冗余的方案根据冗余范围可分为单部件冗余和整系统的冗余。单部件冗余又称为局部冗余,顾名思义就是对单个仪表或器件采用冗余设计。在捷联制导系统中多采用单部件冗余技术,其基本思想是对单个惯性仪表如陀螺、加速度计进行冗余设计,从而当其中一个仪表出现故障时,导航系统的角速度、加速度及姿态信号仍可正常输出,不影响整个系统的工作。

整系统冗余也即系统冗余,是指实现冗余的部件本身构成了系统,也可以独立完成系统的工作任务。在导航制导系统中,系统冗余有多种方案。我们常说的组合制导也是一种冗余方案,如捷联+捷联、捷联+平台、平台+平台、平台+GPS、平台+GPS+TERCOM 等。组成整系统冗余的捷联、平台系统本身又可以采用冗余结构,同时,对整系统冗余信息的利用也有多种形式。如将不同系统的同类信息实时获取加以综合处理,也可以以其中一个为主工作,其他系统辅助或者处于热备份状态。

8.1.3　冗余结构的分类

常用的冗余结构根据冗余次数可分为双冗余结构和多冗余结构,根据冗余部件(又称备件)与原部件(又称主件)的供电状况和所施加信号的不同情况,可分为以下四类。

1. **热备件冗余结构**

备件与主件一样施加全额供电电源和所有的工作信号，即备件与主件同时工作。其优点是：在主件有故障时，备件能很快地接替主件工作。同时，由于它在热备份状态时存有所有的系统信号，因此在主备件切换时不需要从主件传输任何信息和数据。这样，对整个系统来说，切换过程几乎不需停顿或有间歇的时间。其缺点是，由于备件同主件一样工作，因此备件与主件以同样的速率在衰退，所以系统总的寿命比较短（远小于主备件各自寿命之和）。此外，由于备件在主件工作期间同样在消耗电能，使系统发热，运行费用较高，消耗能源也较多。

2. **冷备件冗余结构**

备件在主件工作时不施加电源或其他工作信号，只有当主件出现故障失效时才开始施加电源和工作信号，接替主件工作。其优点是，系统寿命较长（近似主、备件寿命之和），节省电能，散热要求低。缺点是，主件失效后，备件在工作前需要一个预热延时过程。因此，这种结构转换速度较慢，有时还可能中断系统工作。

3. **温备件冗余结构**

在主件工作时备件只施加非全额供电压（如施加额定电压的 50%）或只对备件中部分模块施加全额电压，同时接收系统的部分工作信号。只有当主件被检测出具有故障时，备件才施加全额供电和所有的工作信号，以便接替主件的工作。其优缺点介于热备件冗余结构与冷备件冗余结构之间。

4. **混合冗余结构**

这种结构至少具有三冗余以上的多冗余结构，系统中始终存在两个热备件（其中包括主件），其他备件均处于冷备件状态。当一个热备件失效时，一个冷备件上升为热备件，以此类推，直至系统中最后一个冷备件成为热备件，再上升为主件为止。从可靠性角度看，混合冗余结构是最有效的冗余结构，因为它综合了热备件冗余结构与冷备件冗余结构的优点，即从提高可靠性程度和延长系统的有效工作寿命与所花费的代价来看，它是最优的。但是这种系统过于复杂，投资费用较大。

当用冗余方式来提高系统可靠性时，对所设计的冗余系统一般要考虑以下几个问题：

(1)选择怎样的冗余方式才能满足系统可靠性的要求。

(2)在一定的约束条件下(例如成本、体积、质量、功耗等),如何设置最优的冗余数以保证系统可靠性的要求。

(3)在组成冗余系统的冗余单元数量已经确定的情况下,如何配置冗余单元才能使系统的可靠性最优。

8.1.4　惯性元件冗余配置方案

对于平台式惯性导航系统,为了提高系统的可靠性,至少采用两套系统,一套系统工作,另一套则作为备份,组成备份系统。备份系统处于随时能够投入使用的状态,以此提高系统的可靠性。如要自动监测故障,则必须具有外部参考信息。采用三套完全相同的平台式惯性导航系统同时工作,是更完善的办法,称其为并联系统。对于并联系统,当它的某一个子系统发生故障时,运用简单的表决技术,就可以自动判断故障的产生和位置。可以明显地看出,并联系统或者备用系统,其可靠性的获得,都是通过产品在成本上的成倍或三倍的提高来获得的。

由于捷联式惯性导航系统结构上的特殊性,人们发现仅仅采用由多个惯性元件组成的冗余系统,可以提高系统的可靠性。努力提高惯性元件本身以及整个惯性组合部分的可靠性,是提高捷联惯性系统可靠性的关键。这就是人们较多地在惯性元件级上探讨捷联式惯性导航系统冗余技术的主要原因。

8.1.5　最佳配置与可靠性

为了讨论方便,设每个元件的可靠性是一致的,捷联系统的可靠度 Q(设仅依赖于单自由度陀螺)可达到

$$Q = C_n^n \gamma^n + C_n^{n-1} \gamma^{n-1}(1-\gamma) + \cdots + C_n^3 \gamma^3 (1-\gamma)^{n-3} \tag{8.1}$$

式中,γ 表示单个元件的可靠度,或表示为 R_1,$R_1 = e^{-\lambda t}$ 为失效率,t 为时间;n 为惯性元件个数。

在惯性组合中,陀螺的安装方位可用一配置矩阵 $\boldsymbol{R}$ 来表示

$$\boldsymbol{R}^{\mathrm{T}}=\begin{bmatrix}a_1 & a_2 & \cdots & a_n \\ b_1 & b_2 & \cdots & b_n \\ c_1 & c_2 & \cdots & c_n\end{bmatrix} \tag{8.2}$$

式中，a_i、b_i、$c_i(i=1,2,\cdots,n)$ 表示第 i 个陀螺输出轴指向在飞行器坐标系中的方向余弦值。

Q 表示 n 个陀螺配置后能达到的最大可靠度，条件是所配置的陀螺输出轴，其任意两个不得共线且其任意3个的组合不得共面。对于配置矩阵 $\boldsymbol{R}$ 来说，$\boldsymbol{R}$ 中任意3行所组成的矩阵，其秩均应为3。否则，可靠度计算的公式应该改为

$$Q'=\mathrm{C}_n^n\gamma^n+\mathrm{C}_n^{n-1}\gamma^{n-1}(1-\gamma)+\cdots+(\mathrm{C}_n^4-L_4)\gamma^4(1-\gamma)^{n-4}+(\mathrm{C}_n^3-L_3)\gamma^3(1-\gamma)^{n-3} \tag{8.3}$$

式中 L_4、L_3 分别表示任意4个元件输入轴、3个元件输入轴共面的次数（多于4个元件输入轴共面次数如果存在，也应类似考虑）。将上式 $L_3=0$ 时的配置矩阵 $\boldsymbol{R}$ 称为可靠性最好的 n 个元件的最佳配置。从配置矩阵 $\boldsymbol{R}$ 可见，当陀螺输出轴相对飞行器坐标系主轴斜置时（即 a_i、b_i、c_i 均不等于零），出现共面的可能性较小。当输出轴沿坐标系主轴方向配置时（即 a_i、b_i、c_i 任一值不为零，其他值为零），出现共面的可能性最大。

对于单自由度的几种主要配置形式列写如下。

采用四个陀螺时，有两种非正交配置，其配置矩阵分别为

$$\boldsymbol{R}'_4=\begin{bmatrix}1 & 0 & 0 \\ 0 & 1 & 0 \\ 0 & 0 & 1 \\ \frac{\sqrt{2}}{2}\sin\alpha & \frac{\sqrt{2}}{2}\sin\alpha & \cos\alpha\end{bmatrix} \tag{8.4}$$

$$\boldsymbol{R}''_4=\begin{bmatrix}\frac{\sqrt{2}}{2}\sin\alpha & \frac{\sqrt{2}}{2}\sin\alpha & \cos\alpha \\ -\frac{\sqrt{2}}{2}\sin\alpha & \frac{\sqrt{2}}{2}\sin\alpha & \cos\alpha \\ -\frac{\sqrt{2}}{2}\sin\alpha & -\frac{\sqrt{2}}{2}\sin\alpha & \cos\alpha \\ \frac{\sqrt{2}}{2}\sin\alpha & -\frac{\sqrt{2}}{2}\sin\alpha & \cos\alpha\end{bmatrix} \tag{8.5}$$

其配置图如图 8.1 和图 8.2 所示。

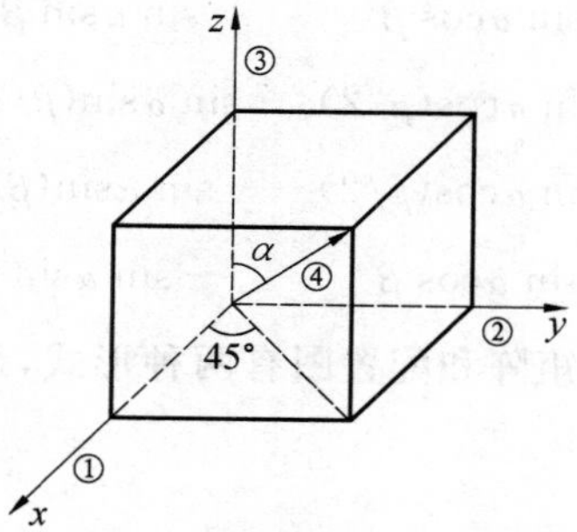

图 8.1　四陀螺非正交配置之一

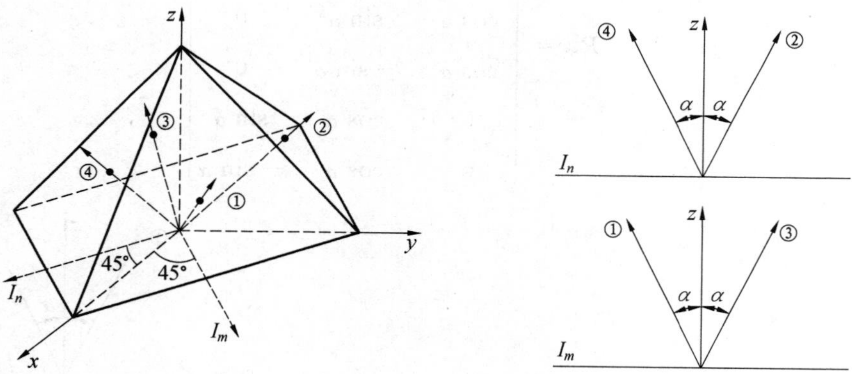

图 8.2　四陀螺非正交配置之二

采用五个陀螺时，其配置矩阵如下，配置图形如图 8.3 所示。

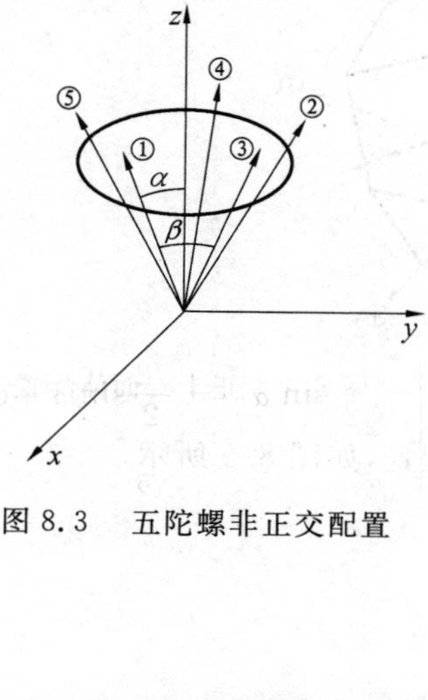

图 8.3　五陀螺非正交配置

$$
\boldsymbol{R}_5=\begin{bmatrix}\sin\alpha & 0 & \cos\alpha\\ \sin\alpha\cos\beta & \sin\alpha\sin\beta & \cos\alpha\\ -\sin\alpha\cos(\beta/2) & \sin\alpha\sin(\beta/2) & \cos\alpha\\ -\sin\alpha\cos(\beta/2) & -\sin\alpha\sin(\beta/2) & \cos\alpha\\ \sin\alpha\cos\beta & -\sin\alpha\sin\beta & \cos\alpha\end{bmatrix} \tag{8.6}
$$

采用 6 个陀螺时，其配置矩阵和配置图有两种形式，最佳的为正十二面体配置方法，如图 8.4 所示。

$$
\boldsymbol{R}'_6=\begin{bmatrix}\sin\alpha & 0 & \cos\alpha\\ -\sin\alpha & 0 & \cos\alpha\\ \cos\alpha & \sin\alpha & 0\\ \cos\alpha & -\sin\alpha & 0\\ 0 & \cos\alpha & \sin\alpha\\ 0 & \cos\alpha & -\sin\alpha\end{bmatrix} \tag{8.7}
$$

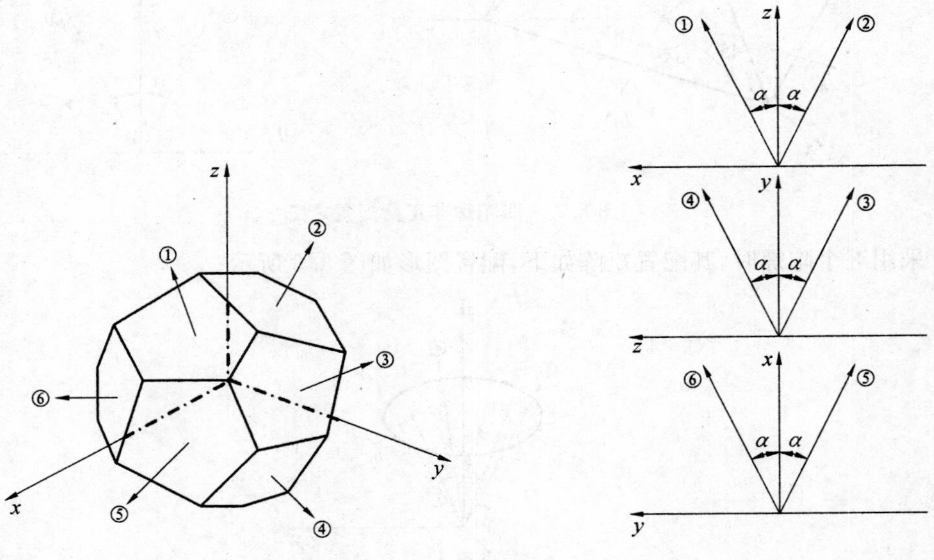

图 8.4　正十二面体配置

另一种形式为正八面体配置，如图 8.5 所示。

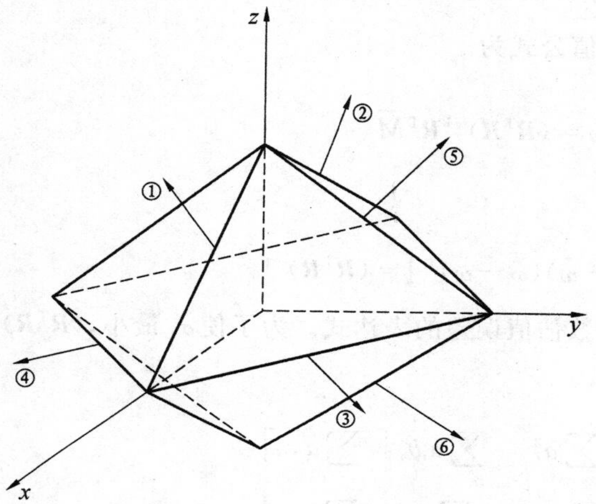

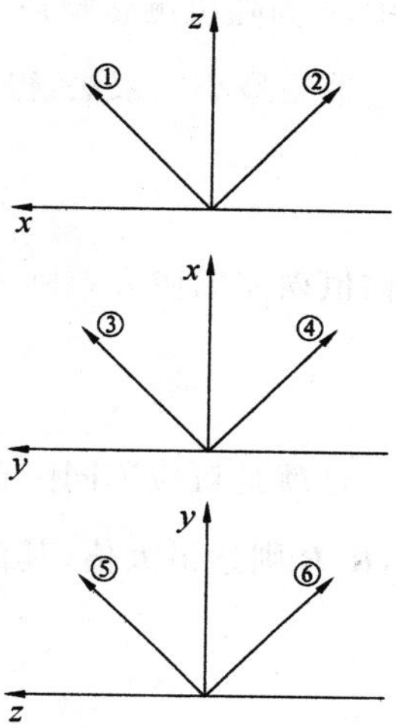

图 8.5　正八面体配置

$$
\boldsymbol{R}''_6=\begin{bmatrix}\cos 45^\circ & 0 & \cos 45^\circ\\ -\cos 45^\circ & 0 & \cos 45^\circ\\ \cos 45^\circ & \cos 45^\circ & 0\\ \cos 45^\circ & -\cos 45^\circ & 0\\ 0 & \cos 45^\circ & \cos 45^\circ\\ 0 & \cos 45^\circ & -\cos 45^\circ\end{bmatrix} \tag{8.8}
$$

配置阵中 α 和 β 的确定，是依据使导航性能最佳的原则导出的，分别为

式(8.4) 中：$\alpha=\arcsin\sqrt{\dfrac{2}{3}}$；

式(8.6) 中：$\alpha=\arcsin\sqrt{\dfrac{2}{3}}$，$\beta=72^\circ$；

式(8.7) 中：$\alpha=\arcsin\sqrt{\dfrac{5-\sqrt{5}}{10}}$。

8.1.6　最佳配置与导航性能

用导航参数估值误差的大小来表征导航性能，系统的量测方程为

$$
\overline{\boldsymbol{M}}=\boldsymbol{R}\overline{\boldsymbol{\omega}}+\overline{\boldsymbol{\varepsilon}} \tag{8.9}
$$

式中，$\bar{\boldsymbol{\varepsilon}}$ 为随机测量噪声，$n\times1$ 列矢量。设 $E(\bar{\boldsymbol{\varepsilon}})=0$，$E(\overline{\boldsymbol{\varepsilon}\boldsymbol{\varepsilon}}^{\mathrm{T}})=\sigma^2\boldsymbol{I}_n$，$\boldsymbol{I}_n$ 为 $n\times n$ 单位阵。

采用最小二乘法，得角速度的估值公式为

$$\hat{\bar{\omega}}=(\boldsymbol{R}^{\mathrm{T}}\boldsymbol{R})^{-1}\boldsymbol{R}^{\mathrm{T}}\overline{M} \tag{8.10}$$

则估值误差的协方差阵为

$$\hat{\sigma}^2=E[(\bar{\omega}-\hat{\bar{\omega}})(\bar{\omega}-\hat{\bar{\omega}})^{\mathrm{T}}]=(\boldsymbol{R}^{\mathrm{T}}\boldsymbol{R})^{-1}\sigma^2 \tag{8.11}$$

这就是对应不同配置时，导航参数估值误差的表达式。为了使 $\hat{\sigma}^2$ 最小，$(\boldsymbol{R}^{\mathrm{T}}\boldsymbol{R})^{-1}$ 必最小，$\boldsymbol{R}^{\mathrm{T}}\boldsymbol{R}$ 则达最大值，其值为

$$\boldsymbol{R}^{\mathrm{T}}\boldsymbol{R}=\begin{bmatrix}\sum a_i^2 & \sum a_ib_i & \sum a_ic_i\\ \sum a_ib_i & \sum b_i^2 & \sum b_ic_i\\ \sum a_ic_i & \sum b_ic_i & \sum c_i^2\end{bmatrix} \tag{8.12}$$

当 $\boldsymbol{R}$ 矩阵是含有正交列矢量的 $n\times3$ 矩阵时，上式变为对角阵

$$\boldsymbol{R}^{\mathrm{T}}\boldsymbol{R}=\begin{bmatrix}\sum a_i^2 & 0 & 0\\ 0 & \sum b_i^2 & 0\\ 0 & 0 & \sum c_i^2\end{bmatrix} \tag{8.13}$$

设 $\boldsymbol{R}^{\mathrm{T}}\boldsymbol{R}$ 矩阵的特征值为 λ_1、λ_2、λ_3。因为 $a_i^2+b_i^2+c_i^2=1$，则有

$$T(\boldsymbol{R}^{\mathrm{T}}\boldsymbol{R})=\lambda_1+\lambda_2+\lambda_3=\sum a_i^2+\sum b_i^2+\sum c_i^2=n \tag{8.14}$$

当 $\lambda_1=\lambda_2=\lambda_3=\dfrac{n}{3}$ 时，$\boldsymbol{R}^{\mathrm{T}}\boldsymbol{R}$ 值最大，则 $(\boldsymbol{R}^{\mathrm{T}}\boldsymbol{R})^{-1}$ 存在最小值，即导航误差最小。可以看出，系统估值误差的方差与元件数 n 有关，其值随 n 的增加而减小，n 个元件所能达到的最好导航性能，其表达式为

$$\hat{\sigma}^2=\frac{3}{n}\boldsymbol{I}_3\sigma^2 \tag{8.15}$$

式中，$\boldsymbol{I}_3$ 为 3×3 单位阵。对于满足上述条件的配置矩阵 $\boldsymbol{R}$，在 X、Y、Z 3 个方向上的估值误差的方差是一致的，称其为等方向具有最小误差传播特性的最佳配置，其导航性能最佳。

8.2 导航系统直接故障诊断方法

飞行器导航系统采用冗余配置来确保系统的可靠性，对于不同的冗余配置方案需要采用相应的故障诊断方法，对系统的故障进行实时的检测与判断，下面对几种常用的飞行器硬件冗余的直接故障诊断方法进行详细阐述和介绍。

8.2.1 惯性器件的硬故障检测——直接比较测量值法

对于具有 3 套惯性器件的导航系统，由于测量数据具有足够高的冗余度，可以采用直接比较测量值的方法对故障进行实时检测和判别。

以陀螺仪为例，设 3 个相同的陀螺仪 A、B 和 C 同时测量载体绕某一主轴的角速度，其输出值分别为 m_A、m_B、m_C。若 3 个陀螺仪均正常工作，且不计测量误差，则认为其输出的测量值相同，有关系式

$$\begin{cases} m_A - m_B = 0 \\ m_B - m_C = 0 \\ m_C - m_A = 0 \end{cases} \tag{8.16}$$

但实际上 3 个陀螺仪输出的测量值不可能完全相同。设各测量值的余值相应为 P_1、P_2、P_3，则有

$$\begin{cases} m_A - m_B = P_1 \\ m_B - m_C = P_2 \\ m_C - m_A = P_3 \end{cases} \tag{8.17}$$

上面 3 个式子即为奇偶方程或奇偶检测方程。根据各陀螺仪间的误差设置 1 个门限值 T，当 3 个陀螺仪均正常工作时，奇偶方程中各余值均小于或等于门限值（T 为门限）

$$\begin{cases} |m_A - m_B| = P_1 \leqslant T \\ |m_B - m_C| = P_2 \leqslant T \\ |m_C - m_A| = P_3 \leqslant T \end{cases} \tag{8.18}$$

当其中某个陀螺仪（假设为 A）出现故障，其输出 m_A 必然发生变化。因此有

$$\begin{cases} |m_A - m_B| = P_1 > T \\ |m_B - m_C| = P_2 \leqslant T \\ |m_C - m_A| = P_3 > T \end{cases} \tag{8.19}$$

由此可以判断陀螺仪A有故障，并将其从系统中隔离，而取其余陀螺仪测量值为输出。被检测与诊断陀螺仪的测量值组成的奇偶校验方程，可提供故障检测与诊断的信息。奇偶校验方程应满足的两个条件是：每个陀螺仪的测量值应至少在1个奇偶校验方程中出现；每个陀螺仪的测量值应至少在1个奇偶校验方程中不出现。直接比较法的故障判别真值表见表8.1、表8.2。

表8.1 失效陀螺鉴别真值表

测量值比较	$\|\omega_{x1}-\omega_{x2}\|\leqslant\zeta$	$\|\omega_{x1}-\omega_{x3}\|\leqslant\zeta$	$\|\omega_{x2}-\omega_{x3}\|\leqslant\zeta$	陀螺故障情况
是否满足条件	√	√	√	无故障
	√	×	×	陀螺 x_3 故障
	×	√	×	陀螺 x_2 故障
	×	×	√	陀螺 x_1 故障

表8.2 失效加速度计鉴别真值表

测量值比较	$\|F_{x1}-F_{x2}\|\leqslant\zeta$	$\|F_{x1}-F_{x3}\|\leqslant\zeta$	$\|F_{x2}-F_{x3}\|\leqslant\zeta$	加表故障情况
是否满足条件	√	√	√	无故障
	√	×	×	加表 x_3 故障
	×	√	×	加表 x_2 故障
	×	×	√	加表 x_1 故障

利用奇偶校验方程的余值进行故障检测与识别，一个重要问题是选择合适的门限值。对于惯性仪表陀螺仪来说，其测量误差和奇偶校验方程余值受载体运动及角运动的影响，应考虑设置动态检测门限值。一般来说，硬故障检测门限约为250(°)/h；软故障检测门限约为0.5(°)/h。加速度计的故障检测识别系统中，硬故障检测门限约为$8\times10^{-3}g$，软故障检测门限约为$1.5\times10^{-3}g$。

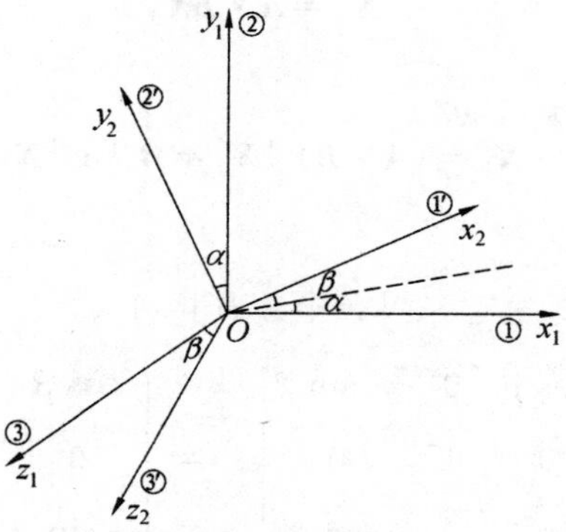

图 8.6　主从惯导系统的安装示意图

8.2.2　主从冗余惯性导航系统方案设计

两套精度相同的惯性导航系统冗余设计：主惯导的惯性测量元件与从惯导的惯性测量元件测量轴成角度安装，这样通过奇偶校验的方法，可以判断出惯导系统是否出现故障。这样做增加了惯导系统的可靠性。主从惯导系统的安装如图 8.6 所示。其中，$Ox_1y_1z_1$ 为第一套惯导系统的基准轴系，$Ox_2y_2z_2$ 为第二套惯导系统的基准轴系。

Oz_1 逆时针转动 α 角，然后 Oy_2 逆时针转动 β 角，以获得第二套惯导系统的斜置安装基准（两套惯导系统性能完全相同）。下面给出主从冗余惯导系统的奇偶校验方法。

$$\begin{bmatrix} x_2 \\ y_2 \\ z_2 \end{bmatrix} = \begin{bmatrix} \cos\beta & 0 & -\sin\beta \\ 0 & 1 & 0 \\ \sin\beta & 0 & \cos\beta \end{bmatrix} \cdot \begin{bmatrix} \cos\alpha & \sin\alpha & 0 \\ -\sin\alpha & \cos\alpha & 0 \\ 0 & 0 & 1 \end{bmatrix} \cdot \begin{bmatrix} x_1 \\ y_1 \\ z_1 \end{bmatrix} = \tag{8.20}$$

$$\begin{bmatrix} \cos\alpha\cos\beta & \sin\alpha\cos\beta & -\sin\beta \\ -\sin\alpha & \cos\alpha & 0 \\ \cos\alpha\sin\beta & \sin\alpha\cos\beta & \cos\beta \end{bmatrix} \cdot \begin{bmatrix} x_1 \\ y_1 \\ z_1 \end{bmatrix}$$

即有

$$x_2 - (\cos\alpha\cos\beta x_1 + \sin\alpha\cos\beta y_1 - \sin\beta z_1) = 0 \tag{8.21}$$

$$y_2 - (-\sin\alpha x_1 + \cos\alpha y_1) = 0 \tag{8.22}$$

$$z_2 - (\cos\alpha\sin\beta x_1 + \sin\alpha\sin\beta y_1 + \cos\beta z_1) = 0 \tag{8.23}$$

简写式(8.20)，有

$$\boldsymbol{X}_2 = \boldsymbol{A} \cdot \boldsymbol{B} \boldsymbol{X}_1 \tag{8.24}$$

则

$$\boldsymbol{X}_1 = (\boldsymbol{A} \cdot \boldsymbol{B})^{-1} \boldsymbol{X}_2 = \boldsymbol{B}^{-1} \boldsymbol{A}^{-1} \boldsymbol{X}_2 \tag{8.25}$$

因为

$$| A | = | B | = 1 \tag{8.26}$$

$$\boldsymbol{A}^{-1} = \begin{bmatrix} \cos\beta & 0 & -\sin\beta \\ 0 & 1 & 0 \\ \sin\beta & 0 & \cos\beta \end{bmatrix}^{-1} = \begin{bmatrix} \cos\beta & 0 & \sin\beta \\ 0 & 1 & 0 \\ -\sin\beta & 0 & \cos\beta \end{bmatrix} \tag{8.27}$$

$$\boldsymbol{B}^{-1} = \begin{bmatrix} \cos\alpha & \sin\alpha & 0 \\ -\sin\alpha & \cos\alpha & 0 \\ 0 & 0 & 1 \end{bmatrix}^{-1} = \begin{bmatrix} \cos\alpha & -\sin\alpha & 0 \\ \sin\alpha & \cos\alpha & 0 \\ 0 & 0 & 1 \end{bmatrix} \tag{8.28}$$

$$\begin{bmatrix} x_1 \\ y_1 \\ z_1 \end{bmatrix} = \begin{bmatrix} \cos\alpha\cos\beta & -\sin\alpha & \cos\alpha\sin\beta \\ \sin\alpha\cos\beta & \cos\alpha & \sin\alpha\sin\beta \\ -\sin\beta & 0 & \cos\beta \end{bmatrix} \begin{bmatrix} x_2 \\ y_2 \\ z_2 \end{bmatrix} \tag{8.29}$$

即有

$$x_1 - (\cos\alpha\cos\beta x_2 - \sin\alpha y_2 + \cos\alpha\sin\beta z_2) = 0 \tag{8.30}$$

$$y_1 - (\sin\alpha\cos\beta x_2 + \cos y_2 + \sin\alpha\sin\beta z_2) = 0 \tag{8.31}$$

$$z_1 - (-\sin\beta x_2 + \cos\beta z_2) = 0 \tag{8.32}$$

根据以上各式有主从冗余奇偶校验算法：

(1) 一个轴向的惯性元件发生故障。

若：

(8.31)、(8.32) 式等，其余方程式不相等，则可判定 x_1 轴向的惯性元件发生故障；

(8.30)、(8.32) 式等，其余方程式不相等，则可判定 y_1 轴向的惯性元件发生故障；

(8.28)、(8.30)、(8.31) 式等，其余方程式不相等，则判定 z_1 轴向的惯性元件发生故障。

(2) 两个轴向的惯性元件发生故障。

若：

(8.32) 式等,其余方程式不相等,则可判定 x_1、y_1 轴向的惯性元件发生故障;

(8.31) 式等,其余方程式不相等,则可判定 x_1、z_1 轴向的惯性元件发生故障;

(8.30) 式等,其余方程式不相等,则可判定 y_1、z_1 轴向的惯性元件发生故障。

(3) 三个轴向的惯性元件都发生故障。

若:

方程式全不相等,则可判定 x_1、y_1、z_1 轴向的惯性元件都发生故障。

8.2.3　两套精度不同的惯性导航系统冗余设计

本方案中的两个惯性导航系统精度不同,因此无法采用方案一中的方法直接通过输出值的比较,判断系统故障。但是,由于低精度的惯导系统采用 6 个单自由度陀螺的冗余结构,因此可以采用软故障检测的方法判断低精度惯导系统的故障。图 8.7 为 6 个单自由度陀螺的安装示意图。

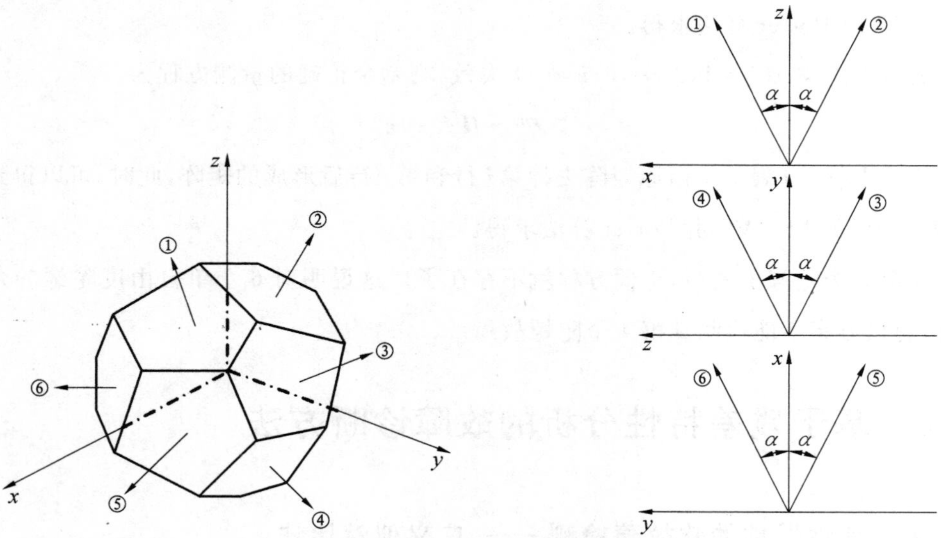

图 8.7　低精度惯导 6 自由度陀螺安装示意图

由前面所介绍的软故障检测理论可知其量测矩阵为

$$H=\begin{bmatrix} 0.525\,73 & -0.525\,73 & 0.850\,65 & 0.850\,65 & 0 & 0 \\ 0 & 0 & 0.525\,73 & -0.525\,73 & 0.850\,65 & 0.850\,65 \\ 0.850\,65 & 0.850\,65 & 0 & 0 & 0.525\,73 & -0.525\,73 \end{bmatrix} \tag{8.33}$$

由 Potter 的算法可得到相应的 $\boldsymbol{V}$ 矩阵为

$$V=\begin{bmatrix} 0.707\,11 & -0.316\,23 & -0.316\,23 & -0.316\,23 & -0.316\,23 & 0.316\,23 \\ 0 & 0.632\,46 & 0.195\,44 & 0.195\,44 & -0.511\,67 & 0.511\,67 \\ 0 & 0 & 0.601\,50 & -0.601\,50 & -0.371\,75 & -0.371\,75 \end{bmatrix} \tag{8.34}$$

当只有陀螺 $i(i=1,2,\cdots,6)$ 失效时，剩余的正确量测方程为

$$\boldsymbol{Z}^i=\boldsymbol{H}^i\boldsymbol{X}+\boldsymbol{\varepsilon}^i \tag{8.35}$$

矩阵上标 i 表示是由原矩阵去掉第 i 行后形成的矩阵，此时，可以得到相应的 $\boldsymbol{H}^i$，相应的 $\boldsymbol{V}^i$。$\boldsymbol{V}^i$ 由 Potter 算法求得。

若接着陀螺 $j(j=1,2,\cdots,6;i\neq j)$ 失效，则剩余正确的量测方程为

$$\boldsymbol{Z}^{ij}=\boldsymbol{H}^i\boldsymbol{X}+\boldsymbol{\varepsilon}^{ij} \tag{8.36}$$

矩阵上标 i,j 表示是由原矩阵去掉第 i 行和第 j 行后形成的矩阵，此时，可以得到相应的 $\boldsymbol{H}^{ij}$，相应的 $\boldsymbol{V}^{ij}$。$\boldsymbol{V}^{ij}$ 由 Potter 算法求得。

在第 3 个陀螺失效后，奇偶方程就不存在了。这说明对 6 个单自由度陀螺的余度结构，该容错方案不能检测到第 4 个陀螺故障。

8.3 基于残差特性分析的故障诊断方法

8.3.1 惯性器件的软故障检测 —— 广义似然比法

假定余度传感器配置有 m 个传感器，其量测方程中仅含噪声干扰作用，即

$$\boldsymbol{Z}=\boldsymbol{H}\boldsymbol{X}+\boldsymbol{\varepsilon} \tag{8.37}$$

式中，$\boldsymbol{X}\in\mathbf{R}^n$ 是待测的导航状态（加速度或角速度）；$\boldsymbol{Z}\in\mathbf{R}^m$ 是 m 个传感器的量测值（$m\geqslant n$）；$\boldsymbol{H}$ 是传感器配置的几何矩阵；$\boldsymbol{\varepsilon}$ 是高斯白噪声。

定义如下奇偶方程

$$\boldsymbol{P}=\boldsymbol{VZ} \tag{8.38}$$

式中，$\boldsymbol{P}$为奇偶向量；$\boldsymbol{V}$是待定的行满秩矩阵。显然，$\boldsymbol{P}=\boldsymbol{VHX}+\boldsymbol{V\varepsilon}$。为使其独立于待测状态 $\boldsymbol{X}$ 而仅与噪声或可能的故障有关，应使

$$\boldsymbol{VH}=\boldsymbol{0} \tag{8.39}$$

将式(8.39) 代入式(8.38) 中，得

$$\boldsymbol{P}=\boldsymbol{V\varepsilon} \tag{8.40}$$

传感器无故障时，奇偶向量仅是噪声的函数。而当传感器发生偏差故障时，量测方程变为

$$\boldsymbol{Z}=\boldsymbol{HX}+\boldsymbol{b}_f+\boldsymbol{\varepsilon} \tag{8.41}$$

式中，$\boldsymbol{b}_f$ 是故障向量，其对应于有故障的传感器的元不为零，其他元均为零。

同理可得

$$\boldsymbol{P}=\boldsymbol{V\varepsilon}+\boldsymbol{Vb}_f \tag{8.42}$$

这时奇偶向量不仅与噪声有关，还与故障有关，正是由于奇偶向量在有故障和无故障情况下表现出来的不一致性，为故障检测提供了基础。

下面介绍基于广义似然比检测(GLT) 的故障检测及隔离(FDI) 方法。假定高斯随机向量 $\boldsymbol{\varepsilon}$ 具有统计特性

$$E\{\boldsymbol{\varepsilon}\}=0,\quad E\{\boldsymbol{\varepsilon\varepsilon}^{\mathrm{T}}\}=\sigma^2\boldsymbol{I} \tag{8.43}$$

由式(8.43) 和式(8.41) 可知，奇偶向量 $\boldsymbol{P}$ 在无故障假设 $\boldsymbol{H}_0$ 及有故障假设 $\boldsymbol{H}_1$ 情况下的统计特性为

$$\boldsymbol{H}_0:\quad E\{\boldsymbol{P}\}=\boldsymbol{0},\quad E\{\boldsymbol{PP}^{\mathrm{T}}\}=\sigma^2\boldsymbol{VV}^{\mathrm{T}} \tag{8.44}$$

$$\boldsymbol{H}_1:\quad E\{\boldsymbol{P}\}=\boldsymbol{\mu},\quad E\{(\boldsymbol{P}-\boldsymbol{\mu})(\boldsymbol{P}-\boldsymbol{\mu})^{\mathrm{T}}\}=\sigma^2\boldsymbol{VV}^{\mathrm{T}} \tag{8.45}$$

式中

$$\boldsymbol{\mu}=\boldsymbol{Vb}_f \tag{8.46}$$

为确定某种假设的合理性，定义如下对数似然比

$$\Lambda(\boldsymbol{P})=\ln\frac{p_r(\boldsymbol{P}/\boldsymbol{H}_1)}{p_r(\boldsymbol{P}/\boldsymbol{H}_0)} \tag{8.47}$$

式中，$p_r(\cdot/\cdot)$ 表示正态条件概率密度函数。由式(8.47) 和式(8.46) 可得

$$\Lambda(\boldsymbol{P})=\frac{1}{2}[\boldsymbol{P}\,(\boldsymbol{V}\boldsymbol{V}^{\mathrm{T}})^{-1}\boldsymbol{P}-(\boldsymbol{P}-\boldsymbol{\mu})^{\mathrm{T}}\,(\boldsymbol{V}\boldsymbol{V}^{\mathrm{T}})^{-1}(\boldsymbol{P}-\boldsymbol{\mu})] \tag{8.48}$$

式中，$\boldsymbol{\mu}$ 是未知向量。由式(8.48)可求得极大似然估计为

$$\hat{\boldsymbol{\mu}}=\boldsymbol{P} \tag{8.49}$$

将式(8.49)代入式(8.48)得

$$\Lambda(\boldsymbol{P})=\frac{1}{2}[\boldsymbol{P}\,(\boldsymbol{V}\boldsymbol{V}^{\mathrm{T}})^{-1}\boldsymbol{P}] \tag{8.50}$$

则故障检测判决函数 DF_D 可定义为

$$DF_D=\boldsymbol{P}\,(\boldsymbol{V}\boldsymbol{V}^{\mathrm{T}})^{-1}\boldsymbol{P} \tag{8.51}$$

故障判决准则为：

若 $DF_D > T_D$，判定有故障；

若 $DF_D \leqslant T_D$，判定无故障。

式中，T_D 是预先设定的门限。

由式(8.51)可知，故障时 $\boldsymbol{P}$ 为高斯随机向量，若 $\boldsymbol{P}\in\mathbf{R}^k$，则 $DF_D\sim\chi^2(k)$。当给定误警率 $\boldsymbol{P}_f=\boldsymbol{P}_r[DF_D>T_D/\boldsymbol{H}_0]$（$\boldsymbol{P}_r[\cdot]$ 代表概率）时，由表8.3确定 T_D。检测到故障后必须进行故障隔离，为此要检验以下 m 个假设。

表 8.3　χ^2 分布表

α \ n	1	2	3
10^{-1}	2.71	4.61	6.25
10^{-2}	6.63	9.21	11.34
10^{-3}	10.83	13.82	16.27
10^{-4}	15.14	18.42	21.11
10^{-5}	19.51	23.03	25.90
10^{-6}	23.93	27.63	30.66

$\boldsymbol{H}_i$：第 i 个传感器发生故障，$\boldsymbol{H}_i(i=1,2,\cdots,m)$。假定第 j 个传感器发生故障，则故障向量可以写成

$$\boldsymbol{b}_f=\boldsymbol{e}_j f \tag{8.52}$$

式中，$\boldsymbol{e}_j$ 是单位向量，它的第 j 个元为 1，其他元为零；f 为故障大小。由式(8.46)得

$$\boldsymbol{\mu} = \boldsymbol{V}\boldsymbol{b}_f = \boldsymbol{V}\boldsymbol{e}_j f = f\boldsymbol{v}_j \tag{8.53}$$

式中，$\boldsymbol{v}_j$ 是矩阵 $\boldsymbol{V}$ 的第 j 列。

在假设 $\boldsymbol{H}_j$ 的情况下，奇偶向量 $\boldsymbol{P}$ 的统计特性为

$$\boldsymbol{H}_j: E\{P\} = f\boldsymbol{v}_j,\quad E\{(\boldsymbol{P} - f\boldsymbol{v}_j)(\boldsymbol{P} - f\boldsymbol{v}_j)^{\mathrm{T}}\} = \sigma^2\boldsymbol{V}\boldsymbol{V}^{\mathrm{T}} \tag{8.54}$$

此时有关奇偶向量 $\boldsymbol{P}$ 的似然函数为

$$p_r(\boldsymbol{P}/H_j) = K\exp\left\{-\frac{1}{2\sigma^2}(\boldsymbol{P} - f\boldsymbol{v}_j)^{\mathrm{T}}(\boldsymbol{V}\boldsymbol{V}^{\mathrm{T}})^{-1}(\boldsymbol{P} - f\boldsymbol{v}_j)\right\} \tag{8.55}$$

式中，K 为常数；f 是待估计的故障量大小(标量)。由式(8.55)可得 f 的极大似然估计为

$$\hat{f} = \frac{\boldsymbol{P}^{\mathrm{T}}(\boldsymbol{V}\boldsymbol{V}^{\mathrm{T}})^{-1}\boldsymbol{v}_j}{\boldsymbol{v}_j^{\mathrm{T}}(\boldsymbol{V}\boldsymbol{V}^{\mathrm{T}})^{-1}\boldsymbol{v}_j} \tag{8.56}$$

将 $\hat{f}$ 代入式(8.56)并取对数，再略去一些常数，可得到故障判决函数

$$DF_{I_j} = \frac{[\boldsymbol{P}^{\mathrm{T}}(\boldsymbol{V}\boldsymbol{V}^{\mathrm{T}})^{-1}\boldsymbol{v}_j]^2}{\boldsymbol{v}_j^{\mathrm{T}}(\boldsymbol{V}\boldsymbol{V}^{\mathrm{T}})^{-1}\boldsymbol{v}_j} \tag{8.57}$$

若 $DF_{I_k} = \max DF_{I_j}\ (j = 1, 2, \cdots, m)$，则表明第 k 个传感器极有可能已发生软故障。

1. 奇偶向量的求取

上述故障检测及隔离算法要求 $\boldsymbol{V}$ 矩阵是已知的，现介绍 $\boldsymbol{V}$ 矩阵的选择方法。由上式可知，$\boldsymbol{V}$ 矩阵位于 $\boldsymbol{H}$ 的左零空间，因而 $\boldsymbol{V}$ 的秩为 $m - n$，即 $\boldsymbol{V}$ 至多有 $m - n$ 个线性无关的行。由此选定 $\boldsymbol{V}$ 的维数 $(m - n) \times m$，于是得到的奇偶方程的个数是 $m - n$。待定的 $\boldsymbol{V}$ 矩阵有 $(m - n) \times m$ 个元，而上式只有 $(m - n) \times n$ 个等式，故 $\boldsymbol{V}$ 矩阵仍有 $(m - n)^2$ 个元可以自由选择。为了简化判决函数，不妨对 $\boldsymbol{V}$ 矩阵增加约束，即

$$\boldsymbol{V}\boldsymbol{V}^{\mathrm{T}} = \boldsymbol{I} \tag{8.58}$$

上式含有 $(m - n)^2$ 个等式，由于 $\boldsymbol{V}\boldsymbol{V}^{\mathrm{T}}$ 是对称阵，故这些等式并非完全是线性无关的。为了完全确定 $\boldsymbol{V}$ 矩阵，Potter 等建议将 $\boldsymbol{V}$ 矩阵选择为具有正交对角元的上三角矩阵，然后通过正交化运算便可完全确定 $\boldsymbol{V}$ 矩阵。

$$\begin{cases} \boldsymbol{W}=\boldsymbol{I}-\boldsymbol{H}(\boldsymbol{H}^{\mathrm{T}}\boldsymbol{H})\boldsymbol{H}^{\mathrm{T}}=[\omega(i,j)] \\ v^2(1,1)=\omega(1,1) \\ v(1,j)=\omega(1,j)/v(1,1) \quad (j=2,\cdots,m) \\ v^2(i,i)=\omega(i,i)-\sum\limits_{k=1}^{i-1}v^2(k,i) \quad (i=2,\cdots,m-n) \\ v(i,j)=\left[\omega(i,j)-\sum\limits_{k=1}^{i-1}v(k,i)v(k,j)\right]/v(i,i) \quad (i=2,\cdots,m-n;i=i+1,\cdots,m) \\ v(i,j)=0 \quad (i=2,\cdots,m-n;j=1,\cdots,i-1) \end{cases} \tag{8.59}$$

由上述算法确定 $\boldsymbol{V}$ 矩阵后，判决函数式可以简化为

$$\begin{cases} DF_D=\boldsymbol{P}^{\mathrm{T}}\boldsymbol{P} \\ DF_{I_j}=\dfrac{(\boldsymbol{P}\boldsymbol{v}_j)^2}{\boldsymbol{v}_j^{\mathrm{T}}\boldsymbol{v}_j} \end{cases} \tag{8.60}$$

若 $\boldsymbol{v}_j^{\mathrm{T}}\boldsymbol{v}_j$ 和 j 无关，则式(8.60)可进一步简化为

$$DF_{I_j}=(\boldsymbol{P}^{\mathrm{T}}\boldsymbol{v}_j)^2 \tag{8.61}$$

这一特性定义为故障的一致可检测性，一般对称配置的传感器几何结构都具有此特性。

2. 奇偶向量的补偿

在前面的推导中曾假定量测值中没有传感器误差，但实际情况并非如此。一般情况下，传感器中含有刻度系数误差、安装误差以及常值偏差，这时无故障情况下的量测方程为

$$\boldsymbol{Z}=(\boldsymbol{I}+\boldsymbol{H}_{se})[(\boldsymbol{H}+\boldsymbol{H}_{me})\boldsymbol{X}+\boldsymbol{b}_1+\boldsymbol{\varepsilon}_1] \tag{8.62}$$

式中，$\boldsymbol{H}_{se}\in\mathbf{R}^{m\times m}$ 是和刻度系数有关的矩阵；$\boldsymbol{H}_{me}\in\mathbf{R}^{m\times n}$ 是和安装误差有关的矩阵；$\boldsymbol{b}_1$ 是常值偏置；$\boldsymbol{\varepsilon}_1$ 是高斯白噪声。

考虑到误差阵 $\boldsymbol{H}_{se}$ 和 $\boldsymbol{H}_{me}$ 的元数量级都较小，故认为 $\boldsymbol{H}_{me}\boldsymbol{H}_{se}\approx\boldsymbol{0}$，则式(8.62)变为

$$\boldsymbol{Z}=(\boldsymbol{H}+\boldsymbol{H}_{me}+\boldsymbol{H}_{se}\boldsymbol{H})\boldsymbol{X}+(\boldsymbol{I}+\boldsymbol{H}_{se})(\boldsymbol{b}_1+\boldsymbol{\varepsilon}_1) \tag{8.63}$$

令

$$\boldsymbol{b} = (\boldsymbol{I} + \boldsymbol{H}_{se})\boldsymbol{b}_1$$

$$\boldsymbol{\varepsilon} = (\boldsymbol{I} + \boldsymbol{H}_{se})\boldsymbol{\varepsilon}_1$$

$$\boldsymbol{H}_m = \boldsymbol{H}_{me} + \boldsymbol{H}_{se}\boldsymbol{H}$$

则式(8.63) 可以写成

$$\boldsymbol{Z} = (\boldsymbol{H} + \boldsymbol{H}_m)\boldsymbol{X} + \boldsymbol{b} + \boldsymbol{\varepsilon} \tag{8.64}$$

奇偶方程可以写成

$$\boldsymbol{P} = \boldsymbol{V}\boldsymbol{H}_m\boldsymbol{X} + \boldsymbol{V}\boldsymbol{b} + \boldsymbol{V}\boldsymbol{\varepsilon} \tag{8.65}$$

这时奇偶向量 $\boldsymbol{P}$ 是真实状态 $\boldsymbol{X}$、正常的常值偏置以及测量噪声的函数。当飞行器作机动飞行时，奇偶向量各元的数值将增大，以致故障判决函数有可能超过给定的门限造成误警。曾有人提出采用随飞行器运动规律变化的动态门限来解决这个问题，但该门限会设置过大，以致无法检测动态时的软故障(即缓慢变化和较小的突变故障)。此外，常值偏置也将降低软故障检测能力。

为了改进 FDI 性能，应试图估算出传感器的所有误差以便得到比较精确的量测方程，使这些误差不再影响奇偶向量。然而，并非所有的误差都是可观的，在此采用估计误差的线性组合方法。这些误差项的线性组合一旦被估计出来，就可以排除其对奇偶向量的影响，提高 FDI 的性能。

在无故障发生时，式(8.65) 可改写为

$$\boldsymbol{P} = \boldsymbol{A}\boldsymbol{X} + \boldsymbol{b}' + \boldsymbol{V}\boldsymbol{\varepsilon} \tag{8.66}$$

式中，$\boldsymbol{A} = \boldsymbol{V}\boldsymbol{H}_m$；$\boldsymbol{b}' = \boldsymbol{V}\boldsymbol{b}$。当 $n = 3$ 时，待估计量是 $(m-3)\times 3$ 维矩阵 $\boldsymbol{A}$ 的元和 $\boldsymbol{b}'$ 向量的 $m-3$ 个元。将 $\boldsymbol{A}$ 按如下形式排列成一向量

$$\boldsymbol{a} = (a_{11} \quad a_{12} \quad a_{13} \quad a_{21} \quad \cdots \quad a_{l3})^{\mathrm{T}} \tag{8.67}$$

式中，a_{ij} 为矩阵 $\boldsymbol{A}$ 的元，$l = m-3$。因此，式(8.66) 右端的第一项可写成

$$\boldsymbol{A}\boldsymbol{X} = \boldsymbol{C}\boldsymbol{a} \tag{8.68}$$

式中，$\boldsymbol{C}$ 是 $l \times 3l$ 的矩阵，定义为

$$\boldsymbol{C} = \begin{bmatrix} \boldsymbol{X}^{\mathrm{T}} & \boldsymbol{0} & \cdots & \boldsymbol{0} \\ \boldsymbol{0} & \boldsymbol{X}^{\mathrm{T}} & \cdots & \boldsymbol{0} \\ \vdots & \vdots & & \vdots \\ \boldsymbol{0} & \boldsymbol{0} & \cdots & \boldsymbol{X}^{\mathrm{T}} \end{bmatrix} \tag{8.69}$$

则式(8.66)可表示为

$$\boldsymbol{P}=\boldsymbol{C}\boldsymbol{a}+\boldsymbol{b}'+\boldsymbol{V}\boldsymbol{\varepsilon} \tag{8.70}$$

式(8.70)可看作量测方程。但式中$\boldsymbol{C}$是未知的，由于$\boldsymbol{C}$和真实状态$\boldsymbol{X}$有关，可用$\boldsymbol{X}$的估计值

$$\hat{\boldsymbol{X}}=(\boldsymbol{H}^{\mathrm{T}}\boldsymbol{H})^{-1}\boldsymbol{H}^{\mathrm{T}}\boldsymbol{Z} \tag{8.71}$$

代入式(8.69)得出$\boldsymbol{C}$的估计值$\hat{\boldsymbol{C}}$，将$\hat{\boldsymbol{C}}$代入式(8.70)得

$$\boldsymbol{P}=\hat{\boldsymbol{C}}\boldsymbol{a}+\boldsymbol{b}'+\boldsymbol{\varepsilon}' \tag{8.72}$$

将待估计量组合成一个增广向量$\boldsymbol{e}$

$$\boldsymbol{e}=\begin{bmatrix}\boldsymbol{a}\\ \boldsymbol{b}'\end{bmatrix} \tag{8.73}$$

则式(8.72)可写成

$$\boldsymbol{P}=\hat{\boldsymbol{M}}\boldsymbol{e}+\boldsymbol{\varepsilon}' \tag{8.74}$$

式中，$\hat{\boldsymbol{M}}=[\hat{\boldsymbol{C}}\quad \boldsymbol{I}]$；$\boldsymbol{\varepsilon}'=\boldsymbol{V}\boldsymbol{\varepsilon}$。

可将式(8.74)看成量测方程，量测值为$\boldsymbol{P}$，状态为$\boldsymbol{e}$，量测噪声为$\boldsymbol{\varepsilon}'$。若$\boldsymbol{\varepsilon}$为白噪声，则$\boldsymbol{\varepsilon}'$也为白噪声。要估计$\boldsymbol{e}$，还需要$\boldsymbol{e}$的状态方程。但决定误差$\boldsymbol{e}$的状态方程是比较困难的，假定$\boldsymbol{e}$满足离散马尔可夫过程

$$\boldsymbol{e}_{k+1}=\boldsymbol{\Phi}_k\boldsymbol{e}_k=\boldsymbol{\omega}_k \tag{8.75}$$

式中，$\boldsymbol{\Phi}_k$为状态转移矩阵；$\boldsymbol{\omega}_k$为白噪声。方差设为$\boldsymbol{Q}_k$。$\boldsymbol{\Phi}_k$和$\boldsymbol{Q}_k$应根据具体情况而定。

此式包含一类模型，如随机常数和随机游走模型。当$\boldsymbol{a}$和$\boldsymbol{b}'$都是随机常数时，可令$\boldsymbol{\Phi}_k$为单位阵，$\boldsymbol{\omega}_k$为零。这样，得到状态方程(8.73)和量测方程(8.75)后就可以应用卡尔曼滤波估计$\boldsymbol{e}_k$。在求得估计值$\hat{\boldsymbol{e}}_k$后，用下面的方法来补偿奇偶向量

$$\boldsymbol{P}^*=\boldsymbol{P}-\hat{\boldsymbol{M}}\hat{\boldsymbol{e}}=\boldsymbol{\varepsilon}'=\boldsymbol{V}\boldsymbol{\varepsilon} \tag{8.76}$$

即经补偿后的奇偶向量$\boldsymbol{P}^*$只与噪声有关，而与状态$\boldsymbol{X}$无关。

当故障发生时

$$\boldsymbol{P}^*=\boldsymbol{V}\boldsymbol{b}_f+\boldsymbol{V}\boldsymbol{\varepsilon} \tag{8.77}$$

此时，故障检测和隔离函数分别为

$$\begin{cases} DF_D^* = (\boldsymbol{P}^*)^{\mathrm{T}}\boldsymbol{P}^* \\ DF_{Ij}^* = [(\boldsymbol{P}^*)^{\mathrm{T}}\boldsymbol{v}_j]^2 \end{cases} \tag{8.78}$$

由于经补偿后的奇偶向量基本上不受器件安装误差和自身误差的影响，因此用它进行故障检测和隔离时对故障比较灵敏，可以检测出软故障。

8.3.2　基于残差幅值检验的故障检测方法

如前所述，EKF 中残差序列及其理论方差，有测量更新时，在一定的估计窗口内实际的残差方差为

$$E\{\boldsymbol{v}_k\boldsymbol{v}_k^{\mathrm{T}}\} = \frac{1}{q}\sum_{i=0}^{q}(\boldsymbol{v}_{k-i}\boldsymbol{v}_{k-i}^{\mathrm{T}}) \tag{8.79}$$

其中，q 为估计窗口长度。

因此，基于残差特性的方差匹配系统故障检测依据为：当系统无故障时，新息的幅值与其理论值$\sqrt{\boldsymbol{V}_k}$ 之比应在 1 附近；当出现瞬时或持续故障时，该比值会突然意外地增加。因此，记

$$c_k = \frac{|\boldsymbol{v}_k|}{\sqrt{\boldsymbol{V}_k}} \tag{8.80}$$

则可同样设置一门限值 a 进行故障检测：

当 $c_k > a$ 时，表明系统出现瞬时故障，将 $\boldsymbol{v}_k$ 设置为 $\boldsymbol{v}_k = \boldsymbol{0}$ 继续进行估计可隔离此故障；若对该瞬时故障隔离后仍继续出现 $c_k > a$，则说明系统测量出现了连续故障，此时将新息设置为 $\boldsymbol{v}_k = \xi\sqrt{\boldsymbol{V}_k}$ 的形式，ξ 为一随机数。

针对不同的应用背景，该方法中的 q，a 及 ξ 需要结合背景特性分别设计。

8.3.3　基于残差方差匹配检验的故障检测方法

德国空间局的研究人员在对 RLV 自主着陆技术进行飞行试验过程中，提出了一种有效的状态估计残差幅值故障检测方法。

这种残差幅值故障检验方法基于残差及其理论方差，通过比较$\boldsymbol{V}_k$ 的对角线元素与$\boldsymbol{v}_k$ 的平方来判断测量是否异常：若$\boldsymbol{v}_k$ 中某元素的平方比对应的$\boldsymbol{V}_k$ 的对角线元素的 κ 倍还要大，则表明测量信息中该元素的测量结果出现异常。其判断原则为

$$[\boldsymbol{v}_{ki}]^2 > \kappa \text{diag}\{\boldsymbol{V}_{ki}\} \tag{8.81}$$

若上式成立,则表明测量出现异常,对应的信息不能用于滤波处理。

针对基于惯导的组合导航系统,典型情况下取 $\kappa = 3$ 即可满足要求。若 κ 取得过小则过多的测量数据会被误判为故障信息而不能用于滤波更新。

在实际工程中,测量数据在传送至滤波器进行状态更新之前,首先要根据测量传感器内部编码机制进行数据完整度和健康度识别,经过这一底层 FDIR(Fault Detection Isolation and Recovery) 处理后,才能在导航滤波器内部通过上述残差幅值检验的方法进一步检验测量数据的健康度和可用性。

第9章　自适应滤波理论

9.1　自适应滤波概念

设计维纳滤波器需要知道所处理的数据统计方面的先验知识，包括噪声特性和相关性等方面的信息。只有当输入数据的统计学特性与滤波器设计所依赖的某一先验知识完全匹配时，滤波器才能达到性能最优。当所需要处理的信号先验知识未知时，就不能采用维纳滤波理论进行滤波器设计，或者该设计不能保证滤波结果的最优性。在这种情况下，可以采用事先对信号的相关先验知识进行估计，通过估计出的统计学参数来进行滤波器的设计。这种方法需要对信号的相关统计学特性进行估计，而对信号的相关统计学特性进行精确估计是很难实现的，并且需要耗费大量的计算资源。为了解决这一问题，可以采用自适应滤波器，自适应滤波器简而言之是一种能够根据输入信号的变化自适应调节滤波器的结构和参数以达到最优滤波性能的滤波器。只要输入数据的统计学特性变化是足够缓慢的，自适应滤波器就能够对输入信号的统计学特性进行跟踪。

在实际滤波器设计与应用过程中，自适应滤波器的选择主要考虑到以下因素：

(1)收敛速度。它定义为算法在响应平稳输入时足够接近地收敛于均方误差意义上最优维纳解所需要的迭代次数。快速收敛允许算法快速自适应于统计学意义上未知的平稳环境。

(2)失调量。对于给定的自适应滤波算法，失调量代表自适应滤波器最终的滤波估计结果与维纳最优滤波解之间的误差量。

(3)跟踪能力。当自适应滤波器工作在非平稳过程中时，跟踪能力代表了滤波器对输入信号的统计学特性的跟踪能力。

(4)鲁棒性。滤波器的鲁棒性衡量了滤波器抵抗外界干扰的能力。

(5)数值计算特性。滤波器的最终实现由计算机完成，在实际的数值计算过程中，将产生一定的数值量化误差。数值计算误差会对最终的滤波结果产生影响，我们一般关心数值计算的稳定性和数值计算的精度。

9.2 强跟踪滤波理论

Kalman 滤波器是高斯过程最优滤波的一种有效算法。当对象模型足够准确时，性能比较好；但当模型存在误差时，这种增长记忆滤波使已趋向“老化”的测量数据对当前的状态估计产生不良影响，甚至发散。为了解决这一问题，需要增强滤波器对于当前数据的利用程度，减弱对过去“老化”数据的依赖，可以采用在滤波过程中增加渐消因子的方法来实现，即采用渐消滤波方法解决数据老化的问题。

9.2.1 卡尔曼滤波收敛性判据

故障产生的根本原因在于：系统本身元器件的不稳定性以及外部应用环境不确定等因素，给系统噪声和观测噪声统计特性的准确描述带来困难，采取预建噪声模型的常规 Kalman 滤波器，在实际应用中存在丧失收敛性和稳定性的风险。需提供滤波器收敛性判据，对滤波是否发散及趋势给予明确判别。

当滤波器发散时，误差协方差阵无界，此时实际的估计误差往往比理论预计的误差大很多倍。可以根据这一特点，利用残差序列 $\hat{e}_{k+1}=\boldsymbol{Z}_{k+1}-\boldsymbol{H}_{k+1}\hat{X}_{k+1/k}$ 的性质来构造滤波器的收敛性判据。由于 $\hat{e}_{k+1}^{\mathrm{T}}\hat{e}_{k+1}$ 为残差序列的平方和，包含了实际估计误差的信息，而理论预计误差的信息可通过残差序列的方差阵 $E[\hat{e}_{k+1}\quad\hat{e}_{k+1}^{\mathrm{T}}]=\boldsymbol{H}_{k+1}\boldsymbol{P}_{k+1/k}\boldsymbol{H}_{k+1}^{\mathrm{T}}+\boldsymbol{R}_{k+1}$ 来描述。因此可用

$$\hat{e}_{k+1}^{\mathrm{T}}\hat{e}_{k+1}\leqslant\gamma Tr[\boldsymbol{H}_{k+1}\boldsymbol{P}_{k+1}\boldsymbol{H}_{k+1}^{\mathrm{T}}+\boldsymbol{R}_{k+1}] \tag{9.1}$$

作为判断滤波器是否收敛的依据。式中，$Tr[\boldsymbol{H}_{k+1}\boldsymbol{P}_{k+1}\boldsymbol{H}_{k+1}^{\mathrm{T}}+\boldsymbol{R}_{k+1}]$ 被作为一种二次性能指标来代表估计误差的正常水平，$\gamma\geqslant 1$ 为可调系数，称为渐消因子。当上述不等式成立时，滤波器处于正常工作状态；如不满足，说明滤波器的实际误差将超过理论预计值 γ 倍，此时滤波器处于发散状态。

9.2.2　渐消卡尔曼滤波

为了解决卡尔曼滤波器的数据“老化”问题，Fagin 和 Sorenson 提出了渐消滤波算法，使用渐消因子限制 Kalman 滤波器的记忆长度，以充分利用当前的测量数据。其滤波估计方程为

$$\hat{X}_{k+1} = \hat{X}_{k+1/k} + \boldsymbol{K}_{k+1}\hat{e}_{k+1} \tag{9.2}$$

$$\hat{X}_{k+1/k} = \boldsymbol{\Phi}_{k+1/k}\boldsymbol{X}_k \tag{9.3}$$

$$\boldsymbol{K}_{k+1} = \boldsymbol{P}_{k+1/k}\boldsymbol{H}_{k+1}^{\mathrm{T}}\left[\boldsymbol{H}_{k+1}\boldsymbol{P}_{k+1/k}\boldsymbol{H}_{k+1}^{\mathrm{T}} + \boldsymbol{R}_{k+1}\right]^{-1} \tag{9.4}$$

$$\boldsymbol{P}_{k+1/k} = \boldsymbol{S}_{k+1}\boldsymbol{\Phi}_{k+1/k}\boldsymbol{P}_{k/k}\boldsymbol{\Phi}_{k+1/k}^{\mathrm{T}} + \boldsymbol{\Gamma}_{k+1}\boldsymbol{Q}_{k+1}\boldsymbol{\Gamma}_{k+1}^{\mathrm{T}} \tag{9.5}$$

$$\boldsymbol{P}_{k+1/k+1} = \left[\boldsymbol{I} - \boldsymbol{K}_{k+1}\boldsymbol{H}_{k+1}\right]\boldsymbol{P}_{k+1/k}\left[\boldsymbol{I} - \boldsymbol{K}_{k+1}\boldsymbol{H}_{k+1}\right]^{\mathrm{T}} + \boldsymbol{K}_{k+1}\boldsymbol{R}_k\boldsymbol{K}_{k+1}^{\mathrm{T}} \tag{9.6}$$

其中，$\hat{e}_{k+1} = \boldsymbol{Z}_{k+1} - \boldsymbol{H}_{k+1}\hat{X}_{k+1/k}$。

式(9.2) ~ (9.6) 称为渐消 Kalman 滤波器。其中，$S_{k+1} \geqslant 1$，为渐消因子。结合式(9.5) 可以看出，渐消 Kalman 滤波器与常规 Kalman 滤波器的不同在于计算一步预测误差方差阵时多乘了渐消因子，加重了现时测量数据在状态估计中的作用，从而避免滤波发散。

在模型参数与过程参数基本匹配，并且初始值选择适当时，常规 Kalman 滤波器可渐进收敛，并且得到状态的无偏估计。然而，当模型参数失配较大时，滤波精度会大大下降甚至发散，因此，常规 Kalman 滤波器对参数失配的鲁棒性是不能令人满意的。

为提高滤波器的跟踪能力和对过程参数变化的鲁棒性，采用渐消因子对过去的数据进行渐消，实时调整状态的预报协方差阵。由于渐消因子的作用，滤波器可以充分利用残差序列中的有效信息，即使在过程参数变动的情况下，仍能具有较强的鲁棒性，提高检测精度和故障隔离能力，进而提高估计精度。

9.2.3　多重对称渐消容错滤波方法

局部容错滤波的基础——常规 Kalman 滤波的估计结果是在同等程度依靠观测向量各个时刻下的数据为基础得到的。因此，当系统或观测模型误差引起滤波发散的情况下，一个很自然的想法就是“老化”数据在滤波中起到了过强的作用，新数据给出的信息对于

一步预报值的修正作用受到抑制，致使滤波值不能较好地跟踪真值的变化。消除模型误差导致滤波发散的一种做法是采用渐消记忆的滤波算法。初期采用的是固定渐消因子值的方法，采用滑动指数的加权窗对状态方差阵初值和噪声序列的过去值进行处理，每次对上一步的滤波方差阵除以一个小于1的数，增大了增益矩阵，加大新观测数据的修正作用，形成了一种固定渐消因子的自适应滤波方法。

在飞行器组合导航情况下，外界的环境变化很大，存在干扰等因素及载体变形等复杂情况，传感器的测量噪声增大，使用变更的渐消因子 Kalman 滤波具有更大的实用性。根据滤波收敛性判据推导渐消因子的计算公式，渐消因子能够根据观测噪声方差进行动态调整，这种算法在系统发生很大的模型误差和噪声统计特性剧烈变化的情况下，能够保持滤波的收敛，具有很强的鲁棒性。

采用渐消记忆的滤波算法具有较强的模型参数失配的鲁棒性，较低的关于噪声初值统计的敏感性，适中的计算复杂性，但这种算法只有一个可调参数，如果要滤波器具有更高的灵活性，确保滤波的性能，可以用渐消因子矩阵来代替渐消因子，给不同的数据通道以不同的渐消速率，渐消因子的确定要根据惯导的实际观测模型来确定。

实时对渐消因子进行自适应调整，并用渐消因子矩阵代替单独一个可调的渐消因子，给各通道以不同渐消强度，是多重对称渐消容错滤波的主要思想。

1. 多重对称渐消容错滤波方法

具有野值修正功能的多重对称渐消容错滤波，其滤波估计方程为

$$\hat{\boldsymbol{X}}_{k+1}=\hat{\boldsymbol{X}}_{k+1/k}+\boldsymbol{K}_{k+1}\hat{e}_{k+1} \tag{9.7}$$

$$\hat{\boldsymbol{X}}_{k+1/k}=\boldsymbol{\Phi}_{k+1/k}\boldsymbol{X}_{k} \tag{9.8}$$

$$\boldsymbol{K}_{k+1}=\boldsymbol{P}_{k+1/k}\boldsymbol{H}_{k+1}^{\mathrm{T}}\left[\boldsymbol{H}_{k+1}\boldsymbol{P}_{k+1/k}\boldsymbol{H}_{k+1}^{\mathrm{T}}+\boldsymbol{R}_{k+1}\right]^{-1} \tag{9.9}$$

$$\boldsymbol{P}_{k+1/k}=\mathrm{chol}(\boldsymbol{S}_{k+1})\boldsymbol{\Phi}_{k+1/k}\boldsymbol{P}_{k/k}\boldsymbol{\Phi}_{k+1/k}^{\mathrm{T}}\mathrm{chol}(\boldsymbol{S}_{k+1}^{\mathrm{T}})+\boldsymbol{\Gamma}_{k+1}\boldsymbol{Q}_{k+1}\boldsymbol{\Gamma}_{k+1}^{\mathrm{T}} \tag{9.10}$$

$$\boldsymbol{P}_{k+1/k+1}=\left[\boldsymbol{I}-\boldsymbol{K}_{k+1}\boldsymbol{H}_{k+1}\right]\boldsymbol{P}_{k+1/k}\left[\boldsymbol{I}-\boldsymbol{K}_{k+1}\boldsymbol{H}_{k+1}\right]^{\mathrm{T}}+\boldsymbol{K}_{k+1}\boldsymbol{R}_{k}\boldsymbol{K}_{k+1}^{\mathrm{T}} \tag{9.11}$$

其中，$\boldsymbol{S}_{k+1}=\mathrm{diag}[\delta_{k+1}^{ii}](i=1,\cdots,n,n$ 为状态向量维数)，为以渐消因子 δ_{k+1}^{ii} 为对角元素所组成的对角多重渐消矩阵；chol(·) 代表矩阵的 Cholesky 分解，$\hat{e}_{k+1}=\boldsymbol{Z}_{k+1}-\boldsymbol{H}_{k+1}\hat{X}_{k+1/k}$。

$\boldsymbol{S}_{k+1}$ 对角线元素 δ_{k+1}^{ii} 的取值范围为：

(1) 对应于状态向量被观测元素

$$\delta_{k+1}^{ii} > \frac{[\hat{e}_{k+1}^{i}]^2}{E_{k+1}^{ii} \cdot \varepsilon_i} - \frac{B_{k+1}^{ii}}{E_{k+1}^{ii}} \tag{9.12}$$

(2) 对应于状态向量未被观测元素

$$\delta_{k+1}^{ii} = 1 \tag{9.13}$$

式中，$\varepsilon_i = 6.635$，为通过 χ^2 分布表检取的置信度为0.01时单自由度假设检验门限值；E_{k+1}^{ii} 对应 $\boldsymbol{A}_{k+1}$ 阵主对角线上被观测元素，其中

$$\boldsymbol{A}_{k+1} = \boldsymbol{H}_{k+1}\boldsymbol{\Phi}_{k+1/k}\boldsymbol{P}_{k/k}\boldsymbol{\Phi}_{k+1/k}^{\mathrm{T}}\boldsymbol{H}_{k+1}^{\mathrm{T}} \tag{9.14}$$

$$\boldsymbol{B}_{k+1} = \boldsymbol{H}_{k+1} \cdot \boldsymbol{\Gamma}_{k+1} \cdot \boldsymbol{Q}_{k+1} \cdot \boldsymbol{\Gamma}_{k+1}^{\mathrm{T}} \cdot \boldsymbol{H}_{k+1}^{\mathrm{T}} + \boldsymbol{R}_{k+1} \tag{9.15}$$

在算法中限定 δ_{k+1}^{ii} 的下界为 1，因一般认为滤波的实际误差大于理论误差，即取 $\delta_{k+1}^{ii} = \max(1, \delta_{k+1}^{ii})$。对于系统的不可观测状态，由于无法进行估计，故渐消因子可取为 1。

以上方法具有系统失效后及时将系统恢复至正常水平的能力，即系统复原能力，以此保持滤波收敛特性并对野值进行修正。在此方法基础上，可通过合理设置诊断判据的方法对故障予以检测，对是否存在野值进行判断。对基于残差假设检验的渐消卡尔曼滤波器的完善体现在以下三个方面：

(1) 利用多重渐消因子矩阵的各渐消因子分量，分别对预测误差方差阵各分量实时修正，提高了对软故障的实时隔离能力，增强了滤波收敛能力；残差检验应用于残差向量的每一分量，提高了残差检测的敏感程度和对系统动态特性的跟踪能力。

(2) 通过实时统计 $\delta_{k+1}^{ii} > 1$ 的幅度和次数(称为"帧收敛性判据"，以"j"代表)，可根据渐消因子分量超差程度和个数分布情况，明确当前和一段时间内的滤波效果并构成实施修正的条件，使渐消因子对 $\boldsymbol{P}_{k+1/k}$ 的修正作用更趋合理。

(3) 以对称的加权因子 $\mathrm{chol}(\boldsymbol{S}_{k+1})$ 取代了传统的渐消因子(矩阵)左乘方式，避免了由于权系数非对称分布所导致的有害的相关性耦合。相当于使 $\boldsymbol{S}_{k+1}^{ii} = (\boldsymbol{S}_{k+1}^{i})^{1/2} \cdot (\boldsymbol{S}_{k+1}^{i})^{1/2}$ 加权于$[\boldsymbol{\Phi}_{k+1/k}\boldsymbol{P}_{k/k}\boldsymbol{\Phi}_{k+1/k}^{\mathrm{T}}]^{ii}$，同时使$(\boldsymbol{S}_{k+1}^{i})^{1/2} \cdot (\boldsymbol{S}_{k+1}^{j})^{1/2}$ 加权于$[\boldsymbol{\Phi}_{k+1/k}\boldsymbol{P}_{k/k}\boldsymbol{\Phi}_{k+1/k}^{\mathrm{T}}]^{ij}$ $(i \neq j)$，使渐消因子的加权作用分布更为合理，避免了不适当加权所导致的滤波失稳。现简要说明如下：

假设存在 $\boldsymbol{P} = [\boldsymbol{\Phi}_{k+1/k}\boldsymbol{P}_{k/k}\boldsymbol{\Phi}_{k+1/k}^{\mathrm{T}}]_{3\times 3}$，$\boldsymbol{s}_i = (\boldsymbol{S}_{k+1}^{ii})^{1/2}$，$\boldsymbol{s}_i \cdot \boldsymbol{s}_i = \boldsymbol{S}_{k+1}^{ii}$，$\boldsymbol{s}_i \cdot \boldsymbol{s}_j = \boldsymbol{S}_{k+1}^{ij}$ $(i \neq j)$，

$i,j=1,2,3$，则

$$\begin{bmatrix} \boldsymbol{s}_1 & & \\ & \boldsymbol{s}_2 & \\ & & \boldsymbol{s}_3 \end{bmatrix} \begin{bmatrix} \boldsymbol{P}_{11} & \boldsymbol{P}_{12} & \boldsymbol{P}_{13} \\ \boldsymbol{P}_{21} & \boldsymbol{P}_{22} & \boldsymbol{P}_{23} \\ \boldsymbol{P}_{31} & \boldsymbol{P}_{32} & \boldsymbol{P}_{33} \end{bmatrix} \begin{bmatrix} \boldsymbol{s}_1 & & \\ & \boldsymbol{s}_2 & \\ & & \boldsymbol{s}_3 \end{bmatrix} = \begin{bmatrix} \boldsymbol{S}_{k+1}^{11}\boldsymbol{P}_{11} & \boldsymbol{S}_{k+1}^{12}\boldsymbol{P}_{12} & \boldsymbol{S}_{k+1}^{13}\boldsymbol{P}_{13} \\ \boldsymbol{S}_{k+1}^{21}\boldsymbol{P}_{21} & \boldsymbol{S}_{k+1}^{22}\boldsymbol{P}_{22} & \boldsymbol{S}_{k+1}^{23}\boldsymbol{P}_{23} \\ \boldsymbol{S}_{k+1}^{31}\boldsymbol{P}_{31} & \boldsymbol{S}_{k+1}^{32}\boldsymbol{P}_{32} & \boldsymbol{S}_{k+1}^{33}\boldsymbol{P}_{33} \end{bmatrix} \tag{9.16}$$

由式(9.13)可以验证以上对称加权的合理性。

2. 野值检测和剔除

多重对称渐消容错滤波方法所具有的野值修正功能，为组合系统局部融合过程中野值的检测和剔除奠定了基础。通过多重对称渐消加权因子矩阵 $\boldsymbol{S}_{k+1}$ 的修正和检测作用，形成野值检测和剔除能力。

在实施修正/剔除前，滤波器首先检验“帧收敛性判据”j 是否超差。由于姿态、速度、位置等观测值分量在量级和变化规律等方面存在差别，三者分别进行“帧收敛性”判断，以其结果的交集作为最终的修正和剔除条件。

不失一般性，设置 j_{a}、j_{v}、j_{p} 分别为滤波器观测向量中姿态、速度、位置观测向量所对应的帧收敛性判据，其超差判别条件为

$$j_{\mathrm{a}} > m_{\mathrm{a}}/2 \tag{9.17}$$

$$j_{\mathrm{v}} > m_{\mathrm{v}}/2 \tag{9.18}$$

$$j_{\mathrm{p}} > m_{\mathrm{p}}/2 \tag{9.19}$$

其中，$m=m_{\mathrm{a}}+m_{\mathrm{v}}+m_{\mathrm{p}}$，为滤波器观测量维数——残差维数，其中 $m_{\mathrm{a}}, m_{\mathrm{v}}, m_{\mathrm{p}}$ 分别为姿态观测向量、速度观测向量和位置观测向量的维数。

设置最终的“故障检测结果”为 YoN，且

$$\text{IF } j_{\mathrm{a}} > m_{\mathrm{a}}/2 \text{ AND } j_{\mathrm{v}} > m_{\mathrm{v}}/2 \text{ AND } j_{\mathrm{p}} > m_{\mathrm{p}}/2 \text{ THEN } YoN = 1 \tag{9.20}$$

当 YoN 为真，则可判定当前测量值为野值，通过式(9.8)所示的多重渐消容错滤波进行修正；同时，以对应时刻系统状态的一步预测值

$$\hat{X}_{k+1} = \hat{X}_{k+1/k} \tag{9.21}$$

代替式(9.7)所示的滤波估计值，对野值的影响予以剔除。

3. 多重对称渐消容错滤波方法的完善

(1) 残差归一化。基于残差假设检验的多重对称渐消容错滤波以其良好的对状态和

参数的跟踪能力，适合于基于解析模型的参数估计的故障诊断，残差中所包含的故障信息对于该滤波器进行状态和故障的估计是十分重要的，残差检验方法的固有特点也不可避免地对该方法的性能产生影响。在多输入／多输出系统中，当系统模型各输出值之间在数量级上存在差异时，会导致稳态下残差在数量级上也存在差异（考虑相对测量噪声近似相等的情况）。通过研究发现，残差的这一差异会降低故障检测的精度和速度，影响故障诊断的品质。

针对这一缺陷，给出了一种残差归一化的多重渐消滤波器。改进后的方法进一步提高了滤波器的综合性能，并在故障诊断的速度和精度上都有了明显的提高。

在实际中各测量值的数量级往往差别较大，而我们关心的又常常是残差对输出的相对大小。这样，在相对残差相同的情况下，残差的绝对数值就有着巨大的差异。

假设正常情况下，$\hat{e}^i_{k+1} \ll \hat{e}^j_{k+1}$（$i \neq j$，分别代表残差向量 $\hat{e}_{k+1}$ 的第 i,j 元素），这样就容易出现如下两种情况：

a. $\hat{e}^j_{k+1}$ 的正常扰动导致 $\delta^{jj}_{k+1} > 1$；

b. $\hat{e}^i_{k+1}$ 超过允许范围但对 δ^{ii}_{k+1} 影响太小以至于 $\delta^{ii}_{k+1} = 1$。也就是说使得 δ^{ii}_{k+1} 对 $\hat{e}^j_{k+1}$ 敏感，而对 $\hat{e}^i_{k+1}$ 不敏感，即导致了残差信息的不对称。这一缺陷降低了该方法用于故障诊断的速度和精度。

针对上述问题，对残差向量采取归一化方法如下

$$\hat{e}^{i}_{k+1}{}' = \hat{e}^i_{k+1} \cdot \frac{1}{\sqrt{\sum_{i=1}^{m} (\hat{e}^i_{k+1})^2}} \quad (i = 1, 2, \cdots, m) \tag{9.22}$$

其中，m 为观测向量维数。

这样，就得到了残差归一化的多重渐消滤波算法，它与常规渐消滤波算法的不同之处就在于在确定渐消因子时对残差进行了归一化的处理。将原来确定多重次优渐消因子算法中的 $\hat{e}^i_{k+1}$ 替换为 $\hat{e}^i_{k+1}{}'$，则得到改进的确定归一化多重次优渐消因子的算法。这种改进的算法通过对残差的归一化消除了由于残差本身数值差异造成的信息量不匹配，使得残差中的信息被合理提取。

另外，本方法可提高对缓变故障的检测能力，这种故障由于具有某种趋势的缓变特点，信息积累到一定程度才可能被检测到，状态预测 $X_{k+1/k}$ 跟踪误差变化，使得滤波信息

受到逐步渗透式污染，产生最终的积累式漏警。残差归一化方法能够增强残差检测法对缓慢故障的检测、隔离能力，提高了对滤波变化真实状况的敏感程度。

(2) 设置限幅和软故障容限。为提高算法在工程应用中的有效性和实用性，增强对软故障(变化轻微的故障或正常参数扰动，常规滤波方法即可予以较好隔离)的实时隔离能力，避免残差检测误警所导致的 YoN 判断失准和由此引起的过度修正/剔除，需实施如下两个步骤，适当降低修正加权因子的数量级和渐消因子超差的判别门限：

a. 设置“限幅”。为避免导航计算中由于个别 δ_{k+1}^{ii} 量级过大所导致的数值奇异现象，需设置较大数量级限幅为

$$\delta_{k+1}^{ii}=\min(\eta,\delta_{k+1}^{ii}) \tag{9.23}$$

b. 设置“软故障容限”。即以

$$\delta_{k+1}^{ii}-\Delta>1 \tag{9.24}$$

的次数构造滤波收敛性判据 j，Δ 可取为较小实数。

9.2.4 强跟踪 UKF

STUKF 滤波的时间更新为

$$\begin{cases}(\boldsymbol{\zeta}_k^-)=\boldsymbol{f}((\boldsymbol{X}_k)_i)\quad(i=0,\cdots,2n)\\ \hat{\boldsymbol{x}}_k^-=\sum\limits_{i=0}^{2n}\boldsymbol{w}_i^m(\boldsymbol{\zeta}_k^-)_i\\ (\boldsymbol{Z}_k^-)_i=\boldsymbol{h}((\boldsymbol{\zeta}_k^-)_i)\\ \hat{\boldsymbol{z}}_k^-=\sum\limits_{i=0}^{2n}\boldsymbol{w}_i^m(\boldsymbol{Z}_k^-)_i\end{cases} \tag{9.25}$$

$$\boldsymbol{P}_k^-=\boldsymbol{S}_k\{\sum_{i=0}^{2n}\boldsymbol{w}_i^c[(\boldsymbol{\zeta}_k^-)_i-\hat{\boldsymbol{x}}_k^-][(\boldsymbol{\zeta}_k^-)_i-\hat{\boldsymbol{x}}_k^-]^{\mathrm{T}}+\boldsymbol{Q}_k\} \tag{9.26}$$

测量更新为

$$\boldsymbol{P}_{vv}=\boldsymbol{S}_k\{\sum_{i=0}^{2n}\boldsymbol{w}_i^c[(\boldsymbol{Z}_k^-)_i-\hat{\boldsymbol{z}}_k^-][(\boldsymbol{Z}_k^-)_i-\hat{\boldsymbol{z}}_k^-]^{\mathrm{T}}+\boldsymbol{R}_k\} \tag{9.27}$$

$$\boldsymbol{P}_{xz}=\{\sum_{i=0}^{2n}\boldsymbol{w}_i^c[(\boldsymbol{\zeta}_k^-)_i-\hat{\boldsymbol{x}}_k^-][(\boldsymbol{Z}_k^-)_i-\hat{\boldsymbol{z}}_k^-]^{\mathrm{T}}\}\boldsymbol{S}_k \tag{9.28}$$

$$\boldsymbol{K}_k=\boldsymbol{P}_{xz}\boldsymbol{P}_{vv}^{-1} \tag{9.29}$$

$$\hat{\boldsymbol{z}}_k = \hat{\boldsymbol{z}}_k^- + \boldsymbol{K}_k(\boldsymbol{z}_k - \hat{\boldsymbol{z}}_k^-) \tag{9.30}$$

$$\boldsymbol{P}_k = \boldsymbol{P}_k^- - \boldsymbol{K}_k \boldsymbol{P}_{vv} \boldsymbol{K}_k^{\mathrm{T}} \tag{9.31}$$

其中，$\boldsymbol{Q}_k$ 为系统过程噪声方差阵；$\boldsymbol{R}_k$ 为系统观测噪声误差方差阵；$\boldsymbol{z}$ 为系统观测信息矢量；$\boldsymbol{S}_k$ 为强跟踪滤波因子矩阵。

记系统观测残差为 $\boldsymbol{v}$，残差方差阵为 $\boldsymbol{V}$，则

$$\boldsymbol{v}_k = \boldsymbol{z}_k - \hat{\boldsymbol{z}}_k^- \tag{9.32}$$

$$\boldsymbol{V}_k = \begin{cases} \boldsymbol{v}_0 \ \boldsymbol{v}_0^{\mathrm{T}} & (k=1) \\ \dfrac{\rho \boldsymbol{V}_{k-1} + \boldsymbol{v}_k \ \boldsymbol{v}_k^{\mathrm{T}}}{1+\rho} & (k \geqslant 2) \end{cases} \tag{9.33}$$

$$\boldsymbol{s}_{i,k} = \frac{tr[\eta \boldsymbol{V}_k + \varepsilon \boldsymbol{R}_k]}{tr[\boldsymbol{P}_{vv}]} = \begin{cases} s_{i,k} & (s_{i,k} > 1) \\ 1 & (s_{i,k} \leqslant 1) \end{cases} \tag{9.34}$$

$$\boldsymbol{S}_k = \mathrm{diag}(s_1, s_2, \cdots, s_n) \tag{9.35}$$

其中，η 为跟踪系数，$\eta \in [0,1]$；ε 为软化因子，$\varepsilon \in [1,5]$；$s_{i,k}$ 为 $\boldsymbol{S}_k$ 的第 i 个对角线元素。ε 越大，滤波器的估计精度越高；ε 越小，滤波器的跟踪能力越强。

9.3　基于惯性导航参数误差状态可观测度分析的自适应调节滤波算法

重复使用运载器在飞行过程中，飞行环境和飞行状态参数变化较大。对于组合导航系统来说，对于不同的飞行状态择取不同的状态匹配模型将能在一定程度上提高导航滤波估计精度和稳定性。重复使用运载器采用多种导航手段进行组合导航，不同导航设备提供的导航数据种类不同，因此对于导航滤波器来说会带来状态向量是否可观测的问题，而状态向量的可观测性直接影响导航精度和导航系统的稳定性。传统的滤波方法都只是根据滤波器的估计精度定性地决定反馈或者不反馈。而滤波器的估计精度本质上是由系统状态变量的可观测度决定的。因此只有建立系统状态变量的反馈量与可观测度之间的定量关系，根据每个系统状态的可观测度决定其反馈量，才能从根本上提高组合导航系统的精度。

对于以惯导系统为主导航设备的飞行器来说，一般采用惯导参数误差来建立导航滤波方程。因此可以对惯导参数误差状态的可观性分析动态择取状态参数来提高滤波器的

精度和稳定性能，减少不同状态参数间耦合效应带来的干扰误差。

基于惯性参数误差状态可观测度分析的自适应调节滤波算法主要是根据对状态方程进行可观测度分析，判别每个状态量的可观测程度的大小，采用相应的算法对于可观测度弱的状态量则予以隔离。以此来提高导航滤波算法的稳定性和滤波估计精度。下面对误差状态可观测度分析方法进行介绍。

1. 可观测度分析方法

对于以惯性导航误差参数建立的状态方程来说，一般可以运用分段线性系统来讨论系统的可观测性，下面简单介绍线性系统可观性分析方法。

对于如下的线性定常系统

$$\dot{\boldsymbol{X}}(t)=\boldsymbol{AX}(t)+\boldsymbol{W}(t) \tag{9.36}$$

$$\boldsymbol{Z}(t)=\boldsymbol{HX}(t)+\boldsymbol{V}(t) \tag{9.37}$$

其中，$\boldsymbol{X}(t)$ 为状态向量；$\boldsymbol{Z}(t)$ 为测量向量；$\boldsymbol{W}(t)$，$\boldsymbol{V}(t)$ 分别为状态噪声和测量噪声，一般取为高斯白噪声形式。

可观测矩阵为

$$\boldsymbol{G}=[\boldsymbol{H}^{\mathrm{T}}\quad (\boldsymbol{HA})^{\mathrm{T}}\quad \cdots\quad (\boldsymbol{HA}^{n})^{\mathrm{T}}]^{\mathrm{T}} \tag{9.38}$$

系统可观测性判别条件为：若可观测阵 $\boldsymbol{G}$ 是完全满秩的，则系统是完全可观测的，即若 $\mathrm{rank}(\boldsymbol{G})=n$，则系统完全可观测。若可观测阵 $\boldsymbol{G}$ 不是满秩的，则系统是不能完全可观测的，即若 $\mathrm{rank}(\boldsymbol{G})<n$，则系统不完全可观。

线性系统的可观测分析原理仅给出了系统是否可观测的判别方法，但不能判别系统状态量的可观测程度，而状态量的可观测程度大小直接关系到滤波估计过程中状态量的滤波估计精度和抗干扰的能力，因此需要对可观测程度进行分析，一般采用对可观测阵进行奇异值分解的方法进行可观测程度分析。

对于可观测矩阵 $\boldsymbol{G}$ 进行奇异值分解得到

$$\boldsymbol{G}=\boldsymbol{UDV}^{\mathrm{T}} \tag{9.39}$$

式中，$\boldsymbol{D}$ 为矩阵 $\boldsymbol{G}$ 的奇异值 $\alpha_i(i=1,2,\cdots,n)$ 组成的对角阵；$\boldsymbol{U}$，$\boldsymbol{V}$ 为酉矩阵。

系统可观测程度的判别方法为：对给定可观测矩阵进行奇异值分解后，奇异值绝对值较大的元素对应的状态量可观测程度较高，相反，奇异值绝对值较小的元素对应的状态向量可观测程度较低。

针对可观性较差的滤波通道，可以采用增益衰减、滤波通道屏蔽和滤波模型重构 3 种方法来提高滤波算法的稳定性。

2. 算法

1）滤波增益衰减因子构建方法

根据系统可观测性的分析，可以在滤波增益矩阵 $\boldsymbol{K}_k$ 上增加一个衰减因子 λ_k 来抑制可观测性较差的元素引起的滤波精度下降的问题，衰减因子矩阵的构造方法为

$$\lambda_k = \frac{\boldsymbol{D}}{\max(\alpha_1, \alpha_2, \cdots, \alpha_n)} \tag{9.40}$$

其中，$\boldsymbol{D}$ 为由可观测矩阵 $\boldsymbol{G}$ 的奇异值构成的对角阵；$\alpha_i\ (i=1,2,\cdots,n)$ 为可观测矩阵 $\boldsymbol{G}$ 的奇异值。

2）滤波通道屏蔽方法

根据系统的可观测性分析，对于可观测性较差的滤波通道，可以采用对该通道进行屏蔽的方法来实现滤波稳定性的增强，数学描述如下。

对于飞行器组合导航系统的状态估计值 $\hat{\boldsymbol{X}}$，在一般的情况下，捷联惯导系统需要根据滤波估计值对积分初始值进行更新，即

$$\boldsymbol{X}_{\mathrm{SINS}}^{k+1} = \boldsymbol{X}_{\mathrm{SINS}}^{k} + \hat{\boldsymbol{X}} \tag{9.41}$$

在某个滤波器状态参数可观测性较差，即辅助导航设备不能对该状态向量进行直接测量时，可观测性较差的状态向量会降低滤波算法的稳定性和滤波估计精度，若把可观测性较差的状态向量引入捷联惯导系统的积分更新过程中，则会导致很大的误差积累，最终导致较大的导航误差，甚至出现导航输出故障。因此可以对可观性较差的状态参数的估计值进行屏蔽，即不引入惯导积分更新中来提高导航系统的稳定性和精度，数学表述如下。

对于由惯导系统误差量构成的滤波观测方程状态向量 $\boldsymbol{X}$，根据可观测性分析有

$$\boldsymbol{X} = [\boldsymbol{X}_{\mathrm{og}}, \boldsymbol{X}_{\mathrm{ob}}]^{\mathrm{T}} \tag{9.42}$$

其中，$\boldsymbol{X}_{\mathrm{og}}$ 为可观测性强的状态向量；$\boldsymbol{X}_{\mathrm{ob}}$ 为可观测性弱的状态向量。

对可观测性较弱的状态向量进行屏蔽处理有

$$\boldsymbol{X}_{\mathrm{SINS}}^{k+1} = \boldsymbol{X}_{\mathrm{SINS}}^{k} + [\hat{\boldsymbol{X}}_{\mathrm{og}}, \boldsymbol{0}] \tag{9.43}$$

3）滤波模型重构方法

根据系统的可观测性分析，对于可观测性较差的滤波通道，可以采用重构滤波模型的方法来实现滤波稳定性的增强，数学描述如下。

对于组合导航状态方程

$$\dot{\boldsymbol{X}}=\boldsymbol{A}\boldsymbol{X}+\boldsymbol{W} \tag{9.44}$$

在一般情况下选取位置、速度和姿态偏差作为状态参数，即

$$\boldsymbol{X}=[\delta x \quad \delta y \quad \delta z \quad \delta v_x \quad \delta v_y \quad \delta v_z \quad \varphi_x \quad \varphi_y \quad \varphi_z]^{\mathrm{T}} \tag{9.45}$$

采用 SINS/GPS 进行组合导航时，由于 GPS 不能对姿态信息进行直接测量，姿态误差状态的可观测性较差，为了提高滤波方法的稳定性，可以通过重构滤波模型的方法来提高滤波器的稳定性，即根据可观测性分析，对状态参数进行重新选取。若姿态通道可观测性较差，则状态参数可重新选取为

$$\boldsymbol{X}=[\delta x \quad \delta y \quad \delta z \quad \delta v_x \quad \delta v_y \quad \delta v_z]^{\mathrm{T}} \tag{9.46}$$

此时需要根据惯导误差传播方程，重新建立组合导航状态方程中的状态转移矩阵 $\boldsymbol{A}$ 和过程噪声模型 $\boldsymbol{W}$。

上述 3 种方法均是根据可观测性分析来提高滤波器稳定性和滤波估计精度的方法，各方法具有不同的优缺点。

(1) 滤波增益衰减因子方法：通过可观测性分析来构建滤波增益衰减因子，可以在不破坏滤波过程的情况下，直接对可观测性较差的状态向量进行衰减处理。该方法实现简单，但适应能力较差。

(2) 滤波通道屏蔽方法：通过不把可观测性较差的状态向量引入惯导积分更新过程中，即把可观测性较差的状态向量直接进行屏蔽，能够在很大程度上减小由于可观测性带来的影响，增强了系统的稳定性。但是该方法未对滤波过程进行处理，状态向量间的耦合仍然会增大导航系统的估计误差，导航精度会有少量下降。

(3) 滤波模型重构方法：根据系统可观测性的分析，在选取状态向量时，对不可观测的状态向量直接进行剔除，重构滤波状态方程，是一种针对滤波过程的处理方法，在增强了滤波器稳定性的同时，也保证了滤波估计的精度。但该方法需要重构滤波模型，破坏了原有的滤波更新过程，实现起来较为复杂。

第10章 信息融合理论

10.1 信息融合方法概述

10.1.1 信息融合概念及主要的信息融合方法

多传感器信息融合是指整个融合过程中,实现来自多个信息源的信息间统一合并的具体阶段与方法,因此它关系到整个系统的效率和融合信息的准确性和可靠性。在多传感器感知系统中,各信息源提供的信息都具有一定程度的不准确性,因此对这些具有不准确性的信息的融合过程实质上是一个非确定性推理与决策过程。目前主要有以下几种方法。

(1)贝叶斯估计和多贝叶斯估计。贝叶斯估计是融合静态环境中多传感器低层数据的一种常用方法,其信息描述为概率分布,适用于具有可加高斯噪声的不确定系统。当传感器组的观测坐标一致时,可以用直接法对传感器测量数据进行融合。在大多数情况下,多传感器是从不同的坐标结构框架对同一环境物体进行描述,这时传感器测量数据要以间接的方式采用贝叶斯估计进行融合。

在对传感器数据进行融合时,必须确保测量数据代表同一实体,即需要对传感器测量进行一致性检验。Durrant-Whyte将任务环境表示为不确定几何物体集合的多传感器系统模型,提出了传感器信息融合的多贝叶斯估计方法。多贝叶斯估计把每个传感器作为一个贝叶斯估计,将各单独物体的关联概率分布结合成一个联邦的后验概率分布函数,通过使联邦分布函数的似然函数最小,提供多传感器信息的最终值,融合信息与环境的一个先验模型以提供整个环境的特征描述。

(2)加权平均法。作为数据层的融合算法,此方法最简单也最直观。该方法将由一组传感器提供的冗余信息进行加权平均,并将加权平均值作为信息融合值。

(3) 统计决策理论。采用统计决策理论(SDF) 为多传感器产生的冗余定位信息融合提出了两步广义方法。先由数据 X_i 作出参数θ_i 的一个估计,记为 $\theta_i(X_i)$,再由损失函数 $L_i(\theta_i(X_i))$ 决定出损失最小的决策。显然,这一决策是数据的函数,记为 $\xi_i(X_i)$,在统计决策理论中称为决策函数。为了比较决策函数间的好坏,引入风险函数$R(\theta,\xi)=E(L(\theta,\xi(X)))$,其中$\xi$为决策函数。风险函数的意义是当数据的真实分布参数为θ时,采用决策函数ξ所产生的损失统计平均值。风险函数小,则决策函数就好,因此风险函数可以用来衡量所采用的决策函数的优劣。统计决策模型方法目前多用于分布式传感器目标识别和跟踪的信息融合问题中。

(4)Dempster－Shafter 证据推理。Dempster－Shafter 证据推理是贝叶斯方法的扩展,又称为证据理论,简记为 D－S 理论。这一理论致力于用描述证据的数学方法,发展一套便于推理计算的数学模型方法,其数学方法的结构从修改概率概念入手,并赋予新的证据解释。

Dempster－Shafter 理论的研究与应用多见于专家系统知识库和知识推理机的数学模型的研究。其想法是试图构造一个独立于具体问题背景的形式的处理不确定性信息的推理计算结构,一旦组合算法确定以后,具体组合算法的计算无论是静态数据还是时变的动态数据组合,都有一共同的算法结构,这是很大的优点。其中,带有置信因子的产生式规则方法主要用于符号水平表达传感器信息和信息属性两者的关系,这种不直接基于传感器信息的方法很容易与基于传感器信息的规则相结合,从而作为整个高层推理系统的一部分,如专家系统。但 Dempster－Shafter 理论本身仍存在一些需要完善的地方。

(5) 条件事件代数信息融合。在已知事件 $B_1,B_2,\cdots,B_N$ 发生的条件下,推断事件 A 发生的可能性。要求 $P(A\mid B_1\cap B_2\cap\cdots\cap B_N)$ 需要用到关于条件概率的计算。注意到条件概率有定义,但条件事件没有定义,能否对各种感兴趣的条件事件$(A\mid B)$ 等给出适当的定义,并使条件事件有与直观解释相和谐的代数运算结构,即构造一个条件事件代数,使之独立于概率的定义,当赋予此结构具体定义的概率时,能按一定的性质运算,并使条件事件代数能与原事件代数的运算相容,这样,才可望以条件事件代数为基础设计出通用的信息融合运算机,这是这种融合理论的关键。该理论是概率论、逻辑代数和非单调推理等领域的交叉。

(6) 人工神经网络和模糊推理。神经网络是一个具有高度非线性的超大规模连续事件动力系统,其主要特征为连续时间非线性动力学、网络的全局作用、大规模并行分布处理及高度的鲁棒性和学习联想能力。同时它又具有一般非线性动力系统的共性,即不可预见性、吸引性、耗散性、非平衡性、不可逆性、高维性、广泛连接性与自适应性等。因此,它实际上是一个超大规模非线性连续时间自适应信息处理系统。

模糊理论是 1965 年由控制理论专家 L. A. Zadeh 为了描述人类认识或看待实物中的各种模糊概念而提出的一套应用数学方法。模糊理论方法大量用于描述专家系统中诸如“很可能”或“也许”等的专家知识观点,目的在于将不确定性知识的表达更接近于专家知识的真正含义。目前各种应用信息融合系统都必须融合部分经验知识,其具体的实现也大多采用专家系统的结构设计。因此,作为专家系统思想方法之一的模糊理论也被应用到许多信息融合系统的设计中。

(7)Kalman 滤波。Kalman 滤波用于实时融合动态的低层次冗余传感器数据,该方法用模型的统计特性递推决定统计意义下最优融合数据估计。如果系统具有线性的动力学模型,且系统噪声和传感器噪声是高斯分布的白噪声模型,那么,卡尔曼滤波为融合数据提供唯一的统计意义上的最优估计,卡尔曼滤波的递推特性使得系统数据处理不需要大量的数据存储和计算。

标准的卡尔曼滤波器(集中式卡尔曼滤波器)采用严格最优估计方法对多传感器系统所有测量值集中处理,因而带来很大的计算量,严重影响卡尔曼滤波器的动态性能和实时性。由于多传感器系统通常有许多估计状态变量,假设为 n 个,且每个传感器大约引入 1～5 个外观测量。这样,对于一个单独集中卡尔曼滤波器,其阶次很高,每个运行周期的运算量大约正比于 $n^3 + \sum m \cdot n^2$,这里 $\sum m$ 是所有传感器外观测量的总数。当一个或多个传感器要求高速处理测量数据时,问题显得特别严重。可是,由于高速微处理器的不断发展及利用状态转移矩阵 $\boldsymbol{\Phi}$、过程噪声方差阵 $\boldsymbol{Q}$ 及观测矩阵 $\boldsymbol{H}$ 的稀疏性,可适当提高运算速度,因而此问题以前并未引起人们的高度重视。现在系统滤波的实时性和整体动态性能要求提高,集中卡尔曼滤波器的缺点已严重影响到多传感器系统的各项性能。集中卡尔曼滤波器的第二个问题是其容错性较差,由于传感器数据信息的集中处理,使得当任一传感器出现故障时,这一错误的信息将分布到所有观测量及状态变量之中,导致整个滤波器最后输出的状态估计受到污染，因此这种集中式卡尔曼滤波器系统的鲁棒性较差。

(8)分散化 Kalman 滤波。为了解决集中式卡尔曼滤波器应用于多传感器系统所带来的上述问题，近几年来出现了分散卡尔曼滤波技术。分散滤波是一种两阶段数据处理技术，它把原来单独的集中卡尔曼滤波器用一个主滤波器和若干个局部滤波器来代替。在第一阶段，直接对应于传感器的这些局部滤波器并行处理传感器信息，产生局部的状态最优估计；第二阶段，主滤波器将局部滤波器输出的局部状态估计进行融合处理，产生整体的状态最优估计。对于分散滤波结构，由于不同传感器的输出信息被并行和单独处理，计算效率大大提高，解决了集中式卡尔曼滤波器处理多传感器系统信息计算量过大的问题。另外，由于局部滤波器的配置使得故障信息被隔离，从而使整个多传感器系统具有一定的容错能力。

20 世纪 70 年代末，Speyer(1979)从分散控制的角度提出具有多处理器结构的分散滤波。其基本点是分布在控制系统 N 个节点的传感器上都有自己的处理器，各个节点间都有通信联系，处理从本地节点和其他节点处传感器获得的观测信息，所得到的状态估计是利用了所有节点处观测信息的全局状态估计结果，该节点处的执行机构根据自己的处理器的估计结果执行控制动作。这种结构中，各个节点处的处理器既是局部的子处理器，也是全局处理器。这一多处理器的思想被许多学者加以发展，Willsky 等人(1982)对 Speyer 的多处理器结构作重大改进，把问题分为更新(Updating Problem)和合成(Combining Problem)两部分。他提出一个中心处理器(也称主处理器)加多个局部处理器(也称子处理器)的结构方式，主处理器完成各个子处理器结果的合成，在这种结构下，各子处理器之间不再需要通信联系，从而它们之间相互独立开来。Kerr(1987)总结了自 Speyer 和 Willsky 以来分散滤波研究的发展概况，以组合导航系统为背景，强调分散滤波的平行结构，即子滤波器算法的独立性，各个子滤波器只处理自己的测量信息，问题的焦点变为主处理器如何合成子滤波器的结果，得到与集中式 Kalman 滤波相同的估计精度。Roy 等从集中式 Kalman 滤波算法出发，对这种结构形式的分散滤波算法作了详细研究，针对子滤波结果同时送到主滤波器和按时间先后顺序送到主滤波器的情况，分别给出了分散滤波算法。

如果说 Willsky、Kerr 等人是从分散滤波处理器结构上对 Speyer 结构作了改进的话，那么 Carlson 等提出的联邦卡尔曼滤波算法则是从结构上对分散滤波算法结构作出的又一个重大改进，与 Roy 的主滤波器合成需要子滤波器的估计和预测信息不同，联邦滤波算法只对局部滤波器的状态估计信息进行合成，局部滤波器继承 Kerr 和 Roy 的平行结构形式，各局部滤波器算法仍采用 Kalman 滤波算法，处理自己传感器的测量信息，但是为了使主滤波器的合成结果与集中式 Kalman 滤波估计精度相同，Carlson 采用"信息分配"原则，把全局状态估计信息和系统噪声信息分配给各局部滤波器，但不改变局部滤波器算法的形式。联邦卡尔曼滤波器结构是一种特殊的分散卡尔曼滤波器，尽管联邦卡尔曼滤波器与一般分散卡尔曼滤波器有着类似的工作方式，但是联邦卡尔曼滤波器中信息分配原理是采用把它从概念上与两种传统的滤波器(集中和分散卡尔曼滤波器)区别开来，有人甚至将其从分散卡尔曼滤波器中独立出来。

联邦滤波方法由于实现简单、信息分享方式灵活、具有良好的容错结构，近年来受到许多研究者的关注，他们从应用仿真、计算效率、组合系统设定、与集中式 Kalman 滤波比较、容错性能等多方面对联邦滤波算法进行了研究。但是目前研究较多的联邦滤波算法是在子、主滤波器状态方程相同的情况下获得的，它与集中式 Kalman 滤波估计精度相同。把联邦滤波算法推广到子、主滤波器模型不相同的情况最先由 Carlson 尝试，他从构造全局状态矢量的思想出发，假设各系统滤波器噪声统计特性相同，通过系统噪声信息的分配，获得形式上的分散滤波算法。这种算法的不足之处在于：由于系统噪声分享信息采用了不等式放大，因而这一方法不是最优的；它是在系统噪声统计特性相同的前提下获得的结果，因而不具一般性。

上面的算法都是基于系统噪声和观测噪声统计特性，并已知观测噪声之间不相关的前提下获得的。Roy 研究了观测噪声相关时的分散滤波算法，他仅针对两个传感器的情况，而对于 N 个传感器的情况，要获得动态估计或参数估计算法还十分困难。Hong 从坐标转换的观点研究了子估计与中心估计的关系，给出局部坐标系与中心坐标系之间的转换存在不确定项时的分散滤波算法，并与集中式 Kalman 滤波进行了比较。他还研究了当局部坐标系和中心坐标系之间的不确定项的统计特性未知时的自适应分散滤波算法。从数值计算稳定性考虑，Roy(1991)研究了平行滤波结构的分散滤波算法的平方根滤波形式，Carlson(1990)研究了联邦滤波算法的平方根滤波形式。

分散 Kalman 滤波算法近年来取得了较大的进步，但它仍建立在集中 Kalman 滤波之上，缺乏自己的理论框架，导致分散滤波发展受到诸多限制。目前，分散滤波尚处于理论和仿真研究阶段，在理论和应用方面都还有很多工作要做。本节将重点研究具有鲁棒性的联邦滤波算法，并结合多传感器导航系统的工程实际，进行分散滤波的工程应用技术研究。

10.1.2 多传感器信息融合结构及层次

1. 传感器分布结构

传感器融合结构中最重要的问题是如何布置传感器。基本上有 3 种类型的布置，最常用的拓扑结构是并行拓扑。在这种拓扑中，各种传感器同时工作。另一种类型是串行拓扑。在这种拓扑中，传感器检测信息具有暂时性。实际上，合成孔径雷达（Synthetic Aperture Radar，SAR）图像就属于此结构。最后一种是混合拓扑，即树状拓扑。

多传感器信息融合系统从系统的角度可分为分散式、集中式和联邦式系统。分散式系统的融合是指将多传感器数据进行分类以后再送到中心计算机作融合处理。集中式系统的融合是指所有传感器通过预处理后由中心计算机集中作融合处理。联邦式系统的融合兼有上述两种融合的特点，是一种折中的融合方式。

集中式结构将提供高精度的跟踪数据，但在传感器和中心计算机之间的数据传输有一定的延时，它必须接收所有的传感器信号才能作出反应。分散融合由于其部分融合可在传感器部分完成，因而可及时对所发生的情况作出反应，它的最终结果可能比单个传感器要好，但不如集中式结构的精度高。联邦式结构通过中心计算机保证跟踪数据的精确度，同时通过传感器部分的融合保证跟踪数据的及时性，在这一结构中，精确度和实时性之间有了合理的权衡，它是目前最先进的信息融合系统结构。

2. 按融合层次的划分

多传感器信息融合根据信息表征的层次，其基本方法可分为 3 类：数据层融合，特征层融合，决策层融合。

在数据层融合中，每一个传感器观测物体并且组合来自传感器的原始数据，然后进入特征识别过程。此过程一般是从原始数据中提取一个特征矢量来完成，并且根据此特征作出决策。在信息融合中，原始数据必须是匹配的。如果传感器不是同类的，它们必须在特征层或决策层融合，数据层融合能够提供最精确的结果并需要很大的通信带宽。

在特征层融合中，从观测数据中提取许多特征矢量后把它们连接成单个矢量，下一步进行识别。在该情况下，需要的通信带宽减小，结果的精确性也相应减小，主要原因是在原始数据中生成特征矢量的同时，信息也在丢失。

在决策层融合中，每一个传感器依据本身的单数据作出决策。这些决策被融合生成最后的决策，在上面阐述的 3 种结构中，精确性最差，但需要的带宽最小。

总之，上述 3 个层次的信息融合都各有其特点，在具体应用中应根据融合的目的和条件选择。表 10.1 是三种融合层次的特点比较。

表 10.1　三种融合层次的特点比较

融合层次	信息损失	实时性	精度	容错性	抗干扰力	计算量	融合水平
数据级	小	差	高	差	差	大	低
特征级	中	中	中	中	中	中	中
决策级	大	好	低	优	优	小	高

运动的飞行器首先要给出自身的状态估计，多传感器信息融合的状态估计理论和方法，可以应用于多传感器组合导航系统中。位置和属性的融合属于数据级，其系统结构模型主要有 4 种，即集中式、分布式、混合式和多级式。适合于导航信息融合系统的位置级融合结构模型应是混合式与多级式。混合式适用于安装在同一平台上的不同类型的传感器，它传输探测报告或经过局部节点处理的融合信息。在多级式结构中，系统的融合节点对来自局部融合节点的融合信息进行再次融合。

10.2　基于联邦滤波理论的信息融合方法

利用卡尔曼滤波技术，对组合系统进行最优估计有两种途径，即集中式卡尔曼滤波和分散化卡尔曼滤波。集中式卡尔曼滤波存在着所谓的“维数灾难”和容错性能差的缺点。分散化滤波已发展了二十几年，Speyer Wilsky、Kerr 和 Roy 等先后提出并行分散 Kalman 滤波的思想，解决了集中 Kalman 滤波器处理信息计算量大的问题。在众多的分散化滤波方法中，Carlson 于 1988 年提出的联邦滤波器（Federated Filter），由于设计的灵活性、计算量小并具有一定容错性能而越来越受到广泛的重视。

Carlson 提出的联邦滤波器属于一种分散化滤波方法，致力于解决以下几个问题：

(1)滤波器的容错性能要好。当一个或几个传感器出现故障时，要能容易地检测和分离故障，并能很快地将余下的正常传感器重新组合起来（重构）以继续给出所需的优化估计结果。

(2)滤波的估计精度要高。

(3)由局部融合到全局融合算法要简单，计算量小，数据通信少，以满足算法的实时性要求。

上面的几个性能要求是相互矛盾的。传感器中有限的信息资源，对融合处理方式提出了较为特殊的要求，其中，最为显著的问题是效能（Energy Efficiency）和容错（Fault Tolerant）间的需求矛盾。效能方式（Energy Efficiency Approaches）力图限制冗余度（Redundancy）以使能耗最小，余度方式却为防止传感器族内成员存在的固有缺陷、故障甚至是崩溃失效必须保持系统的容错性能。取得两者间的平衡，是十分必要的。

为了解决上述几个问题，联邦滤波中采用了“信息分配原则”。通过将系统中的信息进行不同的分配，可以在上面几个性能要求中获得最佳的折中，以满足不同的使用要求。

10.2.1 多传感器信息融合联邦滤波器设计理论

1. 联邦滤波最优融合估计公式

定理 若有 N 个局部状态估计 $\hat{X}_1, \hat{X}_2, \cdots, \hat{X}_N$，和相应的估计误差协方差阵 $\boldsymbol{P}_{11}$，$\boldsymbol{P}_{22}, \cdots, \boldsymbol{P}_{NN}$，且各局部估计互不相关，即 $\boldsymbol{P}_{ij}=0\ (i \neq j)$，则全局最优估计可表示为

$$\hat{X}_g = \boldsymbol{P}_g \sum_{i=1}^{N} \boldsymbol{P}_{ii}^{-1} \hat{X}_i \tag{10.1}$$

$$\boldsymbol{P}_g = \left(\sum_{i=1}^{N} \boldsymbol{P}_{ii}^{-1} \right)^{-1} \tag{10.2}$$

上述结果的物理意义是很明显的。若 $\hat{X}_i$ 的估计精度差，即 $\boldsymbol{P}_{ii}$ 大，那么它在全局估计中的贡献 $\boldsymbol{P}_{ii}^{-1}\hat{X}_i$ 就小，但其条件是各局部估计应是不相关的。

一般情况，各局部估计是相关的。联邦滤波器的设计就是针对这种情况，在系统噪声分配过程中，采用了方差上界技术，对滤波过程进行适当的改造，使得局部估计实际上不相关，所得到的滤波估计成为一种局部保守、全局最优解；其物理意义为：由于过程噪声方差被上界取代，则每个局部滤波器更少地依靠时间更新后的状态值，更多地依靠测量更新，使得上述定理得以应用。

2. 联邦滤波器的一般结构、信息分配原则与全局最优估计

联邦滤波器是一种信息融合技术，因此联邦滤波过程也是一个信息处理过程。联邦滤波器算法的一般结构可通过图 10.1 表示，它是由多个局部滤波器和一个主滤波器组成，是一种具有两级数据处理的分散化滤波方法。由图可见，信息分配原理的采用把联邦滤波从概念上与传统的卡尔曼滤波区别开来。

考虑如下的线性离散系统模型（设各子滤波器和主滤波器的状态转移矩阵和噪声阵相同）

$$\boldsymbol{X}_k = \boldsymbol{\Phi}_{k/k-1}\boldsymbol{X}_{k-1} + \boldsymbol{\Gamma}_{k/k-1}\boldsymbol{W}_{k-1} \tag{10.3}$$

其中，$\boldsymbol{\Phi}_{k/k-1}$ 是系统的状态一步转移矩阵；$\boldsymbol{\Gamma}_{k/k-1}$ 是系统过程噪声输入矩阵；$\boldsymbol{W}_{k-1}$ 为系统过程噪声序列。

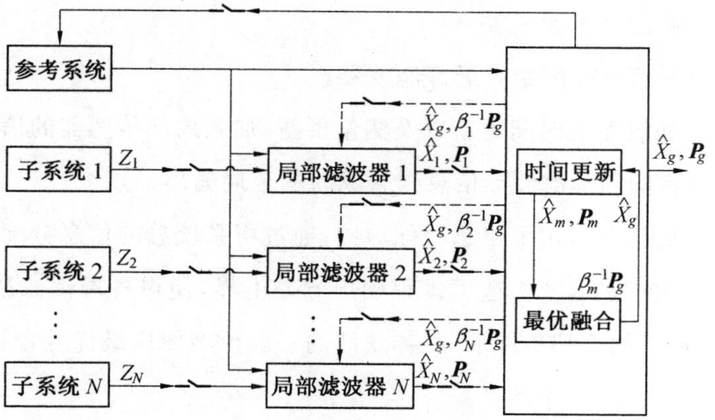

图 10.1　联邦滤波器的一般结构

设有 N 个观测传感器对系统独立地进行观测，则相应存在 N 个局部滤波器，每个滤波器均可独立完成滤波计算。设第 i 个局部滤波器的观测方程为

$$\boldsymbol{Z}_k^{(i)} = \boldsymbol{H}_k^{(i)}\boldsymbol{X}_k + \boldsymbol{V}_k^{(i)} \tag{10.4}$$

其中，$\boldsymbol{Z}_k^{(i)}$ 是第 i 个观测传感器的观测值；$\boldsymbol{H}_k^{(i)}$ 是第 i 个观测传感器的观测矩阵；$\boldsymbol{V}_k^{(i)}$ 是传感器的观测噪声序列。以上系统各参数满足线性离散系统定义。

设 $\hat{X}_g$、P_g 表示联邦滤波器的最优估计和方差，$\hat{X}_i$、$\boldsymbol{P}_i$ 表示第 i 个局部滤波器的估计和方差（$i=1,2,\cdots,N$），$\hat{X}_m$、$\boldsymbol{P}_m$ 表示主滤波器的估计和方差。

在图 10.1 中，公共参考传感器一般是惯性导航系统，它的输出 $\boldsymbol{X}_k$ 一方面直接给主滤波器，另一方面可给各子滤波器（局部滤波器）。各局部传感器的信号只传给相应的局部滤波器。各局部滤波器利用局部传感器的测量信息和参考系统的数据进行独立运算，得到局部估计值 $\hat{X}_i$（公共状态）及协方差阵 $\boldsymbol{P}_i$，并将其送入主滤波器和主滤波器的估计值一起按照式(10.4）进行融合以得到全局最优估计。此外，局部滤波器与主滤波器合成的全局估计 $\hat{X}_g$ 及其相应的协方差 $\boldsymbol{P}_g$ 被放大为 $\beta_i^{-1}\boldsymbol{P}_g$（$\beta_i\leqslant 1$）后再反馈到局部滤波器（图中用虚线表示），以重置局部滤波器的估计值，即

$$\hat{X}_i=\hat{X}_g,\quad \boldsymbol{P}_{ii}=\beta_{ii}^{-1}\boldsymbol{P}_g \tag{10.5}$$

同时主滤波器预报误差的协方差阵也可重置为全局估计协方差阵的 β_m^{-1} 倍，即为 $\beta_m^{-1}\boldsymbol{P}_g$（$\beta_m\leqslant 1$）。这种反馈的结构是联邦滤波器区别于一般分散化滤波器的特点。β_i（$i=1,2,\cdots,N,m$）称为“信息分配系数”。它们是根据“信息分配”原则来确定的。

信息分配原则的基本含义如下：

a. 将系统总的信息分配给各局部滤波器；

b. 进行局部滤波器的时间更新以及测量更新（加入局部传感器的信息）；

c. 将已经更新的局部滤波器信息组合成新的全局输出。

联邦卡尔曼滤波器采用了信息分配原则，通过将系统总的信息分配给各局部滤波器，使用信息分配系数的逆 β_i^{-1} 构造了过程噪声方差上界，使得各局部滤波器的局部估计实际不相关，在这种不相关的条件下，联邦滤波的一般模型使用最优融合算法来获得全局最优估计。

系统中有两类信息：

(1) 状态方程的信息。卡尔曼滤波器要利用状态方程的信息，而递推最小二乘估计则只用测量信息而不用系统状态方程的信息。因此，理论上卡尔曼滤波将给出更精确的估计和预测。状态方程的信息量是与状态方程中过程噪声的方差（或协方差阵）成反比

的。因此状态方程的信息量可以用过程噪声协方差阵的逆 $\boldsymbol{Q}^{-1}$ 来表示。此外，状态初值的信息，也是状态方程的信息。初值的信息量可用初值估计误差的协方差阵的逆 $\boldsymbol{P}^{-1}(0)$ 来表示。

(2) 测量方程的信息。测量方程的信息量可以用测量噪声协方差的逆 $\boldsymbol{R}^{-1}$ 来表示。

当状态方程、测量方程以及 $\boldsymbol{P}(0)$、$\boldsymbol{Q}$、$\boldsymbol{R}$ 选定后，状态估计 $\hat{X}$ 以及估计误差协方差阵 $\boldsymbol{P}$ 也就完全决定了，而状态估计的信息量（又可称为滤波估计信息量）可以用 $\boldsymbol{P}_k^{-1}$ 来表示。状态方程信息量与状态估计信息量统称滤波估计的过程信息量。

对公共状态来讲，它所对应的过程噪声在所有的局部滤波器以及主滤波器中都包含。因此，过程噪声的信息量存在重复使用的问题。各局部滤波器的测量方程中只包含了对应局部滤波器的测量噪声，可以认为各局部滤波器的测量信息是自然分割的，不存在重复使用的问题。假设将过程噪声总的信息量 $\boldsymbol{Q}^{-1}$ 分配到各局部滤波器中去，即

$$\boldsymbol{Q}^{-1}=\sum_{i=1}^{N}\boldsymbol{Q}_i^{-1}+\boldsymbol{Q}_m^{-1} \tag{10.6}$$

而

$$\boldsymbol{Q}_i=\beta_i^{-1}\boldsymbol{Q} \tag{10.7}$$

故

$$\boldsymbol{Q}^{-1}=\sum_{i=1}^{N}\beta_i\boldsymbol{Q}^{-1}+\beta_m\boldsymbol{Q}^{-1} \tag{10.8}$$

根据信息分配原则，由式(10.6)、式(10.8)可知

$$\sum_{i=1}^{N}\beta_i+\beta_m=1 \tag{10.9}$$

状态估计初始信息为 $\boldsymbol{P}^{-1}(0)$，用同样的信息分配系数将 $\boldsymbol{P}^{-1}(0)$ 分配到各局部滤波器和主滤波器中，得

$$\boldsymbol{P}^{-1}=\boldsymbol{P}_1^{-1}+\boldsymbol{P}_2^{-1}+\cdots+\boldsymbol{P}_N^{-1}\boldsymbol{P}_m^{-1}=\sum_{i=1}^{N}\beta_i\boldsymbol{P}^{-1}+\beta_m\boldsymbol{P}^{-1} \tag{10.10}$$

局部滤波器协方差的时间更新为

$$\boldsymbol{P}_{k/k-1}^{(i)}=\boldsymbol{\Phi}_i\boldsymbol{P}_{k-1}^{(i)}\boldsymbol{\Phi}_i^{\mathrm{T}}+\boldsymbol{G}_i\boldsymbol{Q}_i\boldsymbol{G}_i^{\mathrm{T}} \tag{10.11}$$

如果第 i 个局部滤波器的协方差初值 $\boldsymbol{P}_i(0)$ 被放大为 $\beta_i^{-1}\boldsymbol{P}_i(0)$，过程噪声 $\boldsymbol{Q}$ 被放大为 $\beta_i^{-1}\boldsymbol{Q}$，则由滤波协方差的时间更新可见，预报协方差 $\boldsymbol{P}_i(1/0)$ 也放大了 β_i^{-1} 倍。由于只考

虑对公共状态的融合估计问题，因此，如果公共状态的最优预报协方差为 $\boldsymbol{P}_g(1/0)$，第 i 个局部滤波器的预报协方差阵变为

$$\boldsymbol{P}_i(1/0)=\beta_i^{-1}\boldsymbol{P}_g(1/0) \tag{10.12}$$

设用融合算法式(10.11)的结果为 $\boldsymbol{P}^{-1}(1/0)$，则

$$\begin{aligned}\boldsymbol{P}^{-1}(1/0)=&\boldsymbol{P}_1^{-1}(1/0)+\cdots+\boldsymbol{P}_N^{-1}(1/0)+\boldsymbol{P}_m^{-1}(1/0)=\\&\beta_1\boldsymbol{P}_g^{-1}(1/0)+\cdots+\beta_N\boldsymbol{P}_g^{-1}(1/0)+\beta_m\boldsymbol{P}_g^{-1}(1/0)=\\&(\beta_1+\cdots+\beta_N+\beta_m)\boldsymbol{P}_g^{-1}(1/0)=\\&\boldsymbol{P}_g^{-1}(1/0)\end{aligned} \tag{10.13}$$

说明用一般联邦滤波融合算法和信息分配原则，合成后的预报是最优的。

采用式(10.13)，在联邦滤波方案中采用全局滤波来重置局部滤波值及滤波协方差。这样，重置后的滤波协方差 $\boldsymbol{P}_k^{(i)}$ 是 $\boldsymbol{P}_k^{(g)}$ 的 β_i^{-1} 倍，由式(10.9)又可推出下一步预报协方差 $\boldsymbol{P}_{k/k-1}^{(i)}$ 是 $\boldsymbol{P}_{k/k-1}^{(g)}$ 的 β_i^{-1} 倍。于是式(10.9)所示的预报方差的最优融合在任何时刻都成立。

接下来的问题是对局部、主滤波器进行信息分配后，各局部、主滤波器新的滤波估计的合成是否仍为最优。

根据常规卡尔曼滤波器方程可知，局部滤波器的滤波误差协方差也可写成

$$(\boldsymbol{P}_k^{(i)})^{-1}=(\boldsymbol{P}_{k/k-1}^{(i)})^{-1}+\boldsymbol{H}_i^{\mathrm{T}}\boldsymbol{R}_i^{-1}\boldsymbol{H}_i \tag{10.14}$$

将局部滤波器及主滤波器的协方差之逆合成，设按式(10.2)合成的结果为 $\boldsymbol{P}_k^{-1}$，则

$$\begin{aligned}\boldsymbol{P}_k^{-1}=&(\boldsymbol{P}_{k/k-1}^{(m)})^{-1}+\sum_{i=1}^{N}(\boldsymbol{P}_{k/k}^{(i)})^{-1}=(\boldsymbol{P}_{k/k-1}^{(m)})^{-1}+\sum_{i=1}^{N}((\boldsymbol{P}_{k/k-1}^{(i)})^{-1}+\boldsymbol{H}_i^{\mathrm{T}}\boldsymbol{R}_i^{-1}\boldsymbol{H}_i)=\\&(\boldsymbol{P}_{k/k-1}^{(g)})^{-1}+\sum_{i=1}^{N}\boldsymbol{H}_i^{\mathrm{T}}\boldsymbol{R}_i^{-1}\boldsymbol{H}_i=\\&(\boldsymbol{P}_{k/k-1}^{(g)})^{-1}+\boldsymbol{H}^{\mathrm{T}}\boldsymbol{R}^{-1}\boldsymbol{H}=(\boldsymbol{P}_k^{(g)})^{-1}\end{aligned} \tag{10.15}$$

上式采用了 $(\boldsymbol{P}_{k/k-1}^{(m)})^{-1}$ 而不是 $(\boldsymbol{P}_k^{(m)})^{-1}$，这是因为主滤波器的测量更新是靠局部滤波器的测量更新来进行的，如果再进行测量更新，就会有测量信息的重复使用问题。式(10.15)揭示了全局滤波器是组合了各局部滤波器的独立测量信息(由 $\boldsymbol{R}_i^{-1}$ 表示)来进行最优测量更新的。

采用信息分配原则后，局部滤波虽是次优的，但合成后的全局滤波器却是最优的。不过，如果融合的周期长于局部滤波周期，即经过几次局部滤波后才进行一次融合，那么全

局估计就会变成次优的了。

3. 联邦滤波器的设计步骤

(1) 联邦滤波器设计技巧。

① 根据信息分配原则，运用方差上界技术使各局部滤波器的初始估计协方差、各局部滤波器的过程噪声方差阵均互不相关；

② 全局状态转移矩阵不会产生子系统的关联项；

③ 局部观测更新不会产生局部滤波器估计的相关；

④ 服从信息分配原则的各独立的局部估计可按式(10.4)得到全局最优融合估计。

(2) 联邦滤波器的设计步骤可归纳如下：

① 将局部滤波器和主滤波器的初始估计协方差阵设置为组合系统初始值的 β_i^{-1}（$i=1,2,\cdots,N,m$）倍，β_i^{-1} 满足信息分配原则式(10.7)；

② 将局部滤波器和主滤波器的过程噪声协方差阵设置为组合系统过程噪声协方差阵的 β_i^{-1} 倍；

③ 各局部滤波器用最优卡尔曼滤波算法处理自己的测量信息，获得局部估计；

④ 在得到各局部滤波器的局部估计和主滤波器的估计后按最优融合公式进行最优合成；

⑤ 按式(10.13)用全局滤波来重置各局部滤波器状态，并将局部滤波器的协方差阵置为 $\beta_i^{-1}\boldsymbol{P}_g$；

⑥ 返回第 ② 步，进行下一周期滤波运算。

4. 联邦滤波容错性能分析

在容错组合导航系统的设计中，联邦滤波器起到了关键的作用，因此有必要对它的各种结构的容错性作更深入的分析，并与集中滤波器的容错性能进行比较。所谓“容错”(Fault-tolerant)，包含了故障检测、故障隔离和故障恢复及系统重构等内容。相对于集中卡尔曼滤波器，联邦滤波器的容错性能得到如下加强：

(1) 因为融合周期可以长于局部滤波器的周期，于是在融合之前，软故障可以有较长的时间去发展到可被滤波器检测的程度。

(2) 局部滤波器自身的传感器误差状态是分开估计的。这些传感器的误差状态在局部滤波周期内不会受其他传感器的故障影响，只有在较长的融合周期之后才会有影响。

(3) 当某一传感器的故障被检测和隔离后，其他正常的局部滤波器的解仍存在(只要没有重置发生)，于是利用这些正常的局部滤波解经过简单的融合算法可立即得到全局解，因此故障恢复能力很强。

(4) 主滤波器可以使用一个比局部滤波器甚至比集中滤波器更精确的系统状态模型进行时间更新，使得估计精度和检测能力得以提高。

10.2.2 联邦滤波算法一般模型的实现

联邦卡尔曼滤波的理论分析都是基于联邦滤波算法的一般模型之上，一般模型按图10.1所示联邦滤波一般结构搭建而成。这种模型是一种反馈形式的两级分散化信息滤波算法，是局部次优和全局最优的，分析和实现这种方式具有较为深刻的理论指导意义。然而，这种模型由于在实现过程中存在频繁求逆的现象，计算量较大、实时性差且易出现矩阵奇异、计算溢出情况，难以实现且不适合工程应用。结合导航系统的实际情况，在保持该模型全局最优性的同时，应设计具有数值计算稳定性好、计算量小、数据传输量小等优点的改进型算法。

1. 信息分配系数的求取

联邦卡尔曼滤波器中使用了信息分配原则，以不同的信息分配系数 β_i($\sum\beta_i=1$) 将协方差 $\boldsymbol{P}_g$ 及过程噪声方差 $\boldsymbol{Q}$ 放大为 β_i^{-1} 倍后($\beta_i^{-1}>1$)，反馈给第 i 个局部滤波器，去除了局部滤波器的估计间的相关性。最终全局滤波器应用最优合成定理融合局部估计保证了整体状态估计的最优性。

根据信息分配原则选择的信息分配系数在整个联邦卡尔曼滤波器中是很关键的，不同的 β_i 取值可以获得联邦滤波器的不同精度和计算量，因而它决定着联邦卡尔曼滤波器的性能。通常情况下，选取信息分配系数为大于0小于1的实数。求取信息分配系数的方法有多种，如滤波误差方差阵求逆法、特征值分解法及 Frobenius 范数法等，下面主要介绍工程和计算上较为可行的滤波误差方差阵求逆法和求迹法。

(1) 滤波误差方差阵求逆法。由联邦滤波器设计思想易知，系统的全局最优估计为局部滤波器估计的加权和，即

$$\hat{X}_g = \sum_{i=1}^{N,m} \beta_i \hat{X}_i, \qquad \sum_{i=1}^{N,m} \beta_i = 1 \tag{10.16}$$

其中，$i=1,2,\cdots,N$ 代表 $1 \sim N$ 局部滤波器；m 代表主滤波器(主要参考系时间更新)；下标 g 代表全局估计，后同。

对于子滤波器 i，如果其状态 X_i 的估计质量越差，对应的误差方差阵 $\boldsymbol{P}_{ii}$ 就越大，此时，滤波信息矩阵 $\boldsymbol{P}_{ii}{}^{-1}$ 就越小；反之，对应的信息矩阵 $\boldsymbol{P}_{ii}{}^{-1}$ 越大。因此可取局部滤波器状态估计的信息分配因子为

$$\beta_i = \boldsymbol{P}_g \boldsymbol{P}_{ii}^{-1} \tag{10.17}$$

式中，$\boldsymbol{P}_g^{-1} = \sum_{i=1}^{N,m} \boldsymbol{P}_{ii}^{-1}$。

将式(10.17) 代入(10.16)，可得

$$\hat{X}_g = \boldsymbol{P}_g \sum_{n=1}^{N,m} \boldsymbol{P}_{ii}^{-1} \hat{X}_i \tag{10.18}$$

与全局最优估计表达式相同。可见，在多局部滤波器信息融合过程中，如果某一个局部滤波器的状态估计精度较高，则主滤波器对该局部滤波器利用权重就大；反之，利用权重就小。

(2) 滤波误差方差阵求迹法。结合最优融合估计公式(10.2) 及以上方法的分析可以看出，联邦滤波是一种按方差阵加权形式进行的最优信息融合准则，要求得在融合过程中滤波估计误差方差阵的逆 $\boldsymbol{P}_{ii}{}^{-1}$。这样，对于具有较多局部滤波器的组合导航系统，存在计算量大、实时性不强的情况。为克服这一缺点，我们希望只计算加权系数而不是加权矩阵，这样，可以避免求滤波误差方差阵的逆矩阵。

假设 $\hat{X}_i(i=1,2,\cdots,N,m)$ 为对 n 维随机变量 X 的 N 个无偏估计，记局部和全局估计误差分别为 $\tilde{X}_i = X - \hat{X}_i$，$\tilde{X}_g = X - \hat{X}_g$，且局部估计误差 $\tilde{X}_i$ 与 $\tilde{X}_j(i \neq j)$ 不相关，滤波估计误差方差阵分别为 $\boldsymbol{P}_{ii}$ 和 $\boldsymbol{P}_g$，tr 为矩阵的迹，则可得到线性最小方差的融合估计为

$$\hat{X}_g = \sum_{i=1}^{N,m} \alpha_i \hat{X}_i \tag{10.19}$$

相应的滤波估计误差方差阵为

$$\boldsymbol{P}_g = \sum_{i=1}^{N,m} \left(\frac{\rho}{\mathrm{tr}\boldsymbol{P}_{ii}}\right)^2 \boldsymbol{P}_{ii} \tag{10.20}$$

其中

$$\alpha_i = \frac{\rho}{\mathrm{tr}\boldsymbol{P}_{ii}} \tag{10.21}$$

$$\rho = \left(\sum_{i=1}^{N,m} \frac{1}{\mathrm{tr}\boldsymbol{P}_{ii}}\right)^{-1} \tag{10.22}$$

从式(10.20)～(10.22)可以看出，当 $\mathrm{tr}\boldsymbol{P}_{ii}$ 比较小时，说明第 i 个局部滤波器的估计值 $\hat{X}_i$ 精度比较高，这时由于 $\mathrm{tr}\boldsymbol{P}_{ii}$ 的倒数 $1/\mathrm{tr}\boldsymbol{P}_{ii}$ 比较大，从而使其在融合估计中起到较大的作用。与式(10.10)相比，这种求取信息分配因子的做法只需计算加权系数，而不要求计算矩阵之逆，从而在某种程度上简化了计算，增强了实时性，具有较为直观的物理意义和较好的融合性能。

无论是用何种信息分配因子选定方案，其实质均在于根据局部滤波器估计误差方差阵 $\boldsymbol{P}_{ii}$，动态、实时、自适应地衡量局部滤波器估计在全局融合估计中的份额，是由局部估计和全局融合估计二者的二次性能指标相比较而得到，归属为贝叶斯框架下的滤波估计问题。求迹法计算过程简单、计算量最小，适于采用。

2. 一般模型的实现方法

从联邦滤波算法的最优性出发，并考虑算法数值计算的稳定性、计算量及信息传输量等因素，给出其一般模型的实现方法如下。

全局滤波器在计算全局状态估计和估计误差协方差的基础上，增加了预测过程（时间更新），即计算 $\hat{\boldsymbol{X}}_{k+1/k}^{(g)}$，$\boldsymbol{P}_{k+1/k}^{(g)}$，以便完成下一步局部滤波器的预测功能，令

$$(\boldsymbol{P}_k^{(g)})^{-1} = (\boldsymbol{P}_k^{(1)})^{-1} + \cdots + (\boldsymbol{P}_k^{(l)})^{-1} \tag{10.23}$$

$$\hat{X}_k^{(g)} = \boldsymbol{P}_k^{(g)}\left[(\boldsymbol{P}_k^{(1)})^{-1}\cdot\hat{X}_k^{(1)} + \cdots + (\boldsymbol{P}_k^{(l)})^{-1}\cdot\hat{X}_k^{(l)}\right] \tag{10.24}$$

$$\hat{X}_{k+1/k}^{(g)} = \boldsymbol{\Phi}_{k+1/k}\hat{X}_k^{(g)} \tag{10.25}$$

$$\boldsymbol{P}_{k+1/k}^{(g)} = \boldsymbol{\Phi}_{k+1/k}\boldsymbol{P}_k^{(g)}\boldsymbol{\Phi}_{k+1/k}^{\mathrm{T}} + \boldsymbol{\Gamma}_{k+1/k}\boldsymbol{Q}_k\boldsymbol{\Gamma}_{k+1/k}^{\mathrm{T}} \tag{10.26}$$

为进行信息分配，全局滤波器根据式(10.20)计算信息分配系数（或称信息分配因子），并计算信息分配量

$$\boldsymbol{P}_{k+1/k}^{(i)} = (\beta_k^{(i)})^{-1}\boldsymbol{P}_{k+1/k}^{(g)} \tag{10.27}$$

全局滤波器对各局部滤波器进行信息反馈，将 $\hat{X}_{k+1/k}^{(g)}$，$\boldsymbol{P}_{k+1/k}^{(g)}$ 传递给局部滤波器，供局

部滤波器的下一步滤波使用。

由于局部滤波器的预测功能已由全局滤波器的上一步完成，且由于是对公共状态进行估计融合，并未破坏其最优性。经全局滤波器对各局部滤波器的信息反馈后，局部滤波器的算法相对要简单得多，只需进行滤波量测更新，且由于利用了融合结果 $\hat{X}^{(g)}_{k+1/k}$，$\boldsymbol{P}^{(g)}_{k+1/k}$ 完成了时间更新，隔离了局部系统中的不良影响，实现了 10.1.1 中所述的优化。

$$\boldsymbol{K}_k^{(i)} = \boldsymbol{P}_k^{(i)} (\boldsymbol{H}_k^{(i)})^{\mathrm{T}} (\boldsymbol{R}_k^{(i)})^{-1} \tag{10.28}$$

$$\boldsymbol{P}_k^{(i)} = [\boldsymbol{I} - \boldsymbol{K}_k^{(i)} (\boldsymbol{H}_k^{(i)})^{\mathrm{T}}]\boldsymbol{P}_{k/k-1}^{(i)} \tag{10.29}$$

式(10.28) 也可写作

$$(\boldsymbol{P}_k^{(i)})^{-1} = (\boldsymbol{P}_{k/k-1}^{(i)})^{-1} - (\boldsymbol{H}_k^{(i)})^{\mathrm{T}} (\boldsymbol{R}_k^{(i)})^{-1} \boldsymbol{H}_k^{(i)} \tag{10.30}$$

$$\hat{X}_k^{(i)} = \hat{X}_{k/k-1}^{(g)} + \boldsymbol{K}_k^{(i)} [\boldsymbol{Z}_k^{(i)} - \hat{X}_{k/k-1}^{(g)}] \tag{10.31}$$

式(10.28) ～ (10.31) 即为联邦卡尔曼滤波器一般模型实现方法。

10.2.3　联邦滤波器的应用模型和容错模型

在上述章节中，对多传感器信息融合联邦滤波器设计理论进行了比较系统的研究，建立了联邦滤波器的一般理论模型。然而，一般理论模型作为联邦滤波器设计理论的原理性结构模型，便于理论分析，而难以在工程应用中予以实现。需要根据实际需求和算法实现的限制条件设计实用的模型和算法。

下面，以联邦滤波器的一般理论模型为基础，设计并分析其应用模型及多种实用的信息分配方案，最终形成适用于惯性 / 卫星 / 多普勒 / 星光组合导航的联邦滤波容错式应用模型。

1. 联邦滤波算法的四种基本应用模型

作为多传感器信息融合的主要方法，联邦滤波器存在诸多改进式模型。根据信息分配策略的不同，联邦滤波算法可以分为四种基本应用模型。在实际的多传感器系统应用中，四种模型各有优势和不足。

(1) 无反馈(无复位)模型(No-Reset Mode, NR)。如图 10.2 所示，在此模型下，仅在初始时刻分配一次全局信息，信息分配因子一般取为

$$\beta_m = 0,\quad \beta_1 = \beta_2 = \cdots = \beta_N = 1/N \tag{10.32}$$

各个局部滤波器的输出由时间更新和量测更新确定，具有记忆功能。全局滤波器无信息分配，输出仅由时间更新确定。也就是说，全局滤波器只对输入信息进行融合处理，但不保留这些信息，对局部滤波器没有反馈。这种模型在精度损失较小的情况下，避免了故障信息的重复污染，提高了全局系统的容错性能。以其为基础，可利用子系统级容错滤波器构造具有全局容错功能的两级容错联邦滤波模型和算法。

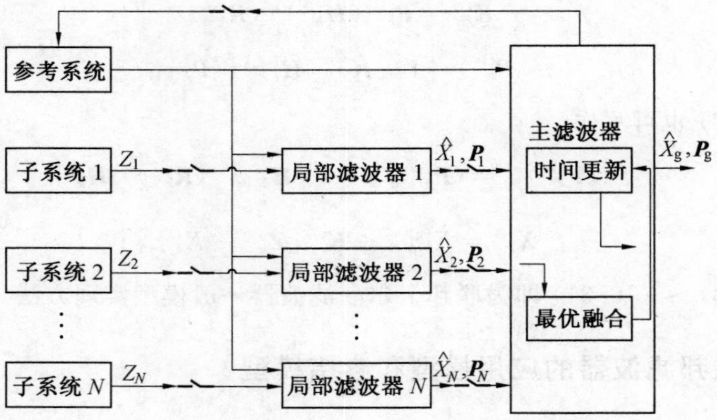

图 10.2　无反馈模型联邦滤波器结构

(2) 融合－反馈(融合－复位)模型(Fusion－Reset Mode, FR)。如图 10.3 所示，此模型下，信息分配因子一般取为

$$\beta_m = 0, \quad \beta_1 = \beta_2 = \cdots = \beta_N = 1/N \tag{10.33}$$

全局融合在每一次局部融合计算以后都反馈信息，主滤波器未分配状态预测信息，即不进行时间更新，而只进行量测更新；局部滤波器以分配到的信息作为初值进行滤波，各局部滤波器在工作之前要等待来自全局滤波器的反馈信息。因具有反馈作用，使得精度有所提高；但信息相互传播的同时，故障信息也会通过同一途径进行传播，容错能力下降。

(3) 零复位模型(Zero－Reset Mode, ZR)。如图 10.4 所示，在此模型下，信息分配因子取为

$$\beta_m = 1, \quad \beta_1 = \beta_2 = \cdots = \beta_N = 0 \tag{10.34}$$

主滤波器具有长期记忆功能，保留全部融合信息。各局部滤波器向全局滤波器提供的是自上一次发送数据后所得到的信息，状态估计误差协方差及过程噪声协方差被置为

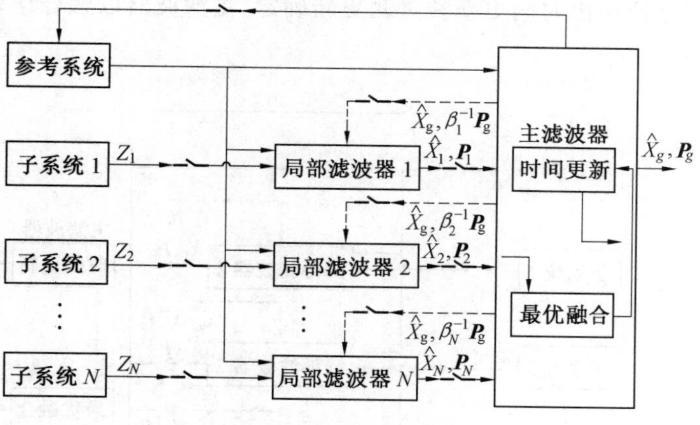

图 10.3　融合－反馈模型联邦滤波器结构

无穷大(即过程信息,包括状态方程信息和滤波信息均被置为零信息),对局部滤波器没有反馈,局部滤波的精度处于一般水平,实现方便。

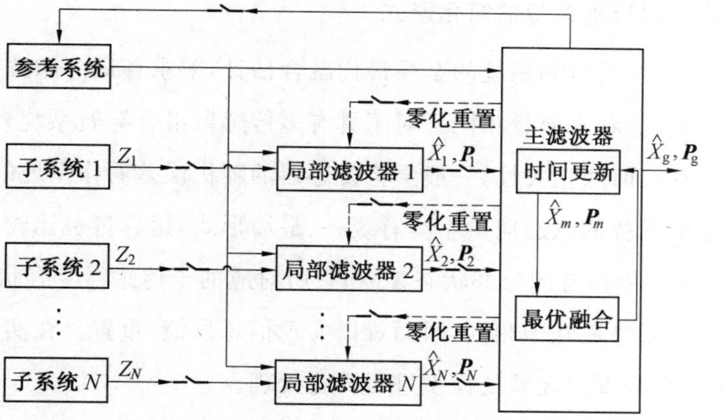

图 10.4　零复位模型联邦滤波器结构

(4) 变比例(重调)模型(Rescale Mode, RS)。如图 10.5 所示,此种模型下的信息分配因子为

$$\beta_m=\beta_1=\beta_2=\cdots=\beta_N=1/(N+1) \tag{10.35}$$

在进行信息融合时,局部滤波器只向全局滤波器提供部分信息(α_i 倍,$0<\alpha_i<1$),而自身保留剩余的另一部分 $1-\alpha_i$ 倍的信息,融合完成后,各局部滤波器将原有的状态估计值和方差都扩大剩余信息的倒数倍,即 $1/(1-\alpha_i)$ 倍后,作为滤波初值,进行下一个周期

的滤波。局部滤波值由时间更新和量测更新确定，主滤波器以融合结果为初值，滤波值仅由时间更新确定。

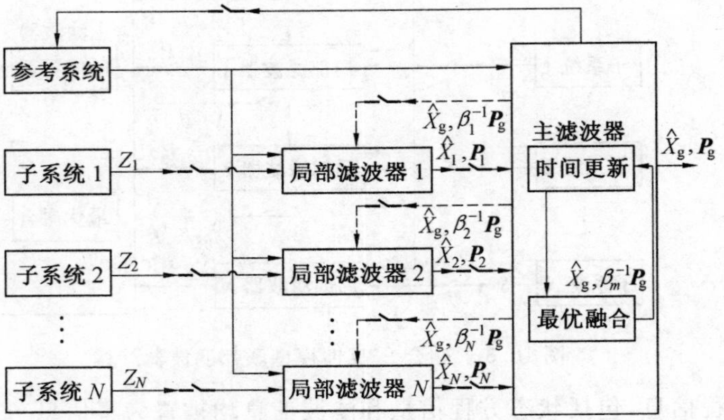

图 10.5　变比例模型联邦滤波器结构

2. 联邦滤波器应用模型的简化形式

在如上分析中，要得到系统的全局最优融合估计，要求各局部滤波器和主滤波器具有相同的状态方程，且状态向量相同。对于具有多传感器组合导航系统来说，因为子传感器某些误差模型存在时间相关性，一般要将传感器的随机误差看作系统的增广状态，这样就会使得组合导航系统的状态向量不具有统一、最简形式，运算量也比较大。

局部滤波器 i 中包含的公共状态 $\boldsymbol{X}_c$ 和它所对应的子传感器专有状态 $\boldsymbol{X}_{bi}$ 使每个局部滤波器的状态向量维数互不相同，因而难以实现信息反馈、重置。在实际维数比较大的系统中，一般将各个局部滤波器的模型进行简化处理。

(1) 解决的方式一：借鉴 NR 模型的方法，不采用信息反馈重置来进行融合滤波器设计。主滤波器无信息分配($\beta_m=0$)，只是将各局部滤波器的局部估计信息按全局最优估计公式进行处理，只对公共状态进行融合。虽然这种方式存在着信息的丢失，因而不是最优的，但是从滤波器速度、容错性能来看均优于一般模型，通过理论及仿真验证，其估计精度与一般模型的最优估计精度差别不大。

(2)解决的方式二：借鉴 FR 模型的方法，采用信息重置，但只按全局最优估计公式对公共状态进行反馈一融合，其目的在于解决维数较大系统联邦滤波数据传输量大的问题。这种方式在初始时刻各个估计是不相关的，继而在开始融合一反馈重置后的各个时刻均可能出现相关。这种相关性(即“公共状态与局部系统误差状态间存在的耦合”)可使局部滤波器的状态估计得到一定程度的改善。由于这种方式同样存在着信息丢失,因而也不是最优的,但此种方式在一定程度上减小了计算量,精度下降十分微小,故也是可行的。

可见,若要将联邦滤波应用于实际工程设计之中,需根据具体的情况进行适用性分析和可行性改造。以上两种形式可视为联邦滤波器基本应用模型的简化,以供具体系统设计时借鉴,其共同特点恰恰反映了联邦滤波器“只对公共状态进行信息融合”的实质属性。方式二采用降维方法解决了无法重置的问题,同时减小了计算量;方式一在方式二降维处理方法的前提下彻底取消了重置,进而提高了容错性能。二者虽均为次优,但通过牺牲最优性而提高了实用性。

3. 联邦滤波两级容错融合模型的建立

在实际的工程应用中,为获得良好的容错性能和计算速度,并相对保持较高的融合估计精度,一般采用 NR 模式作为基本应用模型,在其基础上附加多种形式的故障检测/处理模块,对子系统传感器故障进行隔离,并利用结构性的安排与动态调整形成全局容错策略。图 10.6 给出 INS/GPS/RDSS/Doppler/CNS 两级容错融合模型。

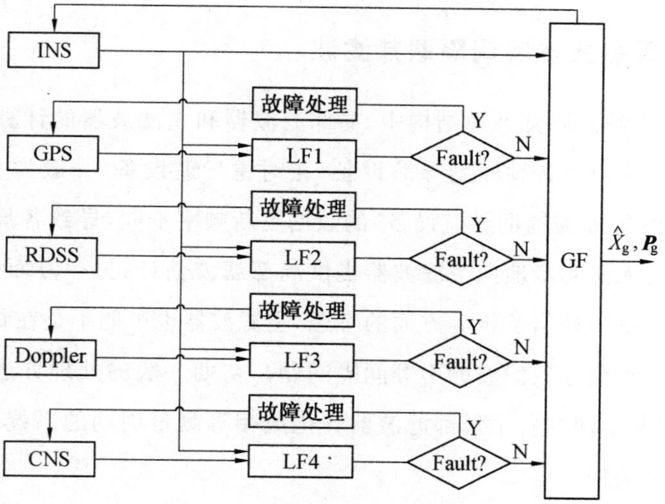

图 10.6　INS/GPS/RDSS/Doppler/CNS 两级容错融合模型

联邦滤波属于两级分散融合估计,来自导航传感器的测量信息首先通过局部滤波器

(Local Filter,LF)进行子系统级组合估计后,输入到全局滤波器(Global Filter,GF)中进行全局信息融合。

惯性/卫星/多普勒/星光组合导航信息融合联邦滤波器即属于典型的两级分散融合估计结构,其中 LF1~4 分别为 INS/GPS、INS/RDSS、INS/Doppler、INS/CNS 组合导航局部滤波器;GF 为运用联邦滤波算法构造的信息融合滤波器。利用残差检验方法或其改进型,如第 9 章所给出的多重对称渐消组合导航容错滤波算法(Fading Filter & Detector,FFD),作为两级容错融合模型中的故障检测模块,能够即时检测和隔离局部滤波器的有害信息,及时剔除子系统野值并保持滤波收敛性,同时向全局滤波器提供故障检测信息作为全局故障检测/隔离/系统重构(Fault Detect Isolate & Rescale, FDIR)的有利依据,即能够构造出联邦两级容错融合模型,使其具有较强的容错(故障检测、野值剔除、保持收敛、全局 FDIR)功能,具有较高的估计精度和鲁棒性,适合工程应用。

以上两级容错融合模型选用 NR 模型,注重容错性能的同时,借鉴了 FR 和 RS 模式的反馈方法,在局部滤波器中引入具有故障处理功能的子系统信息闭环反馈;全局滤波器接收各局部滤波器故障诊断结果作为全局 FDIR 的依据,使滤波器精度保持较高水平,同时具有较强容错性能并保持实时性。

10.2.4 信息重叠式非等间隔联邦滤波

在组合导航系统的联邦滤波结构中,局部滤波器和主滤波器的计算周期一般都是固定的。但是,一方面由于各种辅助导航设备(相对主导航设备(一般为 INS)来说, GPS、RDSS、DNS、CNS 等即为辅助导航设备)的数据更新频率不同,导致各局部滤波器的测量周期不同,有可能无法同步地向主滤波器提供局部滤波估计;另一方面,出于故障检测和减轻主、子惯导系统间通信负担等方面的考虑,主滤波器也可能不是在每一个滤波周期都进行信息融合,这也会导致滤波的不等间隔问题。初期一般的处理方法是采用外推内差的方法将测量周期不同的各个局部滤波器转化成相等测量周期的系统,但会引入人为误差,且会增加计算负担。

针对这一问题,本文结合测量周期(测量信息的时间间隔)与计算周期的关系特点,给出了一种信息重叠式非等间隔联邦滤波方法,解决了联邦滤波算法各个局部滤波器不能在每个滤波周期同时进行信息融合的难题。

1. **非等间隔联邦滤波算法**

设 t_k 代表当前融合时间点，主滤波器只融合各子系统的公共状态。通常情况下，各子系统局部滤波器的计算周期和导航传感器的测量周期相同，为 $T_i(i=1,2,\cdots,N,\mathrm{m})$，$T_{\mathrm{m}}$ 指主滤波器的计算周期。

当 t_k 不等于 T_i 和 T_{m} 的最小公倍数，即 $k\neq \mathrm{LCM}(T_1,T_2,\cdots,T_N,T_{\mathrm{m}})$，此时融合周期尚未到来；其中 LCM(·) 代表最小公倍数，k 为联邦滤波器滤波时间刻度。

(1) 对于局部滤波器 i，当 $t_k\neq T_i$，即 $k\neq k_i$，子系统导航传感器没有量测信息，局部滤波器只进行时间更新，其中 k_i 为局部滤波器滤波时间刻度

$$\hat{X}_{k/k}^{(i)}=\boldsymbol{\Phi}_{k/k-1}\hat{X}_{k-1/k-1}^{(i)} \tag{10.36}$$

$$\boldsymbol{P}_{k/k}^{(i)}=\boldsymbol{\Phi}_{k/k-1}\boldsymbol{P}_{k-1/k-1}^{(i)}\boldsymbol{\Phi}_{k/k-1}^{\mathrm{T}}+\boldsymbol{\Gamma}_{k/k-1}^{(i)}\boldsymbol{Q}_{k-1}^{(i)}(\boldsymbol{\Gamma}_{k/k-1}^{(i)})^{\mathrm{T}} \tag{10.37}$$

当 $t_k=T_i$，即 $k=k_i$，局部滤波器按照Kalman滤波递推公式进行时间更新和量测更新

$$\hat{X}_{k/k-1}^{(i)}=\boldsymbol{\Phi}_{k/k-1}\hat{X}_{k-1/k-1}^{(i)} \tag{10.38}$$

$$\boldsymbol{P}_{k/k-1}^{(i)}=\boldsymbol{\Phi}_{k/k-1}\boldsymbol{P}_{k-1/k-1}^{(i)}\boldsymbol{\Phi}_{k/k-1}^{\mathrm{T}}+\boldsymbol{\Gamma}_{k/k-1}^{(i)}\boldsymbol{Q}_{k-1}^{(i)}(\boldsymbol{\Gamma}_{k/k-1}^{(i)})^{\mathrm{T}} \tag{10.39}$$

$$\boldsymbol{K}_k^{(i)}=\boldsymbol{P}_{k/k-1}^{(i)}(\boldsymbol{H}_k^{(i)})^{\mathrm{T}}[\boldsymbol{H}_k^{(i)}\boldsymbol{P}_{k/k-1}^{(i)}(\boldsymbol{H}_k^{(i)})^{\mathrm{T}}+\boldsymbol{R}_k^{(i)}]^{-1} \tag{10.40}$$

$$\hat{X}_{k/k}^{(i)}=\hat{X}_{k/k-1}^{(i)}+\boldsymbol{K}_k^{(i)}[\boldsymbol{Z}_k^{(i)}-\boldsymbol{H}_k^{(i)}\hat{X}_{k/k-1}^{(i)}] \tag{10.41}$$

$$\boldsymbol{P}_{k/k}^{(i)}=[\boldsymbol{I}-\boldsymbol{K}_k^{(i)}\boldsymbol{H}_k^{(i)}]\boldsymbol{P}_{k/k-1}^{(i)} \tag{10.42}$$

(2) 对于主滤波器，当 $t_k\neq T_i$，即 $k\neq k_i$，由于没有新的传感器测量信息，局部滤波器 i 没有向主滤波器的输出，主滤波器只进行时间更新

$$\hat{X}_{k/k}^{(g)}=\boldsymbol{\Phi}_{k/k-1}\hat{X}_{k-1/k-1}^{(g)} \tag{10.43}$$

$$\boldsymbol{P}_{k/k}^{(g)}=\boldsymbol{\Phi}_{k/k-1}\boldsymbol{P}_{k-1/k-1}^{(g)}\boldsymbol{\Phi}_{k/k-1}^{\mathrm{T}}+\boldsymbol{\Gamma}_{k/k-1}\boldsymbol{Q}_{k-1}\boldsymbol{\Gamma}_{k/k-1}^{\mathrm{T}} \tag{10.44}$$

当 $t=T_i$，即 $k=k_i$ 时，主滤波器进行如下方式的更新

$$\hat{X}_{k/k-1}^{(g)}=\boldsymbol{\Phi}_{k/k-1}\hat{X}_{k-1/k-1}^{(g)} \tag{10.45}$$

$$\boldsymbol{P}_{k/k-1}^{(g)}=\boldsymbol{\Phi}_{k/k-1}\boldsymbol{P}_{k-1/k-1}^{(g)}\boldsymbol{\Phi}_{k/k-1}^{\mathrm{T}}+\boldsymbol{\Gamma}_{k/k-1}\boldsymbol{Q}_{k-1}\boldsymbol{\Gamma}_{k/k-1}^{\mathrm{T}} \tag{10.46}$$

$$(\boldsymbol{P}_{k/k}^{(g)})^{-1}=(\boldsymbol{P}_{k/k-1}^{(g)})^{-1}+[(\boldsymbol{P}_{k/k}^{(i)})^{-1}-(\boldsymbol{P}_{k/k-1}^{(i)})^{-1}] \tag{10.47}$$

$$\hat{X}_{k/k}^{(g)}=\hat{P}_{k/k}^{(g)}\{(\hat{P}_{k/k-1}^{(g)})^{-1}\hat{X}_{k/k-1}^{(g)}+[(\hat{P}_{k/k}^{(i)})^{-1}\hat{X}_{k/k}^{(i)}-(\hat{P}_{k/k-1}^{(i)})^{-1}\hat{X}_{k/k-1}^{(i)}]\} \tag{10.48}$$

即主滤波器利用局部滤波器的量测噪声进行量测更新。

当 t_k 等于 T_i 的最小公倍数，即 $k=\mathrm{LCM}(T_1,T_2,\cdots,T_N,T_\mathrm{m})$，此时融合周期到来，则可按照最优信息融合公式融合各局部滤波器的滤波估计值，首先进行信息分配

$$\hat{X}_{k-1}^{(i)}=\hat{X}_{k-1}^{(g)} \tag{10.49}$$

$$(\hat{P}_{k-1}^{(i)})^{-1}=\beta_i(\hat{P}_{k-1}^{(g)})^{-1} \tag{10.50}$$

$$(\hat{Q}_{k-1}^{(i)})^{-1}=\beta_i\hat{Q}_{k-1}^{-1} \tag{10.51}$$

其中，$\sum_{i=1}^{N,\mathrm{m}}\beta_i=1$。

(1) 对于局部滤波器，仍按照卡尔曼滤波递推公式进行

$$\hat{X}_{k/k-1}^{(i)}=\boldsymbol{\Phi}_{k/k-1}\hat{X}_{k-1/k-1}^{(i)} \tag{10.52}$$

$$\boldsymbol{P}_{k/k-1}^{(i)}=\boldsymbol{\Phi}_{k/k-1}\boldsymbol{P}_{k-1/k-1}^{(i)}\boldsymbol{\Phi}_{k/k-1}^{\mathrm{T}}+\boldsymbol{\Gamma}_{k/k-1}^{(i)}\boldsymbol{Q}_{k-1}^{(i)}(\boldsymbol{\Gamma}_{k/k-1}^{(i)})^{\mathrm{T}} \tag{10.53}$$

$$\boldsymbol{K}_k^{(i)}=\boldsymbol{P}_{k/k-1}^{(i)}(\boldsymbol{H}_k^{(i)})^{\mathrm{T}}[\boldsymbol{H}_k^{(i)}\boldsymbol{P}_{k/k-1}^{(i)}(\boldsymbol{H}_k^{(i)})^{\mathrm{T}}+\boldsymbol{R}_k^{(i)}]^{-1} \tag{10.54}$$

$$\boldsymbol{P}_{k/k}^{(i)}=[\boldsymbol{I}-\boldsymbol{K}_k^{(i)}\boldsymbol{H}_k^{(i)}]\boldsymbol{P}_{k/k-1}^{(i)} \tag{10.55}$$

$$\hat{X}_{k/k}^{(i)}=\hat{X}_{k/k-1}^{(i)}+\boldsymbol{K}_k^{(i)}[\boldsymbol{Z}_k^{(i)}-\boldsymbol{H}_k^{(i)}\hat{X}_{k/k-1}^{(i)}] \tag{10.56}$$

(2) 对于主滤波器，有

$$(\boldsymbol{P}_{k/k}^{(g)})^{-1}=\sum_{i=1}^{N,\mathrm{m}}(\boldsymbol{P}_{k/k}^{(i)})^{-1} \tag{10.57}$$

$$\hat{X}_{k/k}^{(g)}=\boldsymbol{P}_{k/k}^{(g)}\sum_{i=1}^{N,\mathrm{m}}(\boldsymbol{P}_{k/k}^{(i)})^{-1}\hat{X}_{k/k}^{(i)} \tag{10.58}$$

上式即为非等间隔（步长）联邦滤波算法。可以证明，非等间隔联邦滤波器与集中式卡尔曼滤波器等效，而集中式卡尔曼滤波器是全局最优的，进而可确认非等间隔联邦滤波器也是最优的。

非等间隔联邦滤波算法的实质就是通过在主滤波器中加入比较简单的计算周期和融合周期设定，使主滤波器能够在非融合周期内无法同时融合所有局部滤波器信息时，逐步累加各个局部滤波器的信息，从而避免信息丢失。通常的做法是，设定主滤波器的计算周期 T_M 和信息融合周期 T_G 分别为

$$T_\mathrm{M}=\mathrm{GCD}(T_1,T_2,\cdots,T_N,T_\mathrm{m}) \tag{10.59}$$

$$T_\mathrm{G}=\mathrm{LCM}(T_1,T_2,\cdots,T_N,T_\mathrm{m}) \tag{10.60}$$

其中，GCD(·) 代表求取最大公约数。需要说说明的是，在一般情况下 T_M 取为惯导系统

的测量周期 T_{INS}，即主滤波器的时间更新周期设为 $T_{\mathrm{m}}=T_{\mathrm{INS}}$，因此有 $T_i=k_iT_{\mathrm{M}}=k_iT_{\mathrm{m}}$，$k_i$ 为互质的自然数，式中的 k 则为按照主滤波器计算周期 T_{m} 划分的时间刻度（又可称为“步长”）。

经以上分析，可知在非融合周期内，各局部滤波器是互不干扰的，这段时间为野值剔除和故障检测提供了条件；同时，通过改变融合周期，可以减轻主导航计算机的通信和计算负担，提高系统的运行效率；另外，也为处理一些导航传感器的时间相关提供了实现可能；因此，可在计算负担和融合精度间作出折中、优化。

2. 改进的信息重叠式非等间隔联邦滤波算法

常规的非等间隔联邦滤波（In-coordinate Interval Federated Filtering）算法实际上要求融合周期取为所有主／局部滤波器滤波周期的最小公倍数，且局部滤波器步长 k_i 为互质的自然数。作为一种理想情况，这种周期设置方法在工程应用中缺乏可行性。

（1）由于各导航传感器测量周期各不相同，应根据实际情况设置，因而难以满足步长互质的要求。

（2）如果局部滤波器步长互质，如取为

$$T_{\mathrm{m}}=0.1\ \mathrm{s},T_{\mathrm{cns}}=0.2\ \mathrm{s},T_{\mathrm{Doppler}}=0.3\ \mathrm{s},T_{\mathrm{GPS}}=0.5\ \mathrm{s},T_{\mathrm{RDSS}}=0.7\ \mathrm{s},T_{\mathrm{other}}=1.1\ \mathrm{s}$$

$$k_{\mathrm{m}}=1,k_{\mathrm{cns}}=2,k_{\mathrm{Doppler}}=3,k_{\mathrm{GPS}}=5,k_{\mathrm{RDSS}}=7,k_{\mathrm{other}}=11$$

则融合周期 $T_{\mathrm{G}}=231\ \mathrm{s}$，融合步长 $k_{\mathrm{G}}=2\ 310$。增加传感器数量，局部滤波器越多，融合周期则越长，虽然没有丢失信息，但由于融合周期过长，融合效果变差。

在实际应用中，各局部滤波器的信息重叠是不可避免的。在提高子滤波器性能、排除干扰、减轻计算负担等理论前提下，可对如上周期设置方法作出改进。

（1）不再强制要求局部滤波器步长设置为互质关系，使主／局部滤波器滤波周期的最小公倍数变小，缩短融合周期。如不失一般性地取

$$T_{\mathrm{m}}=0.1\ \mathrm{s},T_{\mathrm{cns}}=0.2\ \mathrm{s},T_{\mathrm{Doppler}}=0.3\ \mathrm{s},T_{\mathrm{GPS}}=0.4\ \mathrm{s},T_{\mathrm{RDSS}}=0.5\ \mathrm{s}$$

$$k_{\mathrm{m}}=1,k_{\mathrm{cns}}=2,k_{\mathrm{Doppler}}=3,k_{\mathrm{GPS}}=4,k_{\mathrm{RDSS}}=5$$

$$T_{\mathrm{G}}=6\ \mathrm{s}$$

$$k_{\mathrm{G}}=60$$

（2）由于局部滤波器步长并非互质，则存在局部滤波器信息的复用和重叠。此时联

邦滤波器变为

$$\hat{X}_{k/k-1}^{(g)} = \boldsymbol{\Phi}_{k/k-1}\hat{X}_{k-1/k-1}^{(g)} \tag{10.61}$$

$$\boldsymbol{P}_{k/k-1}^{(g)} = \boldsymbol{\Phi}_{k/k-1}\boldsymbol{P}_{k-1/k-1}^{(g)}\boldsymbol{\Phi}_{k/k-1}^{\mathrm{T}} + \boldsymbol{\Gamma}_{k/k-1}\boldsymbol{Q}_{k-1}\boldsymbol{\Gamma}_{k/k-1}^{\mathrm{T}} \tag{10.62}$$

$$(\boldsymbol{P}_{k/k}^{(g)})^{-1} = (\boldsymbol{P}_{k/k-1}^{(g)})^{-1} + \sum_{i=1}^{j}[(\boldsymbol{P}_{k/k}^{(i)})^{-1} - (\boldsymbol{P}_{k/k-1}^{(i)})^{-1}] \tag{10.63}$$

$$\hat{X}_{k/k}^{(g)} = \hat{P}_{k/k}^{(g)}\{(\hat{P}_{k/k-1}^{(g)})^{-1}\hat{X}_{k/k-1}^{(g)} + \sum_{i=1}^{j}[(\hat{P}_{k/k}^{(i)})^{-1}\hat{X}_{k/k}^{(i)} - (\hat{P}_{k/k-1}^{(i)})^{-1}\hat{X}_{k/k-1}^{(i)}]\} \tag{10.64}$$

其中，$j \geqslant 1$，代表此时到来的局部滤波估计信息。主滤波器利用全局估计进行时间更新以后，仍利用局部滤波器的量测噪声进行量测更新。不难看出，上式的计算过程结合了分散化滤波的分布计算和集中卡尔曼滤波量测更新的优点，既避免了集中方式的维数过大问题，又保持了估计精度。

10.3 基于 DBN 理论的全局信息融合方法

10.3.1 基于 DBN 的多传感器信息融合理论

1. 基于 DBN 的信息融合模式

信息融合是一种通过多源信息间的关联、辅助、结合，将这些信息归于统一结构形式中并适于计算机处理，以作出比只启用单源信息更佳决策的过程。可使用一个函数 F 将多传感器的信息合并至统一输出。不考虑函数的结构，融合过程通常可以描述成下式形式

$$\Theta = F(S_1, S_2, \cdots, S_n) \tag{10.65}$$

其中，S_i 代表一单独的、可提供测量信息的传感器；Θ 为输出，决策的制定基于该输出。融合函数 F 的选取取决于已选用的信息融合方式。融合方式可描述为一个动态概率网络，而概率推证过程恰同融合函数 F 具有相似性。如此，输出 Θ 则成为决策可参假设的后验概率。

对于概率网络来说，链式流程结构已应用于联合概率推理分析之中以作为其数据分析的工具。链式流程结构通过结合定向和非定向流程，构建概率网络模型，对系统事件作

出概率描述。但是，为了反映随机变量间以及时间序列数据间的因果关系，运用定向链式流程是很自然的事。定向链式结构模型能够反映出随时间的推移一事件引起另一事件的事实，而贝叶斯网络(Bayesian Networks,BNs) 和动态贝叶斯网络(Dynamic Bayesian Networks,DBNs) 则是给出系统定向链式流程模型的理想方式。

贝叶斯网络是一种链式流程模型，用于表示一组变量间的概率关系，以反映出类似专家对该领域的理解。对一个贝叶斯网络的一般性定义如图 10.7 所示。图中，(a) 为静态贝叶斯网络(定向开环流程结构图)，其中 $X_1 \sim X_6$ 代表随机变量；(b) 则意味着一个 DBN 是通过“展开”两段 BN 来定义的。假设模型是一阶马尔可夫过程。该图中表明当前时刻的 X_1, X_2, X_3 同前一时刻$(t-1)$ 的系统对应参数相关联。

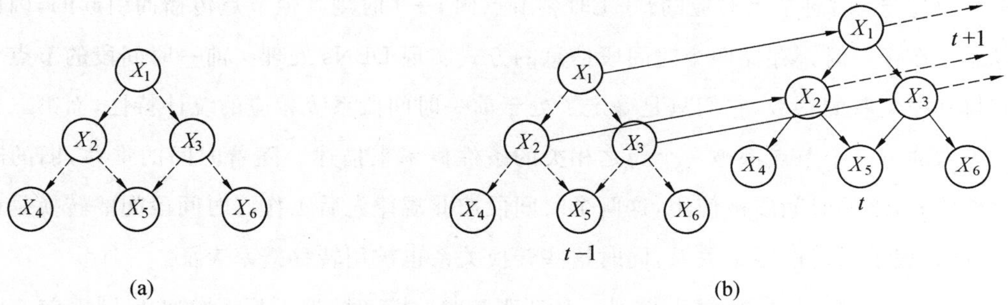

图 10.7　贝叶斯网络的一般定义示意图

假设(ε, P) 表示一联合概率空间，其中 $\varepsilon = \varepsilon_1 \cdots \varepsilon_n$，$P$ 为联合概率。给出一个定向型的开环图(DAG)：$G=(X,E)$，而 $X=\{X_1, X_2, \cdots, X_n\}$。这里 X_i 是在ε_i 上的投影，E 代表相应变换关系。令 $\pi(X_i)$ 表征 X_i 的结果事件，$A(X_i)$ 是由 $\pi(X_i)$ 限定的不相交事件。如果对所有的 $X_i \in X$，在给定 $\pi(X_i)$ 条件下，X_i 和 $A(X_i)$ 是独立的，(G,P) 就是一个贝叶斯网络。由此产生的网络中的随机变量的联合概率可表示为

$$P(X) = \prod_{i=1}^{n} P(X_i \mid \pi(X_i)) \tag{10.66}$$

贝叶斯网络对多传感器融合较为适宜。首先，它们能够对事件的相关性和不确定性进行建模，并且由于能发现多源数据间的独立性和关联性而对所获取的不完整的数集实现处理；其次，定义域内的信息可以用分层的流程结构来描述以代表不同的抽象程度；再次，它们为可靠的、连贯的、有效的推理提供了较为严密、精确的数学基础。

BNs 最初并不适合对动态事件进行建模处理。为了突破这一限制，作为卡尔曼滤波模型（KFMs）和隐式马尔可夫模型（HMMs）的推广，人们提出了一种基于贝叶斯网络（BNs）的新的统计学方法，称之为 DBNs。一个 DBN 模型是由两个相关联的时间段内的静态 BN 构成，而且两个连续时间 t 和 $t+1$ 间的 BN 转换满足马尔可夫过程。一般性地，假设一个 DBN 是一个一阶马尔可夫过程，而且当前时刻 t 的瞬时节点（注：瞬时节点代表了事件变量随时间的衍化）只与下一时间点 $t+1$ 时刻的相应节点有关。

当然，DBNs 可以通过将 t 时刻的一个节点同 $t+1$ 时刻的任意可能受其影响的节点联系起来而得到扩展。但是，这种联系不但使网络拓扑结构极为复杂，而且严重限制了其运用。由于 t 时刻的一个节点在其（t 时刻）本身外的 $t+1$ 时刻的任一节点上的影响效果，常常是通过与 t 时刻节点对应的 $t+1$ 时刻节点向 $t+1$ 时刻其他节点传播而引起的，因而可以通过在任一时刻存储两个时间段信息的方式实现 DBNs 处理。前一时间段的节点无任何与其相关联的参数，它们只是确定了处于前一时间段系统相应的统计特性，而第二个时间段内的每一个节点都被一个与之相关的条件概率来描述。随着时间的推移，旧的时间段被放弃，新的时间段被使用，这两个时间段按此规律先后工作。时间段间的转换是由左向右的，表示瞬时的因果关系，同时这些转换关系也被用转移概率表征。

考虑离散随机过程，每当得到一个新观测量（集）时，把下标 t 增加 1，则由前一时刻（$t=1$）到下一时刻（$t=T$）的联合概率分布可表示为

$$P(X_{1:T})=\prod_{t=1}^{T}\prod_{i=1}^{n}P(X_i^t\mid\pi(X_i^t))\tag{10.67}$$

其中，X_i^t 表示 t 时刻的第 i 个节点；$\pi(X_i^t)$ 代表 t 时刻的 X_i 的结果事件。DBN 和 HMM 的不同之处在于 DBN 是以一系列随机参数的形式描述隐含状态；与此形成鲜明对比，在一个 HMM 中，状态空间是由一个单独的随机参数来描述。DBN 和一个 KFM 的不同之处则在于 KFM 使用时要求所有的条件概率密度值（CPDs）具有线性高斯特性；而一个 DBN 允许更为一般的混合、非线性 CPDs。另外，HMMs 和 KFMs 的结构布局都受一定的限制约束，而 DBN 则允许更为一般性的结构拓扑。

把 DBN 作为一般化时序多传感器数据分析和处理的基本理论是很自然的。图 10.8 给出了一个符合上述定义的 DBNs。传感器族可视为随机变量，被合并到贝叶斯网络结构中而形成一个连贯的信息融合结构。为表示传感器的不确定性，在动态的贝叶斯网络

结构中加入了一层信息分布变量$\{I_1, \cdots, I_m\}$来连接传感器和中间变量。

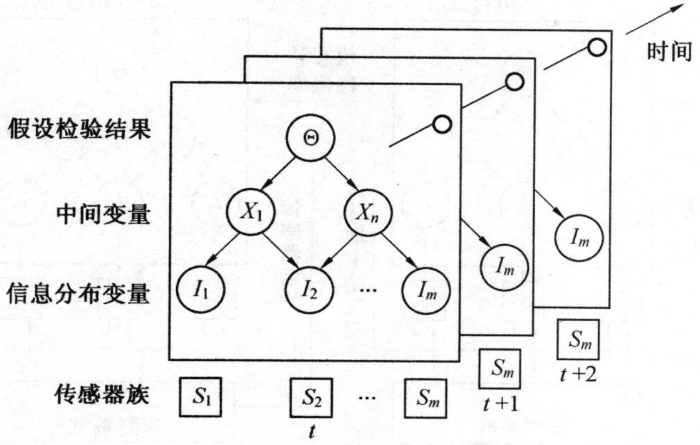

图 10.8　DBN 的时间流程

基于上述分析，可以利用 DBN 构建一个如图 10.9 所示的贯序融合结构。网络的初始节点包含了假设变量，这些假设变量的状态依赖于多种假设。传感器族是处于最底部层次的环节，没有任何下级节点。在整个模型中，传感器是唯一的可以观测的变量，证据信息通过传感器获取。通常网络中存在大量的因果相互关联的中间节点。假设得到的结果以某种原因(因果关系)通过这些中间变量同传感器节点相连。节点和链路要体现与系统固有的已建模的相关因果结构，还要体现与当前正建模中问题的关联性和独立性。

在实际应用中一个融合系统可能从传感器接收到不正确的信息。出错的原因很多，比如传感器的噪声，不精确的信息获取设备或方法，还有数值算法的限制。如果信息是专家知识(专门领域)，专家们在专门知识水平上也有不同。因此，传感器读入的信息包含了可能降低融合系统可靠性的不确定因素。不过，基于 DBN 的概率度量方法通过概率链式流程结构模型为我们提供了信息的贯序特性。传感器读入的不确定性度量了一个传感器所提供的信息的可信任程度(即传感器读入信息的可靠性)。为能够在融合结构中用概率网络的方法来处理传感器读入的不确定性，正如图 10.9 所示，可在传感器和中间参数之间增加一个称为信息分布层的附加变量层。信息分布变量的数值和传感器间的条件概率量化了传感器测量的不确定性误差。由此，传感器读入的不确定性融入融合系统，来更新假设数据的概率描述。即信息分布变量通过传感器得以搜集并通过 DBN 推断而被融合到系统中。两个连贯的时间段间的瞬时连接反映了瞬时的因果关系。每次得到新的传感

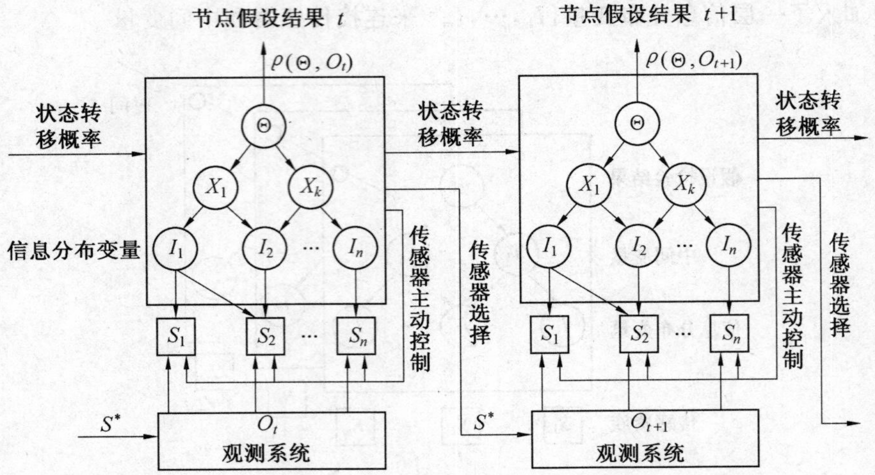

图 10.9　信息变量的层次分布与传感器的选择

器信息时，时间 t 增加 1。

2. **主动 DBN 融合方法**

主动信息融合的目的是选择性地选取那些同决策关系最密切的信息，同时使与使用传感器获取信息相关的代价最小。可以通过选取同问题最有关联的传感器数据集合来描述当前目标来实现整体效能。换句话说，主动融合关注的是方案的最优性而不是可行性。图 10.9 中同时示出了 DBN 的主动融合功能。

主动融合问题的数学描述如下。假设存在 m 个可用传感器 $S_i, i=1,\cdots,m$，可以用它们来测量环境信息。令 Θ 表示一系列概率假设 θ_k，其中 $k=1,\cdots,K$。令传感器 $S=\{S_1,\cdots,S_n\}$ 表示 t 时刻所选取的传感器集合，其中 $n\in\{1,\cdots,m\}$。传感器 S_i 在 t 时刻的测量数据可以表示为 $O_t(S_i)$，而第 i 个传感器的测量结果 $O_t(S_i)$ 隶属于一个已知的由 $e_1^{(i)},\cdots,e_L^{(i)}$ 构成的有限状态集合。也就是说，第 i 个传感器 S_i 在给定的时刻 t 可以产生出 L 种可能会产生的数据中的一个。令 $O_t=\{o_t(S_1),\cdots,o_t(S_n)\}$ 表示当前时刻 t 的可用信息，而 $t+1$ 时刻的传感器选取正是基于 O_t 而进行的。每一时刻的主动信息融合通常可分为四个阶段。

(1) 传感器选择：在接收到 O_t 后，基于系统状态为下一时刻 $t+1$ 选择最优传感器集合。

(2) 观察：得到观测结果 $O_{t+1}(S_i)$，$i=1,\cdots,n$，以获得新的传感器信息 O_{t+1}，其中 $S_i \in S^*$。

(3) 状态评估：运用 DBN 推理算法计算出后验概率 $p(\Theta_{t+1} \mid O_{t+1})$。

(4) 作出决策：如果当前方案的可信度(可靠性)足够高，就作出决定；否则，结束过程，并重新选取传感器开始作进一步观测。

选取一组传感器工作可以只考虑这些传感器的可能的输出，只有在具体确定有效传感器集之后才能确定传感器的精确输出。图 10.9 提供了主动 DBN 信息融合算法框架的基本的概括性概念。在该图的基础上，主动控制就是通过只考虑传感器的可能输出(不是物理调用)为下一时刻选择可用传感器。相对于它们的代价来说，被选择的传感器具有可以预期的、最大降低信息不确定性(减小偏差)的能力。观测系统就是在 t 时刻物理地调用选择的传感器并产生(得到)传感器信息 O_t，O_t 就是所选的传感器组合的真实输出。

获取信息就需要一定成本(开支)，比如操作费用、计算费用等。在军用场合，成本还包括信息搜集的风险等。显然，任何对信息获取的定量分析必须解决和说明使用传感器所产生的相互矛盾的目标(高能效的追求与保持可靠性所需要的系统冗余)。因此，主动地进行优化传感器的选取能使效用最大化。

通常，功效函数由两部分组成：信息增益 u_1 和损耗 $C(S)$，可用功效函数来驱动传感器 S。我们用 $u_2=1-C(S)$ 来将损耗转化为成本节省，这一转化使 u_1 和 u_2 在性质上等价，都代表增益。由于 u_1 和 u_2 在功能上是相互独立的，可得多重线性效能函数

$$U(u_1,u_2)=(k_1u_1+1)(k_2u_2+1) \tag{10.68}$$

其中，k_1 和 k_2 是优选参数，且 $k_1+k_2=1$。u_1 和 u_2 需要归一化使参数匹配。

从信息论的观点看，上述过程的交互信息具体衡量了选定传感器前后时刻信息的平均增益。沿用图 10.9 中的符号并考虑特定时刻 t 的过程，(为了使后续方程清晰简单，省略下角标 t) 从期望的信息熵开始着手。假设 Θ 同传感器 S_i 的所有可能输出相关，在给定 S_i 的条件下，期望的信息熵测量了 Θ 中的不确定程度，其表达式为

$$H(\boldsymbol{\Theta} \mid S_i)=-\sum_{S_i}\sum_{\boldsymbol{\Theta}}P(\theta,s_i)\log P(\theta \mid s_i) \tag{10.69}$$

其中，s_i 表示传感器 S_i 所取的值。如果在具体得到 S_i 和 $H(\boldsymbol{\Theta} \mid S_i)$ 之前从 $\boldsymbol{\Theta}$ 的初始不确定度中减去 $H(\boldsymbol{\Theta} \mid S_i)$，在 S_i 可以获取的前提下，关于 $\boldsymbol{\Theta}$ 的信息量可由式

$$I(\boldsymbol{\Theta};S_i)=H(\boldsymbol{\Theta})-H(\boldsymbol{\Theta}\mid S_i)=$$

$$-\sum_{\Theta}P(\theta)\log P(\theta)+\sum_{S_i}\{P(S_i)\sum_{\boldsymbol{\Theta}}P(\theta\mid S_i)\log P(\theta\mid S_i)\}=$$

$$\sum_{\Theta}\sum_{S_i}P(\theta,S_i)\log\frac{P(\theta\mid S_i)}{P(\theta)} \tag{10.70}$$

得到。式中，$I(\boldsymbol{\Theta};S_i)$ 也量化了关于 S_i 的、Θ 总的降低信息不确定程度的能力。这样，传感器组 $S=\{S_1,\cdots,S_n\}$ 的公共信息 $I(\boldsymbol{\Theta};S_i)$ 可以表示为

$$I(\boldsymbol{\Theta};S)=H(\boldsymbol{\Theta})-H(\boldsymbol{\Theta}\mid S)=\sum_{\boldsymbol{\Theta}}\sum_{S_1,\cdots,S_n}\{P(\theta,S_1,\cdots,S_n)\log\frac{P(\theta\mid S_1,\cdots,S_n)}{P(\theta)}\} \tag{10.71}$$

其中，t 时刻的 $P(\theta,s_1,\cdots,s_n)$ 和 $P(\theta\mid s_1,\cdots,s_n)$ 值可以通过考虑时间变量在 $t-1$ 时刻的状态和当前 t 时刻传感器观测值，并运用 DBN 推理算法直接得到。

在给定传感器组合 S 时，式(10.71)提供了确定降低不确定性的能力的标准。但是，当 n 很大时，简单地运用这一标准是不切实际的。这主要是由于以下两大难点：(1) 需要在总和数中乘以指数来精确计算公共信息；(2) 从大量的信息源中识别和确定出一组优化信息具备较低可行性。由于以上问题，需基于此标准，研究具体可行的应用方法。

令 S 为全体传感器或传感器族所组成的空间，S^* 是一个优化的传感器组合，利用上述提出的理论框架，可总结出了如下贯序决策流程：

```
%———————— 贯序决策流程 ————————%
t ← 0
S* = arg max_{S∈S} U(I(Θ;S), C(S))
while t < T
激活所有 S_i ∈ S，并得到 O_t
运用 DBN 参考并得到 P(Θ | O_t)
if 有足够的把握
作出决策
else S* = arg max_{S∈S} U(I(Θ;S), C(S))
(t ← t+1)，即 t = t+1
```

%——————————————————————————————————%

从总体上来讲，主动选择传感器将比被动选择获取更高效能。条件的改变（这里指不同的传感器输出）导致了不同传感器的工作顺序。在每一时刻，选择的传感器的数目和选取哪一组传感器是由当前时刻的状态和前一时刻的参数（状态值）决定的。信息的增量 $I(\boldsymbol{\Theta};S)$ 越大，确定性（可靠性）就越大。

在动态环境下，决策依赖于对环境的同步的及时分析。在能够连续获得信息的前提下，当前时刻获得的信息能够加强依据上一时刻所作出的假设。尽管一个静态的 BN 模型可以通过连续地传播每个信息的影响效果来融合当前所有的可用变量信息，但是在后续融合中不能校准和调节前面信息的影响效果，而且不能将前面的信息融合到当前信息当中。DBNs 能够通过瞬时的可靠性推理进行随时间的推移，实现在连续获得的信息间建立联系和相互补充关系，来自以前时刻的信息作为当前决策依据（信息）的先验信息，可以通过贝叶斯统计将二者联系起来。Dempster－Shafer 判据理论也可以描述信息的不确定性，但是它缺乏对先验知识和瞬时可靠性信息的处理能力。

融合系统设计需解决 3 个比较重要的问题：

(1) 对传感器得到的数据的不确定性进行建模；

(2) 对瞬时变化进行建模；

(3) 融合过程的主动控制和管理。

DBN 提供了能够解决上述 3 方面的融合框架结构。针对于第(1) 和第(2) 问题，可采取动态贝叶斯网络作为融合结构来提供一个贯序分层的概率分析理论框架，运用这一框架在不同的抽象程度上对来自传感器的、具有不同特性并带有不确定性的传感器信息进行描述、搜集整理和推理，并体现决策制定的时序特点。对于最后一个问题，需要设计有效、实时的传感器选择方法，该方法应该允许融合系统自主地选择和调用同制定决策关系最为密切的传感器组合。

10.3.2　全局 FDIR 的实现策略

1. 联邦滤波两级容错结构模型对 FDIR 功能的实现

联邦滤波的两级容错结构模型和方法，为方便地检测、隔离故障提供了条件。一旦确定了某个子系统发生了故障，则由相应局部滤波器得到的状态估计值将是不正确的，因而不将它输入到全局滤波器。此时全局滤波器仅利用未失效系统的局部滤波器得到的状态估计值，以给出可靠的最优误差状态估计值。如果一个以上乃至所有子系统都被认为发生了故障，则故障传感器辅助信息都将被隔离出来，系统仅根据惯导系统的信息进行导航；同时，发生故障的子系统在惯导系统的辅助下迅速恢复。

运用联邦滤波 NR 模型已可进行基本的全局容错操作，即接受局部滤波估值及方差质量信息，动态调整信息分配因子 β_i 隔离故障影响。当某一个（或几个）导航测量传感器出现故障时，由局部多重对称渐消容错滤波（Fault-tolerant Filter & Detector，FFD）进行检测和判别，发现故障后根据故障检测结果“YoN”将对应的局部滤波器输出结果的信息分配因子置零，以屏蔽故障信息的不良影响。

NR 模型是一种具有较高容错性能的设计方案。由于这种模式不存在 GF 对 LF 的信息反馈和置零，每个 LF 都独立工作，互不影响。每个传感器的输出与相应子滤波器中保持的信息进行比较，通过运用 FFD 对传感器有较强的 FDI(Fault Detect and Isolate) 能力。因为每个 LF 仅包含相应传感器的所有信息，当一个子系统出现故障后，不会影响其他子系统，并且故障仅在这个子系统中达到可检测量级，所以 GF 对 LF 也具有很强的 FDI 能力。NR 模式的结构特点也决定了它具有较强的故障后恢复能力，只要故障 LF 被检测和隔离后，GF 可以从无故障的 LF 中获得信息，立即得到正确的融合结果。

两级容错模型和方法对常规联邦滤波器进行了适当的改进，无须改变系统融合结构即可实现全局 FDIR 功能，基本避免了系统频繁重置所带来的滤波估计不连续，增加了滤波器的稳定性和鲁棒性并适合实际应用，实现融合算法的全局容错功能。

局部滤波器检测出故障以后，对应的观测信息将被隔离，这等价于局部滤波估计值被屏蔽。根据主动 DBN 融合理论，全局融合滤波器在接到局部故障诊断结果后，运用系统全局 FDIR 策略进行融合模型结构的自适应调整并保持平滑、高精度的估计数据输出。为进一步完善两级容错模型和方法，需对滤波器软件模块的冗余技术 —— 多传感器的分层 / 多级 / 变结构 FDIR 的策略和方法进行较为深入的研究。

2. 全局 FDIR 的实现策略和方法

局部滤波器检测出故障以后，它对应的局部滤波器的量测将被隔离，（实际也就是，局部滤波器滤波值被屏蔽）局部滤波估计值也将被隔离。

如果故障能够被立即检测到并被隔离的话，那么在全局滤波器中只需将故障滤波器的状态估计和相应的协方差矩阵估计去掉，应用联邦滤波融合公式即可进行新的融合，而不会使全局估计受到故障传感器量测信息的影响。然而事实上，对于缓慢变化的故障往往要在故障信息积累到一定程度的情况下才能被检测到，此时的全局估计信息受到了故障信息的"污染"，并且将在以后的估计中随着对局部滤波器的反馈表现出自己的影响（采用 FR 模型时）。

(1) 递阶联邦滤波结构。针对软故障的滞后性，近年来出现一种"递阶"联邦滤波器 (Hierarchical Alliance of Filter) 结构，通过滤波器软件模块的冗余来隔离故障滤波器的影响，重构出不受故障信息污染的新的滤波系统。其核心思想为：分层变结构，即通过软件模块的分层与结构变化，实现全局 FDIR 和多传感器的主动选择，改造联邦滤波器的两级结构为多级结构。

在联邦滤波器结构中，主滤波器负责融合各个局部滤波器的估计值。假设全局滤波器为 G，其全局状态估计和协方差分别为 $\hat{X}_g$ 和 $\boldsymbol{P}_g$；G^i 为去掉了第 i 个局部滤波器估计的备份联邦滤波器，其对应的全局状态估计值为 $\hat{X}_{g^i}$ 和 $\boldsymbol{P}_{g^i}$，则由联邦滤波器的融合算法可知

$$\hat{X}_{g^i} = \boldsymbol{P}_{g^i}(\boldsymbol{P}_m^{-1}\hat{X}_m + \sum_n \boldsymbol{P}_j^{-1}\hat{X}_j) \tag{10.72}$$

$$\boldsymbol{P}_{g^i}^{-1} = \boldsymbol{P}_m^{-1} + \sum_n \boldsymbol{P}_j^{-1} \tag{10.73}$$

需要注意的是，式(10.72)、(10.73) 中的 $\boldsymbol{P}_m$ 和 $\hat{X}_m$ 分别为备份滤波器中主滤波器的估计误差协方差和状态估计，并不等同于全局滤波器 G^i 的估计误差协方差和状态估计。

类似地，定义 G^{ij} 为去掉了第 i 和第 j 个局部估计的备份滤波器，其对应的全局状态估计值为 $\hat{X}_{g^{ij}}$ 和 $\boldsymbol{P}_{g^{ij}}$。以此类推，还可以继续定义备份滤波器 G^{ijk} 等。

如果认为 G 为"根滤波器"，认为 G^i 是"一级备份滤波器"(First-generation Backup Filter)，认为 G^{ij} 是"二级备份滤波器"，那么所有这些滤波器可以形成一个如图 10.10 所示的树状递阶联邦(Dendriform Hierarchic Alliance) 结构。递阶联邦结构中每一个滤波器都可以较为容易地从它的上一级滤波器（或称为"父滤波器"）得出，只需去掉相应的状

态和量测即可。

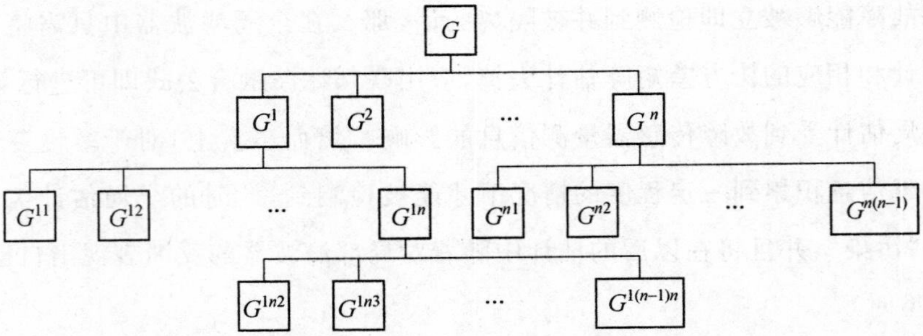

图 10.10　联邦滤波器的树状分层联邦结构

(2) 全局融合系统的故障检测和重构。若称共有一个父滤波器的一组滤波器(包含父滤波器本身)构成一个滤波器族(A Family of Filters),则基于滤波器族的全局融合系统容错重构策略可以描述如下。

如果传感器故障满足以下条件:

a. 在可检测的时间段内,最多只有一个传感器故障发生;

b. 跳变式故障不是经常发生的(否则不断重置,系统无可用价值,会崩溃);

那么遵循以下规则,即可以利用递阶联合滤波结构进行全局融合系统的故障检测和重构:

a. 系统运行的任何时候,都有且只有一个滤波器族运行;

b. 根/父滤波器作为最优滤波器,在线给出实时导航估计值;

c. 其他滤波器作为备份滤波器,当利用子系统故障诊断方法检测到局部滤波器故障时,用备份滤波器替换父滤波器;

d. 去掉相应故障局部估计的备份滤波器替换包含故障信息的父滤波器之后,成为新的"父滤波器",相应地生成新的滤波器族作为备份。

(3)"热备份"思想对系统重构策略的改善。联邦滤波器的优点在于,局部系统发生故障时,可以通过全局估计信息方便地屏蔽或重置局部估计,实现全局系统的容错设计。但是,目前通用的集中或联邦滤波器进行系统重构时遇到的最大困难在于,如果传感器故障没有立即被检测到的话,当前集中或联邦滤波器的导航解就可能已经被故障信息所污染。此时若进行系统重构则只能进行初始化,这就会不可避免地导致信息丢失;或者采用复杂的数据“回收”(Backing Out) 算法，以期望重新使用过去某个时刻的状态估计，并且希望这一时刻在故障发生之前。

相比之下，上述递阶联合滤波结构则可以很简单地通过任何故障时刻的“热备份”(Hot Backup) 滤波来解决这一问题。对于导航过程中任意一个时刻的一组局部滤波来说，在整个递阶结构中总能找到一个“最大”滤波器(将包含所有可用的、无故障的传感器信息)。采用这一滤波器作为递阶结构中的父滤波器，将其下一级衍生滤波器作为“热备份”滤波器，即可方便地实现系统的重构及恢复，而不会引起明显的不连续。例如，假设 G^i 为当前时刻的最大滤波器，也就是说，当前第 i 个局部估计值由于故障或其他原因而未被使用。如果一个未被及时检测到的故障(缓变软故障) 发生在第 j 个局部估计中，那么 G^i 的估计性能将被破坏，然而根据递阶结构的定义，G^{ij} 将不会受到故障传感器 j 的影响。因此在稍后时刻故障被检测到和故障传感器 j 被隔离之后，可以将 G^{ij} 作为新的最大滤波器，将从 G^{ij} 衍生出的 G^{ijk} 作为新的热备份滤波器。结合以上分析，全局 FDIR 策略又可称为“平滑重构”(Smooth Rescale) 技术。

需要指出的是，在对缓变软故障系统作出重构时，这种配置可能会引起轻微的不连续。这是因为，尽管理想情况下我们希望在传感器故障发生时备份滤波器能够立即取代被破坏的最大滤波器，但是实际上这经常是不可能的：软故障的检测存在一定的滞后性，故障造成的残差往往需要一定的时间才能超过故障检测的阈值。但是，尽管故障检测存在一定的滞后性，但由于重构时采用了没有受到故障影响的备份滤波器信息，因此能够保持较高的估计精度。

由于两级容错融合模型是进行多传感器信息融合应用模型设计的基础，以上全局 FDIR 策略的研究并未完全脱离该模型。但对于全局系统 FDIR 这样一个共性问题，基于主动 DBN 融合理论，在运用上述全局系统的故障检测、隔离与平滑重构技术的基础上，为适应跨大气层再入飞行体全轨迹分段导航的特殊要求，研究分层多级融合理论、模型和方法，对原基础模型进行改造、延续和深化，直接实现上述方法。在保持精度的前提下，能够增强多级子系统故障检测 / 隔离与全局系统鲁棒性并实现对多源传感器的主动、智能选择。

第 11 章　飞行器组合导航系统设计

随着科学技术的发展，当前飞行器可以选择多种导航设备构成组合导航系统来解决导航精度、应用范围和成本控制等问题。现阶段主要应用于飞行器的导航设备有惯性导航系统、卫星导航系统、星光导航系统和合成孔径雷达等。惯性导航系统可以提供全面的飞行器状态信息，包括位置、速度、姿态、加速度和角速度等，并且不需要利用任何外界信息就能实现导航定位功能，因此一般飞行器都采用惯性导航系统作为主要的导航设备。然而，惯导系统由于采用积分解算的方式完成位置、速度和姿态的解算，导航误差会随着时间积累，因此对于长时间的导航系统设计来说，一般需要采用一定的辅助导航设备对惯导系统的累积误差进行有效修正和补偿。当前应用较多的辅助导航设备主要有卫星导航和星光导航。卫星导航具有全天候的特点，导航精度较高，且卫星导航接收机的成本较低，是一种较为合适的辅助导航手段，但是卫星导航不能提供飞行器的姿态信息。星光导航能够利用自然的恒星进行姿态的确定，是一种定姿精度较高的导航手段，在远程洲际弹道和人造卫星上应用较多。下面以 GPS/SINS、CNS/SINS 和 GPS/CNS/SINS 组合导航系统为例，介绍飞行器导航系统的设计方法。

11.1　飞行器组合导航状态向量选取与导航参数补偿

11.1.1　状态向量选取方式

应用卡尔曼滤波理论设计组合导航系统，根据待估计的状态参数不同，卡尔曼滤波器的状态空间模型不一样，即选择的状态向量不一样，根据状态向量的选取，一般可将其划分为直接法和间接法。直接法选取的状态参数为所需估计的状态量，即估计导航参数本身，间接法选取的状态向量为待估计状态参数的误差量，即导航参数误差。图 11.1 和图 11.2 分别给出直接法和间接法滤波器的结构示意图。直接法对导航参数 X 进行直接估计,估计量记为 $\hat{X}$。间接法对导航参数的误差 ΔX 进行估计,估计量记为 $\Delta\hat{X}$。

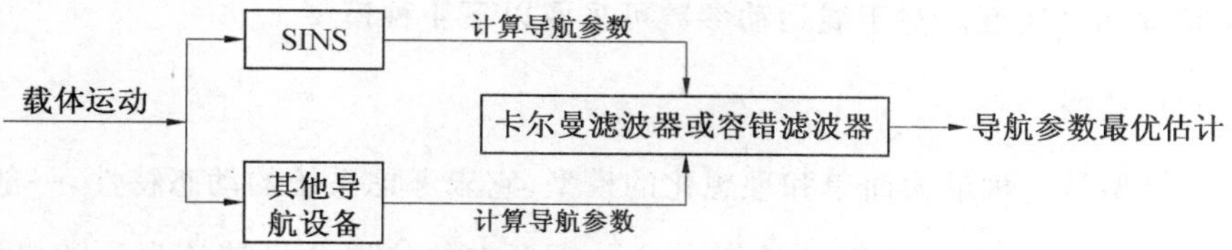

图 11.1　直接法滤波器示意图

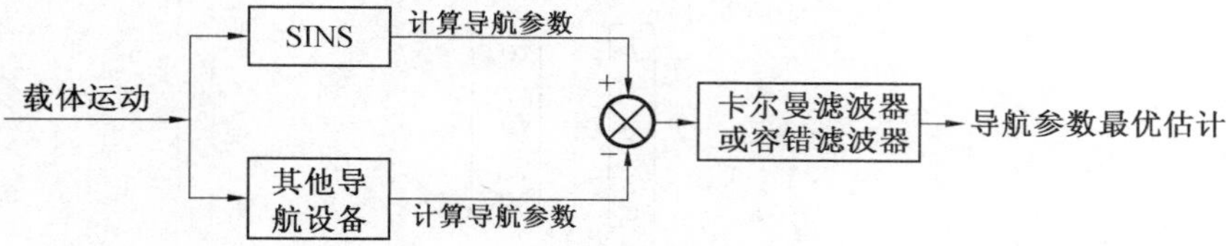

图 11.2　间接法滤波器示意图

由于直接法选取的导航参数(一般为位置、速度和姿态等)作为状态向量,一般情况下直接导航参数构成的状态递推方程为非线性的,不能采用标准的卡尔曼滤波方法进行滤波。采用间接法建立卡尔曼滤波器的状态方程时,由于导航参数一般情况下为"小量",泰勒展开的一阶近似线性方程就已经具有足够高的精度描述参数误差递推变化规律,所以间接法一般情况下可以采用标准卡尔曼滤波方法来建立组合导航的滤波器。导航参数误差不参与导航系统的导航解算流程,即滤波估计过程与系统导航解算过程是独立的。对于飞行器组合导航系统来说,不同导航设备间的数据更新率一般不同,采用间接法构建滤波器时,由于滤波估计过程和导航解算过程相互独立,因此滤波子系统可以采用序贯处理的方法,有效地避免导航设备不同数据更新滤波造成的影响。因此本文采用间接法构建组合导航滤波器。

采用直接法构建的组合导航滤波器的输出参数为导航参数(包括速度、位置和姿态),可直接成为导航系统的输出。采用间接法构建组合导航滤波器的输出参数为误差状态 ΔX,因此需要采用一定的校正方法对导航参数进行有效的补偿和修正。利用误差状态估值 $\Delta\hat{X}$ 对导航参数进行校正有两种方法,即输出校正法和反馈校正法。

由于飞行器所处飞行环境和飞行过程中的动态性不同,飞行参数的变化规律并不相同,状态向量的选取直接影响导航定位的效果。对于不同的飞行器动态性能,选取不同的飞行参数来构建组合导航滤波器的状态向量，采用不同的匹配模型能够有效地提高导航定位精度和稳定性。对于线运动参数可采取以下 4 种模型。

1. P **模型**

P 模型是一种最为简单和理想化的模型，它未考虑系统的动态特性，一般适用于飞行器静止悬停的状态，如飞艇的悬停。这种模型中的位置分量被认为是随机游走过程。P 模型的系统状态方程为

$$\begin{bmatrix} \dot{x} \\ \dot{y} \\ \dot{z} \end{bmatrix} = \begin{bmatrix} w_x \\ w_y \\ w_z \end{bmatrix} \tag{11.1}$$

式中，$\boldsymbol{w}_{\mathrm{p}} = [w_x \quad w_y \quad w_z]^{\mathrm{T}}$，为位置过程噪声。

因飞行器处于静止状态，速度恒为 0，所以 P 模型只选取位置信息作为状态向量便足以满足导航定位要求。

2. PV **模型**

PV 模型一般适用于飞行器平稳运动的低动态状态，如飞行器的巡航飞行等。这种模型包括位置和速度信息，速度分量被认为是随机游走过程，而位置分量是速度分量的积分。PV 模型的系统状态方程为

$$\begin{bmatrix} \dot{x} \\ \dot{y} \\ \dot{z} \\ \dot{v}_x \\ \dot{v}_y \\ \dot{v}_z \end{bmatrix} = \begin{bmatrix} \boldsymbol{0}_{3\times3} & \boldsymbol{I}_{3\times3} \\ \boldsymbol{0}_{3\times3} & \boldsymbol{0}_{3\times3} \end{bmatrix} \begin{bmatrix} x \\ y \\ z \\ v_x \\ v_y \\ v_z \end{bmatrix} + \begin{bmatrix} w_x \\ w_y \\ w_z \\ w_{v_x} \\ w_{v_y} \\ w_{v_z} \end{bmatrix} \tag{11.2}$$

式中，$\boldsymbol{w}_{\mathrm{p}} = [w_x \quad w_y \quad w_z]^{\mathrm{T}}$，为位置过程噪声；$\boldsymbol{w}_v = [w_{v_x} \quad w_{v_y} \quad w_{v_z}]^{\mathrm{T}}$，为速度过程噪声。在 PV 模型中，可认为位置状态过程噪声 $\boldsymbol{w}_{\mathrm{p}} = \boldsymbol{0}$。

在飞行器组合导航系统中，若辅助的导航设置仅能对位置和速度信息进行测量，为了

提高组合导航滤波算法的稳定性和鲁棒性，也宜采用 PV 模型来构建系统的组合导航状态方程。

3. PVA **模型**

PVA 模型一般适用于飞行器稳定加速的高动态状态。这种模型在 PV 模型的基础上附加了加速度信息，加速度分量被认为是随机游走过程，位置分量是速度分量的积分，速度分量是加速度分量的积分。PVA 模型的系统状态方程为

$$\begin{bmatrix} \dot{x} \\ \dot{y} \\ \dot{z} \\ \dot{v}_x \\ \dot{v}_y \\ \dot{v}_z \\ \dot{a}_x \\ \dot{a}_y \\ \dot{a}_z \end{bmatrix} = \begin{bmatrix} \mathbf{0}_{3\times3} & \boldsymbol{I}_{3\times3} & \mathbf{0}_{3\times3} \\ \mathbf{0}_{3\times3} & \mathbf{0}_{3\times3} & \boldsymbol{I}_{3\times3} \\ \mathbf{0}_{3\times3} & \mathbf{0}_{3\times3} & \mathbf{0}_{3\times3} \end{bmatrix} \begin{bmatrix} x \\ y \\ z \\ v_x \\ v_y \\ v_z \\ a_x \\ a_y \\ a_z \end{bmatrix} + \begin{bmatrix} w_x \\ w_y \\ w_z \\ w_{v_x} \\ w_{v_y} \\ w_{v_z} \\ w_{a_x} \\ w_{a_y} \\ w_{a_z} \end{bmatrix} \tag{11.3}$$

式中，$\boldsymbol{w}_{\mathrm{p}} = [w_x \quad w_y \quad w_z]^{\mathrm{T}}$，为位置过程噪声；$\boldsymbol{w}_v = [w_{v_x} \quad w_{v_y} \quad w_{v_z}]^{\mathrm{T}}$，为速度过程噪声，$\boldsymbol{w}_a = [w_{a_x} \quad w_{a_y} \quad w_{a_z}]^{\mathrm{T}}$，为加速度过程噪声。在 PVA 模型中，可认为位置过程噪声 $\boldsymbol{w}_{\mathrm{p}} = \mathbf{0}$，速度过程噪声 $\boldsymbol{w}_v = \mathbf{0}$。

PVA 模型考虑了系统的匀加速动态特性，对于飞行器来说，没有复杂机动的情况下，采用 PVA 模型一般可以满足系统的要求。

4. **一阶时间相关函数模型(Singer 模型)**

对于飞行器加速度变化较大且不规则的高动态状态来说，可以将运动飞行器的加速度状态用一阶马尔可夫过程来近似，即

$$\dot{\boldsymbol{x}}_a = \boldsymbol{D}\boldsymbol{x}_a \tag{11.4}$$

式中，$\boldsymbol{D} = \mathrm{diag}\left\{-\frac{1}{\tau_x} \quad -\frac{1}{\tau_y} \quad -\frac{1}{\tau_z}\right\}$，$\tau_x$、$\tau_y$、$\tau_z$ 分别是 3 个加速度各自的时间相关常数。

在 PVA 模型的基础上加以改进，Singer 模型的系统状态方程为

$$\begin{bmatrix} \dot{x} \\ \dot{y} \\ \dot{z} \\ \dot{v}_x \\ \dot{v}_y \\ \dot{v}_z \\ \dot{a}_x \\ \dot{a}_y \\ \dot{a}_z \end{bmatrix} = \begin{bmatrix} \mathbf{0}_{3\times3} & \boldsymbol{I}_{3\times3} & \mathbf{0}_{3\times3} \\ \mathbf{0}_{3\times3} & \mathbf{0}_{3\times3} & \boldsymbol{I}_{3\times3} \\ \mathbf{0}_{3\times3} & \mathbf{0}_{3\times3} & \boldsymbol{D}_{3\times3} \end{bmatrix} \begin{bmatrix} x \\ y \\ z \\ v_x \\ v_y \\ v_z \\ a_x \\ a_y \\ a_z \end{bmatrix} + \begin{bmatrix} w_x \\ w_y \\ w_z \\ w_{v_x} \\ w_{v_y} \\ w_{v_z} \\ w_{a_x} \\ w_{a_y} \\ w_{a_z} \end{bmatrix} \tag{11.5}$$

式中，$\boldsymbol{w}_{\mathrm{p}} = [w_x \quad w_y \quad w_z]^{\mathrm{T}}$，为位置过程噪声；$\boldsymbol{w}_v = [w_{v_x} \quad w_{v_y} \quad w_{v_z}]^{\mathrm{T}}$，为速度过程噪声；$\boldsymbol{w}_a = [w_{a_x} \quad w_{a_y} \quad w_{a_z}]^{\mathrm{T}}$，为加速度过程噪声。在 Singer 模型中，可认为位置过程噪声 $\boldsymbol{w}_{\mathrm{p}} = \mathbf{0}$，速度过程噪声 $\boldsymbol{w}_v = \mathbf{0}$。

Singer 模型考虑了飞行器的变加速运动状态，一般适用于飞行器不规则运动过程，如打击运动目标的末制导段。

对于飞行器的角运动参数也可构建如上所述的不同匹配模型。在实际选取中，可仅选择某一线运动参数或角运动参数模型，也可将两模型结合构成一个综合模型。根据飞行器的不同飞行阶段和动态性能选择适合的匹配模型能够有效地提高滤波器精度和稳定性，提高导航定位的精度和速度。

11.1.2 导航参数补偿方式

1. 输出校正方法

所谓输出校正，是用导航参数的误差估计值 $\Delta\hat{X}_I$ 校正系统当前的导航参数，得到组合导航系统的状态估值 $\hat{X}$，如图 11.3 所示，即可得

$$\hat{X} = \boldsymbol{X}_I - \Delta\hat{X}_I$$

输出校正方法是最简单的一种对导航参数进行补偿和修正的方法，采用输出校正方

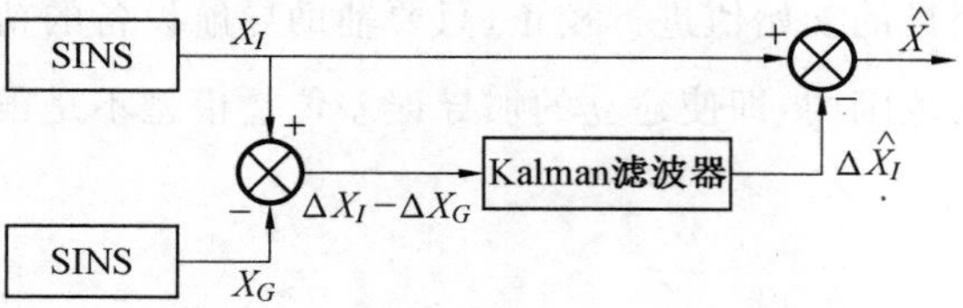

图 11.3　输出校正的滤波器结构图

法进行导航参数修正时，惯导解算回路和滤波器回路完全独立，可以采用完全不同的数据更新周期来实现序贯处理，通过滤波估计的参数对导航输出参数直接进行修正，而不改变惯导解算的初始值。采用输出校正方法主要的优点是实现简单、稳定性较好。但是由于不对惯导的初值进行修正，惯导误差会随时间积累，若建立的惯导误差传播模型不够准确，会对滤波器的输出精度有一定的影响。

2. 反馈校正方法

反馈校正是将惯性导航系统导航参数误差状态 $\Delta\boldsymbol{X}_I$ 的滤波估值 $\Delta\hat{\boldsymbol{X}}_I$ 反馈到惯性导航系统内，对当前的惯性导航系统的状态参数进行修正，若选取状态向量 $\Delta\boldsymbol{X}=[\Delta x\quad \Delta y\quad \Delta z\quad \Delta v_x\quad \Delta v_y\quad \Delta v_z\quad \varphi_x\quad \varphi_y\quad \varphi_z]^{\mathrm{T}}$，则在每一个滤波周期结束后，均会采用滤波估计值 $\Delta\hat{\boldsymbol{X}}$ 对惯性导航系统的积分初始值进行修正，从而减小惯性导航系统的漂移误差，即 $\boldsymbol{X}'_{\mathrm{SINS}}=\boldsymbol{X}_{\mathrm{SINS}}+\Delta\hat{\boldsymbol{X}}$，如图 11.4 所示。

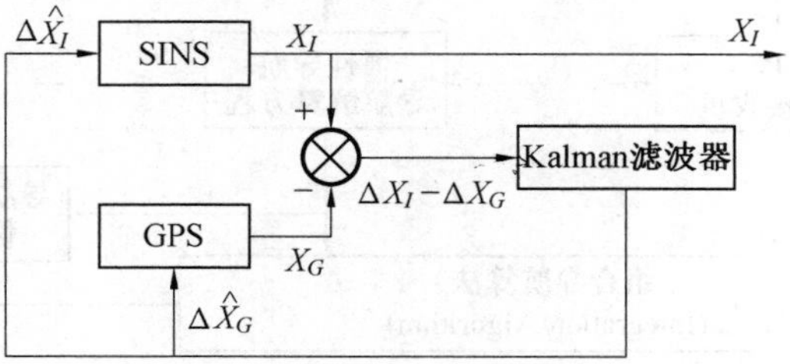

图 11.4　反馈校正的滤波示意图

反馈校正是一种较为常用的校正方式，它在每一个滤波周期结束后，都会利用滤波器的估计值对惯导的初始值进行校正，对累积误差进行补偿。因此，其实现比输出校正复杂，可以利用序贯信号处理的方式来协调滤波周期和惯导解算周期的不一致，从而实现反馈校正。反馈校正由于引入了惯导误差补偿回路，因此，其对滤波估计更为敏感，滤波器设计的不合理或者导航设备出现故障将会导致导航误差过大。但是反馈校正在每个滤波周期结束后均会对惯导的初始值进行校正，只要辅助导航设备的精度足够高，惯导的累积误差会控制在很小的范围内，即使建立的惯导误差传播模型不是很准确，也能得到精度很高的滤波估计结果。

11.2 GPS/SINS 组合导航

GPS/SINS 是一种较为常见的组合导航形式，它利用了捷联惯导系统（SINS）短期定位精度高和数据更新率高的特点，并采用 GPS 对惯导系统积累的位置和速度进行有效修正，以达到较高的导航定位精度。本节介绍利用卡尔曼滤波算法（KF）设计组合导航滤波器的方法。

11.2.1 GPS/SINS 组合导航的分类

GPS/SINS 组合导航系统结合了惯性导航和卫星导航的优点，具有连续导航信息输出、导航数据更新率高、短期和长期精度高等特点。典型的 GPS/SINS 组合导航系统的基本组成结构如图 11.5 所示。

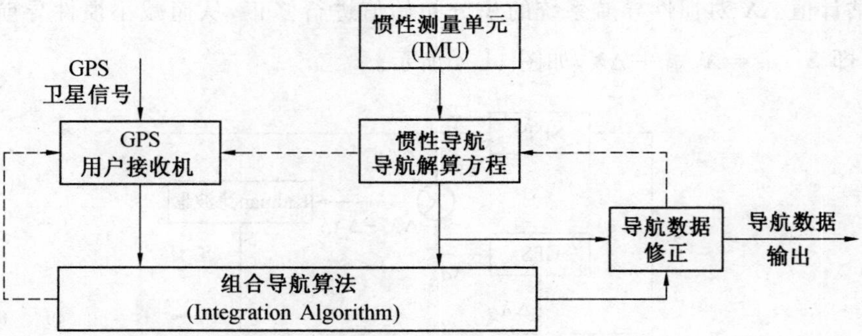

图 11.5　典型的 GPS/SINS 组合导航系统

在 GPS/SINS 组合导航系统中，根据组合导航数据对惯性导航系统的修正方式、GPS 观测量的选取和惯性导航系统对 GPS 的辅助方式，GPS/SINS 的组合导航形式可以分为四种：GPS/SINS 非耦合组合导航系统、GPS/SINS 松耦合组合导航系统、GPS/SINS 紧耦合组合导航系统和 GPS/SINS 超紧耦合组合导航系统。下面分别对四种组合导航方式的优缺点进行分析。

1. GPS/SINS 非耦合组合导航系统

在 GPS/SINS 非耦合系统结构之中，GPS 接收机和 SINS 各自能产生独立的导航解，相当于两套独立的导航系统结构在一起。整个导航系统的导航解由 GPS 和 INS 的输出经组合导航滤波处理器来得到。该方法最为简单、易于实现，且系统有冗余度，当一套系统出现故障时，另一套系统仍可以完成导航任务，故对故障有一定的承受力。但这种组合方法显然不能发挥惯性导航和卫星导航组合所能达到的导航精度和导航效果。

非耦合组合形式的典型结构特点是 SINS 和 GPS 均工作在开环状态，组合导航输出的导航结果不对 SINS 和 GPS 进行误差校正。GPS/SINS 非耦合组合导航系统的结构如图 11.6 所示。

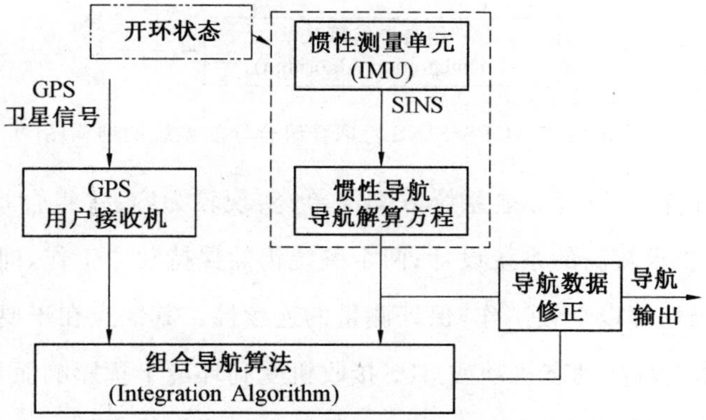

图 11.6　GPS/SINS 非耦合组合导航系统的结构图

GPS/SINS 非耦合组合导航系统方法简单，易于实现；惯导系统、卫星导航系统和组合导航滤波处理过程单独运行，具有一定的冗余度，可靠性较强。但 GPS/SINS 非耦合组合导航系统未对惯导系统和卫星导航系统的误差进行补偿，导航精度相对较低；对于精度较低的惯导系统，由于长时间的误差积累未得到有效补偿，导致系统模型出现非线性特性，可能会导致滤波过程发散等问题。

2. GPS/SINS 松耦合组合导航系统

在 GPS/SINS 松耦合组合导航系统中，GPS 和 SINS 仍独立工作，耦合作用仅表现在用 GPS 辅助惯导。松耦合也称为 GPS/SINS 的位置、速度信息耦合：GPS 和 SINS 输出的位置和速度信息的差值作为量测值，经卡尔曼滤波，估计 SINS 的误差，然后对 SINS 进行校正。在 GPS 不可工作期间，SINS 单独工作，输出惯性导航解，该组合方案已经在工程项目中得到了广泛的应用。该组合的导航精度一般略高于 GPS 的导航定位精度。

GPS/SINS 松耦合组合导航系统的典型结构特点是 SINS 工作在闭环状态,GPS 工作在开环状态,组合导航的输出结果仅对 SINS 的误差进行补偿和校正。其系统结构如图 11.7 所示。

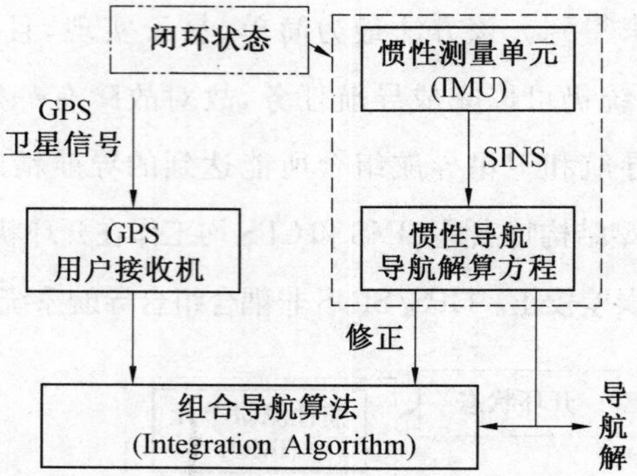

图 11.7 GPS/SINS 松耦合组合导航系统的结构图

GPS/SINS 松耦合组合导航系统方案简单、实现较为容易;组合系统的计算量小,可以满足对实时性要求较高的系统设计;两个系统仍然保持独立工作,即使某个系统出现故障时,组合系统仍然可以继续工作,保证测量的连续性。其缺点在于要求可见卫星数目不少于 4 颗,当载体进行高动态机动或 GPS 接收机受到环境干扰影响而长时间不能工作时,系统精度将随运行时间增加而急剧下降,可靠性和抗干扰能力较差。

3. GPS/SINS **紧耦合组合导航系统**

GPS/SINS 紧耦合组合导航系统,根据 SINS 信息和 GPS 卫星星历计算载体相对于 GPS 卫星的伪距和伪距变化率与 GPS 接收机输出的伪距和伪距率的差值作为 Kalman 滤波器的测量信息,进行滤波估计。估计结果对 SINS 进行校正。同时还利用 SINS 的输出导航信息辅助 GPS 码环锁相过程,增强了 GPS 接收机的快速捕获 GPS 卫星信号和抗干扰能力。

GPS/SINS 紧耦合组合导航系统的典型结构特点是 SINS 工作在闭环状态,并利用 SINS 的输出信息实现辅助 GPS 码环锁相的过程。其系统结构如图 11.8 所示。

GPS/SINS 紧耦合组合导航系统利用 GPS 的测量伪距和伪距率信息,导航精度较高;GPS 码锁相过程得到 SINS 的辅助,增强了 GPS 的稳定性;SINS 和 GPS 基本上处于独立

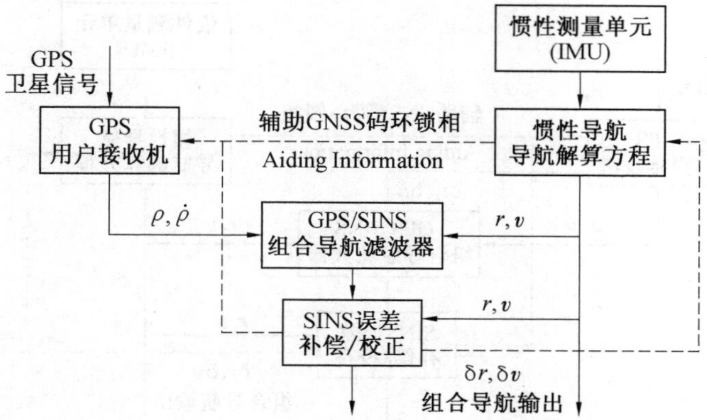

图 11.8　GPS/SINS 紧耦合组合导航系统的结构图

工作状态，具有一定的容错能力。其缺点是 GPS 接收机码环处于窄带状态，时间常数较大，使跟踪误差与时间相关，与 SINS 的状态也是相关的，这对滤波处理过程不利；Kalman 滤波器的量测噪声是有色噪声，如果需要提高 GPS/SINS 组合系统导航性能，则必须精确建模。

4. GPS/SINS **超紧耦合组合导航系统**

GPS/SINS 超紧耦合组合导航系统的原理与紧组合的基本相同，不同之处是增加了 GPS 钟差和钟频差的补偿回路，使得 SINS 和 GPS 均工作在闭环状态，进一步提高了导航精度。其系统结构如图 11.9 所示。

GPS/SINS 超紧耦合组合导航系统利用 GPS 的测量伪距和伪距率信息，并对 GPS 的钟差和钟频差进行校正，导航精度进一步提高；GPS 码锁相过程得到 SINS 的辅助，增强了 GPS 的稳定性。其缺点在于 GPS 和 SINS 均工作在闭环状态，特别是 GPS 不能单独工作，容错能力较弱；Kalman 滤波器的量测噪声是有色噪声，如果需要提高 GPS/SINS 组合系统导航性能，则必须精确建模；GPS 接收机码环处于窄带状态，时间常数较大，使跟踪误差与时间相关，与 SINS 的状态也是相关的，这对滤波处理过程不利。

GPS/SINS 非耦合与松耦合组合导航系统的结构相对来说较为简单，SINS 和 GPS 两套导航系统均独立工作，形成冗余配置，具有较强的容错能力。GPS/SINS 紧耦合组合导航系统，利用了测量伪距和伪距率信息，并利用 SINS 辅助 GPS 的码锁相过程，提高了 GPS 的可靠性，导航精度较高，且两套系统基本上均独立工作，具有一定的容错能力。

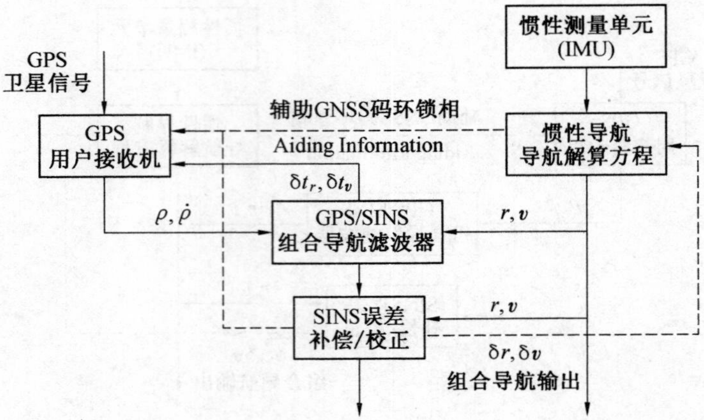

图 11.9 GPS/SINS 超紧耦合组合导航系统的结构图

GPS/SINS 超紧耦合组合导航系统，不仅利用了测量伪距和伪距率信息，还通过组合导航滤波器对钟差和钟频差进行估计，进一步提高了导航精度，并且具有校正接收机时钟的功能，但工程实践较为复杂，GPS 处在闭环工作状态，系统的可靠性降低，容错能力较弱。

11.2.2 GPS/SINS 组合导航状态方程

在 GPS/SINS 组合导航系统中，一般采用捷联惯导系统的误差传播方程作为组合导航滤波器的状态方程，以实现状态的一步递推更新过程，下面给出在发射惯性系下和地理坐标系下的捷联惯导误差传播方程。

1. 发射惯性系下捷联惯导误差传播方程

由第 3 章中对捷联惯导系统误差的传播特性分析可知，在发射惯性坐标系下的误差传播方程可写为如下形式。

(1) 速度误差传播模型

$$\begin{cases} \delta\dot{x} = \delta v_x \\ \delta\dot{y} = \delta v_y \\ \delta\dot{z} = \delta v_z \end{cases} \tag{11.6}$$

(2) 速度误差传播方程

记

$$\begin{cases} \boldsymbol{v} = [v_x \quad v_y \quad v_z]^{\mathrm{T}} \\ \boldsymbol{f}^b = [f_x^b \quad f_y^b \quad f_z^b]^{\mathrm{T}} \\ \boldsymbol{g} = [g_{ex} \quad g_{ey} \quad g_{ez}]^{\mathrm{T}} \end{cases} \tag{11.7}$$

加速度计误差为

$$\Delta \boldsymbol{a} = [a_x \quad a_y \quad a_z]^{\mathrm{T}} \tag{11.8}$$

则矢量形式的飞行器的质心运动动力学方程为

$$\dot{\boldsymbol{v}} = \boldsymbol{C}_{\mathrm{b}}^n \boldsymbol{f}^b + \boldsymbol{g} \tag{11.9}$$

微分可得

$$\delta \dot{\boldsymbol{v}} = (\delta \boldsymbol{C}_{\mathrm{b}}^n) \boldsymbol{f}^b + \boldsymbol{C}_b^n \delta \boldsymbol{f}^b + \delta \boldsymbol{g} \tag{11.10}$$

其中

$$\delta \boldsymbol{C}_b^n = \boldsymbol{\varphi}^{\times} \boldsymbol{C}_b^n$$

$$\delta \boldsymbol{f}^b = \Delta \boldsymbol{a}$$

$$\delta \boldsymbol{g} = [\delta g_{ex} \quad \delta g_{ey} \quad \delta g_{ez}]^{\mathrm{T}} = \boldsymbol{G}_e [\delta x \quad \delta y \quad \delta z]^{\mathrm{T}}$$

其中

$\boldsymbol{G}_e =$

$$\begin{bmatrix} G_r + (x+x_0)\dfrac{\partial G_r}{\partial x} + \dfrac{\partial G_{\omega e}}{\partial x}\omega_x & (x+x_0)\dfrac{\partial G_r}{\partial y} + \dfrac{\partial G_{\omega e}}{\partial y}\omega_x & (x+x_0)\dfrac{\partial G_r}{\partial z} + \dfrac{\partial G_{\omega e}}{\partial z}\omega_x \\ (y+y_0)\dfrac{\partial G_r}{\partial x} + \dfrac{\partial G_{\omega e}}{\partial x}\omega_y & G_r + (y+y_0)\dfrac{\partial G_r}{\partial y} + \dfrac{\partial G_{\omega e}}{\partial y}\omega_y & (y+y_0)\dfrac{\partial G_r}{\partial z} + \dfrac{\partial G_{\omega e}}{\partial z}\omega_y \\ (z+z_0)\dfrac{\partial G_r}{\partial x} + \dfrac{\partial G_{\omega e}}{\partial x}\omega_z & (z+z_0)\dfrac{\partial G_r}{\partial y} + \dfrac{\partial G_{\omega e}}{\partial y}\omega_z & G_r + (z+z_0)\dfrac{\partial G_r}{\partial z} + \dfrac{\partial G_{\omega e}}{\partial z}\omega_z \end{bmatrix}$$

$$G_r = -\frac{GM}{r^3} - \frac{3J_2}{2r^5} + \frac{15J_2(x\omega_x + y\omega_y + z\omega_z)^2}{2r^7\omega_e} + \frac{15J_2R_{b0}^2}{2r^7} + \frac{15J_2R_{b0}(x\omega_x + y\omega_y + z\omega_z)}{r^7\omega_e}$$

$$G_{\omega e} = \frac{-3J_2(x\omega_x + y\omega_y + z\omega_z)}{\omega_e^2 r^5} - \frac{3J_2R_{b0}}{\omega_e r^5}$$

$$\frac{\partial G_r}{\partial x} = \frac{3GM(x+x_0)}{r^5} + \frac{15J_2}{2\omega_e^2 r^9}[2\omega_x r^2(x\omega_x + y\omega_y + z\omega_z) - 7(x+x_0)(x\omega_x + y\omega_y + z\omega_z)^2] -$$

$$\frac{105J_2(x+x_0)R_{b0}^2}{2r^9} + \frac{15J_2R_{b0}}{\omega_e r^9}[\omega_x r^2 - 7(x+x_0)(x\omega_x + y\omega_y + z\omega_z)] +$$

$$\frac{15J_2(x+x_0)}{2r^7}$$

$$\frac{\partial G_r}{\partial y}=\frac{3GM(y+y_0)}{r^5}+\frac{15J_2}{2\omega_e^2r^9}[2\omega_yr^2(x\omega_x+y\omega_y+z\omega_z)-7(y+y_0)(x\omega_x+y\omega_y+z\omega_z)^2]-$$

$$\frac{105J_2(y+y_0)R_{b0}^2}{2r^9}+\frac{15J_2R_{b0}}{\omega_er^9}[\omega_yr^2-7(y+y_0)(x\omega_x+y\omega_y+z\omega_z)]+\frac{15J_2(y+y_0)}{2r^7}$$

$$\frac{\partial G_r}{\partial z}=\frac{3GM(z+z_0)}{r^5}+\frac{15J_2}{2\omega_er^9}[2\omega_zr^2(x\omega_x+y\omega_y+z\omega_z)-7(z+z_0)(x\omega_x+y\omega_y+z\omega_z)^2]-$$

$$\frac{105J_2(z+z_0)R_{b0}^2}{2r^9}+\frac{15J_2R_{b0}}{\omega_er^9}[\omega_zr^2-7(z+z_0)(x\omega_x+y\omega_y+z\omega_z)]+\frac{15J_2(z+z_0)}{2r^7}$$

$$\frac{\partial G_{\omega e}}{\partial x}=\frac{-3J_2}{\omega_e^2r^7}[\omega_xr^2-5(x\omega_x+y\omega_y+z\omega_z)(x+x_0)]+\frac{15R_{b0}J_2(x+x_0)}{\omega_er^7}$$

$$\frac{\partial G_{\omega e}}{\partial y}=\frac{-3J_2}{\omega_e^2r^7}[\omega_yr^2-5(x\omega_x+y\omega_y+z\omega_z)(y+y_0)]+\frac{15R_{b0}J_2(y+y_0)}{\omega_er^7}$$

$$\frac{\partial G_{\omega e}}{\partial z}=\frac{-3J_2}{\omega_e^2r^7}[\omega_zr^2-5(x\omega_x+y\omega_y+z\omega_z)(z+z_0)]+\frac{15R_{b0}J_2(z+z_0)}{\omega_er^7}$$

从而,发射惯性系下,捷联式惯性导航系统的速度误差传播模型为

$$\delta\dot{\boldsymbol{v}}=\boldsymbol{\varphi}^{\times}\boldsymbol{C}_b^n\boldsymbol{f}^b+\boldsymbol{C}_b^n\Delta\boldsymbol{a}+\boldsymbol{G}_e\,[\delta x\quad\delta y\quad\delta z]^{\mathrm{T}}\tag{11.11}$$

写为分量形式为

$$\begin{aligned}\delta\dot{v}_x=&-\varphi_z[\boldsymbol{C}_b^n(2,1)f_x^b+\boldsymbol{C}_b^n(2,2)f_y^b+\boldsymbol{C}_b^n(2,3)f_z^b]+\\&\varphi_y[\boldsymbol{C}_b^n(3,1)f_x^b+\boldsymbol{C}_b^n(3,2)f_y^b+\boldsymbol{C}_b^n(3,3)f_z^b]+\\&\delta g_x+\boldsymbol{C}_b^n(1,1)a_x+\boldsymbol{C}_b^n(1,2)a_y+\boldsymbol{C}_b^n(1,3)a_z\end{aligned}\tag{11.12}$$

$$\begin{aligned}\delta\dot{v}_y=&\varphi_z[\boldsymbol{C}_b^n(1,1)f_x^b+\boldsymbol{C}_b^n(1,2)f_y^b+\boldsymbol{C}_b^n(1,3)f_z^b]-\\&\varphi_x[\boldsymbol{C}_b^n(3,1)f_x^b+\boldsymbol{C}_b^n(3,2)f_y^b+\boldsymbol{C}_b^n(3,3)f_z^b]+\\&\delta g_y+\boldsymbol{C}_b^n(2,1)a_x+\boldsymbol{C}_b^n(2,2)a_y+\boldsymbol{C}_b^n(2,3)a_z\end{aligned}\tag{11.13}$$

$$\begin{aligned}\delta\dot{v}_z=&-\varphi_y[\boldsymbol{C}_b^n(1,1)f_x^b+\boldsymbol{C}_b^n(1,2)f_y^b+\boldsymbol{C}_b^n(1,3)f_z^b]+\\&\varphi_x[\boldsymbol{C}_b^n(2,1)f_x^b+\boldsymbol{C}_b^n(2,2)f_y^b+\boldsymbol{C}_b^n(2,3)f_z^b]+\\&\delta g_z+\boldsymbol{C}_b^n(3,1)a_x+\boldsymbol{C}_b^n(3,2)a_y+\boldsymbol{C}_b^n(3,3)a_z\end{aligned}\tag{11.14}$$

在上述速度误差传播方程中,重力的误差项 $\delta\boldsymbol{g}$ 一般为小量,在实际工程应用过程中,为了减少计算量,可以忽略重力误差项的影响,因此发射惯性系下的速度误差传播方程还

可以写为

$$\begin{aligned}\delta\dot{v}_x = & -\varphi_z[\boldsymbol{C}_b^n(2,1)f_x^b+\boldsymbol{C}_b^n(2,2)f_y^b+\boldsymbol{C}_b^n(2,3)f_z^b]+\\ & \varphi_y[\boldsymbol{C}_b^n(3,1)f_x^b+\boldsymbol{C}_b^n(3,2)f_y^b+\boldsymbol{C}_b^n(3,3)f_z^b]+\\ & \boldsymbol{C}_b^n(1,1)a_x+\boldsymbol{C}_b^n(1,2)a_y+\boldsymbol{C}_b^n(1,3)a_z\end{aligned}\tag{11.15}$$

$$\begin{aligned}\delta\dot{v}_y = & \varphi_z[\boldsymbol{C}_b^n(1,1)f_x^b+\boldsymbol{C}_b^n(1,2)f_y^b+\boldsymbol{C}_b^n(1,3)f_z^b]-\\ & \varphi_x[\boldsymbol{C}_b^n(3,1)f_x^b+\boldsymbol{C}_b^n(3,2)f_y^b+\boldsymbol{C}_b^n(3,3)f_z^b]+\\ & \boldsymbol{C}_b^n(2,1)a_x+\boldsymbol{C}_b^n(2,2)a_y+\boldsymbol{C}_b^n(2,3)a_z\end{aligned}\tag{11.16}$$

$$\begin{aligned}\delta\dot{v}_z = & -\varphi_y[\boldsymbol{C}_b^n(1,1)f_x^b+\boldsymbol{C}_b^n(1,2)f_y^b+\boldsymbol{C}_b^n(1,3)f_z^b]+\\ & \varphi_x[\boldsymbol{C}_b^n(2,1)f_x^b+\boldsymbol{C}_b^n(2,2)f_y^b+\boldsymbol{C}_b^n(2,3)f_z^b]+\\ & \boldsymbol{C}_b^n(3,1)a_x+\boldsymbol{C}_b^n(3,2)a_y+\boldsymbol{C}_b^n(3,3)a_z\end{aligned}\tag{11.17}$$

(3) 姿态失准角传播方程

$$\dot{\boldsymbol{\varphi}}=\boldsymbol{C}_b^n\delta\boldsymbol{\omega}_{nb}^b\tag{11.18}$$

展开有

$$\begin{cases}\varphi_x=\delta\omega_x^b\cos\varphi\cos\psi+\delta\omega_y^b(\cos\varphi\sin\psi\sin\gamma-\sin\varphi\cos\gamma)+\\ \qquad\delta\omega_z^b(\cos\varphi\sin\psi\cos\gamma+\sin\varphi\sin\gamma)\\ \varphi_y=\delta\omega_x^b\sin\varphi\cos\psi+\delta\omega_y^b(\sin\varphi\sin\psi\sin\gamma+\cos\varphi\cos\gamma)+\\ \qquad\delta\omega_z^b(\sin\varphi\sin\psi\cos\gamma-\cos\varphi\sin\gamma)\\ \varphi_z=-\delta\omega_x^b\sin\psi+\delta\omega_y^b\cos\psi\sin\gamma+\delta\omega_z^b\cos\gamma\cos\psi\end{cases}\tag{11.19}$$

2. 地理坐标系下捷联惯导误差传播方程

地理坐标系下，用经度、纬度和高度代替发射惯性系下的 3 轴向的位置分量，其误差传播方程与发射惯性坐标系下的不同，由第 3 章中分析给出的误差传播特性可知。

(1) 位置误差传播方程。由位置误差传播特性可知

$$\begin{cases}\delta\dot{L}=\dfrac{\delta v_{\mathrm{N}}}{R_{\mathrm{M}}+h}-\delta h\dfrac{v_{\mathrm{N}}}{(R_{\mathrm{M}}+h)^2}\\ \delta\dot{\lambda}=\dfrac{\delta v_{\mathrm{E}}}{R_{\mathrm{N}}+h}\dfrac{1}{\cos L}+\delta L\dfrac{v_{\mathrm{E}}}{R_{\mathrm{N}}+h}\dfrac{\sin L}{(\cos L)^2}-\delta h\dfrac{v_{\mathrm{E}}}{(R_{\mathrm{M}}+h)^2}\dfrac{1}{\cos L}\\ \delta\dot{h}=\delta v_{\mathrm{D}}\end{cases}\tag{11.20}$$

在上述位置误差传播方程中，由于有

$$\begin{cases} \delta h \dfrac{v_{\mathrm{N}}}{(R_{\mathrm{M}}+h)^2} \ll \dfrac{\delta v_{\mathrm{N}}}{R_{\mathrm{M}}+h} \\ \delta L \dfrac{v_{\mathrm{E}}}{R_{\mathrm{N}}+h} \dfrac{\sin L}{(\cos L)^2} \ll \dfrac{\delta v_{\mathrm{E}}}{R_{\mathrm{N}}+h} \dfrac{1}{\cos L} \\ \delta h \dfrac{v_{\mathrm{E}}}{(R_{\mathrm{M}}+h)^2} \dfrac{1}{\cos L} \ll \dfrac{\delta v_{\mathrm{E}}}{R_{\mathrm{N}}+h} \dfrac{1}{\cos L} \end{cases} \tag{11.21}$$

因此在实际应用过程中，为了简化计算，一般把位置误差传播方程简化为

$$\begin{cases} \delta \dot{L} = \dfrac{\delta v_{\mathrm{N}}}{R_{\mathrm{M}}+h} \\ \delta \dot{\lambda} = \dfrac{\delta v_{\mathrm{E}}}{R_{\mathrm{N}}+h} \dfrac{1}{\cos L} \\ \delta \dot{h} = \delta v_{\mathrm{D}} \end{cases} \tag{11.22}$$

(2) 速度误差传播方程。忽略重力误差项的影响，速度误差传播方程为

$$\delta \dot{\boldsymbol{v}} = \boldsymbol{\varphi}^{\times} \times \boldsymbol{f}^n + \boldsymbol{C}_b^n \delta \boldsymbol{a} - (2\boldsymbol{\omega}_{\mathrm{ie}}^n + \boldsymbol{\omega}_{\mathrm{en}}^n) \times \delta v - (2\delta\boldsymbol{\omega}_{\mathrm{ie}}^n + \delta\boldsymbol{\omega}_{\mathrm{en}}^n) \times v \tag{11.23}$$

其中

$$\boldsymbol{\omega}_{\mathrm{ie}}^n = \begin{bmatrix} 0 \\ \omega_{\mathrm{ie}} \cos L \\ \omega_{\mathrm{ie}} \sin L \end{bmatrix}, \quad \delta\boldsymbol{\omega}_{\mathrm{ie}}^n = \begin{bmatrix} 0 \\ -\delta L \omega_{\mathrm{ie}} \sin L \\ \delta L \omega_{\mathrm{ie}} \cos L \end{bmatrix}$$

$$\boldsymbol{\omega}_{\mathrm{en}}^n = \begin{bmatrix} -\dfrac{v_{\mathrm{N}}}{R_{\mathrm{M}}+h} \\ \dfrac{v_{\mathrm{E}}}{R_{\mathrm{N}}+h} \\ \dfrac{v_{\mathrm{E}}}{R_{\mathrm{N}}+h} \tan L \end{bmatrix}$$

速度误差传播方程中，有如下关系

$$\begin{cases} (2\boldsymbol{\omega}_{\mathrm{ie}}^n + \boldsymbol{\omega}_{\mathrm{en}}^n) \times \delta v \ll \boldsymbol{\varphi}^{\times} \times f^n + \boldsymbol{C}_b^n \delta \boldsymbol{a} \\ (2\delta\boldsymbol{\omega}_{\mathrm{ie}}^n + \delta\boldsymbol{\omega}_{\mathrm{en}}^n) \times v \ll \boldsymbol{\varphi}^{\times} \times f^n + \boldsymbol{C}_b^n \delta \boldsymbol{a} \end{cases} \tag{11.24}$$

因此，为简化计算，一般采用如下的速度误差传播方程

$$\delta \dot{v}_x = -\varphi_z [\boldsymbol{C}_b^n(2,1) f_x^b + \boldsymbol{C}_b^n(2,2) f_y^b + \boldsymbol{C}_b^n(2,3) f_z^b] +$$

$$\varphi_y[\boldsymbol{C}_b^n(3,1)f_x^b+\boldsymbol{C}_b^n(3,2)f_y^b+\boldsymbol{C}_b^n(3,3)f_z^b]+$$
$$\boldsymbol{C}_b^n(1,1)a_x+\boldsymbol{C}_b^n(1,2)a_y+\boldsymbol{C}_b^n(1,3)a_z \tag{11.25}$$

$$\begin{aligned}\delta\dot{v}_y=&\varphi_z[\boldsymbol{C}_b^n(1,1)f_x^b+\boldsymbol{C}_b^n(1,2)f_y^b+\boldsymbol{C}_b^n(1,3)f_z^b]-\\&\varphi_x[\boldsymbol{C}_b^n(3,1)f_x^b+\boldsymbol{C}_b^n(3,2)f_y^b+\boldsymbol{C}_b^n(3,3)f_z^b]+\\&\boldsymbol{C}_b^n(2,1)a_x+\boldsymbol{C}_b^n(2,2)a_y+\boldsymbol{C}_b^n(2,3)a_z\end{aligned} \tag{11.26}$$

$$\begin{aligned}\delta\dot{v}_z=&-\varphi_y[\boldsymbol{C}_b^n(1,1)f_x^b+\boldsymbol{C}_b^n(1,2)f_y^b+\boldsymbol{C}_b^n(1,3)f_z^b]+\\&\varphi_x[\boldsymbol{C}_b^n(2,1)f_x^b+\boldsymbol{C}_b^n(2,2)f_y^b+\boldsymbol{C}_b^n(2,3)f_z^b]+\\&\boldsymbol{C}_b^n(3,1)a_x+\boldsymbol{C}_b^n(3,2)a_y+\boldsymbol{C}_b^n(3,3)a_z\end{aligned} \tag{11.27}$$

(3) 姿态误差传播方程。忽略二阶小量后，姿态误差传播方程为

$$\dot{\boldsymbol{\varphi}}=\boldsymbol{C}_b^n\delta\boldsymbol{\omega}_{nb}^b \tag{11.28}$$

展开有

$$\begin{cases}\varphi_x=\boldsymbol{C}_b^n(1,1)\delta\omega_x+\boldsymbol{C}_b^n(1,2)\delta\omega_y+\boldsymbol{C}_b^n(1,3)\delta\omega_z\\\varphi_y=\boldsymbol{C}_b^n(2,1)\delta\omega_x+\boldsymbol{C}_b^n(2,2)\delta\omega_y+\boldsymbol{C}_b^n(2,3)\delta\omega_z\\\varphi_z=\boldsymbol{C}_b^n(3,1)\delta\omega_x+\boldsymbol{C}_b^n(3,2)\delta\omega_y+\boldsymbol{C}_b^n(3,3)\delta\omega_z\end{cases} \tag{11.29}$$

3. **发射惯性系下 SINS/GPS 组合导航状态方程**

根据捷联惯导在发射惯性系下的误差传播方程，选取状态向量为

$$\boldsymbol{X}=[\delta x\quad\delta y\quad\delta z\quad\delta v_x\quad\delta v_y\quad\delta v_z\quad\varphi_x\quad\varphi_y\quad\varphi_z]^{\mathrm{T}} \tag{11.30}$$

则根据误差传播方程有

$$\dot{\boldsymbol{X}}=\begin{bmatrix}\delta\dot{x}\\\delta\dot{y}\\\delta\dot{z}\\\delta\dot{v}_x\\\delta\dot{v}_y\\\delta\dot{v}_z\\\dot{\varphi}_x\\\dot{\varphi}_y\\\dot{\varphi}_z\end{bmatrix}=\begin{bmatrix}0&0&0&1&0&0&0&0&0\\0&0&0&0&1&0&0&0&0\\0&0&0&0&0&1&0&0&0\\0&0&0&0&0&0&0&A(4,8)&A(4,9)\\0&0&0&0&0&0&A(5,7)&0&A(5,9)\\0&0&0&0&0&0&A(6,7)&A(6,8)&0\\0&0&0&0&0&0&0&0&0\\0&0&0&0&0&0&0&0&0\\0&0&0&0&0&0&0&0&0\end{bmatrix}\begin{bmatrix}\delta x\\\delta y\\\delta z\\\delta v_x\\\delta v_y\\\delta v_z\\\varphi_x\\\varphi_y\\\varphi_z\end{bmatrix}+\begin{bmatrix}0\\0\\0\\U_4\\U_5\\U_6\\U_7\\U_8\\U_9\end{bmatrix} \tag{11.31}$$

其中

$$A(4,8)=\boldsymbol{C}_b^n(3,1)\,f_x^b+\boldsymbol{C}_b^n(3,2)\,f_y^b+\boldsymbol{C}_b^n(3,3)\,f_z^b$$

$$A(4,9)=-(\boldsymbol{C}_b^n(2,1)\,f_x^b+\boldsymbol{C}_b^n(2,2)\,f_y^b+\boldsymbol{C}_b^n(2,3)\,f_z^b)$$

$$A(5,7)=-(\boldsymbol{C}_b^n(3,1)\,f_x^b+\boldsymbol{C}_b^n(3,2)\,f_y^b+\boldsymbol{C}_b^n(3,3)\,f_z^b)$$

$$A(5,9)=\boldsymbol{C}_b^n(1,1)\,f_x^b+\boldsymbol{C}_b^n(1,2)\,f_y^b+\boldsymbol{C}_b^n(1,3)\,f_z^b$$

$$A(6,7)=\boldsymbol{C}_b^n(2,1)\,f_x^b+\boldsymbol{C}_b^n(2,2)\,f_y^b+\boldsymbol{C}_b^n(2,3)\,f_z^b$$

$$A(6,8)=-(\boldsymbol{C}_b^n(1,1)\,f_x^b+\boldsymbol{C}_b^n(1,2)\,f_y^b+\boldsymbol{C}_b^n(1,3)\,f_z^b)$$

$$U_4=\boldsymbol{C}_b^n(1,1)\,a_x+\boldsymbol{C}_b^n(1,2)\,a_y+\boldsymbol{C}_b^n(1,3)\,a_z$$

$$U_5=\boldsymbol{C}_b^n(2,1)\,a_x+\boldsymbol{C}_b^n(2,2)\,a_y+\boldsymbol{C}_b^n(2,3)\,a_z$$

$$U_6=\boldsymbol{C}_b^n(3,1)\,a_x+\boldsymbol{C}_b^n(3,2)\,a_y+\boldsymbol{C}_b^n(3,3)\,a_z$$

$$U_7=\boldsymbol{C}_b^n(1,1)\,\delta\omega_x^b+\boldsymbol{C}_b^n(1,2)\,\delta\omega_y^b+\boldsymbol{C}_b^n(1,3)\,\delta\omega_z^b$$

$$U_8=\boldsymbol{C}_b^n(2,1)\,\delta\omega_x^b+\boldsymbol{C}_b^n(2,2)\,\delta\omega_y^b+\boldsymbol{C}_b^n(2,3)\,\delta\omega_z^b$$

$$U_9=\boldsymbol{C}_b^n(3,1)\,\delta\omega_x^b+\boldsymbol{C}_b^n(3,2)\,\delta\omega_y^b+\boldsymbol{C}_b^n(3,3)\,\delta\omega_z^b$$

由于上述状态递推方程是在连续系统下推导的，在进行计算机滤波计算过程中，需要采用离散形式的状态一步递推方程，因此对于上述状态方程，在构建滤波状态方程时，需要对连续系统进行离散化，离散化的方法在第 6 章中已经给出了具体的介绍，在此不再赘述。

4. 地理坐标系下 SINS/GPS 组合导航状态方程

在地理坐标系下，选取状态向量为

$$\boldsymbol{X}=[\delta L\quad \delta\lambda\quad \delta h\quad \delta v_{\mathrm{N}}\quad \delta v_{\mathrm{E}}\quad \delta v_{\mathrm{D}}\quad \varphi_x\quad \varphi_y\quad \varphi_z]^{\mathrm{T}} \tag{11.32}$$

根据误差传播方程有

$$
\dot{\boldsymbol{X}}=\begin{bmatrix}
0 & 0 & 0 & A(1,4) & 0 & 0 & 0 & 0 & 0\\
0 & 0 & 0 & 0 & A(2,5) & 0 & 0 & 0 & 0\\
0 & 0 & 0 & 0 & 0 & A(3,6) & 0 & 0 & 0\\
0 & 0 & 0 & 0 & 0 & 0 & 0 & A(4,8) & A(4,9)\\
0 & 0 & 0 & 0 & 0 & 0 & A(5,7) & 0 & A(5,9)\\
0 & 0 & 0 & 0 & 0 & 0 & A(6,7) & A(6,8) & 0\\
0 & 0 & 0 & 0 & 0 & 0 & 0 & 0 & 0\\
0 & 0 & 0 & 0 & 0 & 0 & 0 & 0 & 0\\
0 & 0 & 0 & 0 & 0 & 0 & 0 & 0 & 0
\end{bmatrix}
\begin{bmatrix}\delta x\\ \delta y\\ \delta z\\ \delta v_{\mathrm{N}}\\ \delta v_{\mathrm{E}}\\ \delta v_{\mathrm{D}}\\ \varphi_x\\ \varphi_y\\ \varphi_z\end{bmatrix}
+\begin{bmatrix}0\\0\\0\\U_4\\U_5\\U_6\\U_7\\U_8\\U_9\end{bmatrix}
\tag{11.33}
$$

其中

$$A(1,4)=\frac{1}{R_{\mathrm{M}}+h}$$

$$A(2,5)=\frac{1}{(R_{\mathrm{N}}+h)\cos L}$$

$$A(3,6)=1$$

$$A(4,8)=\boldsymbol{C}_b^n(3,1)f_x^b+\boldsymbol{C}_b^n(3,2)f_y^b+\boldsymbol{C}_b^n(3,3)f_z^b$$

$$A(4,9)=-(\boldsymbol{C}_b^n(2,1)f_x^b+\boldsymbol{C}_b^n(2,2)f_y^b+\boldsymbol{C}_b^n(2,3)f_z^b)$$

$$A(5,7)=-(\boldsymbol{C}_b^n(3,1)f_x^b+\boldsymbol{C}_b^n(3,2)f_y^b+\boldsymbol{C}_b^n(3,3)f_z^b)$$

$$A(5,9)=\boldsymbol{C}_b^n(1,1)f_x^b+\boldsymbol{C}_b^n(1,2)f_y^b+\boldsymbol{C}_b^n(1,3)f_z^b$$

$$A(6,7)=\boldsymbol{C}_b^n(2,1)f_x^b+\boldsymbol{C}_b^n(2,2)f_y^b+\boldsymbol{C}_b^n(2,3)f_z^b$$

$$A(6,8)=-(\boldsymbol{C}_b^n(1,1)f_x^b+\boldsymbol{C}_b^n(1,2)f_y^b+\boldsymbol{C}_b^n(1,3)f_z^b)$$

$$U_4=\boldsymbol{C}_b^n(1,1)a_x+\boldsymbol{C}_b^n(1,2)a_y+\boldsymbol{C}_b^n(1,3)a_z$$

$$U_5=\boldsymbol{C}_b^n(2,1)a_x+\boldsymbol{C}_b^n(2,2)a_y+\boldsymbol{C}_b^n(2,3)a_z$$

$$U_6=\boldsymbol{C}_b^n(3,1)a_x+\boldsymbol{C}_b^n(3,2)a_y+\boldsymbol{C}_b^n(3,3)a_z$$

$$U_7=\boldsymbol{C}_b^n(1,1)\delta\omega_x^b+\boldsymbol{C}_b^n(1,2)\delta\omega_y^b+\boldsymbol{C}_b^n(1,3)\delta\omega_z^b$$

$$U_8=\boldsymbol{C}_b^n(2,1)\delta\omega_x^b+\boldsymbol{C}_b^n(2,2)\delta\omega_y^b+\boldsymbol{C}_b^n(2,3)\delta\omega_z^b$$

$$U_9=\boldsymbol{C}_b^n(3,1)\delta\omega_x^b+\boldsymbol{C}_b^n(3,2)\delta\omega_y^b+\boldsymbol{C}_b^n(3,3)\delta\omega_z^b$$

上述状态递推方程为连续形式，为了能够利用离散卡尔曼滤波器进行滤波和便于计算机计算，需要对连续形式的状态方程进行离散化处理，离散化的方法已经在第 6 章中给出，在此不再赘述。

以上就是 GPS/SINS 在发射惯性坐标系和地理坐标系下的状态方程的建立过程，状态方程反映了捷联惯导的误差随着时间的变化规律，其中位置(或者经纬高度)、速度经过滤波处理后可以直接对惯导的初始值进行修正。姿态失准角 φ 在实际的物理过程中，体现在计算导航坐标系与实际导航坐标系之间的误差角，它是用旋转矢量的方法来确定的。姿态修正回路需要根据姿态失准角首先对姿态四元数或者姿态转换矩阵 $\boldsymbol{C}_b^n$ 进行修正后，再由姿态四元数或者姿态转换矩阵 $\boldsymbol{C}_b^n$ 反解出姿态角，从而构成姿态角的修正回路。

11.2.3 GPS/SINS 组合导航观测方程

卫星导航对飞行器状态的测量构成组合导航系统的观测方程，对于不同的坐标系，GPS 输出的观测值不同，可以根据不同的 GPS 导航软件来实现这一功能。我们假定在发射惯性坐标系下 GPS 的输出观测值为 3 方向位置和速度，在地理坐标系下 GPS 的输出观测值为经度、纬度、高度和 3 个轴向的速度分量。下面分别给出在发射惯性坐标系下和地理坐标系下的组合导航观测方程。

1. 发射惯性坐标系下观测方程

根据 GPS 的观测值，选取测量向量为

$$\boldsymbol{Z}=[\Delta x \quad \Delta y \quad \Delta z \quad \Delta v_x \quad \Delta v_y \quad \Delta v_z]^{\mathrm{T}}=$$
$$[x_{ins}-x_{gps} \quad y_{ins}-y_{gps} \quad z_{ins}-z_{gps} \quad v_x^{ins}-v_x^{gps} \quad v_y^{ins}-v_y^{gps} \quad v_z^{ins}-v_z^{gps}]^{\mathrm{T}} \tag{11.34}$$

在滤波过程中，以 GPS 的测量值为标准值，根据惯导系统固有的误差传播特性和噪声特性，对惯导系统的误差进行估计。可以认为

$$[\Delta x \quad \Delta y \quad \Delta z \quad \Delta v_x \quad \Delta v_y \quad \Delta v_z]^{\mathrm{T}}=[\delta x \quad \delta y \quad \delta z \quad \delta v_x \quad \delta v_y \quad \delta v_z]^{\mathrm{T}} \tag{11.35}$$

则观测方程为

$$
\boldsymbol{Z}=\begin{bmatrix} x_{ins}-x_{gps} \\ y_{ins}-y_{gps} \\ z_{ins}-z_{gps} \\ v_x^{ins}-v_x^{gps} \\ v_y^{ins}-v_y^{gps} \\ v_z^{ins}-v_z^{gps} \end{bmatrix}=\begin{bmatrix} \boldsymbol{I}_{6\times 6} & \boldsymbol{0}_{6\times 3} \\ \boldsymbol{0}_{3\times 6} & \boldsymbol{0}_{3\times 3} \end{bmatrix}\begin{bmatrix} \delta x \\ \delta y \\ \delta z \\ \delta v_x \\ \delta v_y \\ \delta v_z \\ \varphi_x \\ \varphi_y \\ \varphi_z \end{bmatrix} \tag{11.36}
$$

即观测矩阵为

$$
\boldsymbol{H}=\begin{bmatrix} \boldsymbol{I}_{6\times 6} & \boldsymbol{0}_{6\times 3} \\ \boldsymbol{0}_{3\times 6} & \boldsymbol{0}_{3\times 3} \end{bmatrix} \tag{11.37}
$$

其中，$\boldsymbol{I}_{6\times 6}$ 为 6×6 维的单位矩阵。

2. 地理坐标系下观测方程

根据 GPS 在地理坐标系下的测量值，选取观测向量为

$$
\boldsymbol{Z}=[\Delta L \quad \Delta\lambda \quad \Delta h \quad \Delta v_{\mathrm{N}} \quad \Delta v_{\mathrm{E}} \quad \Delta v_{\mathrm{D}}]^{\mathrm{T}}=
$$
$$
[L_{ins}-L_{gps} \quad \lambda_{ins}-\lambda_{gps} \quad h_{ins}-h_{gps} \quad v_{\mathrm{N}}^{ins}-v_{\mathrm{N}}^{gps} \quad v_{\mathrm{E}}^{ins}-v_{\mathrm{E}}^{gps} \quad v_{\mathrm{D}}^{ins}-v_{\mathrm{D}}^{gps}]^{\mathrm{T}} \tag{11.38}
$$

滤波过程中，以 GPS 的测量值为标准值，则惯导输出与 GPS 输出值之差，即可以记为惯导的测量误差，因此有

$$
[\Delta L \quad \Delta\lambda \quad \Delta h \quad \Delta v_{\mathrm{N}} \quad \Delta v_{\mathrm{E}} \quad \Delta v_{\mathrm{D}}]^{\mathrm{T}}=[\delta L \quad \delta\lambda \quad \delta h \quad \delta v_{\mathrm{N}} \quad \delta v_{\mathrm{E}} \quad \delta v_{\mathrm{D}}]^{\mathrm{T}} \tag{11.39}
$$

则观测方程为

$$Z=\begin{bmatrix} L_{ins}-L_{gps} \\ \lambda_{ins}-\lambda_{gps} \\ h_{ins}-h_{gps} \\ v_{\mathrm{N}}^{ins}-v_{\mathrm{N}}^{gps} \\ v_{\mathrm{E}}^{ins}-v_{\mathrm{E}}^{gps} \\ v_{\mathrm{D}}^{ins}-v_{\mathrm{D}}^{gps} \end{bmatrix}=\begin{bmatrix} \boldsymbol{I}_{6\times 6} & \boldsymbol{0}_{6\times 3} \\ \boldsymbol{0}_{3\times 6} & \boldsymbol{0}_{3\times 3} \end{bmatrix}\begin{bmatrix} \delta L \\ \delta\lambda \\ \delta h \\ \delta v_{\mathrm{N}} \\ \delta v_{\mathrm{E}} \\ \delta v_{\mathrm{D}} \\ \varphi_x \\ \varphi_y \\ \varphi_z \end{bmatrix} \tag{11.40}$$

即观测矩阵为

$$\boldsymbol{H}=\begin{bmatrix} \boldsymbol{I}_{6\times 6} & \boldsymbol{0}_{6\times 3} \\ \boldsymbol{0}_{3\times 6} & \boldsymbol{0}_{3\times 3} \end{bmatrix} \tag{11.41}$$

以上就是 GPS/SINS 组合导航滤波观测方程的建立过程，观测方程的建立方法主要是根据测量设备的输出值，通过原理分析和数学推导，从而确定出实际测量值与状态向量之间的关系。

11.2.4 GPS/SINS 组合导航相关的改进方法

采用上述给出的状态方程和测量方程，利用卡尔曼滤波算法或者其他滤波算法进行滤波时，滤波器根据 GPS 的测量值，综合捷联惯导的误差传播特性和噪声特性，对位置误差、速度误差和姿态误差等状态量进行了估计。实际上，GPS 仅能测量位置和速度信息，滤波器对姿态误差进行估计时，利用了状态向量相互之间的耦合关系来实现，在实际的应用过程中发现，由于姿态估计通道的可观性较弱等问题，导致姿态估计一般不能取得理想的滤波估计结果，甚至出现误差过大和发散的现象，因此在采用 GPS/SINS 进行组合导航系统设计时，一般需要对捷联惯导的误差传播方程中的状态向量进行简化，来提高滤波器的稳定性，实际应用时可以采用如下的状态方程。

1. PV 模型

(1) 状态方程。

选取状态向量为

$$\begin{cases}\boldsymbol{X}=[\delta x \quad \delta y \quad \delta z \quad \delta v_x \quad \delta v_y \quad \delta v_z]^{\mathrm{T}}(\text{发射惯性系下}) \\ \boldsymbol{X}=[\delta L \quad \delta\lambda \quad \delta h \quad \delta v_{\mathrm{N}} \quad \delta v_{\mathrm{E}} \quad \delta v_{\mathrm{D}}]^{\mathrm{T}}(\text{地理坐标系下})\end{cases} \tag{11.42}$$

状态方程为

$$\dot{\boldsymbol{X}}=\begin{bmatrix}\delta\dot{x}\\ \delta\dot{y}\\ \delta\dot{z}\\ \delta\dot{v}_x\\ \delta\dot{v}_y\\ \delta\dot{v}_z\end{bmatrix}=\begin{bmatrix}\boldsymbol{0}_{3\times3} & \boldsymbol{I}_{3\times3}\\ \boldsymbol{0}_{3\times3} & \boldsymbol{0}_{3\times3}\end{bmatrix}\begin{bmatrix}\delta x\\ \delta y\\ \delta z\\ \delta v_x\\ \delta v_y\\ \delta v_z\end{bmatrix}(\text{发射惯性系下}) \tag{11.43}$$

$$\dot{\boldsymbol{X}}=\begin{bmatrix}\delta\dot{L}\\ \delta\dot{\lambda}\\ \delta\dot{h}\\ \delta\dot{v}_{\mathrm{N}}\\ \delta\dot{v}_{\mathrm{E}}\\ \delta\dot{v}_{\mathrm{D}}\end{bmatrix}=\begin{bmatrix}\boldsymbol{0}_{3\times3} & \boldsymbol{I}_{3\times3}\\ \boldsymbol{0}_{3\times3} & \boldsymbol{0}_{3\times3}\end{bmatrix}\begin{bmatrix}\delta L\\ \delta\lambda\\ \delta h\\ \delta v_{\mathrm{N}}\\ \delta v_{\mathrm{E}}\\ \delta v_{\mathrm{D}}\end{bmatrix}(\text{地理坐标系下}) \tag{11.44}$$

(2) 量测方程。

根据 GPS 的输出量，选取观测向量为

$$\boldsymbol{Z}=[\Delta x \quad \Delta y \quad \Delta z \quad \Delta v_x \quad \Delta v_y \quad \Delta v_z]^{\mathrm{T}}=$$
$$[x_{ins}-x_{gps} \quad y_{ins}-y_{gps} \quad z_{ins}-z_{gps} \quad v_x^{ins}-v_x^{gps} \quad v_y^{ins}-v_y^{gps} \quad v_z^{ins}-v_z^{gps}]^{\mathrm{T}}$$
$$(\text{发射惯性系下}) \tag{11.45}$$

$$\boldsymbol{Z}=[\Delta L \quad \Delta\lambda \quad \Delta h \quad \Delta v_{\mathrm{N}} \quad \Delta v_{\mathrm{E}} \quad \Delta v_{\mathrm{D}}]^{\mathrm{T}}=$$
$$[L_{ins}-L_{gps} \quad \lambda_{ins}-\lambda_{gps} \quad h_{ins}-h_{gps} \quad v_{\mathrm{N}}^{ins}-v_{\mathrm{N}}^{gps} \quad v_{\mathrm{E}}^{ins}-v_{\mathrm{E}}^{gps} \quad v_{\mathrm{D}}^{ins}-v_{\mathrm{D}}^{gps}]^{\mathrm{T}}$$
$$(\text{地理坐标系下}) \tag{11.46}$$

观测方程为

$$\boldsymbol{Z}=\begin{bmatrix} x_{ins}-x_{gps} \\ y_{ins}-y_{gps} \\ z_{ins}-z_{gps} \\ v_x^{ins}-v_x^{gps} \\ v_y^{ins}-v_y^{gps} \\ v_z^{ins}-v_z^{gps} \end{bmatrix}=[\boldsymbol{I}_{6\times 6}]\begin{bmatrix} \delta x \\ \delta y \\ \delta z \\ \delta v_x \\ \delta v_y \\ \delta v_z \end{bmatrix} \text{（发射惯性系下）} \tag{11.47}$$

$$\boldsymbol{Z}=\begin{bmatrix} L_{ins}-L_{gps} \\ \lambda_{ins}-\lambda_{gps} \\ h_{ins}-h_{gps} \\ v_{\mathrm{N}}^{ins}-v_{\mathrm{N}}^{gps} \\ v_{\mathrm{E}}^{ins}-v_{\mathrm{E}}^{gps} \\ v_{\mathrm{D}}^{ins}-v_{\mathrm{D}}^{gps} \end{bmatrix}=[\boldsymbol{I}_{6\times 6}]\begin{bmatrix} \delta L \\ \delta \lambda \\ \delta h \\ \delta v_{\mathrm{N}} \\ \delta v_{\mathrm{E}} \\ \delta v_{\mathrm{D}} \end{bmatrix} \text{（地理坐标系下）} \tag{11.48}$$

此方法适用于飞行器平稳运动的低动态状态。由于所有的状态向量都能够由 GPS 直接测量得到，保证了状态向量每个元素的可观测性。

2. PVA **模型**

(1)状态方程。

选取状态向量为

$$\begin{cases} \boldsymbol{X}=[\delta x \quad \delta y \quad \delta z \quad \delta v_x \quad \delta v_y \quad \delta v_z \quad \delta a_x \quad \delta a_y \quad \delta a_z]^{\mathrm{T}} \text{（发射惯性系下）} \\ \boldsymbol{X}=[\delta L \quad \delta \lambda \quad \delta h \quad \delta v_N \quad \delta v_E \quad \delta v_D \quad \delta a_N \quad \delta a_E \quad \delta a_D]^{\mathrm{T}} \text{（地理坐标系下）} \end{cases} \tag{11.49}$$

状态方程为

$$\dot{\boldsymbol{X}}=\begin{bmatrix}\delta\dot{x}\\ \delta\dot{y}\\ \delta\dot{z}\\ \delta\dot{v}_x\\ \delta\dot{v}_y\\ \delta\dot{v}_z\\ \delta\dot{a}_x\\ \delta\dot{a}_y\\ \delta\dot{a}_z\end{bmatrix}=\begin{bmatrix}\mathbf{0}_{3\times3} & \boldsymbol{I}_{3\times3} & \mathbf{0}_{3\times3}\\ \mathbf{0}_{3\times3} & \mathbf{0}_{3\times3} & \boldsymbol{I}_{3\times3}\\ \mathbf{0}_{3\times3} & \mathbf{0}_{3\times3} & \mathbf{0}_{3\times3}\end{bmatrix}\begin{bmatrix}\delta x\\ \delta y\\ \delta z\\ \delta v_x\\ \delta v_y\\ \delta v_z\\ \delta a_x\\ \delta a_y\\ \delta a_z\end{bmatrix}\text{（发射惯性系下）}\tag{11.50}$$

$$\dot{\boldsymbol{X}}=\begin{bmatrix}\delta\dot{L}\\ \delta\dot{\lambda}\\ \delta\dot{h}\\ \delta\dot{v}_N\\ \delta\dot{v}_E\\ \delta\dot{v}_D\\ \delta\dot{a}_N\\ \delta\dot{a}_E\\ \delta\dot{a}_D\end{bmatrix}=\begin{bmatrix}\mathbf{0}_{3\times3} & \boldsymbol{I}_{3\times3} & \mathbf{0}_{3\times3}\\ \mathbf{0}_{3\times3} & \mathbf{0}_{3\times3} & \boldsymbol{I}_{3\times3}\\ \mathbf{0}_{3\times3} & \mathbf{0}_{3\times3} & \mathbf{0}_{3\times3}\end{bmatrix}\begin{bmatrix}\delta L\\ \delta \lambda\\ \delta h\\ \delta v_N\\ \delta v_E\\ \delta v_D\\ \delta a_N\\ \delta a_E\\ \delta a_D\end{bmatrix}\text{（地理坐标系下）}\tag{11.51}$$

(2)量测方程。

根据 GPS 的输出量，选取的观测向量与 PV 模型相同。

观测方程为

$$\boldsymbol{Z}=\begin{bmatrix} x_{ins}-x_{gps} \\ y_{ins}-y_{gps} \\ z_{ins}-z_{gps} \\ v_x^{ins}-v_x^{gps} \\ v_y^{ins}-v_y^{gps} \\ v_z^{ins}-v_z^{gps} \end{bmatrix}=\begin{bmatrix} \boldsymbol{I}_{6\times 6} & \boldsymbol{0}_{6\times 3} \\ \boldsymbol{0}_{3\times 6} & \boldsymbol{0}_{3\times 3} \end{bmatrix}\begin{bmatrix} \delta x \\ \delta y \\ \delta z \\ \delta v_x \\ \delta v_y \\ \delta v_z \\ \delta a_x \\ \delta a_y \\ \delta a_z \end{bmatrix}\text{（发射惯性系下）} \tag{11.52}$$

$$\boldsymbol{Z}=\begin{bmatrix} L_{ins}-L_{gps} \\ \lambda_{ins}-\lambda_{gps} \\ h_{ins}-h_{gps} \\ v_N^{ins}-v_N^{gps} \\ v_E^{ins}-v_E^{gps} \\ v_D^{ins}-v_D^{gps} \end{bmatrix}=\begin{bmatrix} \boldsymbol{I}_{6\times 6} & \boldsymbol{0}_{6\times 3} \\ \boldsymbol{0}_{3\times 6} & \boldsymbol{0}_{3\times 3} \end{bmatrix}\begin{bmatrix} \delta L \\ \delta \lambda \\ \delta h \\ \delta v_N \\ \delta v_E \\ \delta v_D \\ \delta a_N \\ \delta a_E \\ \delta a_D \end{bmatrix}\text{（地理坐标系下）} \tag{11.53}$$

此方法适用于飞行器稳定加速的高动态状态。但观测量与 PV 模型相比没有变化，只是将观测矩阵相应的元素加以调整。

根据飞行器的动态性能分别采用上述改进后的状态方程和量测方程进行卡尔曼滤波处理，能够保证滤波器具有良好的收敛特性，也能够保证滤波器输出的估计精度。

11.3 GPS/CNS/SINS 组合导航

GPS/SINS 组合导航系统能够提供高精度的位置和速度导航信息。由于捷联惯导系统具有很高的短期导航精度，因此在战术导弹等飞行时间较短的飞行器上，采用 GPS/

SINS 已经能够满足导航精度的需求,捷联惯导的姿态漂移对最终的导航精度影响不大。但对于长时间的飞行器来说,例如人造地球卫星、深空探测飞行器和太空飞船等,由于飞行时间长,捷联惯导系统的姿态漂移会随时间不断增加,导致最终定姿精度较差。由于姿态通道与位置和速度通道是相互耦合的,这也会带来位置和速度估计误差过大的问题,况且对于空间飞行器来说,需要较精确的姿态信息为姿态控制系统提供精确的基准信息,因此仅采用 GPS/SINS 的组合形式,很难满足空间飞行器对于导航的精度需求。

CNS 是一种利用宇宙中的恒星进行精确定姿的导航手段,它利用恒星在惯性空间中位置固定的特点,根据人们已有的对恒星位置的先验知识,通过对恒星进行成像的方式,解算出飞行器当前的姿态信息。相关的原理和方法已经在第 5 章中进行了简要介绍。

由于当前微电子技术的发展,CNS 已经成为一种定姿精度非常高的导航手段。在太空中长时间飞行,对于低地球轨道卫星来说,利用 GPS 确定当前的位置和速度信息,利用 CNS 确定姿态信息,采用 GPS/CNS/SINS 的组合导航方式,将能够实现对位置、速度和姿态信息的高精度估计。对于深空探测、高轨道卫星等飞行器来说,由于 GPS 已经不能采用,可以利用相关的天文导航方式实现定位功能。下面主要对 GPS/CNS/SINS 的组合导航系统设计进行详细介绍。

11.3.1 GPS/CNS/SINS 组合导航状态方程

对于空间飞行器来说,一般采用 J2000 坐标系确定当前的位置。J2000 坐标系是惯性坐标系,在 J2000 坐标系下建立组合导航状态方程和在发射惯性坐标系下建立组合导航状态方程相同,仅有的不同是姿态转换矩阵 $\boldsymbol{C}_b^n$ 的形式不一样。下面根据状态方程在发射惯性系下的形式,给出状态方程在 J2000 坐标系下的具体形式。

选取状态向量为

$$\boldsymbol{X}=[\delta x \quad \delta y \quad \delta z \quad \delta v_x \quad \delta v_y \quad \delta v_z \quad \varphi_x \quad \varphi_y \quad \varphi_z]^{\mathrm{T}} \tag{11.54}$$

式中,$\delta x,\delta y,\delta z$ 为 J2000 坐标系三轴向上的惯导输出位置误差;$\delta v_x,\delta v_y,\delta v_z$ 为 J2000 坐标系三轴向上的惯导输出速度误差;$\varphi_x,\varphi_y,\varphi_z$ 为实际导航坐标系和计算导航坐标系间的姿态失准角。

根据捷联惯导在发射惯性系下的误差传播方程有

$$\dot{\boldsymbol{X}}=\begin{bmatrix}\delta\dot{x}\\\delta\dot{y}\\\delta\dot{z}\\\delta\dot{v}_x\\\delta\dot{v}_y\\\delta\dot{v}_z\\\dot{\varphi}_x\\\dot{\varphi}_y\\\dot{\varphi}_z\end{bmatrix}=\begin{bmatrix}0&0&0&1&0&0&0&0&0\\0&0&0&0&1&0&0&0&0\\0&0&0&0&0&1&0&0&0\\0&0&0&0&0&0&0&A(4,8)&A(4,9)\\0&0&0&0&0&0&A(5,7)&0&A(5,9)\\0&0&0&0&0&0&A(6,7)&A(6,8)&0\\0&0&0&0&0&0&0&0&0\\0&0&0&0&0&0&0&0&0\\0&0&0&0&0&0&0&0&0\end{bmatrix}\begin{bmatrix}\delta x\\\delta y\\\delta z\\\delta v_x\\\delta v_y\\\delta v_z\\\varphi_x\\\varphi_y\\\varphi_z\end{bmatrix}+\begin{bmatrix}0\\0\\0\\U_4\\U_5\\U_6\\U_7\\U_8\\U_9\end{bmatrix}\tag{11.55}$$

其中

$$A(4,8)=\boldsymbol{C}_b^n(3,1)f_x^b+\boldsymbol{C}_b^n(3,2)f_y^b+\boldsymbol{C}_b^n(3,3)f_z^b$$

$$A(4,9)=-(\boldsymbol{C}_b^n(2,1)f_x^b+\boldsymbol{C}_b^n(2,2)f_y^b+\boldsymbol{C}_b^n(2,3)f_z^b)$$

$$A(5,7)=-(\boldsymbol{C}_b^n(3,1)f_x^b+\boldsymbol{C}_b^n(3,2)f_y^b+\boldsymbol{C}_b^n(3,3)f_z^b)$$

$$A(5,9)=\boldsymbol{C}_b^n(1,1)f_x^b+\boldsymbol{C}_b^n(1,2)f_y^b+\boldsymbol{C}_b^n(1,3)f_z^b$$

$$A(6,7)=\boldsymbol{C}_b^n(2,1)f_x^b+\boldsymbol{C}_b^n(2,2)f_y^b+\boldsymbol{C}_b^n(2,3)f_z^b$$

$$A(6,8)=-(\boldsymbol{C}_b^n(1,1)f_x^b+\boldsymbol{C}_b^n(1,2)f_y^b+\boldsymbol{C}_b^n(1,3)f_z^b)$$

$$U_4=\boldsymbol{C}_b^n(1,1)a_x+\boldsymbol{C}_b^n(1,2)a_y+\boldsymbol{C}_b^n(1,3)a_z$$

$$U_5=\boldsymbol{C}_b^n(2,1)a_x+\boldsymbol{C}_b^n(2,2)a_y+\boldsymbol{C}_b^n(2,3)a_z$$

$$U_6=\boldsymbol{C}_b^n(3,1)a_x+\boldsymbol{C}_b^n(3,2)a_y+\boldsymbol{C}_b^n(3,3)a_z$$

$$U_7=\boldsymbol{C}_b^n(1,1)\delta\omega_x^b+\boldsymbol{C}_b^n(1,2)\delta\omega_y^b+\boldsymbol{C}_b^n(1,3)\delta\omega_z^b$$

$$U_8=\boldsymbol{C}_b^n(2,1)\delta\omega_x^b+\boldsymbol{C}_b^n(2,2)\delta\omega_y^b+\boldsymbol{C}_b^n(2,3)\delta\omega_z^b$$

$$U_9=\boldsymbol{C}_b^n(3,1)\delta\omega_x^b+\boldsymbol{C}_b^n(3,2)\delta\omega_y^b+\boldsymbol{C}_b^n(3,3)\delta\omega_z^b$$

11.3.2 GPS/CNS/SINS 组合导航观测方程

GPS 能够对位置和速度信息进行测量，仅需选购适用于 J2000 坐标系的卫星导航接收机，就能实现在 J2000 坐标系下 3 轴向位置和速度分量的输出。CNS 能够实现对姿态信息的测量，进而选用适用于 J2000 坐标系的 CNS 测量设备，即可以实现在 J2000 坐标系下的姿态信息的输出。选用 GPS 输出的位置、速度和 CNS 输出的姿态信息共同构成组合导航系统的观测向量，这样就能实现对所有状态向量的直接观测。

根据 GPS 和 CNS 的测量输出信息，选取观测向量为

$$\boldsymbol{Z}=[\Delta x \quad \Delta y \quad \Delta z \quad \Delta v_x \quad \Delta v_y \quad \Delta v_z \quad \Delta\varphi \quad \Delta\psi \quad \Delta\gamma]^{\mathrm{T}} \tag{11.56}$$

其中

$$\begin{cases}\Delta x=x_{ins}-x_{gps}, & \Delta v_x=v_x^{ins}-v_x^{gps}, & \Delta\varphi=\varphi_{ins}-\varphi_{cns}\\ \Delta y=y_{ins}-y_{gps}, & \Delta v_y=v_y^{ins}-v_y^{gps}, & \Delta\psi=\psi_{ins}-\psi_{cns}\\ \Delta z=z_{ins}-z_{gps}, & \Delta v_y=v_z^{ins}-v_z^{gps}, & \Delta\gamma=\gamma_{ins}-\gamma_{cns}\end{cases} \tag{11.57}$$

其中，x_{ins}、y_{ins}、z_{ins}、v_x^{ins}、v_y^{ins}、v_z^{ins}、φ_{ins}、ψ_{ins}、γ_{ins} 分别为捷联惯导测量输出的位置、速度和姿态信息；x_{gps}、y_{gps}、z_{gps}、v_x^{gps}、v_y^{gps}、v_z^{gps} 分别为 GPS 测量输出的位置和速度信息；φ_{cns}、ψ_{cns}、γ_{cns} 分别为 CNS 测量的俯仰、偏航和滚转姿态信息。

在滤波过程中，是以 GPS 和 CNS 的测量量为基准，因此可以近似认为

$$[\Delta x \quad \Delta y \quad \Delta z \quad \Delta v_x \quad \Delta v_y \quad \Delta v_z]^{\mathrm{T}}=[\delta x \quad \delta y \quad \delta z \quad \delta v_x \quad \delta v_y \quad \delta v_z]^{\mathrm{T}} \tag{11.58}$$

相关文献表明，姿态失准角 φ_x，φ_y，φ_z 与俯仰、偏航和滚转姿态误差角 $\Delta\varphi$，$\Delta\psi$，$\Delta\gamma$ 可以等价，即有

$$[\Delta\varphi \quad \Delta\psi \quad \Delta\gamma]^{\mathrm{T}}=[\varphi_x \quad \varphi_y \quad \varphi_z]^{\mathrm{T}} \tag{11.59}$$

因此状态方程可写为

$$\boldsymbol{Z}=\begin{bmatrix}x_{ins}-x_{gps}\\ y_{ins}-y_{gps}\\ z_{ins}-z_{gps}\\ v_x^{ins}-v_x^{gps}\\ v_y^{ins}-v_y^{gps}\\ v_z^{ins}-v_z^{gps}\\ \varphi_{ins}-\varphi_{cns}\\ \psi_{ins}-\psi_{cns}\\ \gamma_{ins}-\gamma_{cns}\end{bmatrix}=[\boldsymbol{I}_{9\times 9}]\begin{bmatrix}\delta x\\ \delta y\\ \delta z\\ \delta v_x\\ \delta v_y\\ \delta v_z\\ \varphi_x\\ \varphi_y\\ \varphi_z\end{bmatrix} \tag{11.60}$$

第 12 章　惯性导航初始对准

惯性导航系统根据测得的载体加速度和角速度，经过积分运算求得速度和位置。为此，必须知道惯导系统的初始速度和初始位置。为惯导系统建立初始基准的过程称为初始对准。对于平台式惯导系统来说，初始对准就是要将平台坐标系向导航坐标系对准；对于捷联惯导系统来说，初始对准就是确定惯导初始时刻的姿态矩阵。初始对准的精度直接关系到惯导系统的导航精度，同时初始对准时间是惯导系统的重要战术技术指标。因此，初始对准是惯导系统最重要的关键技术之一。

12.1　概　述

由于初始对准对于惯导系统的精度与启动准备时间（或反应时间）有着直接的关系，所以一直被看作一项关键技术，从而成为近年来惯导界的研究热点之一。

基于不同的分类原则，惯导系统的初始对准可分为以下几类：

1）按对准的阶段划分

按对准的阶段划分一般可分为粗对准和精对准两个阶段。第一阶段为粗对准，对平台进行水平方位粗调，要求尽快地将平台对准在一定的精度范围内，为后续的对准提供基础，精度可以稍低但速度要快。第二阶段为精对准，是在粗对准的基础上进行，要求在保证对准精度的前提下尽量快。

2）按对准轴系划分

取地理坐标系为导航坐标系的情况下，初始对准可分为水平对准和方位对准。在平台式惯导系统中，物理平台通常先进行水平对准，然后同时进行平台的水平与方位对准。捷联式惯导系统中的数学平台，一般情况下水平对准与方位对准是同时进行的。

3）按基座的运动状态划分

按基座的运动状态划分可分为静基座对准和动基座对准。基座即为安装惯导系统的室内测试台或运载体。早期惯性系统的对准在静止状态完成即静基座对准，但后来惯性系统被装备于现代空中和海上运载火箭，它需要在战斗中完成对准任务即动基座对准。

4)按对准时对外信息的需求划分

按对准时对外信息的需求划分可分为自主式对准和非自主式对准。自主对准是利用系统本身的惯性元件输出的地理信息自动进行对准的方法，此时不需要其他外界信息，自主性强。对准的精度主要依据器件本身的影响，精度不高。非自主对准需要靠外部参考信息进行对准，通常需要加入外部辅助导航设备如 GPS、计程仪等。对准的精度易受辅助导航设备的影响。

5)按回路的控制方式划分

按回路的控制方式划分可分为纯闭环对准(水平、方位均采用闭环)、纯开环对准(水平、方位均采用开环)和半闭环对准(水平闭环、方位开环)。

惯导系统不论用于运载体导航和武器弹药中的制导，还是用于观通系统与火控系统的航向姿态基准，均要求初始对准保证必需的准确性与快速性。用于舰船与飞机的惯导系统，对准时间可略长些，如装备民航飞机的惯导系统容许的对准时间为 15～20 min，平台式惯导系统的水平对准精度达到 10″以内，方位对准精度达到 2″～5″范围。用于舰炮武器系统的捷联式航姿系统，基于快速反应的要求，静基座对准时间要求在 10 min 左右，动基座对准要求在 20 min 左右。为了达到初始对准精而快的要求，陀螺仪和加速度计必须具有足够高的精度和稳定性，惯导系统的鲁棒性要好，对外界的干扰不敏感。

平台式惯导系统的初始对准使平台各轴的实际指向与要求的指向间的偏差角在允许的误差范围之内。在平台式惯导系统中，陀螺漂移引起的平台漂移率与陀螺漂移的方向相同，刻度系数误差通过对平台的指令角速度引入系统；而在捷联式惯导系统中，陀螺漂移引起的数学平台漂移率与陀螺漂移的方向相反，刻度系数误差引起对运载体角速度的测量误差，经姿态更新计算引入系统。捷联式惯导的姿态误差角除受指令角速度和陀螺漂移的影响外，还受运载提交速度的影响。

平台式惯导系统的初始对准利用水平加速度计的输出作为修正信息，经过适当加权和滤波后加至陀螺，通过陀螺控制平台旋转消除失准角。捷联式惯导系统没有实体平台，运载体晃动干扰直接加给陀螺和加速度计。在捷联式惯导的初始对准中，计算机对陀螺和加速度计的测量输出进行处理，解算出姿态矩阵和速度误差，并从速度误差中估计出失准角，待失准角估计达到稳态后，用失准角的估计值对姿态矩阵做校正，以完成初始对准。

设计初始对准方案所采用的方法通常可分为两大类：一类是基于经典控制理论的对准方法，称为频域法或经典法；另一类是基于现代控制理论的状态空间法，也称最优估计方法或卡尔曼滤波方法。其中卡尔曼滤波是常用且有效的滤波估计方法，在工程中得到了成功的应用。

近年来，随着计算机技术的快速发展和误差模型算法的完善，捷联式惯导系统的精度显著提高。目前，捷联式惯导系统基本上取代了平台式惯导系统，而成为主流。静基座对准已得到全面解决，并得到广泛应用。因此，目前的研究重点在捷联式惯导系统的动基座初始对准，寻求显著提高对准精度同时缩短对准时间的手段。

12.2 静基座自对准

12.2.1 平台式惯导系统静基座自对准

静基座上的自主式对准中，惯导平台利用自然参考量 g 和 ω_{ie} 自行完成对准。由于 ω_{ie} 在地球不同点是不相同的，所以自对准过程中，必须精确知道对准地点的纬度。

水平式平台惯导在初始对准之前先做环架锁定，即利用环架同步器输出直接驱动同轴上的力矩马达，使各轴接近互相正交，处于倾倒状态的平台被快速扶正。由于诸如飞机和舰船之类的运载体在停放时基本处于水平状态，所以扶正后的平台水平误差角在一定数值范围内，可视为小角，系统误差方程可视为线性的，这对简化对准过程是有利的。

1. 指北方位系统的经典初始对准方法

指北方位系统的导航坐标系是地理系，所以初始对准的目的是要控制平台旋转，使平台轴（由台体上的陀螺和加速度计的敏感轴确定）与地理坐标系的东、北、天指向重合。指北方位系统的初始对准包括水平对准和方位对准两个过程。系统首先完成水平对准，此过程中仅系统的水平通道参与工作。水平对准结束后方位通道也参与工作，进行方位对准。

设对地的纬度 L 已知，忽略速度误差间的交叉耦合，静基座条件下的系统误差方程可

简化为

$$\delta\dot{v}_E = -\varphi_y g + \nabla_E \tag{12.1}$$

$$\delta\dot{v}_N = \varphi_x g + \nabla_N \tag{12.2}$$

$$\dot{\varphi}_x = -\frac{\delta v_N}{R} + \varphi_y \omega_{ie} \sin L - \varphi_z \omega_{ie} \cos L + \varepsilon_E \tag{12.3}$$

$$\dot{\varphi}_y = \frac{\delta v_E}{R} - \varphi_x \omega_{ie} \sin L + \varepsilon_N \tag{12.4}$$

$$\dot{\varphi}_z = \frac{\delta v_E}{R} \tan L + \varphi_x \omega_{ie} \cos L + \varepsilon_U \tag{12.5}$$

根据误差方程构建东向通道和北向通道误差方块图，引进阻尼实现对准过程。

1）水平对准

在快速扶正后，用水平加速度计输出控制横滚环电机和俯仰环电机，驱动平台使水平加速度计的输出减小，完成水平粗对准，此时平台已接近水平。水平粗对准完成后，根据平台水平轴向敏感到的地球自转角速度信息，对方位陀螺施矩，驱动平台绕方位轴旋转，使平台的方位失准角为小角，完成方位粗对准。

平台经过水平粗对准和方位粗对准后，水平失准角和方位失准角都可视为小角，水平通道的两个失准角间的交叉耦合可忽略。在此基础上，通过设计水平通道的阻尼和反馈系统进行水平精对准，以提高对准精度和收敛速度，惯导系统的水平对准精度取决于水平加速度计的精度。

2）方位对准

经过方位粗对准和水平精对准，水平失准角已达角秒级，方位失准角达到 1° 左右。由于对准地的纬度精确可知，可以利用罗经效应进行方位精对准。由于存在方位失准角，平台相对当地水平面绕西向轴作向北倾斜转动，旋转角速度为 $\varphi_z \omega_{ie} \cos L$，称为罗经项。罗经法对准就是利用罗经项 $\varphi_z \omega_{ie} \cos L$ 引起的北向速度偏差 δv_N 引入反馈回路控制平台绕方位轴旋转，使方位失准角逐渐减小至极限值。要提高方位对准精度，必须减小东向陀螺的漂移。还可以采用陀螺测漂和计算法方位对准。

2. 指北方位系统的卡尔曼滤波方法

卡尔曼滤波方法的关键在于系统的状态变量的选取和观测方程的建立。

系统状态方程为

$$\dot{\boldsymbol{X}} = \boldsymbol{A}\boldsymbol{X} + \boldsymbol{W} \tag{12.6}$$

其中，$\boldsymbol{X}$为系统状态矢量，$\boldsymbol{X}=[\delta v_{\mathrm{N}},\delta v_{\mathrm{E}},\varphi_{\mathrm{N}},\varphi_{\mathrm{E}},\varphi_{\mathrm{U}},\nabla_{\mathrm{N}},\nabla_{\mathrm{E}},\varepsilon_{\mathrm{N}},\varepsilon_{\mathrm{E}},\varepsilon_{\mathrm{U}}]^{\mathrm{T}}$；$\boldsymbol{W}$为系统噪声矢量，$\boldsymbol{W}=[w_{\delta v_{\mathrm{N}}},w_{\delta v_{\mathrm{E}}},w_{\varphi_{\mathrm{N}}},w_{\varphi_{\mathrm{E}}},w_{\varphi_{\mathrm{U}}},0,0,0,0,0]^{\mathrm{T}}$，其中$w_{\delta v_{\mathrm{N}}}$、$w_{\delta v_{\mathrm{E}}}$、$w_{\varphi_{\mathrm{N}}}$、$w_{\varphi_{\mathrm{E}}}$和$w_{\varphi_{\mathrm{U}}}$为零均值的高斯白噪声，分别看作加速度计误差和陀螺漂移中的白噪声部分；$\boldsymbol{A}$为系统转移矩阵

$$\boldsymbol{A}=\begin{bmatrix}\boldsymbol{F} & \boldsymbol{I}_{5\times5}\\ \boldsymbol{0}_{5\times5} & \boldsymbol{0}_{5\times5}\end{bmatrix},\quad \boldsymbol{F}=\begin{bmatrix}0 & -2\omega_{\mathrm{ie}}\sin L & 0 & g & 0\\ 2\omega_{\mathrm{ie}}\sin L & 0 & -g & 0 & 0\\ 0 & 0 & 0 & -\omega_{\mathrm{ie}}\sin L & 0\\ 0 & 0 & \omega_{\mathrm{ie}}\sin L & 0 & \omega_{\mathrm{ie}}\cos L\\ 0 & 0 & 0 & -\omega_{\mathrm{ie}}\cos L & 0\end{bmatrix} \tag{12.7}$$

综合考虑各方面因素，选取两个水平速度误差δv_{N}和δv_{E}作为观测量，构建观测方程为

$$\begin{bmatrix}\delta v_{\mathrm{N}}\\ \delta v_{\mathrm{E}}\end{bmatrix}=\begin{bmatrix}1 & 0 & 0 & 0 & 0 & 0 & 0 & 0 & 0 & 0\\ 0 & 1 & 0 & 0 & 0 & 0 & 0 & 0 & 0 & 0\end{bmatrix}\boldsymbol{X}+\begin{bmatrix}\eta_{\mathrm{N}}\\ \eta_{\mathrm{E}}\end{bmatrix} \tag{12.8}$$

即

$$\boldsymbol{Z}=\boldsymbol{H}\boldsymbol{X}+\boldsymbol{\eta} \tag{12.9}$$

其中，$\boldsymbol{Z}=[Z_1,Z_2]^{\mathrm{T}}=[\delta v_{\mathrm{N}},\delta v_{\mathrm{E}}]^{\mathrm{T}}$，为观测量；$\boldsymbol{H}$为观测矩阵；$\boldsymbol{\eta}=[\eta_{\mathrm{N}},\eta_{\mathrm{E}}]^{\mathrm{T}}$，为观测方程的随机噪声状态矢量，为零均值高斯白噪声。

12.2.2 捷联式惯导系统静基座自对准

捷联式惯导系统的初始对准可分为粗对准和精对准两个过程，其中粗对准又可分为初始姿态矩阵的计算和解析粗对准两个过程。

1）初始姿态矩阵的计算

根据陀螺和加速度计的输出直接解算出初始姿态矩阵，将陀螺和加速度计的输出近似看作对地球旋转角速度和重力加速度的测量值，忽略了晃动干扰的影响，所以初始姿态矩阵误差主要取决于晃动干扰的剧烈程度，失准角一般在数角分至数十角分内。

2）解析粗对准

通过分析姿态失准角与惯导输出量之间的关系，粗略地估计失准角误差，其特点是对准速度快，对准精度较低，仅为进一步精对准提供一个满足要求的初始变换矩阵。

3）精对准

系统一方面根据解析粗对准确定的姿态阵和陀螺的实时输出解算出姿态阵，另一方面根据加速度计的输出计算出速度输出，由于飞行器无移动，所以此速度输出实际上是速度误差，它包含有姿态误差角信息，从中可估计出姿态失准角，待估计达到稳定后，用此估计值对姿态阵做修正，并以此修正后的姿态阵作为导航解算的初始姿态矩阵。静基座自对准即告结束。

1. 初始姿态矩阵的计算

惯性导航系统通过测量得到的重力矢量 $\boldsymbol{g}$ 和地球自转角速度 ω_{ie} 来实现自对准是非常方便的。因为飞行器在静基座下相对于地球的速度和加速度都是零，或飞行器由于外界干扰的影响具有一定的速度和加速度，与重力加速度相比附加速度在粗对准时可以忽略不计，而飞行器当地的重力矢量和地球自转角速度，可以通过飞行器上安装的加速度计和陀螺信息得到。我们选导航坐标系与发射惯性系一致，在初始对准时，当地的纬度可由外部测量装置测得，所以重力矢量和地球自转角速度在导航坐标系中的分量也是确定的，可表示为向量的形式

$$\begin{cases}\boldsymbol{g}^n=[0\quad -g\quad 0]^{\mathrm{T}}\\ \boldsymbol{\omega}_{\text{ie}}^n=[\omega_{\text{ie}}\cos B_0\cos A_0\quad \omega_{\text{ie}}\sin B_0\quad -\omega_{\text{ie}}\cos B_0\sin A_0]^{\mathrm{T}}\\ \boldsymbol{f}_b^n=\boldsymbol{a}^n-\boldsymbol{g}^n=-\boldsymbol{g}^n=[0\quad g\quad 0]^{\mathrm{T}}\end{cases} \tag{12.10}$$

式中，g 为重力矢量；ω_{ie} 为地球自转角速度；B_0 为发射点天文纬度；A_0 为天文瞄准方位角；$\boldsymbol{f}$ 为加速度计测得的比力；$\boldsymbol{a}$ 为飞行器加速度；T 代表矩阵的转置。

为了求解姿态矩阵 $\boldsymbol{C}_b^n$ 中的全部九个元素，需要构造新的向量来增加方程的数目。采用不同的方法构造辅助方程，其对准精度也不同，本文利用 g 和 ω_{ie} 构造一个组合，即

$$\boldsymbol{r}=[g\quad g\times\omega_{\text{ie}}\quad (g\times\omega_{\text{ie}})\times g]^{\mathrm{T}} \tag{12.11}$$

假设导航坐标系中已知的向量 $\boldsymbol{v}^n=[v_x\quad v_y\quad v_z]^{\mathrm{T}}$，它可以通过处理传感器的输出得到，存在变换关系

$$v^n = C_b^n v^b \tag{12.12}$$

则在导航系中向量组合可由下式得到

$$\begin{bmatrix} v_1^n & v_2^n & v_3^n \end{bmatrix} = C_b^n \begin{bmatrix} v_1^b & v_2^b & v_3^b \end{bmatrix} \tag{12.13}$$

可以看到式(12.11)除了在地球的极点之外都满足解析对准的要求，转换矩阵可以从式(12.13)直接得到，即

$$C_b^n = \begin{bmatrix} v_1^n & v_2^n & v_3^n \end{bmatrix} \begin{bmatrix} v_1^b & v_2^b & v_3^b \end{bmatrix}^{-1} \tag{12.14}$$

因为 C_b^n 是正交矩阵，它满足关系式 $(C_b^n)^{-1} = (C_b^n)^{\mathrm{T}}$，所示 C_b^n 也可写成

$$C_b^n = \begin{bmatrix} (v_1^n)^{\mathrm{T}} \\ (v_2^n)^{\mathrm{T}} \\ (v_3^n)^{\mathrm{T}} \end{bmatrix}^{-1} \begin{bmatrix} (v_1^b)^{\mathrm{T}} \\ (v_2^b)^{\mathrm{T}} \\ (v_3^b)^{\mathrm{T}} \end{bmatrix} \tag{12.15}$$

把式(12.11)代入式(12.15)，变为

$$C_b^n = \begin{bmatrix} (g^n)^{\mathrm{T}} \\ (g^n \times \omega_{\mathrm{ie}}^n)^{\mathrm{T}} \\ ((g^n \times \omega_{\mathrm{ie}}^n) \times g^n)^{\mathrm{T}} \end{bmatrix}^{-1} \begin{bmatrix} (g^b)^{\mathrm{T}} \\ (g^b \times \omega_{\mathrm{ie}}^b)^{\mathrm{T}} \\ ((g^b \times \omega_{\mathrm{ie}}^b) \times g^b)^{\mathrm{T}} \end{bmatrix} \tag{12.16}$$

2. 解析粗对准

在实际的系统中，考虑惯导系统测量误差和外界干扰，上文求得的初始变换矩阵并不能准确描述飞行器坐标系 b 和导航坐标系 n 之间的真实角度关系，即初始计算的导航坐标系 n' 与理想导航坐标系不完全重合，其间有小角度误差 $\varphi_{nn'}$，n 系、n' 系与 b 系之间的角度关系如图 12.1 所示。

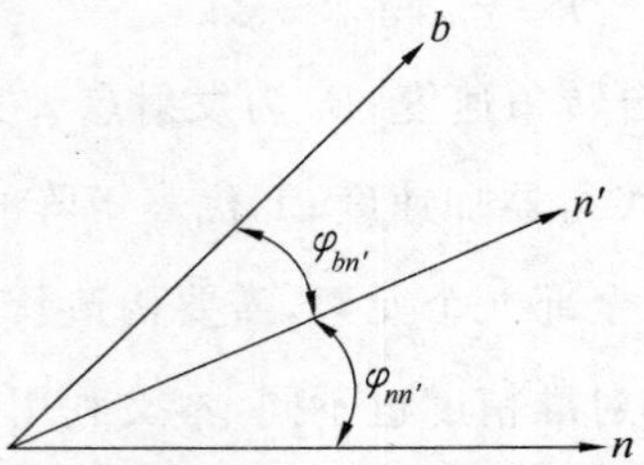

图 12.1 n 系、n' 系与 b 系之间的角度关系

解析粗对准方法是利用加速度计和陀螺仪提供的信息，通过解算出误差角 $\boldsymbol{\varphi}_{nn'}$，再加

上已知的 $\boldsymbol{\varphi}_{bn'}$，求出理想的 $\boldsymbol{\varphi}_{bn}$ 角，也就是在计算机中建立了坐标变换矩阵 $\boldsymbol{C}_b^n$。

设 $\boldsymbol{a}_c^{n'}$ 为加速度计测得的比力信号由数学平台变换成计算导航系的计算值

$$\boldsymbol{a}_c^{n'}=\boldsymbol{C}_b^{n'}\boldsymbol{a}_m^b=\boldsymbol{C}_n^{n'}\boldsymbol{C}_b^n\boldsymbol{a}_m^b=\boldsymbol{C}_n^{n'}\boldsymbol{a}_m^n=(\boldsymbol{I}+\boldsymbol{\varphi}^n)\boldsymbol{a}_m^n \tag{12.17}$$

由于 n' 系偏离 n 系的角度为小量 $\varphi_{nn'}$，有

$$\boldsymbol{C}_n^{n'}=\begin{bmatrix}1 & \varphi_Z & -\varphi_Y\\ -\varphi_Z & 1 & \varphi_X\\ \varphi_Y & -\varphi_X & 1\end{bmatrix}=\boldsymbol{I}+\boldsymbol{\varphi}^n \tag{12.18}$$

式中

$$\boldsymbol{\varphi}^n=\begin{bmatrix}0 & \varphi_Z & -\varphi_Y\\ -\varphi_Z & 0 & \varphi_X\\ \varphi_Y & -\varphi_X & 0\end{bmatrix} \tag{12.19}$$

发射惯性坐标系下捷联式惯导系统的速度误差传播模型为

$$\delta\boldsymbol{a}^n=[\boldsymbol{\varphi}]^{\times}\boldsymbol{C}_b^n\boldsymbol{f}^b+\boldsymbol{C}_b^n\nabla^b+\boldsymbol{G}_e\begin{bmatrix}\delta x & \delta y & \delta z\end{bmatrix}^{\mathrm{T}} \tag{12.20}$$

在静基座条件下，g 能准确测得，故 $a_c^{n'}$ 中只含有 g、∇成分，有

$$\delta\boldsymbol{a}^n=\boldsymbol{C}_b^n\nabla^b=\nabla^n \tag{12.21}$$

加速度计输出中含有 g 和 δa 两部分，而 g 只在等效垂直加速度中出现

$$\boldsymbol{a}_m^n=\begin{bmatrix}\delta a_X^n & \delta a_Y^n+g & \delta a_Z^n\end{bmatrix}^{\mathrm{T}} \tag{12.22}$$

将式(12.21)代入式(12.17)得

$$\begin{bmatrix}a_{cX}^{n'}\\ a_{cY}^{n'}\\ a_{cZ}^{n'}\end{bmatrix}=\begin{bmatrix}1 & \varphi_Z & -\varphi_Y\\ -\varphi_Z & 1 & \varphi_X\\ \varphi_Y & -\varphi_X & 1\end{bmatrix}\begin{bmatrix}\nabla_X^n\\ \nabla_Y^n+g\\ \nabla_Z^n\end{bmatrix} \tag{12.23}$$

不考虑垂直通道，并略去二阶小量，得水平通道的速度误差方程

$$\begin{cases}a_{cX}^{n'}=\nabla_X^n+\varphi_Z g\\ a_{cZ}^{n'}=\nabla_Z^n-\varphi_X g\end{cases} \tag{12.24}$$

这里

$$\begin{cases}\delta v_{cX}^{n'}=\displaystyle\int_{t_1}^{t_2}a_{cX}^{n'}\mathrm{d}t\\ \delta v_{cZ}^{n'}=\displaystyle\int_{t_1}^{t_2}a_{cZ}^{n'}\mathrm{d}t\end{cases} \tag{12.25}$$

时间间隔$[t_1, t_2]$为计算步长。

若不考虑加速度计的测量误差，即$\delta a^n = \nabla^n = 0$，那么式(12.24)变为

$$\begin{cases} a_{cX}^{n'} = \varphi_Z g \\ a_{cZ}^{n'} = -\varphi_X g \end{cases} \tag{12.26}$$

在计算导航系n'中，陀螺的输出信息为

$$\boldsymbol{\omega}_c^{n'} = \boldsymbol{C}_b^{n'} \boldsymbol{\omega}_m^b = \boldsymbol{C}_n^{n'} \boldsymbol{C}_b^n \boldsymbol{\omega}_m^b = \boldsymbol{C}_n^{n'} \boldsymbol{\omega}_m^n = (\boldsymbol{I} + \boldsymbol{\varphi}^n) \boldsymbol{\omega}_m^n \tag{12.27}$$

在静基座条件下，陀螺的实际输出包含地球角速率及测量误差，在导航系中表示为

$$\boldsymbol{\omega}_m^n = \boldsymbol{\Omega} + \delta \boldsymbol{\omega}_m^n \tag{12.28}$$

即

$$\begin{bmatrix} \omega_{mX}^n \\ \omega_{mY}^n \\ \omega_{mZ}^n \end{bmatrix} = \begin{bmatrix} \omega_{ie} \cos B_0 \cos A_0 \\ \omega_{ie} \sin B_0 \\ -\omega_{ie} \cos B_0 \sin A_0 \end{bmatrix} + \begin{bmatrix} \varepsilon_X^n \\ \varepsilon_Y^n \\ \varepsilon_Z^n \end{bmatrix} \tag{12.29}$$

将式(12.29)代入式(12.27)，得

$$\begin{bmatrix} \omega_{cX}^{n'} \\ \omega_{cY}^{n'} \\ \omega_{cZ}^{n'} \end{bmatrix} = \begin{bmatrix} 1 & \varphi_Z & -\varphi_Y \\ -\varphi_Z & 1 & \varphi_X \\ \varphi_Y & -\varphi_X & 1 \end{bmatrix} \begin{bmatrix} \omega_{ie} \cos B_0 \cos A_0 + \varepsilon_X^n \\ \omega_{ie} \sin B_0 + \varepsilon_Y^n \\ -\omega_{ie} \cos B_0 \sin A_0 + \varepsilon_Z^n \end{bmatrix} \tag{12.30}$$

略去二阶小量，式(12.30)的分量为

$$\begin{cases} \omega_{cX}^{n'} = \omega_{ie} \cos B_0 \cos A_0 + \varepsilon_X^n + \varphi_Z \omega_{ie} \sin B_0 + \varphi_Y \omega_{ie} \cos B_0 \sin A_0 \\ \omega_{cY}^{n'} = -\varphi_Z \omega_{ie} \cos B_0 \cos A_0 + \omega_{ie} \sin B_0 + \varepsilon_Y^n - \varphi_X \omega_{ie} \cos B_0 \sin A_0 \\ \omega_{cZ}^{n'} = \varphi_Y \omega_{ie} \cos B_0 \cos A_0 - \varphi_X \omega_{ie} \sin B_0 - \omega_{ie} \cos B_0 \sin A_0 + \varepsilon_Z^n \end{cases} \tag{12.31}$$

由式(12.26)和式(12.31)可以得到不考虑量测误差的情况下，n'系与n系间的误差角$\varphi_{nn'}$

$$\begin{cases} \varphi_X = -\dfrac{a_Z^{n'}}{g} \\ \varphi_Z = \dfrac{a_X^{n'}}{g} \\ \varphi_Y = \dfrac{\omega_X^{n'}}{\omega_{ie} \cos B_0 \sin A_0} - \cot A_0 - \dfrac{a_X^{n'} \tan B_0}{g \sin A_0} \end{cases} \tag{12.32}$$

式中，g、B_0、A_0 和 ω_{ie} 都能够精确地知道，惯性仪表的输出信息经初始方向余弦矩阵 $\boldsymbol{C}_b^{n'}$ 的变换能够求出 $a_X^{n'}$、$a_Z^{n'}$ 及 $\omega_X^{n'}$。

实际上，飞行器的干扰运动总是存在，∇和 ε 也不为零，故惯性仪表的输出信息中必然包含测量误差 $\delta\boldsymbol{a}_m$、$\delta\boldsymbol{\omega}_m$。在计算 n' 系与 n 系间的误差角时，实际上将式(12.32) 中的理想值 $a_X^{n'}$、$a_Z^{n'}$ 及 $\omega_X^{n'}$ 换成由惯性仪表输出值经 $\boldsymbol{C}_b^{n'}$ 所得计算值 $a_{cX}^{n'}$、$a_{cZ}^{n'}$ 及 $\omega_{cX}^{n'}$。将式(12.24) 和式(12.31) 代入式(12.32)，得到考虑干扰运动和惯性仪表误差∇、ε 情况下计算误差角的关系式

$$\begin{cases}\varphi_{cX}=-\dfrac{a_{cZ}^{n'}}{g}=\varphi_X-\dfrac{\nabla_Z^n}{g}\\[2ex]\varphi_{cZ}=\dfrac{a_{cX}^{n'}}{g}=\varphi_Z+\dfrac{\nabla_X^n}{g}\\[2ex]\varphi_{cY}=\dfrac{\omega_{cX}^{n'}}{\omega_{ie}\cos B_0\sin A_0}-\cot A_0-\dfrac{a_{cX}^{n'}\tan B_0}{g\sin A_0}=\varphi_Y+\dfrac{\varepsilon_X^n}{\omega_{ie}\cos B_0\sin A_0}\end{cases}\tag{12.33}$$

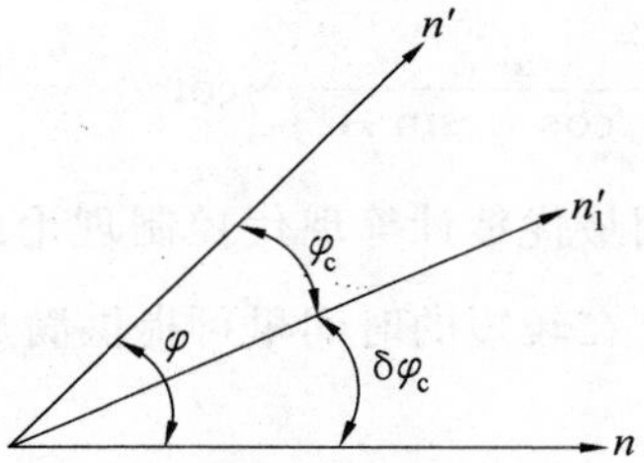

图 12.2　计算误差角 φ_c 与理想误差角 φ 之间的关系示意图

由于∇和 ε 的存在，计算值 φ_c 不是 n' 系与 n 系间的理想误差角 φ，其中包含误差成分 $\delta\varphi$，φ_c、φ 和 $\delta\varphi$ 三者之间的关系如图 12.2 所示。

计算误差 $\delta\varphi$ 是实际计算值误差角 φ_c 与理想误差角 φ 之间的差值，即

$$\begin{cases}\delta\varphi_{cX}=\varphi_{cX}-\varphi_X\\ \delta\varphi_{cY}=\varphi_{cY}-\varphi_Y\\ \delta\varphi_{cZ}=\varphi_{cZ}-\varphi_Z\end{cases}\tag{12.34}$$

将式(12.33) 代入式(12.34) 即得计算误差

$$\begin{cases}\delta\varphi_{cX}=\varphi_{cX}-\varphi_X=-\dfrac{\nabla_Z^n}{g}\\ \delta\varphi_{cZ}=\varphi_{cZ}-\varphi_Z=\dfrac{\nabla_X^n}{g}\\ \delta\varphi_{cY}=\varphi_{cY}-\varphi_Y=\dfrac{\varepsilon_X^n}{\omega_{ie}\cos B_0\sin A_0}\end{cases}\tag{12.35}$$

由此可见，在解析粗对准中，计算误差角 φ_c 的精度主要取决于加速度计和陀螺仪的测量误差∇和 ε。如果能建立起加速度计和陀螺仪的误差模型，并对误差进行实施补偿，或者利用现代估计理论估计随机和常值干扰，提高粗对准的计算精度，比较有效的方法是在某个适当的时间 T 内取计算的均值，即

$$\begin{cases}\varphi_{cX}=\dfrac{1}{T}\displaystyle\int_0^T\left(-\dfrac{a_{cZ}^{n'}}{g}\right)\mathrm{d}t\\ \varphi_{cZ}=\dfrac{1}{T}\displaystyle\int_0^T\left(\dfrac{a_{cX}^{n'}}{g}\right)\mathrm{d}t\\ \varphi_{cY}=\dfrac{1}{T}\displaystyle\int_0^T\left(\dfrac{\omega_{cX}^{n'}}{\omega_{ie}\cos B_0\sin A_0}-\cot A_0-\dfrac{a_{cX}^{n'}\tan B_0}{g\sin A_0}\right)\mathrm{d}t\end{cases}\tag{12.36}$$

虽然取均值的方法不如应用最优估计等现代控制理论的方法处理误差的效果好，但对计算机的要求较低，计算量小，在较短的时间里可提供满足一定精度要求的精对准初始条件。

姿态失准角的计算值 φ_c 虽然不是准确的理想值 φ，利用计算值 φ_c 再加上提供的初始变换矩阵 $\boldsymbol{C}_b^{n'}$ 可以得到更精确的 $\boldsymbol{C}_b^{n'_1}$。由于 n'_1 系更靠近 n 系，因此 $\boldsymbol{C}_b^{n'_1}$ 矩阵要比 $\boldsymbol{C}_b^{n'}$ 更精确地反映 b 系与 n 系的坐标变换关系。

根据以上分析可用图 12.3 表示解析粗对准的原理和计算过程。

3. Kalman 滤波精对准

由于惯性器件偏置量的重复性误差对系统精度的影响最大，所以对准中仅将陀螺漂移和加速度计零偏的随机常数部分列入状态

$$\dot{\varepsilon}_i^b=0\quad(i=x,y,z)\tag{12.37}$$

$$\Delta\dot{a}_i^b=0\quad(i=x,y,z)\tag{12.38}$$

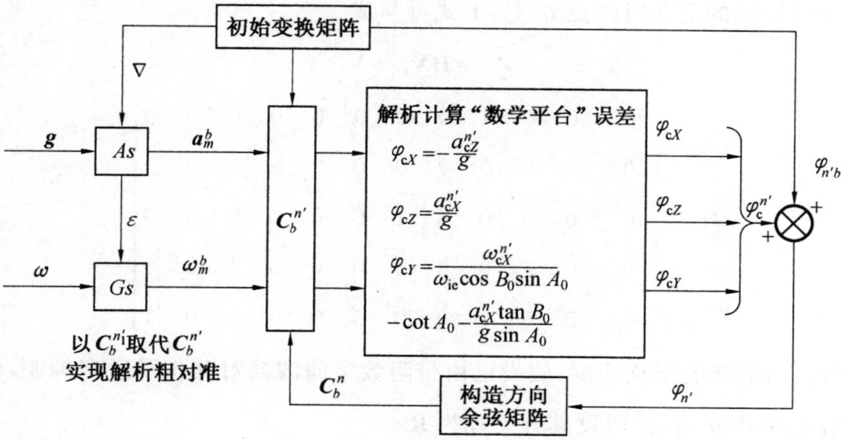

图 12.3　解析粗对准方块原理图

系统的状态向量为

$$\boldsymbol{X}=[\varphi_x\quad \varphi_y\quad \varphi_z\quad \delta v_x\quad \delta v_y\quad \delta v_z\quad \varepsilon_x\quad \varepsilon_y\quad \varepsilon_z\quad a_x\quad a_y\quad a_z]^{\mathrm{T}} \tag{12.39}$$

其中,各元素依次为姿态失准角、速度误差、陀螺仪误差和加速度计误差的分量。

根据速度误差和姿态误差模型,可得系统的状态方程为

$$\dot{\boldsymbol{X}}=\boldsymbol{AX}+\boldsymbol{W} \tag{12.40}$$

$\boldsymbol{A}$ 的各非零元素为

$$\boldsymbol{A}(1:3,7:9)=\boldsymbol{C}_b^n \tag{12.41}$$

$$\boldsymbol{A}(4:6,1:3)=(\boldsymbol{C}_b^n\boldsymbol{F}^b)^{\times} \tag{12.42}$$

$$\boldsymbol{A}(4:6,10:12)=\boldsymbol{C}_b^n \tag{12.43}$$

由式(12.24)可知,加速度计输出在计算导航坐标系中的分量包含姿态失准角和加速度计测量误差信息,静基座对准过程中以系统的速度和比力输出作为量测量,静基座条件下的速度输出即为速度误差,所以量测方程为

$$\boldsymbol{Z}=\begin{bmatrix}\delta v_x\\ \delta v_y\\ \delta v_z\\ f_x^{n'}\\ f_z^{n'}\end{bmatrix} \tag{12.44}$$

在卡尔曼滤波的更新时间点 t_k 上，上式可写成

$$\boldsymbol{Z}_k = \boldsymbol{H}\boldsymbol{X}_k + \boldsymbol{V}_k \tag{12.45}$$

$$\boldsymbol{H} = \begin{bmatrix} 0 & 0 & 0 & 1 & 0 & 0 & 0 & 0 & 0 & 0 & 0 & 0 \\ 0 & 0 & 0 & 0 & 1 & 0 & 0 & 0 & 0 & 0 & 0 & 0 \\ 0 & 0 & 0 & 0 & 0 & 1 & 0 & 0 & 0 & 0 & 0 & 0 \\ 0 & 0 & g & 0 & 0 & 0 & 0 & 0 & 0 & 1 & 0 & 0 \\ -g & 0 & 0 & 0 & 0 & 0 & 0 & 0 & 0 & 0 & 0 & 1 \end{bmatrix} \tag{12.46}$$

其中，$\boldsymbol{V}_k$ 为晃动引起的干扰速度，假设已由带阻数字滤波器对其作了适当抑制，滤波过程中近似看作白噪声序列，并假设其方差阵为 $\boldsymbol{R}_k$。

12.2.3 静基座初始自对准仿真

设飞行器发射点经度 100.30°，发射点地理纬度 41.28°，发射点高度 987 m，发射方位角 228°，飞行器惯导为捷联式惯性导航系统，在发射前分别进行静基座解析粗对准和卡尔曼滤波精对准，对准时间分别为 180 s 和 420 s；陀螺和加速度计漂移误差视为由随机常值和白噪声组成，数据更新周期为 0.01 s。

静基座初始自对准的对准精度与器件指标、晃振干扰等因素有关，取加速度计常值漂移为 $1\times10^{-5}g \sim 1\times10^{-2}g$，陀螺常值漂移为 0.001 ～ 1(°)/h，随机漂移均比常值漂移低一个数量级，晃振干扰振幅为 5 ～ 20 cm。

1. 静基座解析粗对准仿真

1) 不考虑晃振干扰

飞行器处于发射前静止状态，不考虑晃振干扰的影响，首先选取一种参数组合进行解析粗对准仿真：加速度计常值漂移 $1\times10^{-5}\ g$、陀螺常值漂移0.001(°)/h，对静基座解析粗对准进行仿真，仿真时间 180 s，仿真结果如图 12.4 ～ 12.6 所示。

由上述仿真结果可知，在不考虑飞行器晃振干扰的情况下，解析粗对准三个方向姿态失准角估计误差为 3.63′、4.08′、0.002 3′，姿态失准角估计误差是由陀螺和加速度计的器件误差引起的。

不考虑晃振干扰的影响，依次改变加速度计和陀螺仪精度，对静基座解析粗对准进行

仿真,仿真时间 180 s,仿真结果见表 12.1。

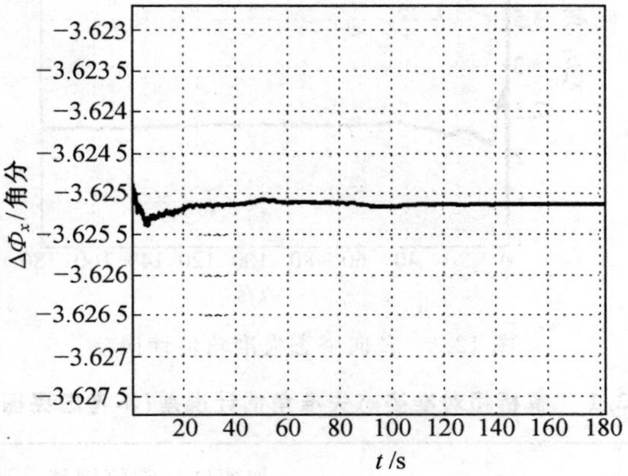

图 12.4 X 向姿态失准角估计误差

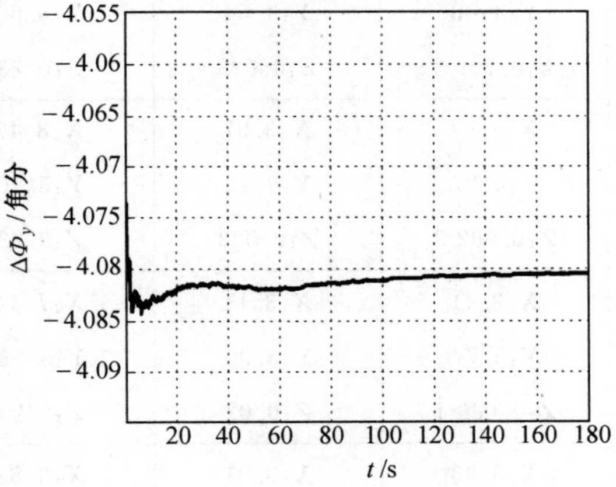

图 12.5 Y 向姿态失准角估计误差

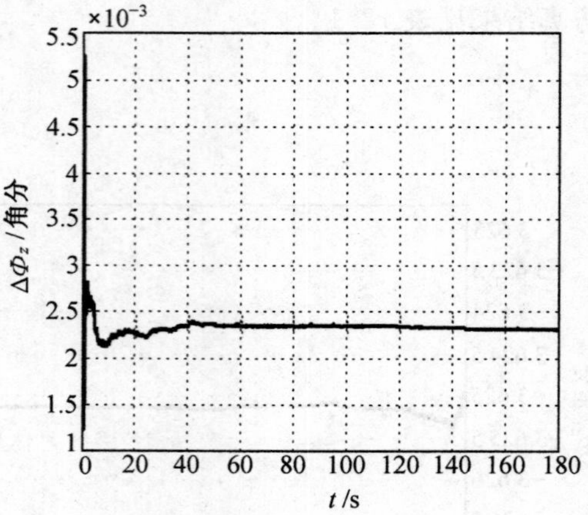

图 12.6　Z 向姿态失准角估计误差

表 12.1　解析粗对准姿态失准角估计误差(不考虑晃振干扰)　　角分

		加速度计常值漂移			
		$1\times10^{-5}g$	$1\times10^{-4}g$	$1\times10^{-3}g$	$1\times10^{-2}g$
陀螺仪常值漂移	0.001(°)/h	X:3.63 Y:4.08 Z:0.002 3	X:4.08 Y:4.04 Z:0.023	X:8.55 Y:3.69 Z:0.23	X:53.00 Y:0.07 Z:2.66
	0.01(°)/h	X:3.53 Y:4.27 Z:0.002 3	X:3.97 Y:4.23 Z:0.023	X:8.47 Y:3.90 Z:0.23	X:52.7 Y:0.03 Z:2.62
	0.1(°)/h	X:2.41 Y:5.77 Z:0.009 1	X:3.11 Y:5.90 Z:0.02	X:7.44 Y:5.56 Z:0.20	X:52.1 Y:2.52 Z:2.31
	1(°)/h	X:8.03 Y:11.80 Z:0.001 7	X:9.01 Y:15.60 Z:0.02	X:3.83 Y:13.3 Z:0.19	X:40.48 Y:10.65 Z:1.45

注:X,Y,Z 为三向姿态失准角估计误差。

为了给器件选型提供合理参照，对不同指标器件组合情况下的解析粗对准精度进行比对分析，得出结论如下：X、Z 向（平面内两个方向）对准精度（主要考核姿态精度）随着加速度计指标的下降而下降，估计误差的增大与器件指标的下降近似为线性关系，Y 向（天向）对准精度随着陀螺仪指标的下降而下降，从上表中对角线上的数据组合来说，高中低组合符合对准精度随器件指标成正比例关系的规律；另外，从表中还可以看出，在一定范围内，陀螺精度的下降并不能改变水平方向的姿态对准精度，但对天向姿态对准精度影响较大。

2）考虑晃振干扰

飞行器处于发射前静止状态，并受到晃振干扰的影响，首先选取晃振干扰振幅 10 cm，加速度计常值漂移 $1\times10^{-5}g$、陀螺常值漂移 0.001(°)/h，仿真时间 180 s，仿真结果如图 12.7 ～ 12.9 所示。

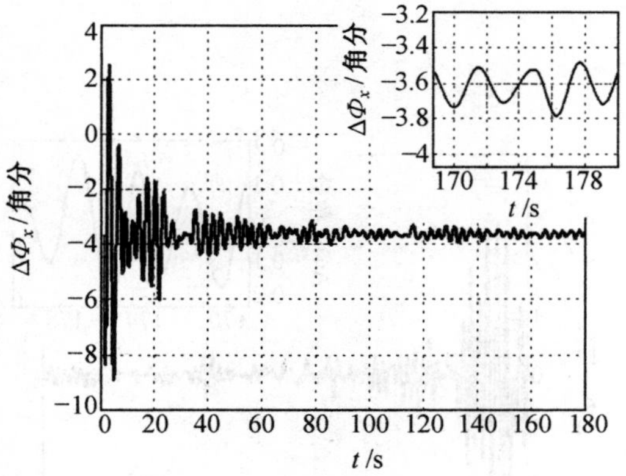

图 12.7　X 向姿态失准角估计误差

由上述仿真结果可知，在考虑飞行器晃振干扰（振幅 10 cm）的情况下，姿态失准角估计在 60 s 左右趋于稳定，三向对准精度为 3.80′、4.36′、0.20′，对准精度比无晃振干扰情况下有所下降，姿态失准角估计误差是由飞行器晃振干扰和陀螺、加速度计器件误差共同引起的。

考虑晃振干扰的影响，在相同振幅（振幅 10 cm、20 cm）、不同振幅（5 ～ 20 cm）情况下，依次改变加速度计和陀螺仪精度，对静基座解析粗对准进行仿真，仿真时间 180 s，仿真结果见表 12.2、表 12.3 和表 12.4。

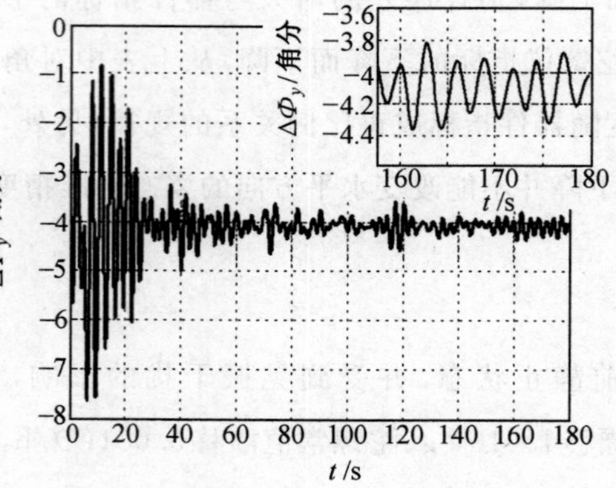

图 12.8　Y 向姿态失准角估计误差

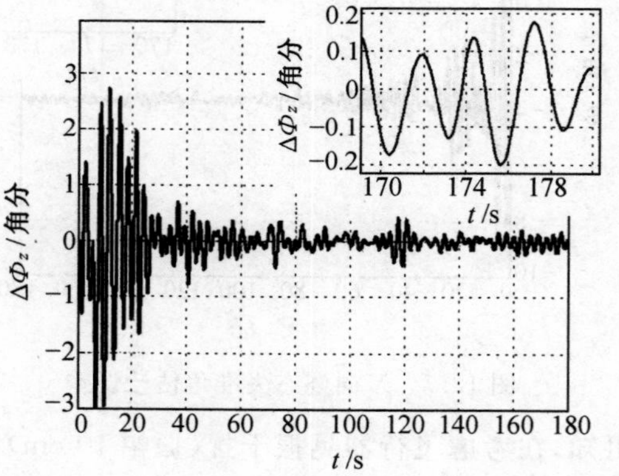

图 12.9　Z 向姿态失准角估计误差

表 12.2　解析粗对准姿态失准角估计误差(晃振干扰振幅 10 cm)　角分

		加速度计常值漂移			
		$1\times10^{-5}g$	$1\times10^{-4}g$	$1\times10^{-3}g$	$1\times10^{-2}g$
陀螺仪常值漂移	0.001(°)/h	X:3.80 Y:4.36 Z:0.20	X:4.30 Y:4.09 Z:0.23	X:8.75 Y:3.94 Z:0.45	X:53.17 Y:0.52 Z:2.89
	0.01(°)/h	X:3.72 Y:4.39 Z:0.20	X:4.21 Y:4.38 Z:0.23	X:8.63 Y:4.13 Z:0.44	X:52.83 Y:0.26 Z:2.67
	0.1(°)/h	X:2.52 Y:5.82 Z:0.21	X:3.20 Y:5.90 Z:0.21	X:7.75 Y:5.68 Z:0.27	X:51.65 Y:2.08 Z:2.36
	1(°)/h	X:7.69 Y:10.15 Z:0.24	X:6.52 Y:7.81 Z:0.25	X:3.46 Y:11.78 Z:0.30	X:41.47 Y:8.68 Z:1.34

表 12.3　解析粗对准姿态失准角估计误差(晃振干扰振幅 20 m)　角分

		加速度计常值漂移			
		$1\times10^{-5}g$	$1\times10^{-4}g$	$1\times10^{-3}g$	$1\times10^{-2}g$
陀螺仪常值漂移	0.001(°)/h	X:3.84 Y:4.23 Z:0.37	X:4.80 Y:4.44 Z:0.35	X:9.31 Y:4.13 Z:0.45	X:53.53 Y:0.67 Z:2.97
	0.01(°)/h	X:4.24 Y:4.71 Z:0.37	X:4.71 Y:4.68 Z:0.35	X:9.18 Y:4.33 Z:0.44	X:53.45 Y:0.48 Z:2.92
	0.1(°)/h	X:2.90 Y:6.06 Z:0.37	X:3.69 Y:6.20 Z:0.36	X:8.01 Y:5.85 Z:0.45	X:52.44 Y:2.88 Z:2.49
	1(°)/h	X:6.78 Y:6.41 Z:0.41	X:9.00 Y:14.07 Z:0.44	X:3.64 Y:11.30 Z:0.57	X:42.23 Y:8.47 Z:1.56

表 12.4　解析粗对准姿态失准角估计误差(不同振幅)　　角分

		晃振干扰振幅			
		5 cm	10 cm	15 cm	20 cm
惯性器件精度	$1\times10^{-5}g$ 0.001(°)/h	X:3.64 Y:4.20 Z:0.10	X:3.53 Y:4.16 Z:0.13	X:3.55 Y:4.21 Z:0.11	X:4.03 Y:4.07 Z:0.18
	$1\times10^{-4}g$ 0.01(°)/h	X:3.98 Y:4.35 Z:0.076	X:4.03 Y:4.31 Z:0.15	X:3.89 Y:4.37 Z:0.15	X:4.38 Y:4.22 Z:0.21
	$1\times10^{-3}g$ 0.1(°)/h	X:7.27 Y:5.57 Z:0.09	X:7.34 Y:5.45 Z:0.13	X:7.2 Y:5.31 Z:0.31	X:7.68 Y:5.36 Z:0.38
	$1\times10^{-2}g$ 1(°)/h	X:41.00 Y:9.11 Z:1.45	X:41.30 Y:8.96 Z:1.25	X:42.5 Y:6.04 Z:0.89	X:44.10 Y:1.80 Z:0.44

由表 12.2、表 12.3 仿真结果可知，晃振影响下，各组合对准精度均比无晃振情况下的结果相应下降，但两者影响分析的总规律相一致。

由表 12.4 不同振幅下解析粗对准仿真结果可知，在影响对准精度的两个因素中(器件精度和晃振干扰)，器件精度是影响对准精度的主要因素，估计精度随着器件精度的降低有明显的下降趋势，而晃振干扰振幅的变化对对准精度的影响比较小。

2. 静基座精对准的卡尔曼滤波方法

1) 不考虑晃振干扰

飞行器处于发射前静止状态，根据建立的静基座条件下状态方程，选择速度误差和加速度计比力信息作为观测量，不考虑晃振干扰的影响，首先选取一种参数组合进行静基座 Kalman 对准仿真：加速度计常值漂移 $1\times10^{-5}\ g$、陀螺常值漂移 0.001(°)/h，对静基座解析粗对准进行仿真，仿真时间 420 s，仿真结果如图 12.10 ～ 12.15 所示。

由上述仿真结果可知，在静基座 Kalman 滤波对准中，惯导解算出的速度和姿态误差随时间积累而变大，符合惯导的实际工作情况，不考虑飞行器晃振干扰的影响，三向对准精度为 $0.098'$、$0.4'$、$0.005'$，在同等条件下，Kalman 静基座对准精度高于解析对准精度 ($3.63'$、$4.08'$、$0.002\,3'$)。

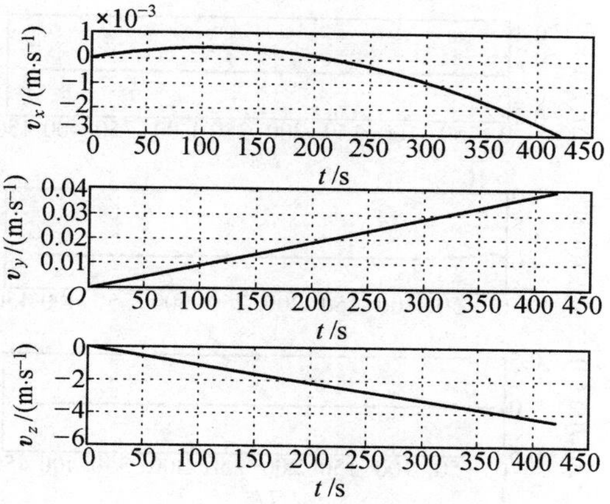

图 12.10　惯导解算速度曲线

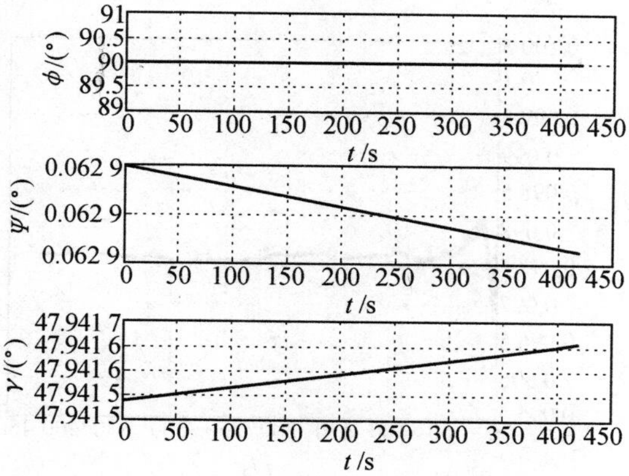

图 12.11　惯导解算姿态曲线

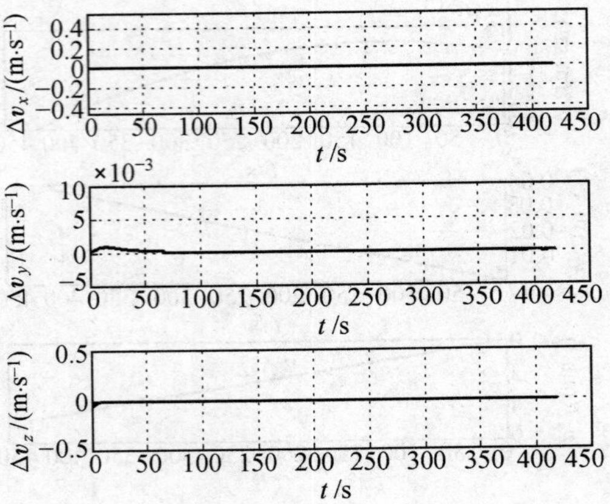

图 12.12　对准后速度误差

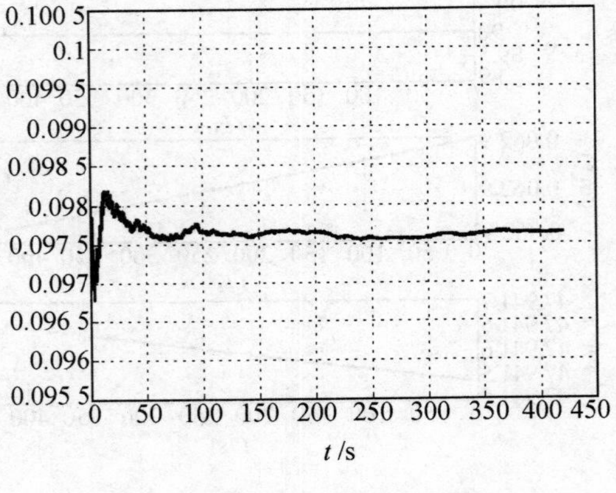

图 12.13　对准后 X 向姿态误差

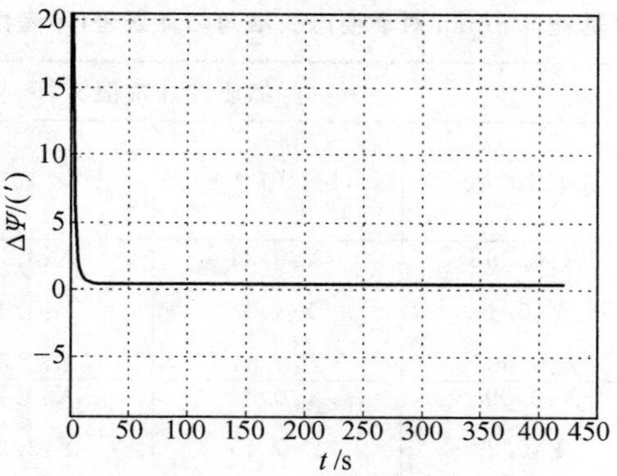

图 12.14　对准后 Y 向姿态误差

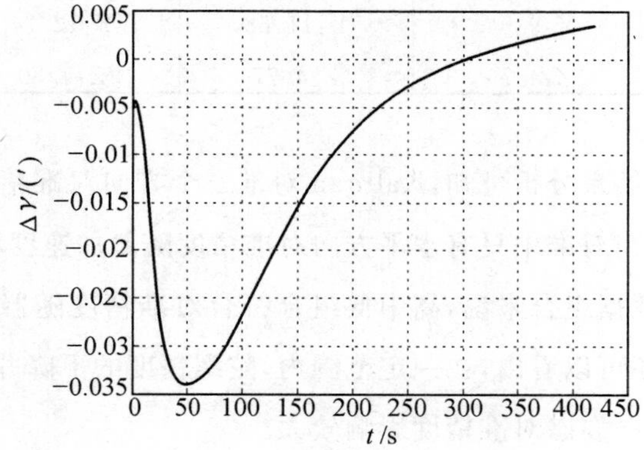

图 12.15　对准后 Z 向姿态误差

不考虑晃振干扰的影响，依次改变加速度计和陀螺仪精度，对静基座Kalman精对准进行仿真，仿真时间420 s，仿真结果见表12.5。

表12.5　静基座Kalman对准姿态失准角估计误差(不考虑晃振干扰)　　角分

		加速度计常值漂移			
		$1\times10^{-5}g$	$1\times10^{-4}g$	$1\times10^{-3}g$	$1\times10^{-2}g$
陀螺仪常值漂移	0.001(°)/h	X:0.098 Y:0.4 Z:0.005	X:0.34 Y:0.7 Z:0.01	X:4.70 Y:3.46 Z:0.08	X:47.85 Y:31.1 Z:1.25
	0.01(°)/h	X:0.098 Y:0.2 Z:0.05	X:0.34 Y:0.45 Z:0.05	X:4.70 Y:3.23 Z:0.12	X:47.8 Y:30.75 Z:1.27
	0.1(°)/h	X:0.098 Y:1.85 Z:0.48	X:0.34 Y:1.45 Z:0.48	X:4.70 Y:1.14 Z:0.55	X:47.90 Y:28.2 Z:1.70
	1(°)/h	X:0.087 Y:9.54 Z:4.76	X:0.36 Y:11.68 Z:4.77	X:4.73 Y:12.74 Z:4.80	X:47.95 Y:34.20 Z:5.80

由表12.5中仿真结果分析可知，Kalman对准三个方向对准精度随着加速度计指标的下降而下降，而解析粗对准中只有水平方向对准精度随着加速度计指标的下降而下降，从上表中对角线上的数据组合来说，高中低组合符合对准精度随器件指标成正比例关系的规律；另外，从表中还可以看出，在一定范围内，陀螺精度的下降并不能改变水平方向的姿态对准精度，但对天向姿态对准精度影响较大。

2）考虑晃振干扰

飞行器处于发射前静止状态，并受到晃振干扰的影响，首先选取一种参数组合进行静基座Kalman对准仿真：晃振干扰振幅10 cm，加速度计常值漂移$1\times10^{-5}g$、陀螺常值漂移0.001(°)/h，仿真时间420 s，仿真结果如图12.16～12.21所示。

由上述仿真结果可知，在考虑飞行器晃振干扰(振幅10 cm)的情况下，姿态失准角估计在60 s左右趋于稳定，三向对准精度为0.47′、0.45′、0.20′，对准精度比无晃振干扰情况下有所下降，姿态失准角估计误差是由飞行器晃振干扰和陀螺、加速度计器件误差共同引起的。

考虑晃振干扰的影响，在相同振幅(振幅 10 cm、20 cm)、不同振幅(5 ~ 20 cm) 情况下，依次改变加速度计和陀螺仪精度，对静基座 Kalman 对准进行仿真，仿真时间 420 s，仿真结果见表 12.6 ~ 12.8。

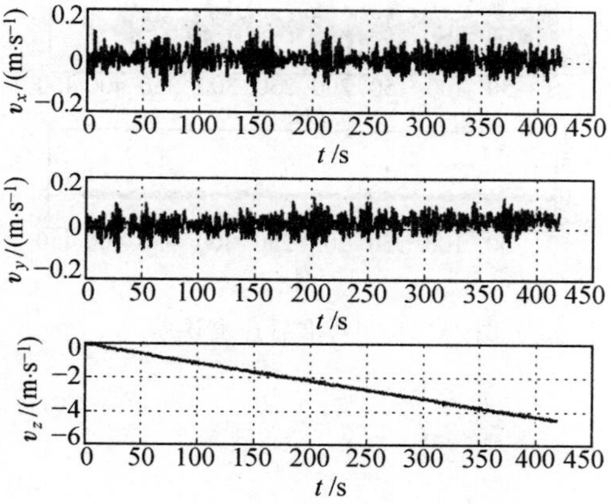

图 12.16　惯导解算速度曲线

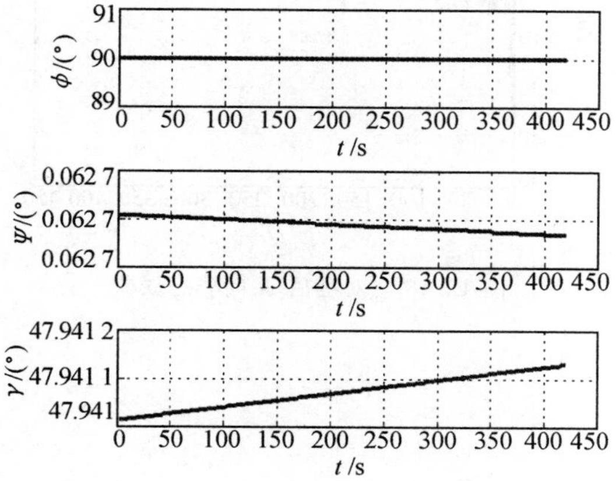

图 12.17　惯导解算姿态曲线

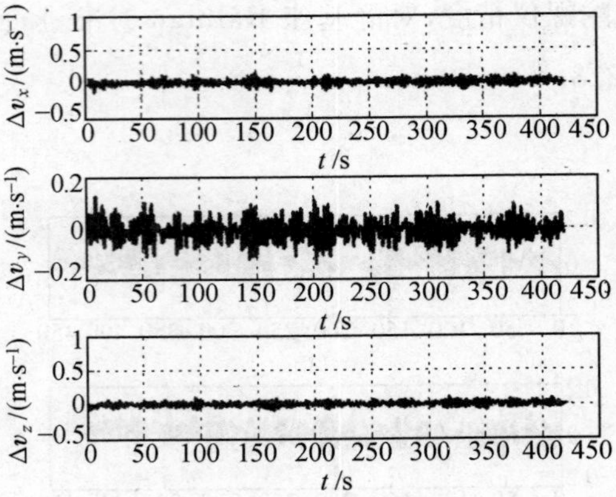

图 12.18　对准后速度误差

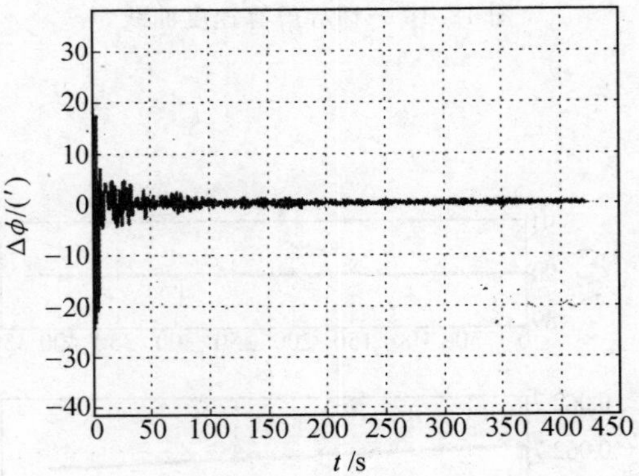

图 12.19　对准后 X 向姿态误差

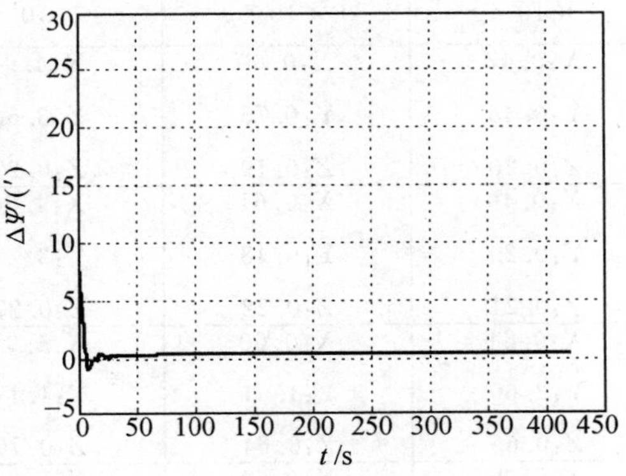

图 12.20　对准后 Y 向姿态误差

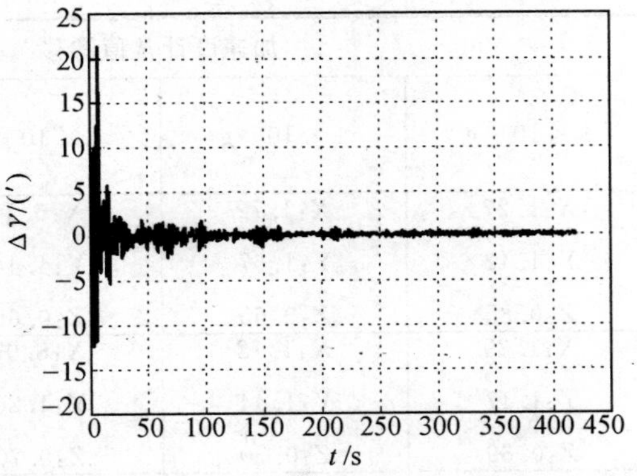

图 12.21　对准后 Z 向姿态误差

表 12.6　静基座 Kalman 对准姿态失准角估计误差(晃振干扰振幅 10 cm)　　角分

		加速度计常值漂移			
		$1\times10^{-5}g$	$1\times10^{-4}g$	$1\times10^{-3}g$	$1\times10^{-2}g$
陀螺仪常值漂移	0.001(°)/h	X:0.47 Y:0.45 Z:0.20	X:0.60 Y:0.73 Z:0.19	X:4.97 Y:3.50 Z:0.23	X:48.07 Y:30.97 Z:1.28
	0.01(°)/h	X:0.48 Y:0.29 Z:0.21	X:0.61 Y:0.48 Z:0.22	X:4.96 Y:3.24 Z:0.27	X:48.02 Y:30.69 Z:1.34
	0.1(°)/h	X:0.64 Y:2.60 Z:0.65	X:0.60 Y:1.51 Z:0.64	X:4.97 Y:1.17 Z:0.70	X:48.04 Y:28.00 Z:1.81
	1(°)/h	X:5.06 Y:21.75 Z:4.90	X:0.64 Y:6.66 Z:4.90	X:5.03 Y:11.29 Z:4.95	X:48.17 Y:32.50 Z:5.92

表 12.7　静基座 Kalman 对准姿态失准角估计误差(晃振干扰振幅 20 cm)　　角分

		加速度计常值漂移			
		$1\times10^{-5}g$	$1\times10^{-4}g$	$1\times10^{-3}g$	$1\times10^{-2}g$
陀螺仪常值漂移	0.001(°)/h	X:1.27 Y:1.42 Z:0.85	X:1.72 Y:1.67 Z:0.65	X:6.10 Y:4.44 Z:0.66	X:48.82 Y:31.95 Z:1.38
	0.01(°)/h	X:1.39 Y:1.17 Z:0.69	X:1.72 Y:1.44 Z:0.70	X:6.07 Y:4.20 Z:0.70	X:48.82 Y:31.78 Z:1.33
	0.1(°)/h	X:2.42 Y:2.57 Z:1.17	X:1.70 Y:0.67 Z:1.12	X:6.08 Y:2.17 Z:1.15	X:48.85 Y:29.05 Z:1.85
	1(°)/h	X:11.06 Y:20.90 Z:5.58	X:1.54 Y:13.33 Z:5.41	X:6.05 Y:11.38 Z:5.41	X:48.94 Y:34.10 Z:6.00

表 12.8　静基座 Kalman 对准姿态失准角估计误差(不同振幅)　　角分

		晃振干扰振幅			
		5 cm	10 cm	15 cm	20 cm
惯性器件精度	$1\times10^{-5}g$ 0.001(°)/h	X:0.18 Y:0.48 Z:0.073	X:0.19 Y:0.47 Z:0.17	X:0.40 Y:0.30 Z:0.40	X:0.77 Y:0.80 Z:0.69
	$1\times10^{-4}g$ 0.01(°)/h	X:0.41 Y:0.52 Z:0.12	X:0.41 Y:0.52 Z:0.22	X:0.51 Y:0.34 Z:0.36	X:1.22 Y:0.84 Z:0.74
	$1\times10^{-3}g$ 0.1(°)/h	X:4.77 Y:1.13 Z:0.61	X:4.78 Y:1.20 Z:0.70	X:4.88 Y:0.97 Z:0.65	X:5.57 Y:1.53 Z:1.17
	$1\times10^{-2}g$ 1(°)/h	X:47.97 Y:33.62 Z:5.81	X:47.99 Y:33.22 Z:5.87	X:47.64 Y:31.83 Z:5.82	X:48.58 Y:29.65 Z:5.94

由表 12.6、表 12.7 仿真结果可知，在晃振影响下，各组合对准精度均比无晃振情况下的结果相应下降，但二者影响分析的总规律相一致。

由表 12.8 不同振幅下 Kalman 对准仿真结果可知，在影响对准精度的两个因素中(器件精度和晃振干扰)，器件精度是影响对准精度的主要因素，估计精度随着器件精度的降低下降明显，晃振干扰振幅的变化对对准精度的影响较小。另外，还可以看出，在同等条件下，Kalman 静基座对准精度高于解析方法对准精度，能显现出 Kalman 静基座对准方法的适应性和精确性。

12.3　动基座传递对准

12.3.1　传递对准基本原理

惯导系统动基座传递对准的过程就是利用主、子惯导系统导航参数或者测量信息的差值作为观测量，对主、子惯导系统间的姿态失准角、速度误差、位置误差等导航参数误差及惯性元件误差进行估计的过程，并根据估计结果对子惯导系统进行校正，从而达到提高自惯导导航精度的目的。

惯性元件的各种误差源是影响初始对准精度和导航精度的重要因素，因此动基座传递对准过程中不仅要估计主、子惯导系统间导航参数误差，还要把惯性元件的各种误差源估计出来，对子惯导进行校正，消除由它们引起的时间累积误差，进行子惯导系统的自标定，以提高导航精度。

与自对准类似，传递对准也分为粗对准和精对准两个过程。

1）子惯导标称初始化（粗对准）

在此阶段火控系统用主惯导输出的位置、速度、姿态数据对子惯导装订。子惯导以此装订值作为姿态阵的初始值并开始姿态解算和导航解算。子惯导的位置、速度误差主要由主惯导的误差加上由子惯导误差源产生的导航误差及由于杆臂效应及载体挠性振动引起的误差综合而成；姿态误差主要由主、子惯导的失准角及安装角加上子惯导的误差源产生的姿态误差以及载体挠性振动等引起的误差综合而成。

2）传递对准

子惯导标称初始化完成后，根据对准方案要求在适当时刻向载体发出相应的机动请求，进入传递对准阶段。根据主、子惯导系统某些导航参数或测量信息的差值作为观测信息，执行传递对准算法，对子惯导的失准角等导航参数误差及相关模型误差进行准确估计，通过系统重调使子惯导速度、位置及姿态与主惯导匹配，从而准确地确定子惯导在发射前的初始导航参数。

3）子惯导系统的自标定

在传递对准的同时，传递对准自标定算法对子惯导惯性元件误差源进行估计，并根据估计结果对子惯导系统进行误差补偿。随着传递对准过程中估值的收敛，自标定的精度也随之不断提高和收敛而达到稳定值，最终完成自标定。

12.3.2 地理坐标系下传递对准模型的建立

1. 惯导系统误差传播模型

1）捷联惯导系统误差传播模型

(1) 速度误差传播特性。设子惯导系统导航坐标系相对于主惯导系统导航坐标系的

姿态失准角为 $\boldsymbol{\varphi}^n=(\varphi_x,\varphi_y,\varphi_z)^{\mathrm{T}}$，子惯导在其导航坐标系中的速度与主惯导在其导航坐标系中的速度误差为 $\delta\boldsymbol{v}^n=(\delta v_x^n,\delta v_y^n,\delta v_z^n)^{\mathrm{T}}$，考虑到对主子惯导系统安装位置不同而造成的杆臂效应的补偿，则有

$$\delta\boldsymbol{v}^n=\boldsymbol{v}_{\mathrm{s}}^{n'}-\boldsymbol{v}_{\mathrm{m}}^{n}-\boldsymbol{v}_{\mathrm{r}}^{n'} \tag{12.47}$$

其中，$\boldsymbol{v}_{\mathrm{r}}^{n'}=\boldsymbol{C}_b^{n'}\boldsymbol{\omega}_{ia}^b\times\boldsymbol{r}^b$，为杆臂效应补偿项，$\boldsymbol{\omega}_{ia}^b$ 为载体坐标系相对于惯性系的角速度矢量在弹体坐标系中的分量形式；$\boldsymbol{r}^b$ 为子惯导相对于主惯导的安装位置矢量（杆臂矢量）；$\boldsymbol{C}_b^{n'}$ 为本体坐标系到子惯导导航坐标系间的坐标变换矩阵。

主、子惯导系统的速度微分方程可表示为

$$\dot{\boldsymbol{v}}_{\mathrm{m}}^{n}=\boldsymbol{f}_{\mathrm{m}}^{n}-(2\boldsymbol{\omega}_{\mathrm{ie}}^{n}+\boldsymbol{\omega}_{en}^{n})\times\boldsymbol{v}_{\mathrm{m}}^{n}+\boldsymbol{g}^n \tag{12.48}$$

$$\dot{\boldsymbol{v}}_{\mathrm{s}}^{n}=\boldsymbol{f}_{\mathrm{s}}^{n}-(2\boldsymbol{\omega}_{\mathrm{ie}}^{n}+\boldsymbol{\omega}_{en}^{n})\times\boldsymbol{v}_{\mathrm{s}}^{n}+\boldsymbol{g}^n \tag{12.49}$$

式中，$\boldsymbol{f}_{\mathrm{m}}^{n}$、$\boldsymbol{f}_{\mathrm{s}}^{n'}$ 为主、子惯导系统测得的在各自计算导航坐标系中的比力矢量；$\boldsymbol{g}^n\doteq\boldsymbol{g}^{n'}$ 为重力加速度矢量。子惯导所测得的比力 $\boldsymbol{f}_{\mathrm{s}}^{n'}$ 可表示为

$$\boldsymbol{f}_{\mathrm{s}}^{n'}=\boldsymbol{C}_n^{n'}\boldsymbol{f}_{\mathrm{m}}^{n}+\boldsymbol{C}_b^{n'}(\boldsymbol{a}_{\mathrm{r}}^{b}+\boldsymbol{a}_{f}^{b}+\nabla^b+\boldsymbol{\omega}_{\mathrm{jbs}}^{b}) \tag{12.50}$$

其中，$\boldsymbol{C}_n^{n'}=\begin{bmatrix}1 & \varphi_z & -\varphi_y\\ -\varphi_z & 1 & \varphi_x\\ \varphi_y & -\varphi_x & 1\end{bmatrix}$，为由主惯导计算导航坐标系到子惯导计算导航坐标系的坐标变换矩阵；$\boldsymbol{a}_{\mathrm{r}}^{b}$、$\boldsymbol{a}_{f}^{b}$ 为杆臂效应加速度和子惯导安装位置处的弹体挠曲振动加速度；∇^b、$\omega_{\mathrm{jbs}}^{b}$ 为子惯导加表常值和随机测量误差。

杆臂效应加速度 $\boldsymbol{a}_{\mathrm{r}}^{b}$ 表示为

$$\boldsymbol{a}_{\mathrm{r}}^{b}=\boldsymbol{\omega}_{ia}^{b}\times\boldsymbol{\omega}_{ia}^{b}\times r^b+\dot{\boldsymbol{\omega}}_{ia}^{b}\times r^b \tag{12.51}$$

根据速度误差表达式，有

$$\delta\dot{\boldsymbol{v}}^n=\dot{\boldsymbol{v}}_{\mathrm{s}}^{n'}-\dot{\boldsymbol{v}}_{\mathrm{m}}^{n}-\boldsymbol{C}_b^{n'}\boldsymbol{a}_{\mathrm{r}}^{b} \tag{12.52}$$

将主、子惯导的速度微分方程代入速度误差表达式可得速度误差传播方程

$$\begin{aligned}\delta\dot{\boldsymbol{v}}^n=&(\boldsymbol{C}_n^{n'}-\boldsymbol{I})\boldsymbol{f}_{\mathrm{m}}^{n}-(2\boldsymbol{\omega}_{\mathrm{ie}}^{n}+\boldsymbol{\omega}_{en}^{n})\times\delta\boldsymbol{v}^n-2\Delta\boldsymbol{\omega}_{\mathrm{ie}}^{n}\times\boldsymbol{v}_{\mathrm{s}}^{n'}-\\&\Delta\boldsymbol{\omega}_{en}^{n}\times\boldsymbol{v}_{\mathrm{s}}^{n'}+\boldsymbol{C}_b^{n'}(\boldsymbol{a}_{f}^{b}+\nabla^b+\boldsymbol{\omega}_{\mathrm{jbs}}^{b})\end{aligned} \tag{12.53}$$

其中

$$\Delta\boldsymbol{\omega}_{\mathrm{en}}^{n}\times\boldsymbol{v}_{\mathrm{s}}^{n'}=\Delta\boldsymbol{\omega}_{\mathrm{en}}^{n}\times(\boldsymbol{v}_{\mathrm{m}}^{n}+\delta\boldsymbol{v}^n+\boldsymbol{v}_{\mathrm{r}}^{n})=$$

$$\left[-\frac{1}{R_{\mathrm{M}}+h}(\delta v_y^n+v_{\mathrm{r}y}^n),\frac{1}{R_{\mathrm{N}}+h}(\delta v_x^n+v_{\mathrm{r}x}^n),\frac{\tan L}{R_{\mathrm{N}}+h}(\delta v_x^n+v_{\mathrm{r}x}^n)\right]^{\mathrm{T}}\times (\boldsymbol{v}_{\mathrm{m}}^n+\delta\boldsymbol{v}^n+\boldsymbol{v}_{\mathrm{r}}^n) \tag{12.54}$$

式中，$(\frac{v_{\mathrm{m}y}^n}{R_{\mathrm{N}}+h}\tan L-\frac{v_{\mathrm{m}z}^n}{R_{\mathrm{N}}+h})v_{\mathrm{r}x}^n$、$-(\frac{v_{\mathrm{m}x}^n}{R_{\mathrm{N}}+h}\tan L v_{\mathrm{r}x}^n+\frac{v_{\mathrm{m}z}^n}{R_{\mathrm{M}}+h}v_{\mathrm{r}y}^n)$ 为杆臂效应补偿项，可由主惯导提供的导航参数及杆臂速度解算得到。

(2) 位置误差传播特性。基于速度误差传播模型，可得位置误差传播方程为

$$\delta\dot{L}=\frac{\delta v_y}{R_{\mathrm{m}}+h} \tag{12.55}$$

$$\delta\dot{\lambda}=\frac{\delta v_x}{R_{\mathrm{N}}+h}\sec L+\frac{v_{\mathrm{m}x}}{R_{\mathrm{N}}+h}\sec L\tan L\delta L \tag{12.56}$$

(3) 姿态误差传播特性。地理系下姿态误差传播方程为

$$\dot{\boldsymbol{\varphi}}^n=-\omega_{\mathrm{in}}^n\times\varphi^n+\Delta\omega_{\mathrm{in}}^n+\Delta\varepsilon^n+\Delta\omega_{\mathrm{tl}}^n \tag{12.57}$$

式中，$\Delta\varepsilon^n=(\Delta\varepsilon_x^n,\Delta\varepsilon_y^n,\Delta\varepsilon_z^n)^{\mathrm{T}}$，$\Delta\omega_{\mathrm{tl}}{}^n=(\Delta\omega_{\mathrm{tl}x}^n,\Delta\omega_{\mathrm{tl}y}^n,\Delta\omega_{\mathrm{tl}z}^n)^{\mathrm{T}}$，为子、主惯导系统中陀螺常值漂移和随机漂移在导航坐标系中的分量之差值；ω_{in}^n 为主惯导计算导航坐标系相对于惯性参考坐标系的旋转角速度矢量在其计算导航坐标系中的分量形式

$$\omega_{\mathrm{in}}^n=\omega_{\mathrm{ie}}^n+\omega_{\mathrm{en}}^n=(-\frac{v_{\mathrm{m}y}^n}{R_{\mathrm{M}}+h},\omega_{\mathrm{ie}}\cos L+\frac{v_{\mathrm{m}x}^n}{R_{\mathrm{N}}+h},\omega_{\mathrm{ie}}\sin L+\frac{v_{\mathrm{m}x}^n}{R_{\mathrm{N}}+h}\tan L)^{\mathrm{T}} \tag{12.58}$$

式中，L、h 为运载体运动纬度及高度；$\omega_{\mathrm{ie}}=7.292\ 115\times10^{-5}\ \mathrm{rad/s}$，为地球自转角速度；$v_{\mathrm{m}x}^n,v_{\mathrm{m}y}^n,v_{\mathrm{m}z}^n$ 为主惯导提供的速度信息；$R_{\mathrm{M}},R_{\mathrm{N}}$ 用下式表示

$$R_{\mathrm{M}}=\frac{R_e}{1+2e-e\sin^2 L} \tag{12.59}$$

$$R_{\mathrm{N}}=\frac{R_e}{1-e\sin^2 L} \tag{12.60}$$

其中，$R_e=6\ 378\ 137$ m；$e=1/298.257$；$\Delta\omega_{\mathrm{in}}^n=\omega_{\mathrm{in}'}^{n'}-\omega_{\mathrm{in}}^n$，$\omega_{\mathrm{in}'}^{n'}$ 为子惯导计算导航坐标系相对于惯性参考系的旋转角速度。

由于 $\omega_{\mathrm{in}}^n=\omega_{\mathrm{ie}}^n+\omega_{\mathrm{en}}^n$，$\omega_{\mathrm{in}'}^{n'}=\omega_{\mathrm{ie}}^{n'}+\omega_{\mathrm{en}'}^{n'}$，且 $\omega_{\mathrm{ie}}^n\doteq\omega_{\mathrm{ie}}^{n'}$，从而有

$$\Delta\omega_{\mathrm{in}}^n=\omega_{\mathrm{en}'}^{n'}-\omega_{\mathrm{en}}^n=$$

$$(-\frac{\delta v_y^n}{R_{\mathrm{M}}+h}-\frac{v_{\mathrm{r}y}^{n'}}{R_{\mathrm{M}}+h},\frac{\delta v_x^n}{R_{\mathrm{N}}+h}+\frac{v_{\mathrm{r}x}^{n'}}{R_{\mathrm{N}}+h}\tan L+\frac{v_{\mathrm{r}x}^{n'}}{R_{\mathrm{N}}+h}\tan L)^{\mathrm{T}} \tag{12.61}$$

写成标量形式，可得姿态误差传播方程

$$\dot{\varphi}_x = -\frac{\delta v_y^n}{R_M + h} + \left(\omega_{ie}\sin L + \frac{v_{mx}^n}{R_N + h}\tan L\right)\varphi_y - \left(\omega_{ie}\cos L + \frac{v_{mx}^n}{R_N + h}\right)\varphi_z + \Delta\varepsilon_x^n + \Delta\omega_{tlx}^n \tag{12.62}$$

$$\dot{\varphi}_y = \frac{\delta v_x^n}{R_N + h} - \frac{v_{my}^n}{R_M + h}\varphi_z - \left(\omega_{ie}\sin L + \frac{v_{mx}^n}{R_N + h}\tan L\right)\varphi_x - \omega_{ie}\sin L\delta L + \Delta\varepsilon_y^n + \Delta\omega_{tly}^n \tag{12.63}$$

$$\dot{\varphi}_z = \frac{\delta v_x^n}{R_N + h}\tan L + \left(\omega_{ie}\cos L + \frac{v_{mx}^n}{R_N + h}\tan L\right)\varphi_x + \frac{v_{my}^n}{R_M + h}\varphi_y + \left(\omega_{ie}\cos L + \frac{v_{mx}^n}{R_N + h}\sec^2 L\right)\delta L + \Delta\varepsilon_z^n + \Delta\omega_{tlz}^n \tag{12.64}$$

2）平台式惯导系统误差传播模型

根据无阻尼指北方位惯导的基本方程，我们可以分析惯导系统的误差。

(1) 速度误差方程。由前面建立的速度基本方程，计算速度与实际速度之差可得速度误差方程

$$\begin{cases} \delta\dot{v}_x = \dot{v}_x^c - \dot{v}_x^t = \left(2\omega_{ie}\sin L_c + \dfrac{v_x^c}{R_N}\tan L_c\right)v_y^c - \left(2\omega_{ie}\sin L + \dfrac{v_x^t}{R_N}\tan L\right)v_y^t - \varphi_y g + \Delta A_x = \\ \dfrac{v_y^t}{R_N}\tan L\delta v_x + \left(2\omega_{ie}\sin L + \dfrac{v_x^t}{R_N}\tan L\right)\delta v_y + \left(2\omega_{ie}v_y^t\cos L + \dfrac{v_x^t v_y^t}{R_N}\sec^2 L\right)\delta L - \varphi_y g + \Delta A_x \\ \delta\dot{v}_y = \dot{v}_y^c - \dot{v}_y^t = -\left(2\omega_{ie}\sin L_c + \dfrac{v_x^c}{R_N}\tan L_c\right)v_x^c + \left(2\omega_{ie}\sin L + \dfrac{v_x^t}{R_N}\tan L\right)v_x^t + \varphi_x g + \Delta A_y = \\ -2\left(\omega_{ie}\sin L + \dfrac{v_x^t}{R_N}\tan L\right)\delta v_x - \left[2\omega_{ie}v_x^t\cos L + \dfrac{(v_x^t)^2}{R_N}\sec^2 L\right]\delta L + \varphi_x g + \Delta A_y \end{cases} \tag{12.65}$$

(2) 位置误差方程。由前面建立的载体位置方程，采用全微分的方法，可得位置误差方程

$$\begin{cases} \delta\dot{L} = \dfrac{\delta v_y}{R_M} \\ \delta\dot{\lambda} = \dfrac{1}{R_N}\sec L \cdot \delta v_x + \dfrac{v_x^t}{R_N}\sec L\tan L \cdot \delta L \end{cases} \tag{12.66}$$

(3) 平台角误差方程。平台运动基本方程描述的就是平台误差角的变化规律，也就是误差方程

$$\begin{cases}\dot{\varphi}_x=-\dfrac{\delta v_y}{R_{\mathrm{M}}}+(\omega_{\mathrm{ie}}\sin L+\dfrac{v_x^t}{R_{\mathrm{N}}}\tan L)\varphi_y-(\omega_{\mathrm{ie}}\cos L+\dfrac{v_x^t}{R_{\mathrm{N}}})\varphi_z+\varepsilon_x\\ \dot{\varphi}_y=\dfrac{\delta v_x}{R_{\mathrm{N}}}-\omega_{\mathrm{ie}}\sin L\cdot\delta L-(\omega_{\mathrm{ie}}\sin L+\dfrac{v_x^t}{R_{\mathrm{N}}}\tan L)\varphi_x-\dfrac{v_y^t}{R_{\mathrm{M}}}\varphi_z+\varepsilon_y\\ \dot{\varphi}_z=\dfrac{\tan L}{R_{\mathrm{N}}}\cdot\delta v_x+(\omega_{\mathrm{ie}}\cos L+\dfrac{v_x^t}{R_{\mathrm{N}}}\sec^2 L)\delta L+(\omega_{\mathrm{ie}}\cos L+\dfrac{v_x^t}{R_{\mathrm{N}}})\varphi_x+\dfrac{v_y^t}{R_{\mathrm{M}}}\varphi_y+\varepsilon_z\end{cases} \tag{12.67}$$

以上三组方程便是动基座情况下指北方位惯导系统的误差方程。

2. **传递对准状态方程**

在动基座传递对准过程中，由于存在主、子两套惯导系统，为便于说明问题，对相关符号进行重新定义，以避免同研究单个惯导系统时的情况发生混淆。定义主惯导体坐标系为 a 系；定义子惯导体坐标系为 b 系；主惯导的导航坐标系记为 n 系，子惯导的导航坐标系记为 n' 系；定义子惯导所模拟的数学平台同主惯导导航系间的误差角为失准角 φ，如前文所述记为 $\boldsymbol{\varphi}=[\varphi_x\ \varphi_y\ \varphi_z]^{\mathrm{T}}$；定义弹头有安装误差，用三个方向的安装误差角 φ_{ax}，φ_{ay}，φ_{az} 来衡量，并记安装误差为 $\boldsymbol{\varphi}_a=[\varphi_{ax}\ \varphi_{ay}\ \varphi_{az}]^{\mathrm{T}}$。

根据上述定义和说明，由于失准角为小量，主、子惯导分别采用的两套导航坐标系间的转换关系为

$$\boldsymbol{C}_n^{n'}=\boldsymbol{I}-[\boldsymbol{\varphi}]^{\times} \tag{12.68}$$

式中，$[\boldsymbol{\varphi}]^{\times}$ 为 $\boldsymbol{\varphi}=[\varphi_x\ \varphi_y\ \varphi_z]^{\mathrm{T}}$ 构成的反对称矩阵。

传递对准算法选择导航参数误差（失准角、速度误差、位置误差）为状态变量，以上述导航参数误差传播方程为基础，同时将惯性元件（陀螺及加速度计）测量误差的常值项、弹体安装偏差增广为状态变量，将惯性元件误差模型与惯导导航参数误差传播方程一起构成增广的传递对准状态方程组，弹体挠曲振动则按系统误差进行处理。对于惯性元件测量误差，其误差模型与惯性元件的选型有关，不同的测量误差模型影响增广状态的维数，与此相关的增广的状态方程中惯性元件各测量误差常值项的导数为零。

由于弹体的挠曲振动对子惯导的导航测量信息造成了严重污染，会造成子惯导对准

精度及导航精度下降，因此为提高子惯导的导航及对准精度，需要建立合适的挠曲振动模型并采用相应方法对挠曲振动的影响进行抑制。

由于上述导航参数误差传播方程及增广的惯性元件误差方程和安装误差方程均为线性微分方程，则传递对准系统状态方程可写成如下通式

$$\dot{\boldsymbol{X}}(t)=\boldsymbol{A}(t)\boldsymbol{X}(t)+\boldsymbol{G}(t)\boldsymbol{W}(t) \tag{12.69}$$

其中，$\boldsymbol{X}(t)$ 为系统状态(包括导航参数误差、弹体挂机安装偏差、惯性元件误差常值项及弹体挠曲振动参数)；$\boldsymbol{A}(t)$、$\boldsymbol{G}(t)$ 为时变的系数矩阵，可由主、子惯导系统的导航信息、弹体挠曲振动结构特征参数等计算得到；$\boldsymbol{W}(t)$ 为动态噪声，与惯性元件随机测量噪声有关，其统计特性可用均方差来表示。

$\boldsymbol{X}(t)$、$\boldsymbol{A}(t)$、$\boldsymbol{G}(t)$ 与所采用的惯导误差传播方程的编排形式、惯性元件测量误差模型、弹体挠曲振动模型等有关，一旦这些模型选定，则 $\boldsymbol{X}(t)$、$\boldsymbol{A}(t)$、$\boldsymbol{G}(t)$ 即可确定下来。

选取传递对准状态量

$$\boldsymbol{X}=[\varphi_x、\varphi_y、\varphi_z、\delta v_x、\delta v_y、\delta v_z、\delta L、\delta\lambda、\delta h,\varepsilon_x、\varepsilon_y、\varepsilon_z、\Delta A_x、\Delta A_y、\Delta A_z、\varphi_{ax}、\varphi_{ay}、\varphi_{az}]$$

选择的状态变量包括子、主惯导平台坐标系间的失准角 φ_x、φ_y、φ_z；子、主惯导的东向、北向速度及天向速度之差 δv_x、δv_y、δv_z；子、主惯导的经纬高之差 δL、$\delta\lambda$、δh；子惯导的陀螺常值漂移 ε_x、ε_y、ε_z 和加速度计测量常值偏差 ΔA_x、ΔA_y、ΔA_z；导弹相对于潜艇的安装误差角 φ_{ax}、φ_{ay}、φ_{az}。

根据惯导系统的误差传播方程可以得到传递对准的状态方程。

3. 传递对准观测方程

惯导系统传递对准是利用主惯导的导航参数与子惯导的相应导航参数进行匹配，估计出子惯导相对于主惯导的姿态失准角，建立子惯导的数学平台并对子惯导的导航参数进行初始化的过程。传递对准的性能有赖于子惯导误差状态的可观测性，而误差状态的可观测性取决于观测量(匹配模式)的选择及机动运动的方式。

根据观测量的获取途径不同，动基座传递对准又可分为计算参数匹配法和测量参数匹配法。计算参数匹配法是利用主、子惯导系统输出的位置、速度、姿态角(对应于捷联式惯导系统)等计算导航参数的差值对系统进行对准；测量参数匹配法是利用主、子惯导系统直接测量的导航参数如加速度、角速度及姿态角(对应于平台式惯导系统)等的差值对

系统进行对准。一般来说，测量参数匹配法由于方法直接，其快速性优于计算参数匹配法，但因对载体结构挠曲运动影响比计算参数匹配法要敏感，其精度低于计算参数匹配法。

上述这些方法根据所用量测信息的不同可称为位置匹配、速度匹配、加速度匹配、姿态匹配和角速度匹配。不同匹配方案对传递对准的精度和收敛速度的影响不同。位置匹配和速度匹配受载体挠曲变形的影响小，对导航参数误差估计过程平稳、估计精度高，但要求载体做航向机动且估计时间较长。尤其是位置匹配对准时间比速度匹配对准时间长，一般不能用于快速传递对准。姿态匹配由于利用的导航参数与姿态失准角直接相关，因此对姿态失准角的估计精度较高，估计时间短且只需载体做姿态机动。加速度匹配和角速度匹配中，观测量直接由惯性元件所敏感，方法简捷直观、对准时间短，但由于杆臂效应影响惯性元件测量精度，导致其对准精度较低。

由于各种单独的匹配法都具有各自的优缺点，因此在实际应用中往往采用两种或两种以上的匹配方法进行联合匹配对准，充分发挥各自的优点可使对准精度提高，对准时间缩短。

“速度＋姿态”的匹配模式是传递对准领域的研究重点，“角速度＋加速度”的匹配模式在短时间快速对准中应用较为广泛。

下面分别给出姿态、速度、位置、角速度、加速度匹配的观测方程。

系统观测方程的通式为

$$\boldsymbol{Z}=\boldsymbol{H}\boldsymbol{X}+\boldsymbol{V} \tag{12.70}$$

其中，$\boldsymbol{H}$ 为系统观测矩阵；$\boldsymbol{V}$ 为系统的观测噪声向量，它们的取值与所选择的匹配方式有关。

1）姿态匹配下的观测方程

根据坐标转换关系有

$$\boldsymbol{C}_n^{n'}=\boldsymbol{C}_b^{n'}\boldsymbol{C}_a^b\boldsymbol{C}_n^a \tag{12.71}$$

$\boldsymbol{C}_a^b$ 为安装矩阵，安装误差通常不大，同其他误差相比较要小得多，通常当小量处理。当安装误差为小量时

$$\boldsymbol{C}_a^b=\boldsymbol{I}-[\boldsymbol{\varphi}_a]^{\times} \tag{12.72}$$

其中，$[\boldsymbol{\varphi}_a]^{\times}$ 为 $\boldsymbol{\varphi}_a=[\varphi_{ax}\ \varphi_{ay}\ \varphi_{az}]^{\mathrm{T}}$ 构成的反对称矩阵。

从而有

$$\boldsymbol{C}_n^{n'}=\boldsymbol{C}_b^{n'}(\boldsymbol{I}-[\boldsymbol{\varphi}_a]^{\times})\boldsymbol{C}_n^a \tag{12.73}$$

进而可得

$$\boldsymbol{C}_b^{n'}\boldsymbol{C}_n^a=\boldsymbol{I}-[\boldsymbol{\varphi}]^{\times}+\boldsymbol{C}_b^{n'}\ [\boldsymbol{\varphi}_a]^{\times}\ \boldsymbol{C}_n^a \tag{12.74}$$

记 $\boldsymbol{C}=\boldsymbol{C}_b^{n'}\boldsymbol{C}_n^a$，则

$$\boldsymbol{C}=\begin{bmatrix}\boldsymbol{C}_b^{n'}(1,1) & \boldsymbol{C}_b^{n'}(1,2) & \boldsymbol{C}_b^{n'}(1,3)\\ \boldsymbol{C}_b^{n'}(2,1) & \boldsymbol{C}_b^{n'}(2,2) & \boldsymbol{C}_b^{n'}(2,3)\\ \boldsymbol{C}_b^{n'}(3,1) & \boldsymbol{C}_b^{n'}(3,2) & \boldsymbol{C}_b^{n'}(3,3)\end{bmatrix}\begin{bmatrix}\boldsymbol{C}_n^a(1,1) & \boldsymbol{C}_n^a(1,2) & \boldsymbol{C}_n^a(1,3)\\ \boldsymbol{C}_n^a(2,1) & \boldsymbol{C}_n^a(2,2) & \boldsymbol{C}_n^a(2,3)\\ \boldsymbol{C}_n^a(3,1) & \boldsymbol{C}_n^a(3,2) & \boldsymbol{C}_n^a(3,3)\end{bmatrix} \tag{12.75}$$

展开可得

$$\begin{aligned}
\boldsymbol{C}(1,1)&=\boldsymbol{C}_b^{n'}(1,1)\boldsymbol{C}_n^a(1,1)+\boldsymbol{C}_b^{n'}(1,2)\boldsymbol{C}_n^a(2,1)+\boldsymbol{C}_b^{n'}(1,3)\boldsymbol{C}_n^a(3,1)\\
\boldsymbol{C}(1,2)&=\boldsymbol{C}_b^{n'}(1,1)\boldsymbol{C}_n^a(1,2)+\boldsymbol{C}_b^{n'}(1,2)\boldsymbol{C}_n^a(2,2)+\boldsymbol{C}_b^{n'}(1,3)\boldsymbol{C}_n^a(3,2)\\
\boldsymbol{C}(1,3)&=\boldsymbol{C}_b^{n'}(1,1)\boldsymbol{C}_n^a(1,3)+\boldsymbol{C}_b^{n'}(1,2)\boldsymbol{C}_n^a(2,3)+\boldsymbol{C}_b^{n'}(1,3)\boldsymbol{C}_n^a(3,3)\\
\boldsymbol{C}(2,1)&=\boldsymbol{C}_b^{n'}(2,1)\boldsymbol{C}_n^a(1,1)+\boldsymbol{C}_b^{n'}(2,2)\boldsymbol{C}_n^a(2,1)+\boldsymbol{C}_b^{n'}(2,3)\boldsymbol{C}_n^a(3,1)\\
\boldsymbol{C}(2,2)&=\boldsymbol{C}_b^{n'}(2,1)\boldsymbol{C}_n^a(1,2)+\boldsymbol{C}_b^{n'}(2,2)\boldsymbol{C}_n^a(2,2)+\boldsymbol{C}_b^{n'}(2,3)\boldsymbol{C}_n^a(3,2)\\
\boldsymbol{C}(2,3)&=\boldsymbol{C}_b^{n'}(2,1)\boldsymbol{C}_n^a(1,3)+\boldsymbol{C}_b^{n'}(2,2)\boldsymbol{C}_n^a(2,3)+\boldsymbol{C}_b^{n'}(2,3)\boldsymbol{C}_n^a(3,3)\\
\boldsymbol{C}(3,1)&=\boldsymbol{C}_b^{n'}(3,1)\boldsymbol{C}_n^a(1,1)+\boldsymbol{C}_b^{n'}(3,2)\boldsymbol{C}_n^a(2,1)+\boldsymbol{C}_b^{n'}(3,3)\boldsymbol{C}_n^a(3,1)\\
\boldsymbol{C}(3,2)&=\boldsymbol{C}_b^{n'}(3,1)\boldsymbol{C}_n^a(1,2)+\boldsymbol{C}_b^{n'}(3,2)\boldsymbol{C}_n^a(2,2)+\boldsymbol{C}_b^{n'}(3,3)\boldsymbol{C}_n^a(3,2)\\
\boldsymbol{C}(3,3)&=\boldsymbol{C}_b^{n'}(3,1)\boldsymbol{C}_n^a(1,3)+\boldsymbol{C}_b^{n'}(3,2)\boldsymbol{C}_n^a(2,3)+\boldsymbol{C}_b^{n'}(3,3)\boldsymbol{C}_n^a(3,3)
\end{aligned}$$

将 $\boldsymbol{C}_b^{n'}\boldsymbol{C}_n^a=\boldsymbol{I}-[\boldsymbol{\varphi}]^{\times}+\boldsymbol{C}_b^{n'}\ [\boldsymbol{\varphi}_a]^{\times}\ \boldsymbol{C}_n^a$ 展开可得

$$\begin{aligned}
\boldsymbol{C}(1,2)=\varphi_z+\varphi_{ax}&[\boldsymbol{C}_b^{n'}(1,3)\boldsymbol{C}_n^a(2,2)-\boldsymbol{C}_b^{n'}(1,2)\boldsymbol{C}_n^a(3,2)]+\\
\varphi_{ay}&[\boldsymbol{C}_b^{n'}(1,1)\boldsymbol{C}_n^a(3,2)-\boldsymbol{C}_b^{n'}(1,3)\boldsymbol{C}_n^a(1,2)]+\\
\varphi_{az}&[\boldsymbol{C}_b^{n'}(1,2)\boldsymbol{C}_n^a(1,2)-\boldsymbol{C}_b^{n'}(1,1)\boldsymbol{C}_n^a(2,2)]
\end{aligned} \tag{12.76}$$

$$\begin{aligned}
\boldsymbol{C}(2,3)=\varphi_x+\varphi_{ax}&[\boldsymbol{C}_b^{n'}(2,3)\boldsymbol{C}_n^a(2,3)-\boldsymbol{C}_b^{n'}(2,2)\boldsymbol{C}_n^a(3,3)]+\\
\varphi_{ay}&[\boldsymbol{C}_b^{n'}(2,1)\boldsymbol{C}_n^a(3,3)-\boldsymbol{C}_b^{n'}(2,3)\boldsymbol{C}_n^a(1,3)]+\\
\varphi_{az}&[\boldsymbol{C}_b^{n'}(2,2)\boldsymbol{C}_n^a(1,3)-\boldsymbol{C}_b^{n'}(2,1)\boldsymbol{C}_n^a(2,3)]
\end{aligned} \tag{12.77}$$

$$\begin{aligned}C(3,1)=\varphi_y+\varphi_{ax}\,&[C_b^{n'}(3,3)C_n^a(2,1)-C_b^{n'}(3,2)C_n^a(3,1)]+\\&\varphi_{ay}\,[C_b^{n'}(3,1)C_n^a(3,1)-C_b^{n'}(3,3)C_n^a(1,1)]+\\&\varphi_{az}\,[C_b^{n'}(3,2)C_n^a(1,1)-C_b^{n'}(3,1)C_n^a(2,1)]\end{aligned}\tag{12.78}$$

取 $C=C_b^{n'}C_n^a$ 所解算出的 $C(1,2)$，$C(2,3)$，$C(3,1)$ 作为姿态观测量，并根据上述两种表达式解算出的 $C(1,2)$，$C(2,3)$，$C(3,1)$ 分别相等，构造对姿态的观测阵。

2）速度匹配下的观测方程

根据主、子惯导解算出的速度信息，以及杆臂引起的速度补偿信息，可以得到速度匹配下的观测方程

$$\begin{cases}v_{sx}^{n}\,'-v_{mx}^{n}-v_{rx}^{n}\,'=\delta v_x^n+v_{Ex}\\v_{sy}^{n}\,'-v_{my}^{n}-v_{ry}^{n}\,'=\delta v_y^n+v_{Ey}\end{cases}\tag{12.79}$$

速度匹配下系统的观测向量为

$$Z=\begin{bmatrix}v_{xs}-v_{xm}-v_{rx}\\v_{ys}-v_{ym}-v_{ry}\end{bmatrix}\tag{12.80}$$

3）位置匹配下的观测方程

根据主、子惯导解算出的位置信息（经纬度），可以得到位置匹配下的观测方程为

$$\begin{cases}L_s-L_m=\delta L+v_{EL}\\\lambda_s-\lambda_m=\delta\lambda+v_{E\lambda}\end{cases}\tag{12.81}$$

位置匹配下系统的观测向量为

$$Z=\begin{bmatrix}L_s-L_m\\\lambda_s-\lambda_m\end{bmatrix}\tag{12.82}$$

4）角速度匹配下的观测方程

角速度的传递对准匹配模式下，通过观测主、子惯导的角速度信息，对子惯导的误差进行估计。

记主惯导测得的角速度为 ω_{bm}，子惯导测得的角速度为 ω_{bs}，子惯导的陀螺测量误差为 Δb_{gs}。由于主、子惯导动基座传递对准过程中，是以主惯导为参考基准，因此，不考虑主惯导陀螺的测量误差。

有如下关系

$$\boldsymbol{\omega}_{bs}=\boldsymbol{C}_a^b\boldsymbol{\omega}_{bm}+\Delta\boldsymbol{b}_{gs} \tag{12.83}$$

从而

$$\boldsymbol{\omega}_{bs}-\boldsymbol{\omega}_{bm}=(\boldsymbol{C}_a^b-\boldsymbol{I})\boldsymbol{\omega}_{bm}+\Delta\boldsymbol{b}_{gs}=\boldsymbol{\omega}_{bm}\times\boldsymbol{\varphi}_a+\Delta\boldsymbol{b}_{gs} \tag{12.84}$$

取系统的观测向量为

$$\boldsymbol{Z}=\boldsymbol{\omega}_{bs}-\boldsymbol{\omega}_{bm} \tag{12.85}$$

5）加速度匹配下的观测方程

加速度的传递对准匹配模式下，通过观测主、子惯导的比力信息，对子惯导的误差进行估计。

记主惯导测得的比力为 $\boldsymbol{f}_{bm}$，子惯导测得的比力为 $\boldsymbol{f}_{bs}$，子惯导的加表测量误差为 Δb_{as}。由于主、子惯导动基座传递对准过程中，是以主惯导为参考基准，因此，不考虑主惯导加表的测量误差。

有如下关系

$$\boldsymbol{f}_{bs}=\boldsymbol{C}_a^b\boldsymbol{f}_{bm}+\Delta\boldsymbol{b}_{as} \tag{12.86}$$

从而

$$\boldsymbol{f}_{bs}-\boldsymbol{f}_{bm}=(\boldsymbol{C}_a^b-\boldsymbol{I})\boldsymbol{f}_{bm}+\Delta\boldsymbol{b}_{as}=\boldsymbol{f}_{bm}\times\boldsymbol{\varphi}_a+\Delta\boldsymbol{b}_{as} \tag{12.87}$$

取系统的观测向量为

$$\boldsymbol{Z}=\boldsymbol{f}_{bs}-\boldsymbol{f}_{bm} \tag{12.88}$$

12.3.3　动基座传递对准仿真

1. 捷联－捷联传递对准模型的确定

在选择捷联惯导系统时，根据 12.3.2 所建立的捷联惯导系统误差传播模型，以及所选择的状态变量 $\boldsymbol{X}=(\varphi_x、\varphi_y、\varphi_z、\delta v_x^n、\delta v_y^n、\delta L、\delta\lambda、\varepsilon_x^b、\varepsilon_y^b、\varepsilon_z^b、\nabla_x^b、\nabla_y^b、\nabla_z^b、\varphi_{ax}、\varphi_{ay}、\varphi_{az})$ 可详细推导出捷联－捷联传递对准模型的状态转移矩阵

$$\boldsymbol{A}=A(i,j)\quad(i=1,\cdots,16;j=1,\cdots,16)$$

为系数矩阵。

其中

$$A(1,2)=\omega_{ie}\sin L+\frac{v_{mx}^n}{R_N+h}\tan L$$

$$A(1,3) = -(\omega_{\mathrm{ie}} \cos L + \frac{v_{\mathrm{m}x}^n}{R_{\mathrm{N}} + h})$$

$$A(1,5) = -\frac{1}{R_{\mathrm{M}} + h}$$

$$A(1,8) = \boldsymbol{C}_b^n(1,1)$$

$$A(1,9) = \boldsymbol{C}_b^n(1,2)$$

$$A(1,10) = \boldsymbol{C}_b^n(1,3)$$

$$A(2,1) = -(\omega_{\mathrm{ie}} \sin L + \frac{v_{\mathrm{m}x}^n}{R_{\mathrm{N}} + h} \tan L)$$

$$A(2,3) = -\frac{v_{\mathrm{m}y}^n}{R_{\mathrm{M}} + h}$$

$$A(2,4) = \frac{1}{R_{\mathrm{N}} + h}$$

$$A(2,6) = -\omega_{\mathrm{ie}} \sin L$$

$$A(2,8) = \boldsymbol{C}_b^n(2,1)$$

$$A(2,9) = \boldsymbol{C}_b^n(2,2)$$

$$A(2,10) = \boldsymbol{C}_b^n(2,3)$$

$$A(3,1) = \omega_{\mathrm{ie}} \cos L + \frac{v_{\mathrm{m}x}^n}{R_{\mathrm{N}} + h}$$

$$A(3,2) = \frac{v_{\mathrm{m}y}^n}{R_{\mathrm{M}} + h}$$

$$A(3,4) = \frac{1}{R_{\mathrm{N}} + h} \tan L$$

$$A(3,6) = \omega_{\mathrm{ie}} \cos L + \frac{v_{\mathrm{m}x}^n}{R_{\mathrm{N}} + h} \sec^2 L$$

$$A(3,8) = \boldsymbol{C}_b^n(3,1)$$

$$A(3,9) = \boldsymbol{C}_b^n(3,2)$$

$$A(3,10) = \boldsymbol{C}_b^n(3,3)$$

$$A(4,2) = -f_{\mathrm{m}z}^n$$

$$A(4,3) = f_{\mathrm{m}y}^n$$

$$A(4,4)=\frac{v_{my}^{n}}{R_{N}+h}\tan L-\frac{v_{mz}^{n}}{R_{N}+h}$$

$$A(4,5)=\frac{v_{mx}^{n}}{R_{N}+h}\tan L+2\omega_{ie}\sin L$$

$$A(4,6)=2\omega_{ie}v_{my}^{n}\cos L+\frac{v_{mx}^{n}v_{my}^{n}}{R_{N}+h}\sec^{2}L+2\omega_{ie}v_{mz}^{n}\sin L$$

$$A(4,11)=\boldsymbol{C}_{b}^{n}(1,1)$$

$$A(4,12)=\boldsymbol{C}_{b}^{n}(1,2)$$

$$A(4,13)=\boldsymbol{C}_{b}^{n}(1,3)$$

$$A(5,1)=f_{mz}^{n}$$

$$A(5,3)=-f_{mx}^{n}$$

$$A(5,4)=-2(\frac{v_{mx}^{n}}{R_{N}+h}\tan L+\omega_{ie}\sin L)$$

$$A(5,5)=-\frac{v_{mz}^{n}}{R_{M}+h}$$

$$A(5,6)=-(2\omega_{ie}\cos L+\frac{v_{mx}^{n}}{R_{N}+h}\sec^{2}L)v_{mx}^{n}$$

$$A(5,11)=\boldsymbol{C}_{b}^{n}(2,1)$$

$$A(5,12)=\boldsymbol{C}_{b}^{n}(2,2)$$

$$A(5,13)=\boldsymbol{C}_{b}^{n}(2,3)$$

$$A(6,5)=\frac{1}{R_{M}+h}$$

$$A(7,4)=\frac{\sec L}{R_{N}+h}$$

$$A(7,6)=\frac{v_{mx}^{n}}{R_{N}+h}\sec L\tan L$$

$\boldsymbol{A}$ 矩阵中除上述元素外，其余均为零元素。

下面是速度＋姿态匹配下的 $\boldsymbol{H}$ 矩阵

$$\boldsymbol{H}=H(i,j)\quad(i=1,\cdots,5;j=1,\cdots,16)$$

为观测矩阵。

其中

$H(1,4)=1$；$H(2,5)=1$；$H(3,1)=1$；$H(4,2)=1$；$H(5,3)=1$；

$H(3,14)=\boldsymbol{C}_b^{n'}(2,3)*\boldsymbol{C}_n^a(2,3)-\boldsymbol{C}_b^{n'}(2,2)*\boldsymbol{C}_n^a(3,3)$

$H(3,15)=-\boldsymbol{C}_b^{n'}(2,3)*\boldsymbol{C}_n^a(1,3)+\boldsymbol{C}_b^{n'}(2,1)*\boldsymbol{C}_n^a(3,3)$

$H(3,16)=\boldsymbol{C}_b^{n'}(2,2)*\boldsymbol{C}_n^a(1,3)-\boldsymbol{C}_b^{n'}(2,1)*\boldsymbol{C}_n^a(2,3)$

$H(4,14)=\boldsymbol{C}_b^{n'}(3,3)*\boldsymbol{C}_n^a(2,1)-\boldsymbol{C}_b^{n'}(3,2)*\boldsymbol{C}_n^a(3,1)$

$H(4,15)=\boldsymbol{C}_b^{n'}(3,1)*\boldsymbol{C}_n^a(3,1)-\boldsymbol{C}_b^{n'}(3,3)*\boldsymbol{C}_n^a(1,1)$

$H(4,16)=\boldsymbol{C}_b^{n'}(3,2)*\boldsymbol{C}_n^a(1,1)-\boldsymbol{C}_b^{n'}(3,1)*\boldsymbol{C}_n^a(2,1)$

$H(5,14)=\boldsymbol{C}_b^{n'}(1,3)*\boldsymbol{C}_n^a(2,2)-\boldsymbol{C}_b^{n'}(1,2)*\boldsymbol{C}_n^a(2,2)$

$H(5,15)=\boldsymbol{C}_b^{n'}(1,1)*\boldsymbol{C}_n^a(3,2)-\boldsymbol{C}_b^{n'}(1,3)*\boldsymbol{C}_n^a(1,2)$

$H(5,16)=\boldsymbol{C}_b^{n'}(1,2)*\boldsymbol{C}_n^a(1,2)-\boldsymbol{C}_b^{n'}(1,1)*\boldsymbol{C}_n^a(2,2)$

$\boldsymbol{H}$ 矩阵的其他元素均为零。

$$\boldsymbol{Z}_K=\begin{bmatrix} v_{sx}^n-v_{\mathrm{m}x}^n-v_{\mathrm{r}x}^n \\ v_{sy}^n-v_{\mathrm{m}y}^n-v_{\mathrm{r}y}^n \\ \boldsymbol{C}_b^{n'}(2,1)\boldsymbol{C}_n^a(1,3)+\boldsymbol{C}_b^{n'}(2,2)\boldsymbol{C}_n^a(2,3)+\boldsymbol{C}_b^{n'}(2,3)\boldsymbol{C}_n^a(3,3) \\ \boldsymbol{C}_b^{n'}(3,1)\boldsymbol{C}_n^a(1,1)+\boldsymbol{C}_b^{n'}(3,2)\boldsymbol{C}_n^a(2,1)+\boldsymbol{C}_b^{n'}(3,3)\boldsymbol{C}_n^a(3,1) \\ \boldsymbol{C}_b^{n'}(1,1)\boldsymbol{C}_n^a(1,2)+\boldsymbol{C}_b^{n'}(1,2)\boldsymbol{C}_n^a(2,2)+\boldsymbol{C}_b^{n'}(1,3)\boldsymbol{C}_n^a(3,2) \end{bmatrix} \tag{12.89}$$

为五维观测向量。

下面是角速度＋加速度匹配下的 $\boldsymbol{H}$ 矩阵

$$\begin{cases} \boldsymbol{H}(1:3,8:10)=\boldsymbol{I}_{3\times3} \\ \boldsymbol{H}(4:6,11:13)=\boldsymbol{I}_{3\times3} \\ \boldsymbol{H}(1:3,14:16)=[\boldsymbol{\omega}_{b\mathrm{m}}\times] \\ \boldsymbol{H}(4:6,14:16)=[\boldsymbol{f}_{b\mathrm{m}}\times] \end{cases} \tag{12.90}$$

$\boldsymbol{H}$ 矩阵的其他元素均为零。

$$\boldsymbol{Z}_K=\begin{bmatrix} \boldsymbol{\omega}_{b\mathrm{s}}-\boldsymbol{\omega}_{b\mathrm{m}} \\ \boldsymbol{f}_{b\mathrm{s}}-\boldsymbol{f}_{b\mathrm{m}} \end{bmatrix} \tag{12.91}$$

为六维观测向量。

2. **捷联—捷联传递对准仿真算例**

1) 运载体运动轨迹数据准备

(1) 运载体姿态角变化规律。直线水平航行段：$\dot{\theta}=0$，$\dot{\gamma}=0$，$\dot{v}_x=a=0$，$\dot{v}_y=b=0$，$\psi(0)=\arctan(v_x/v_y)$，$\dot{v}_z=0$。

式中，a 为东向加速度；b 为北向加速度。

航向转弯机动航行段：此段中施加东向加速度 $a=2A_a\omega_a\cos 2\omega_a t$，$\dot{\theta}=0$，$\dot{\gamma}=0$，$v_x=v_{x0}+A_a\sin 2\omega_a t$，$v_y=v_{y0}+bt$，$v_z=0$，$\tan\psi=\dfrac{v_x}{v_y}$，$\dot{\psi}=\dfrac{\dot{v}_x v_y-\dot{v}_y v_x}{v_y^2}\cos^2\psi$。

式中，A_a 为东向加速度幅值；w_a 为东向加速度频率。

滚转横摇段：$\dot{\theta}=0$，$\dot{\psi}=0$，$\dot{\gamma}=2A_r\omega_r\cos w_r t$，$\dot{v}_x=a=0$，$\dot{v}_y=b=0$，$\dot{v}_z=0$。

式中，A_r 为滚转角速度幅值；w_r 为转滚角速度角频率。

(2) 运载体运动初始条件的给定。

$$\theta(0)=0,\psi(0)=\arctan(v_x(0)/v_y(0)),\gamma(0)=0;$$

$$v_x(0)=v_{x0},v_y(0)=v_{y0},v_z(0)=v_{z0};$$

$$\lambda(0)=\lambda_0(\text{经度}),L(0)=L_0(\text{纬度}),h(0)=h_0(\text{深度})$$

(3)运载体运动轨迹仿真。根据运动学和动力学方程，结合运载体姿态角变化规律，编写 Matlab 仿真软件，给出仿真结果，如图 12.22～12.27 所示。

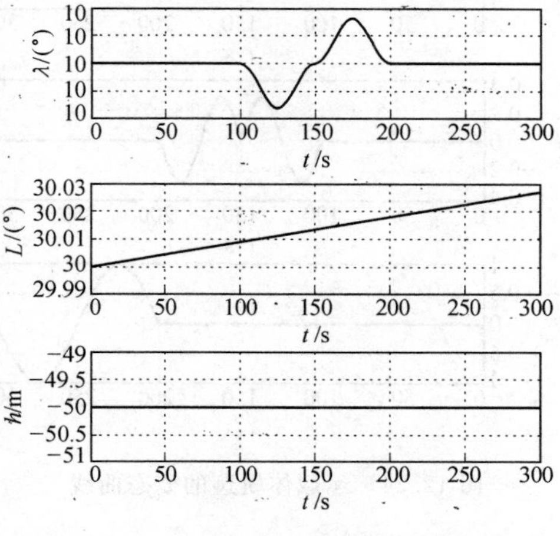

图 12.22　运载体轨迹的位置曲线

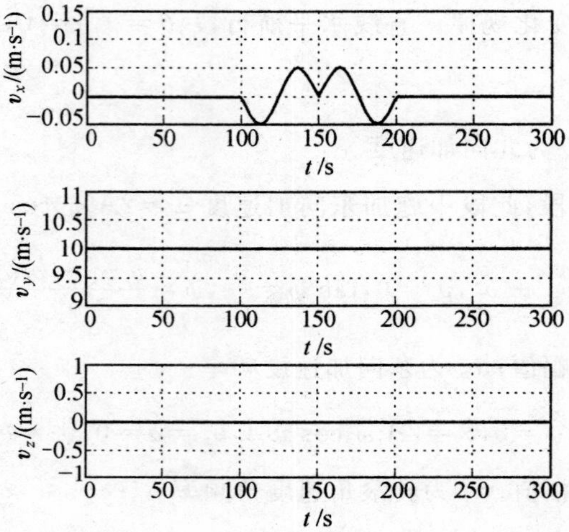

图 12.23　运载体轨迹的速度曲线

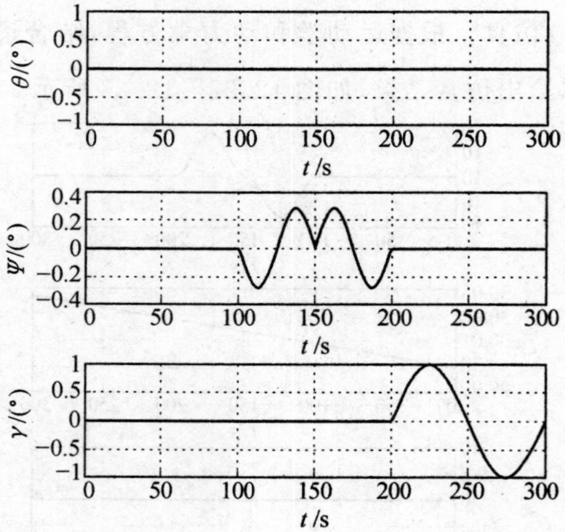

图 12.24　运载体轨迹的姿态曲线

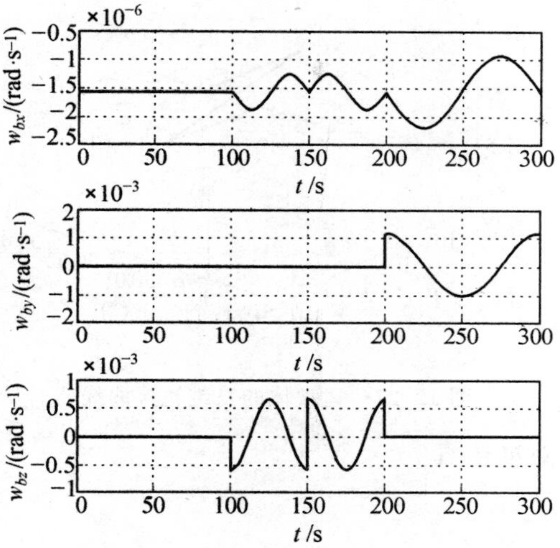

图 12.25　运载体轨迹输出的角速度曲线

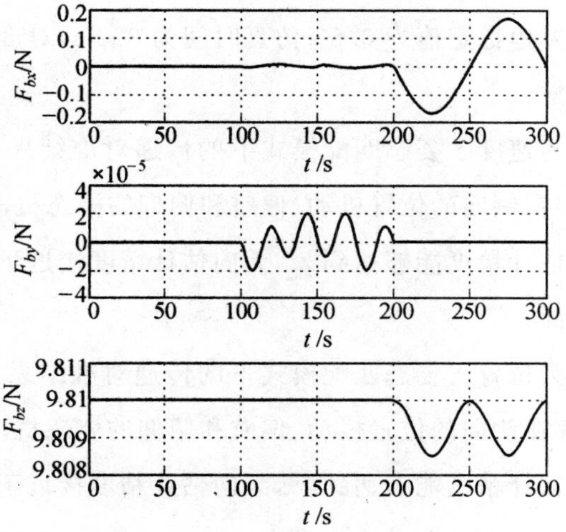

图 12.26　运载体轨迹输出的比力曲线

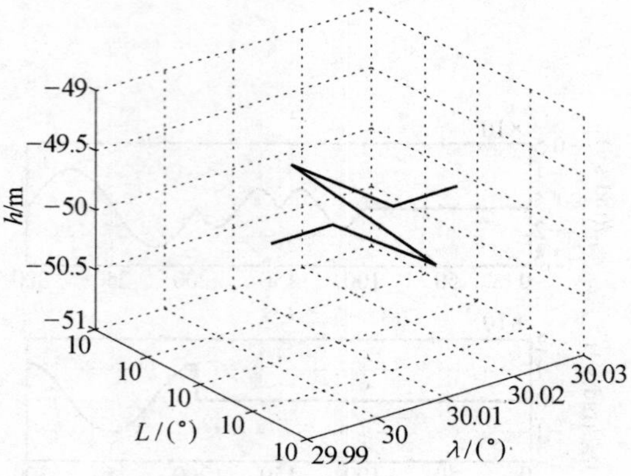

图 12.27　运载体的三维轨迹曲线

2)捷联一捷联传递对准仿真

仿真条件

主惯导误差指标:陀螺的常值漂移取 0.001 2(°)/h,白噪声方差为0.000 12(°)/h。加速度计的常值偏置为 6 μg,白噪声方差为 1 μg。

子惯导误差指标:陀螺的常值漂移取 0.006(°)/h,白噪声方差为 0.000 6(°)/h。加速度计的常值偏置为 30 μg,白噪声方差为 10 μg。

主、子惯导安装误差角标定值为 0.5°;仿真时间为 300 s,对准仿真步长为 0.2 s。

(1)速度+姿态匹配。

图 12.28~12.31 为速度+姿态匹配模式下的传递对准结果,从图中可以看出,由于运载体在运动过程中存在侧向的位置机动、偏航和俯仰的姿态机动,可以很好地估计出安装角,航向和侧向精度估计精度能够达到 2′,天向估计精度接近于 0。

(2)位置+姿态匹配。

图 12.32~12.35 为位置+姿态匹配模式下的传递对准结果,从图中可以看出,由于运载体在运动过程中存在侧向的位置机动、偏航和俯仰的姿态机动,可以很好地估计出安装角,航向和侧向精度估计精度能够达到 5′,天向估计精度接近于 0。

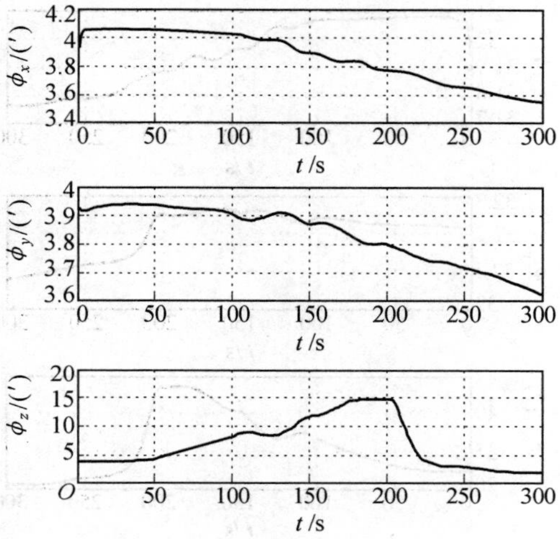

图 12.28　姿态失准角估计值

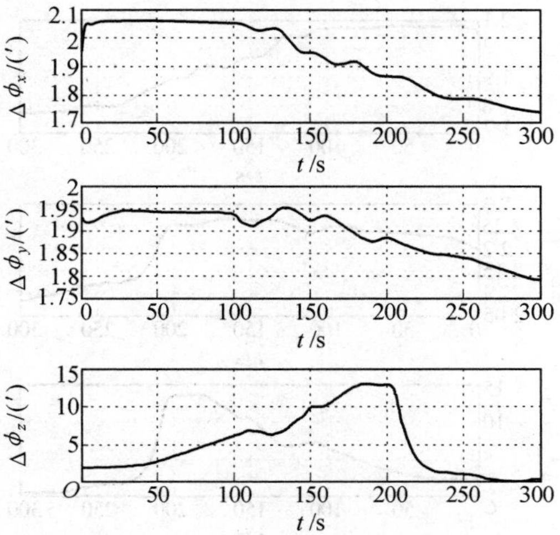

图 12.29　姿态失准角估计误差

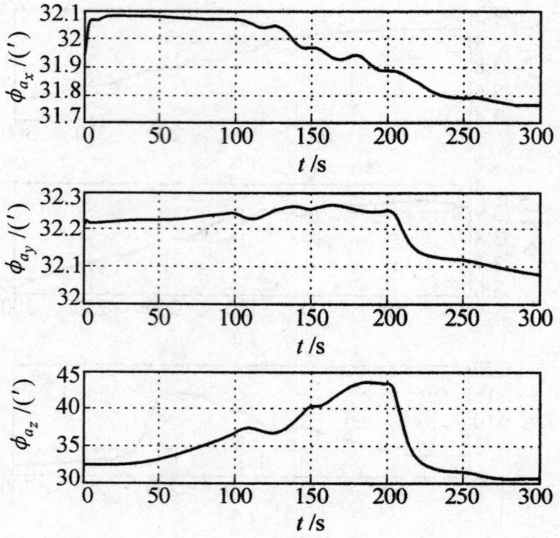

图 12.30　安装角估计值

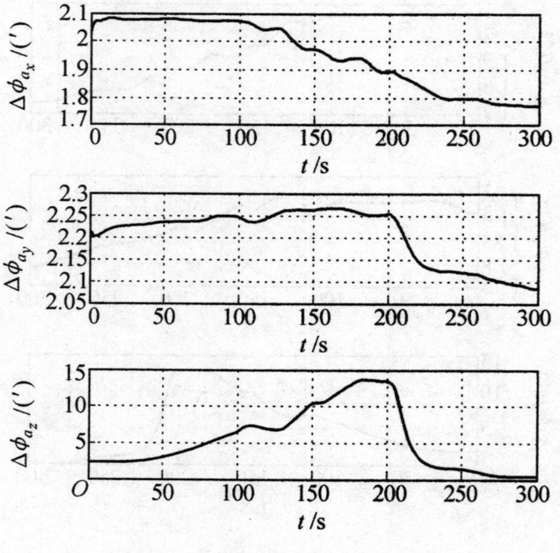

图 12.31　安装角估计误差

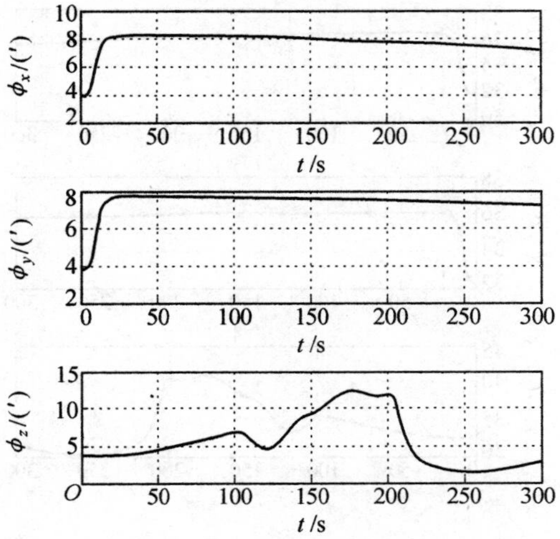

图 12.32　姿态失准角估计值

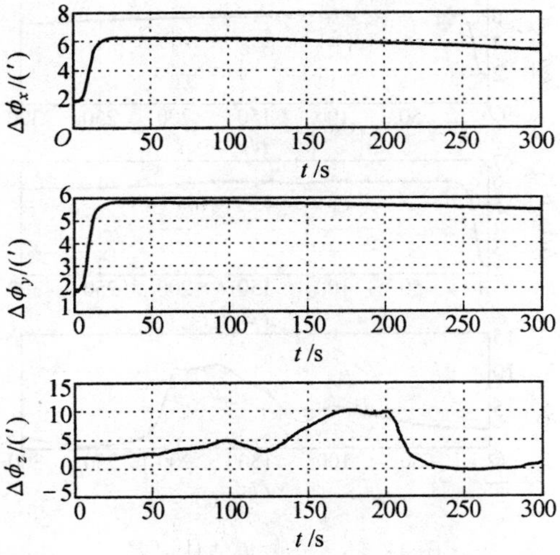

图 12.33　姿态失准角估计误差

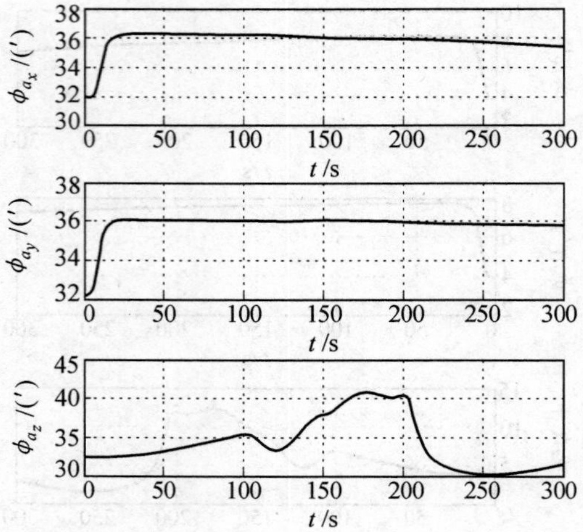

图 12.34　安装角估计值

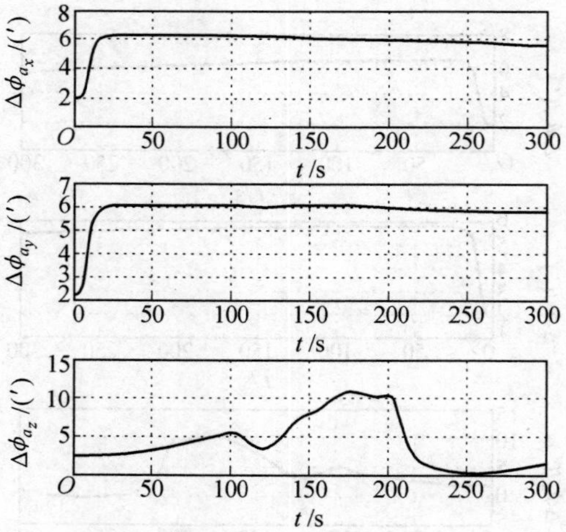

图 12.35　安装角估计误差

(3)角速度＋加速度匹配。

图 12.36～12.39 为角速度＋加速度匹配模式下的传递对准结果，从图中可以看出，该模式下对姿态失准角的估计是发散的，并且对安装角的估计效果不好，估计误差较大，经分析是由于角速度＋加速度匹配模式属于测量参数匹配法的一种，对环境和载体的振动较为敏感。

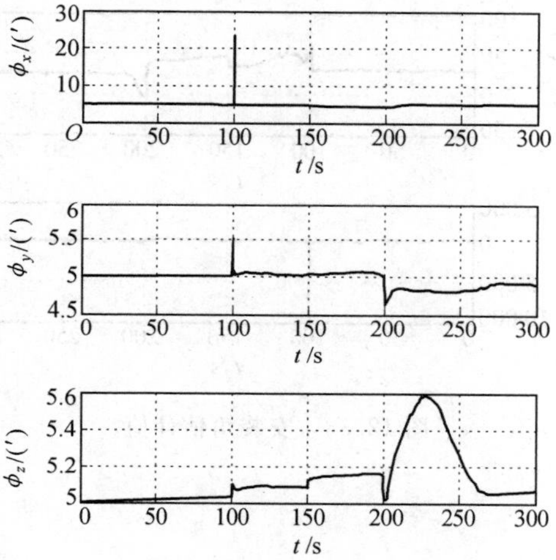

图 12.36　姿态失准角估计值

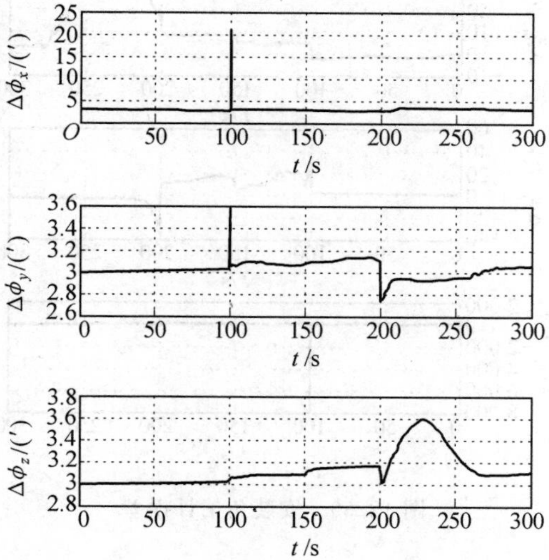

图 12.37　姿态失准角估计误差

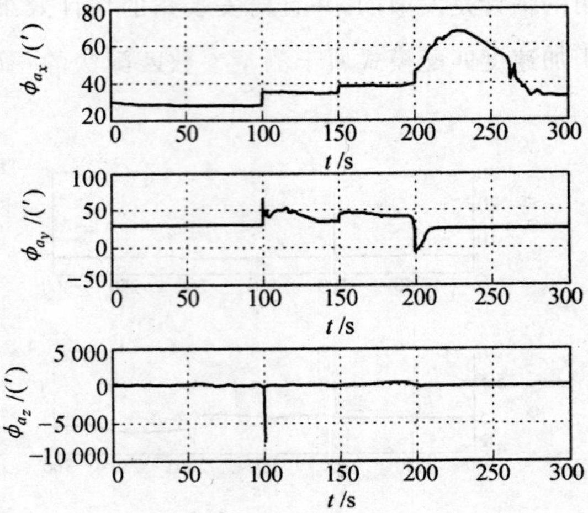

图 12.38　安装角估计值

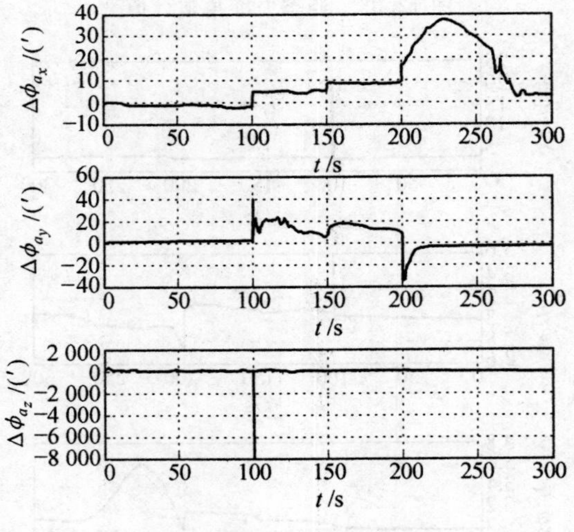

图 12.39　安装角估计误差

第 13 章　飞行器动态导航系统的设计与实现

飞行器动态导航系统的设计是根据飞行器对于导航系统的具体要求，选用相应的导航设备和组合导航方法来实现飞行器的组合导航功能，确保导航系统能够按照要求的数据更新率和导航定位精度，为飞行器提供准确、快速的导航信息。飞行器动态导航系统的实现主要包括 3 个层次上的实现：软件数值仿真实验、半物理仿真实验和物理仿真实验。一般来说，半物理仿真实验和物理仿真实验主要是针对具体的设计任务来开展，需要有硬件设备支持；软件数值仿真实验主要是根据导航定位原理和设备参数，模拟相应导航设备的工作过程，并建立相应的组合导航滤波器来实现组合导航功能，通过最终给出的滤波估计输出结果，来论证导航系统的精度、方案的合理性和可靠性。本章主要对软件数值仿真实现方法进行介绍。

13.1　飞行器动态导航系统设计方法

(1)确定导航系统的组成方案。不同的飞行器对于导航系统的具体要求不同，需要针对具体的飞行器，选用相应的导航系统组成方案。设计导航系统组成方案的主要依据如下。

①分析飞行器的飞行环境和动态特性。导航设备均有工作环境要求，例如 GPS 只能在地面或者低地球轨道上运用，在其他环境中将不具有可用性。惯性导航系统，特别是捷联式惯性导航系统需要较为平稳的工作环境，在振动较剧烈、温度高的环境中工作，会对测量精度产生影响，甚至不能工作。因此，在选用导航设备进行导航系统方案设计时，需要对飞行器的飞行环境和飞行特性进行分析，以保证选用的导航设备均能正常工作。

②飞行器对于导航系统的成本、导航精度、系统可靠性和质量的要求。不同的飞行器，由于其用途不同，对导航系统的成本、导航定位精度、导航系统的可靠性和导航设备的质量均有不同的要求。例如飞航导弹需要导航系统尽可能降低成本，对导航系统的精度

和可靠性要求均不是很高，因此就需要选用捷联式惯性导航系统作为主要的导航设备以减低成本。人造地球卫星和运载火箭需要导航系统具有很高的导航精度和可靠性，因此需要选用精度较高的主导航设备，而且人造地球卫星对于导航设备的质量也有一定的要求，这时就要在测量精度和质量之间做一个折中考虑，或者选用高精度的组合导航系统方案。

(2)根据导航系统组成方案和飞行器对于导航精度的要求，确定出具体导航设备的相关设备参数，包括精度、稳定性、数据更新率、误差指标等。一般来说，对于惯性导航系统，具体的惯性导航设备，在设备出场前，均会进行大量的实验来确定陀螺仪和加速度计的误差模型，一般称为工具误差模型。对于选用惯性导航系统作为主要的导航设备的系统，还需要根据选用的不同惯性测量设备，联系生产厂家，确定工具误差模型。

(3)确定相关导航设备的导航解算方法和惯性导航系统的误差传播特性。对于软件数值仿真来说，需要根据导航设备的导航定位原理，对导航设备的导航数据输出进行相应的模拟，确定导航解算的方法，实现导航设备的导航数据输出。一般飞行器均采用惯性导航系统作为主要的导航设备，为了实现惯性导航系统与其他辅助导航系统的组合导航，需要对惯性导航系统的误差传播特性进行分析，以得到误差传播方程，为导航滤波器状态方程的建立奠定基础。

(4)选用滤波器的设计方法。分析当前导航计算机的计算能力和导航系统对于滤波算法的要求，选用相应的滤波算法对组合导航滤波器进行设计。当前在飞行器导航中应用的主要滤波方法是卡尔曼滤波算法和扩展卡尔曼滤波算法(EKF)；具有一定应用前景的滤波算法主要有：无迹卡尔曼滤波算法(UKF)，粒子滤波算法，改进的粒子滤波算法和自适应滤波算法等。

(5)建立滤波器模型。根据选用的不同滤波器设计方法，对滤波器的数学模型进行设计。对于卡尔曼滤波、扩展卡尔曼滤波和UKF等滤波器设计方法来说，一般包括建立状态方程、测量方程、状态方程离散化、状态方程线性化(EKF)、确定噪声模型、滤波初值和滤波周期的确定。

(6)建立信息融合模型。对于具有多传感器、导航信息冗余的导航系统，可以选用信息融合方法对传感器提供的导航信息进行有效整合，以提高导航系统信息的利用能力和导航系统的可靠性。但对于一般的飞行器来说，由于考虑到成本等因素，一般导航设备输出的导航信息不会出现冗余情况，因此一般不需要用信息融合方法。

(7)利用一定的软件工具，编写仿真分析软件，开展仿真分析，论证导航系统方案的可行性。导航系统数值仿真分析主要采用的软件编程工具是 Matlab 软件工具包、Microsoft Visual Studio 软件工具包等。根据组合导航系统的设计方法，确定出软件算法流程和模块数据接口，选用相应的软件工具，编制仿真软件。设置仿真分析方案，开展仿真分析，给出仿真分析结果，并对结果进行具体分析，论证导航系统是否满足最初的设计要求。若不满足要求，则重新对导航系统进行设计，若满足要求，则撰写技术设计报告，完成导航系统的总体设计工作。

13.2　飞行器动态导航仿真系统设计实践

本节主要介绍飞行器动态导航仿真系统的设计实践方法，根据导航坐标系的选取不同，分别介绍在地理坐标系下和发射惯性系下的设计方法。由于地面坐标系下导航系统的力学编排与发射惯性坐标系下的力学编排基本相同，因此地面坐标系下的导航系统设计实践可以参照发射惯性坐标系下的实例。下面以运载火箭导航系统仿真(发射惯性坐标系)与军用飞机导航系统仿真(地理坐标系)为例，介绍运载火箭 SINS/GPS 组合导航仿真系统设计实践方法。

在进行导航仿真系统设计之前，需要准备飞行器的标准轨迹数据。标准轨迹数据一般通过飞行器的动力学模型积分而来，需要对气动力、推力和重力进行精确计算。本节采用简单的方法来生成运载火箭的飞行轨迹。导航系统的程序流程图如图 13.1 所示。

1. 运载火箭飞行轨迹数据准备

(1)运载火箭飞行时序。

①0 ～ 10 s，垂直发射，以俯仰角 $\dot{\varphi}=0$ 飞行；

②10 ～ 150 s，以程序给定俯仰角 $\dot{\varphi}=-0.3(°)/s$ 飞行；

③150 ～ 350 s，以程序给定俯仰角 $\dot{\varphi}=-0.25(°)/s$ 飞行；

④350 ～ 800 s，以程序给定俯仰角 $\dot{\varphi}=-0.05(°)/s$ 飞行；

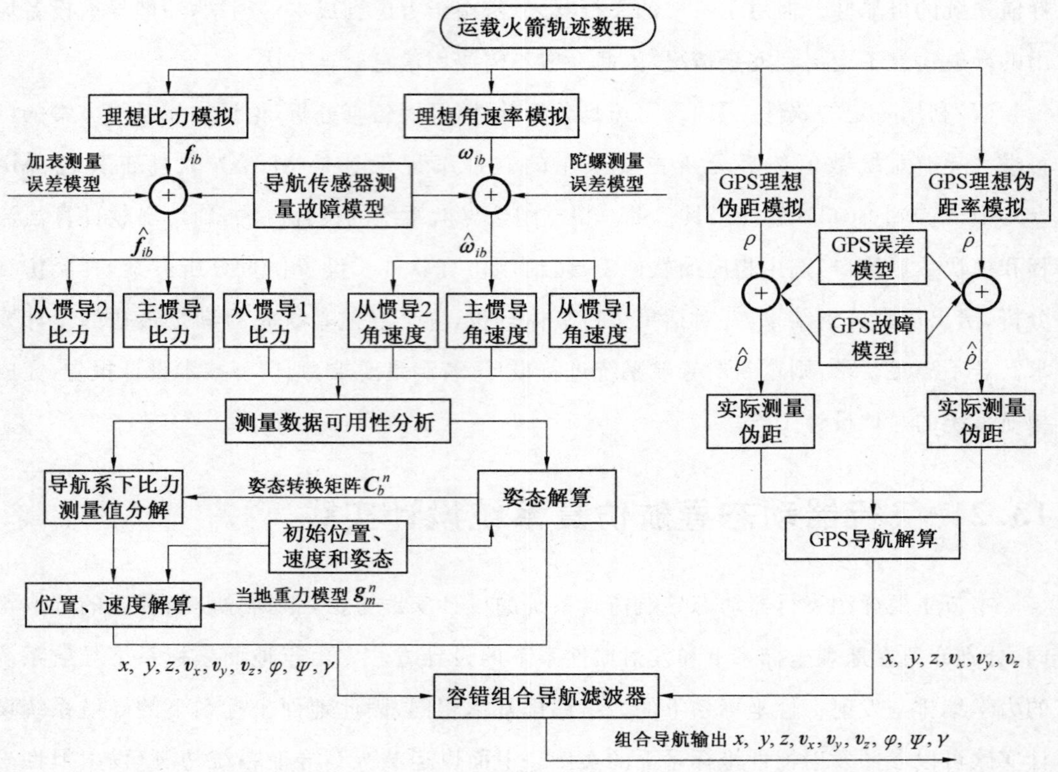

图 13.1　运载火箭组合导航系统仿真流程图

⑤800 ～ 1 200 s，以程序给定俯仰角 $\dot{\varphi}=0$ 飞行；

火箭起飞质量设置为 $m_0=400$ t，起飞推力为 $F=4\ 400$ kN。

(2) 发射点参数。

① 发射点经度 $L_0=110°$；

② 发射点地理纬度 $B_0=45°$；

③ 发射点高度 $H_0=20$ m；

④ 发射方位角 $A_0=144°$。

(3) 飞行轨迹仿真。不考虑运载火箭的气动力，根据在发射惯性坐标系下建立的运动学和动力学方程，结合运载火箭的飞行时序，编写 Matlab 仿真软件，给出仿真结果，如图 13.2 ～ 13.6 所示。

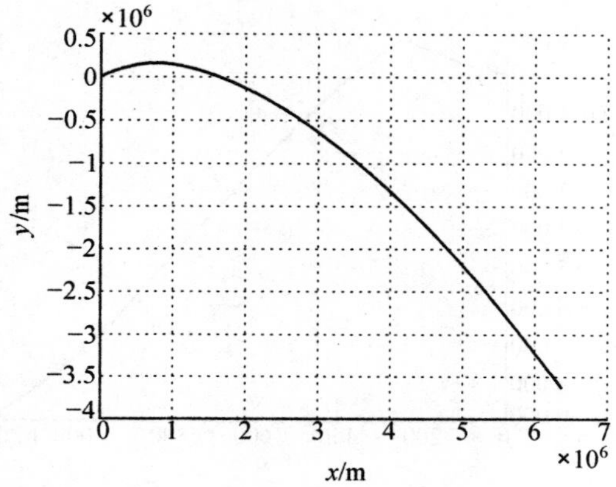

图 13.2　$x-y$ 位置变化曲线

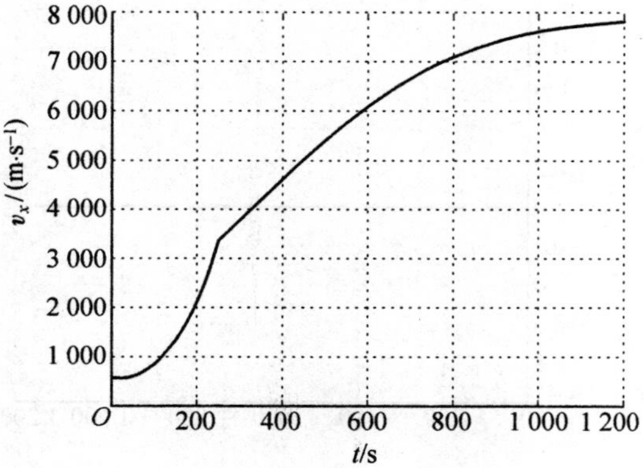

图 13.3　x 向速度变化曲线

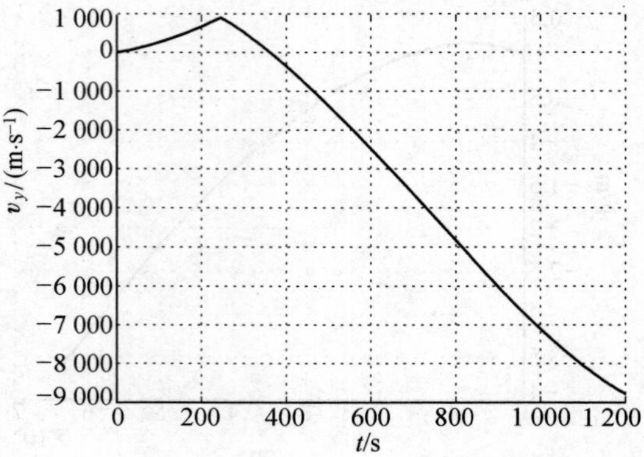

图 13.4　y 向速度变化曲线

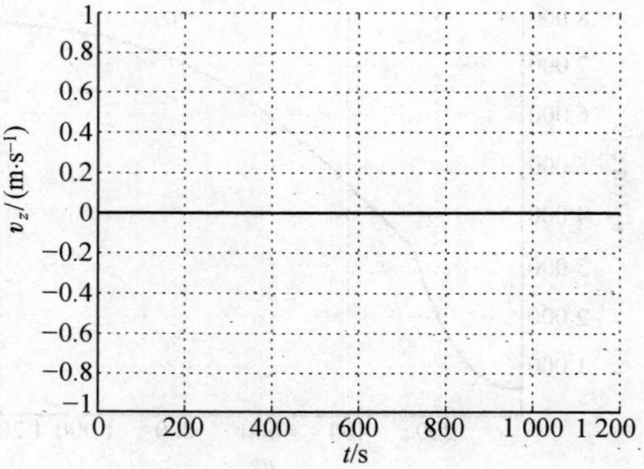

图 13.5　z 向速度变化曲线

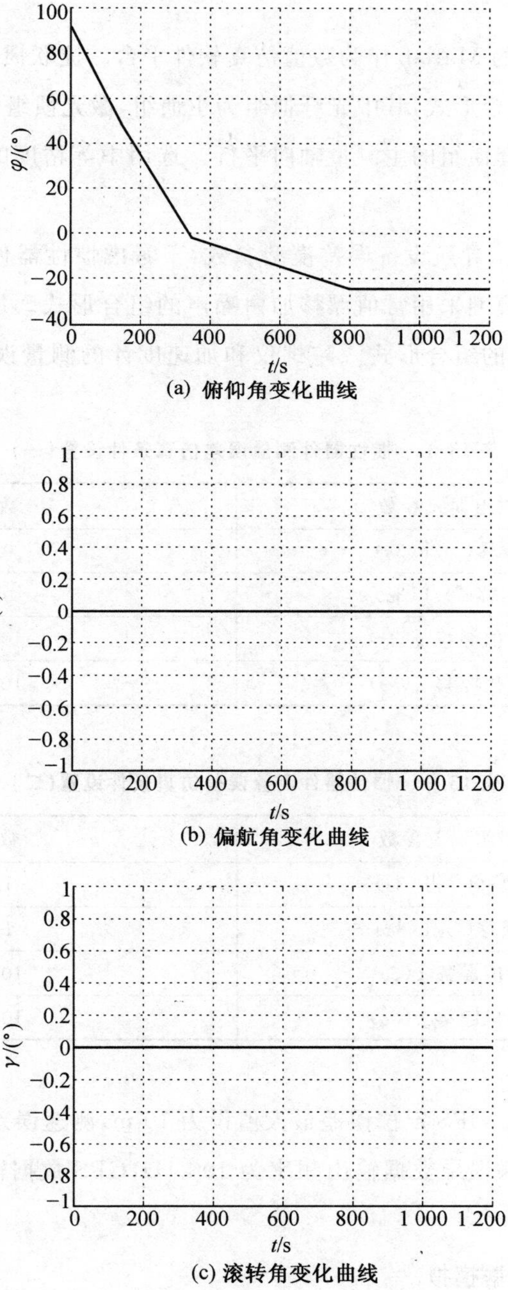

图 13.6　姿态角变化曲线

2. 仿真初始条件

选用 R2009b 版本的 Matlab 作为数值仿真软件平台。捷联惯导组合采用 2 套激光惯组和 1 套光纤惯组的组合形式，其中光纤惯组为主惯组，激光惯组为从惯组。惯组在运载火箭内平行安装，即 3 套惯组的主测量轴向平行。选用中等精度的卫星导航接收机作为辅助的导航设备。

(1) 惯导设备参数。导航设备误差模型参数：不考虑惯性器件的安装误差和初始对准偏差，陀螺仪的误差模型采用常值漂移加白噪声的组合形式。加速度计测量误差模型采用零偏加随机白噪声的组合形式。陀螺仪和加速度计的测量误差模型参数见表 13.1 和表 13.2。

表 13.1　惯性器件测量误差仿真条件设置(一)

光纤捷联惯组误差参数	数值
陀螺常值漂移(°)/h(3σ)	0.1
陀螺随机漂移(°)/h(3σ)	0.1
加速度计常值漂移 $g(3\sigma)$	$10e^{-4}$
加速度计随机漂移 $g(3\sigma)$	$10e^{-4}$

表 13.2　惯性器件测量误差仿真条件设置(二)

激光捷联惯组误差参数	数值
陀螺常值漂移(°)/h(3σ)	1.0
陀螺随机漂移(°)/h(3σ)	1.0
加速度计常值漂移 $g(3\sigma)$	$10e^{-3}$
加速度计随机漂移 $g(3\sigma)$	$10e^{-3}$

(2)GPS 测量精度。GPS 定位误差最大值设为 10 m，测速误差最大值设为 0.1 m/s。

(3)仿真步长。捷联惯导数据输出频率为 100 Hz，GPS 数据输出频率为 1 Hz，组合导航滤波器频率为 1 Hz。

3. 惯导系统测量数据模拟

(1)主惯组无故障时，测量角速度与比力的仿真结果如图 13.7 所示。

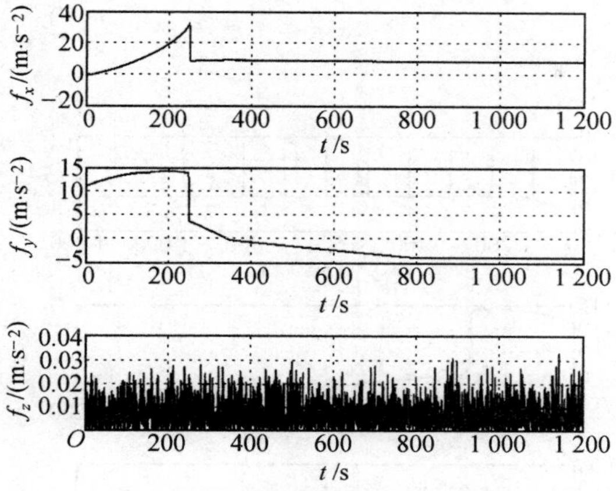

(a) 捷联惯导测量比力输出结果

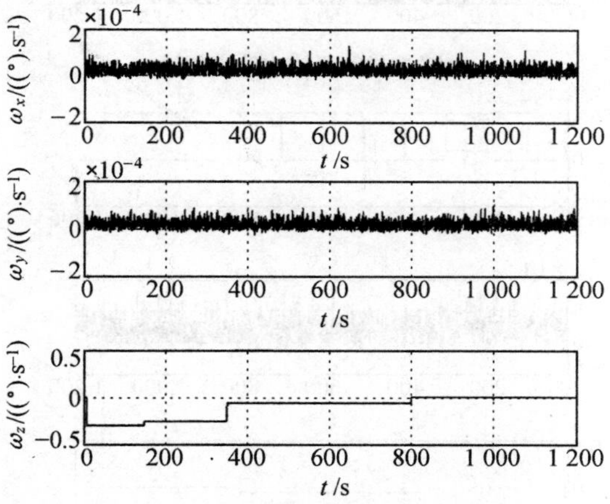

(b) 捷联惯导测量角速度输出结果

图 13.7　主惯组输出比力与角速度

(2)主惯组故障状态下测量输出结果。主惯组的故障状态设置为：分别在 $t=10$ s，100 s，200 s，300 s，400 s，500 s，600 s，700 s，800 s 处引入较大的测量故障，比力故障为 $\Delta f=5*g_0$，角速度测量故障为 $\Delta\omega=5(°)/\text{s}$；在 $t=200\sim300$ s 时间内引入较大的常值漂移故障，比力常值漂移故障取为 $\Delta f=1.0*g_0$，角速度常值漂移故障为 $\Delta\omega=1(°)/\text{s}$。数值仿真结果如图 13.8 所示。

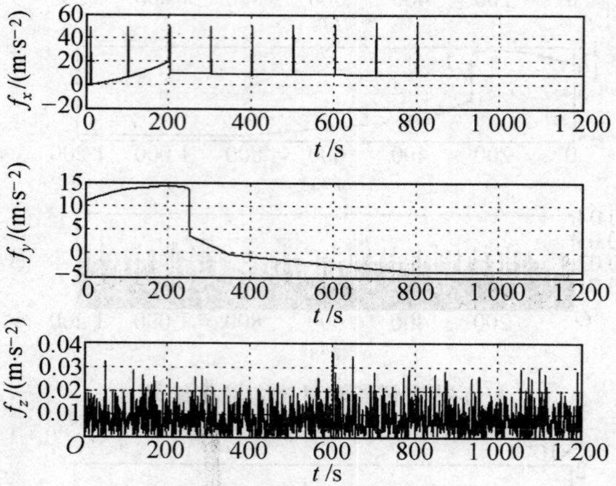

(a) 捷联惯导测量比力输出结果

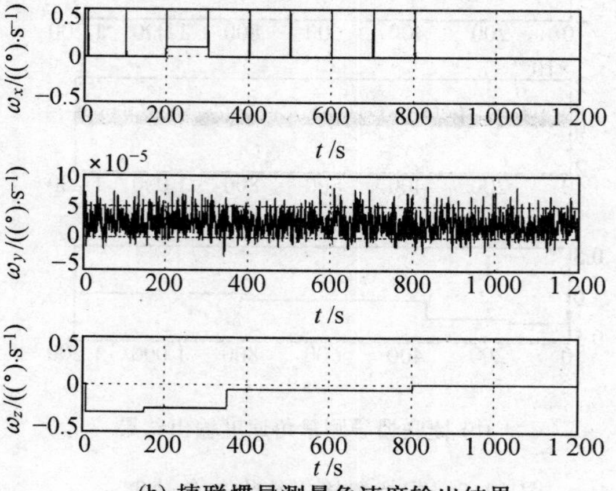

(b) 捷联惯导测量角速度输出结果

图 13.8　故障状态下主惯组输出比力与角速度

(3)故障检测后，惯导系统输出比力与角速度(见图 13.9)。

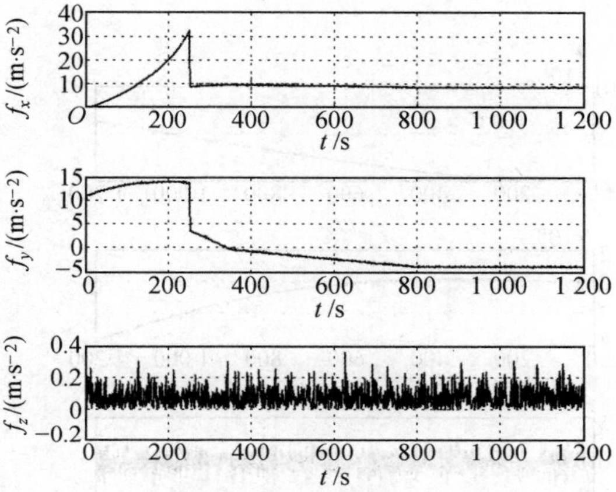

(a) 捷联惯导测量比力输出结果

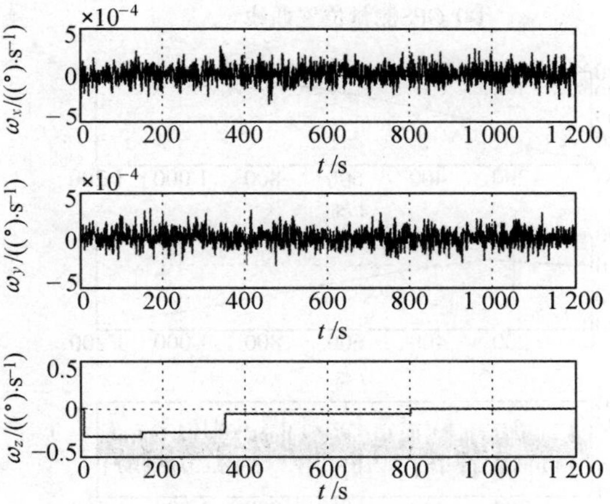

(b) 捷联惯导测量角速度输出结果

图 13.9　故障检测后惯导系统输出比力与角速度

4. GPS 导航输出仿真模拟

根据已有的运载火箭轨迹数据和 GPS 导航原理，给出 GPS 导航输出仿真分析结果(见图 13.10、13.11)。

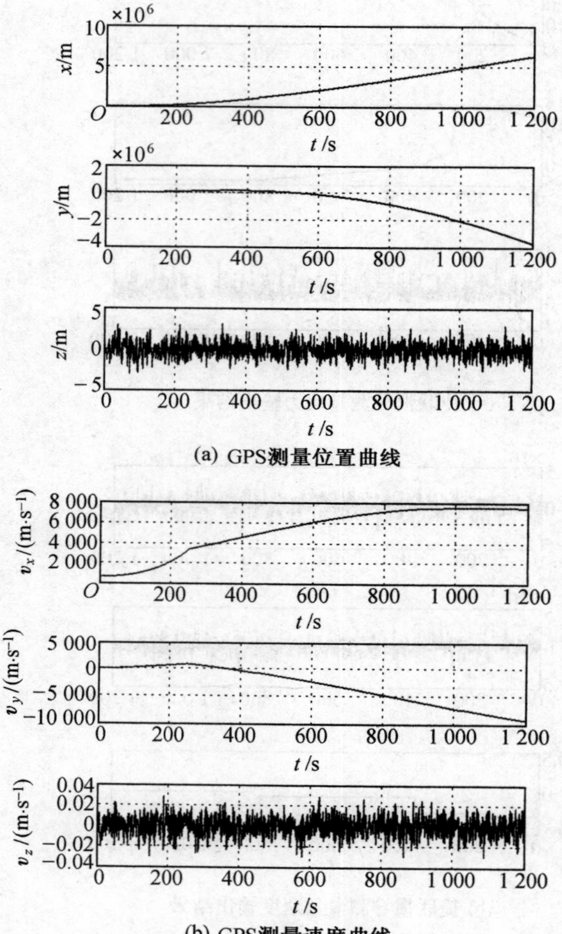

(a) GPS测量位置曲线

(b) GPS测量速度曲线

图 13.10　GPS 测量位置与速度曲线

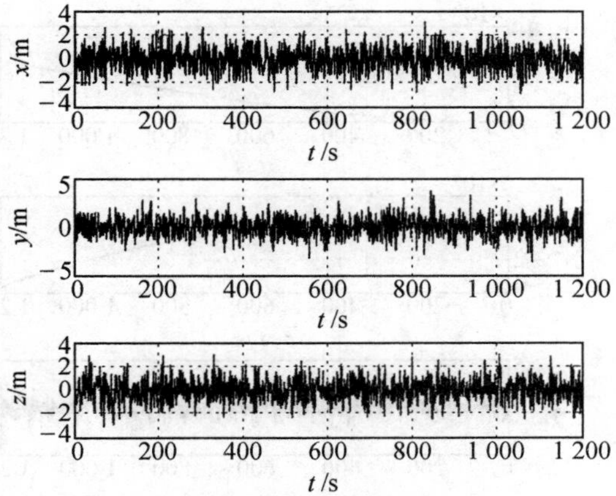

(a) GPS测量位置误差曲线

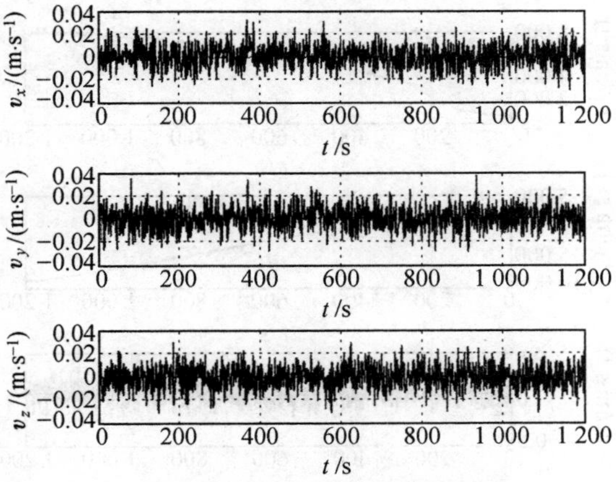

(b) GPS测量速度误差曲线

图 13.11　定位和测速误差曲线

5. SINS/GPS **组合导航仿真**

(1)卡尔曼滤波器仿真分析。根据建立的卡尔曼滤波方程，编写运载火箭组合导航卡尔曼滤波器的仿真分析程序，给出卡尔曼滤波器仿真分析结果如图 13.12～13.14 所示。

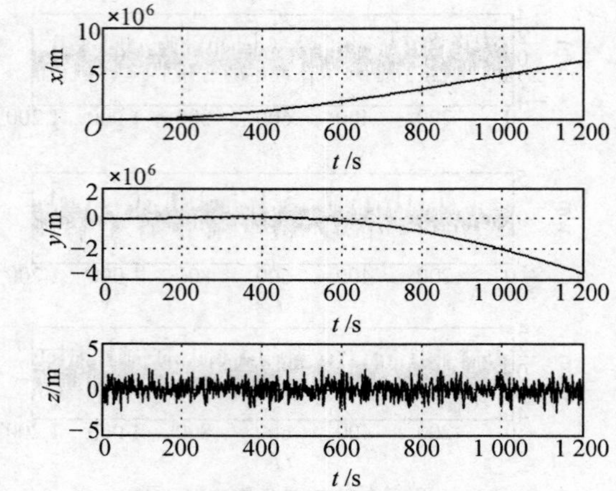

(a) 扩展卡尔曼滤波位置输出

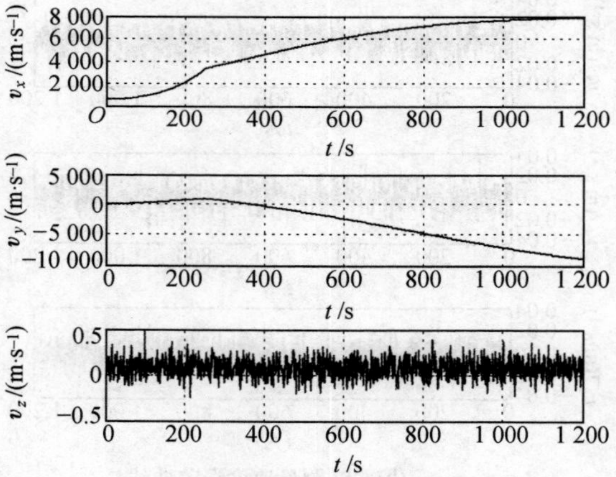

(b) 扩展卡尔曼滤波速度输出

图 13.12　卡尔曼滤波器位置和速度估计结果

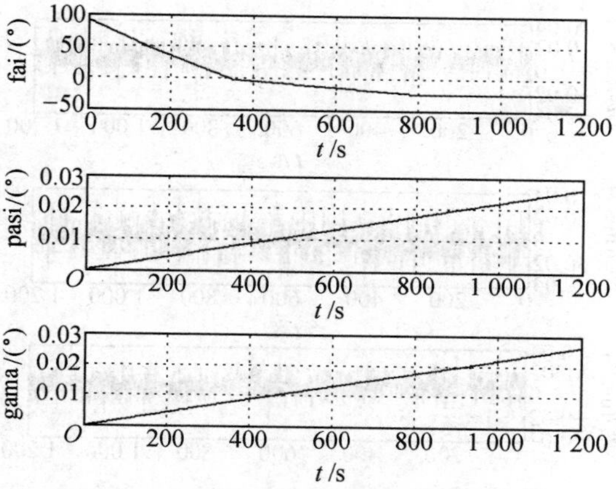

(a) 扩展卡尔曼滤波姿态输出

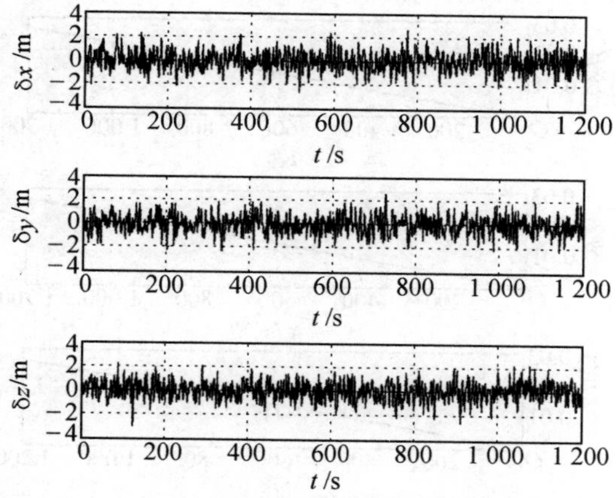

(b) 扩展卡尔曼滤波位置估计误差

图 13.13　卡尔曼滤波器姿态估计结果和位置估计误差

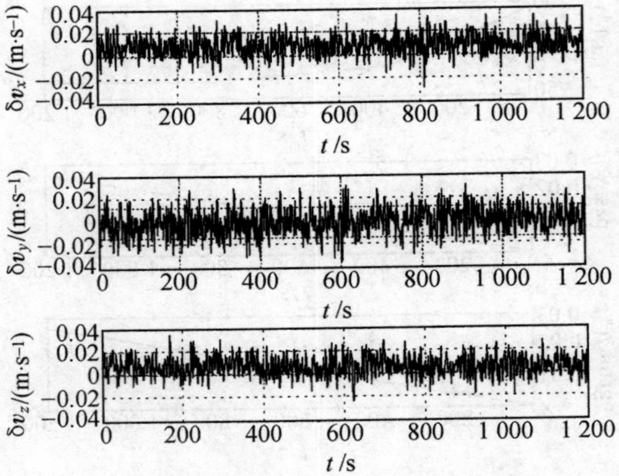

(a) 扩展卡尔曼滤波速度估计误差

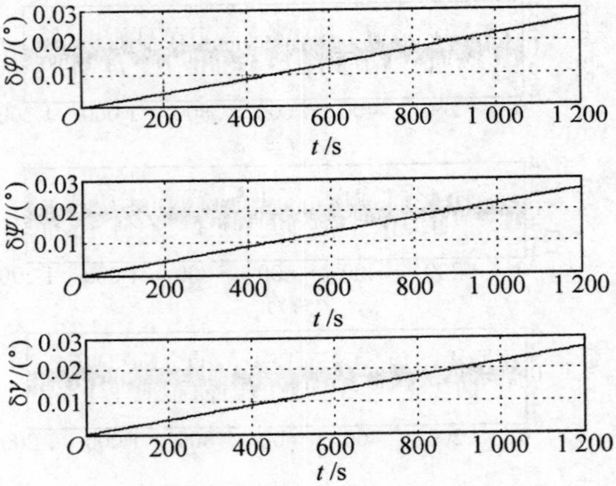

(b) 扩展卡尔曼滤波姿态估计误差

图 13.14　卡尔曼滤波器速度和姿态估计误差

(2)粒子滤波器仿真分析。根据建立的捷联惯导系统和 GPS 导航系统的模型,通过给出的标准粒子滤波算法建立运载火箭的粒子滤波器,并编写仿真分析软件,给出粒子滤波器仿真分析结果,如图 13.15～13.17 所示。

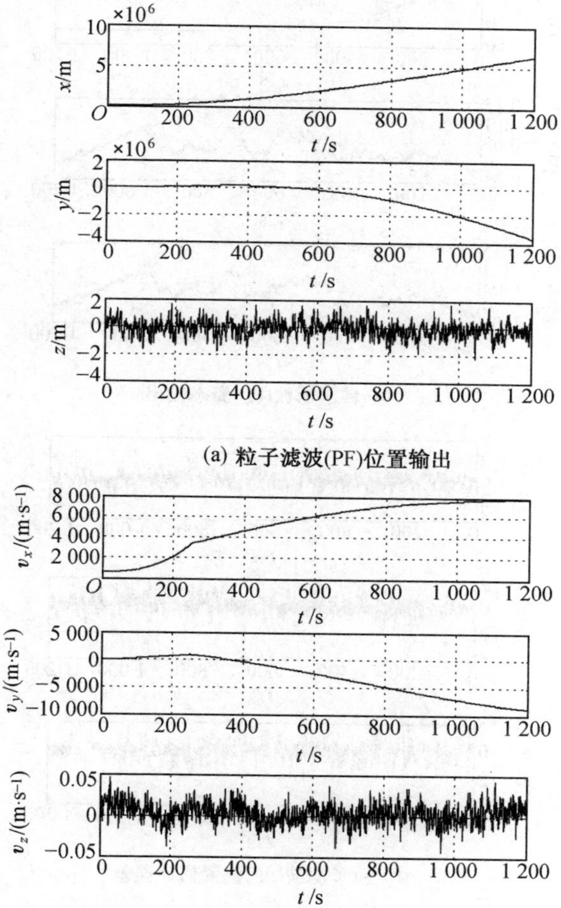

图 13.15　粒子滤波器位置和速度估计结果

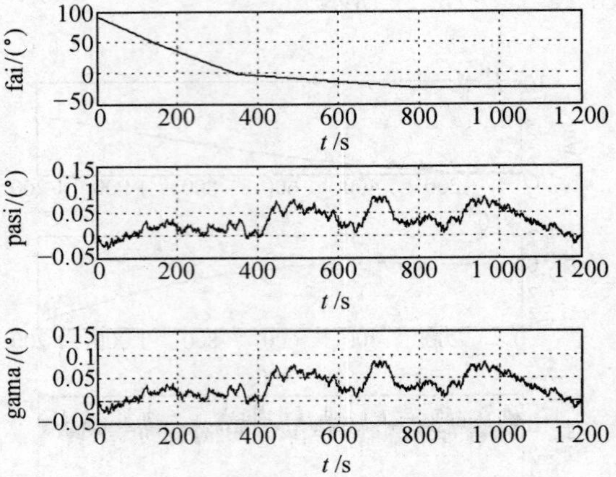

(a) 粒子滤波(PF)姿态输出

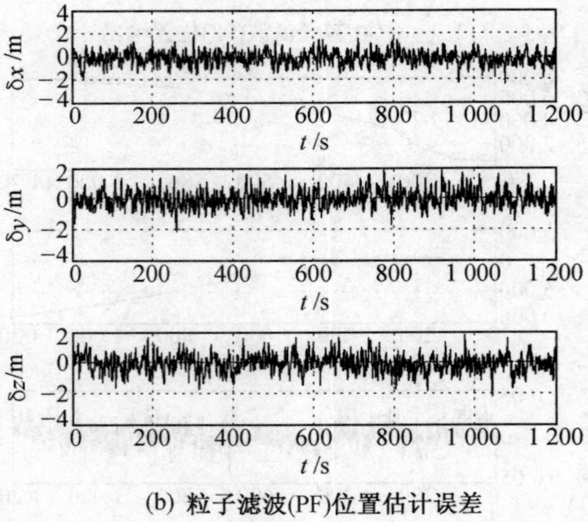

(b) 粒子滤波(PF)位置估计误差

图 13.16　粒子滤波器姿态估计结果和位置估计误差

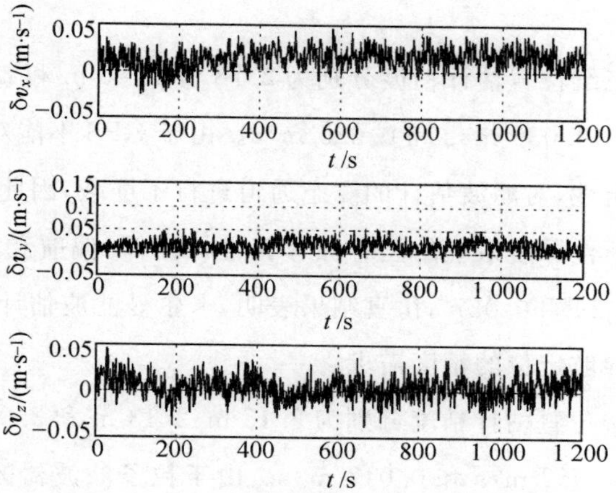

(a) 粒子滤波(PF)速度估计误差

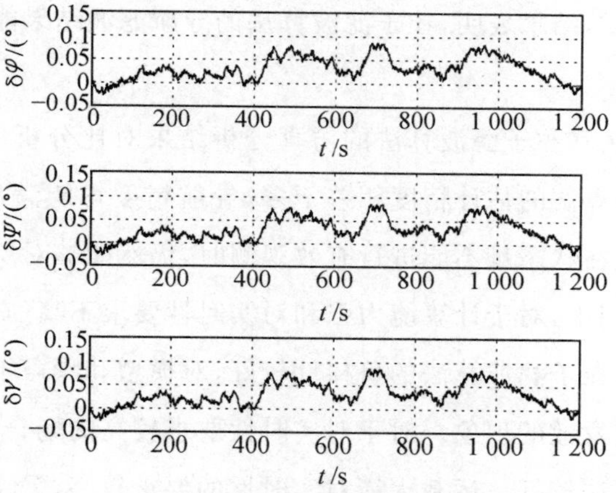

(b) 粒子滤波(PF)姿态估计误差

图 13.17　粒子滤波器速度和姿态估计误差

6.**组合导航滤波器性能分析**

由上述仿真结果可以看出，卡尔曼滤波器和粒子滤波器的滤波估计效果都较好，滤波估计精度都较高。

卡尔曼滤波器的三维位置估计精度分别为2.78 m、2.85 m和2.72 m，三维速度估计精度分别为0.038 m/s、0.036 m/s和0.035 m/s。由于GPS不能对姿态信息进行测量，为了提高滤波器的稳定性，对滤波估计的姿态通道进行了屏蔽，因此卡尔曼滤波器的姿态估计结果体现出捷联惯性导航系统的固有漂移特性。俯仰、偏航和滚转方向的姿态测量精度分别为0.028°、0.029°和0.027°，仿真结果表明，卡尔曼滤波估计器的导航滤波结果能够满足运载火箭对于导航定位的精度需求。

粒子滤波器的三维位置估计精度分别为2.15 m、2.13 m和2.08 m，三维速度估计精度分别为0.048 m/s、0.052 m/s和0.047 m/s。由于粒子滤波器的稳定性较好，不对姿态通道进行屏蔽，采用粒子滤波器对俯仰、偏航和滚转方向的姿态估计精度分别为0.082°、0.082°和0.082°，结果表明，粒子滤波算法的导航滤波结果能够满足运载火箭对于导航定位的精度需求。

由卡尔曼滤波算法和粒子滤波算法的仿真分析结果对比分析可知，在高斯白噪声的驱动下，两种导航滤波算法的估计精度相差不多，导航精度均能满足要求，但粒子滤波算法的稳定性较好，即使在状态量不能进行有效观测时，仍然能够对所有状态量进行估计。

在实际的工程应用中，对于计算能力强和对实时性要求不高的场合，可以采用粒子滤波算法进行估计，因为粒子滤波算法的鲁棒性较好，对模型和噪声不确定性的适应能力较强，一般不会出现滤波发散的现象。对于对实时性要求较高的场合，为了减少计算的复杂性，采用卡尔曼滤波算法较好。运载火箭对实时性的要求较高，采用扩展卡尔曼滤波算法较好。

7.**故障检测方法仿真分析**

(1)故障设置情况。为了验证给出的基于残差 χ^2 检验的故障检测方法和基于残差幅值检验的故障检测方法在组合导航系统中的性能，对GPS导航系统分别设置单点故障和连续故障两种故障情况，通过仿真验证故障检测算法对故障的检测效果。

①单点故障设置情况。为了全面验证故障检测算法的故障检测能力，设置如下：

a. 200～300 s 和 800～900 s 时间段内，GPS 出现周期性单点故障，故障周期为 4 s，故障产生时，在 x,y,z 三个方向上，分别引入位置误差为 500 m、1 000 m、1 500 m，引入速度误差分别为 5 m/s、10 m/s、15 m/s。

b. 200～300 s 和 800～900 s 时间段内，GPS 出现周期性单点故障，故障周期为 4 s，故障产生时，在 x,y,z 三个方向上，分别引入位置误差为 50 m、100 m、150 m，引入速度误差分别为 1.0 m/s、1.0 m/s、1.5 m/s。

②连续故障设置情况。

a. 500～600 s 时间段内，GPS 出现连续故障，故障产生时，在 x,y,z 三个方向上，分别引入位置误差为 500 m、1 000 m、1 500 m，引入速度误差分别为 5 m/s、10 m/s、15 m/s。

b. 500～600 s 时间段内，GPS 出现连续故障，故障产生时，在 x,y,z 三个方向上，分别引入位置误差为 50 m、100 m、150 m，引入速度误差分别为 1.5 m/s、1.0 m/s、1.5 m/s。

在实际的工程应用中需要根据分析导航设备可能出现的故障来设置故障检测的阈值，本文的故障检测算法采用经验的故障检测阈值，对于连续和单点故障设置相同的检测阈值。

(2)故障检测结果。

①在单点故障 a 作用下的故障检测仿真分析结果如图 13.18～13.20 所示。

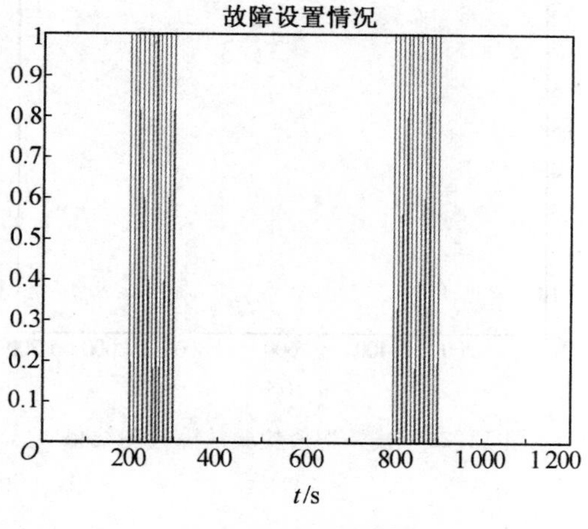

图 13.18 故障设置情况

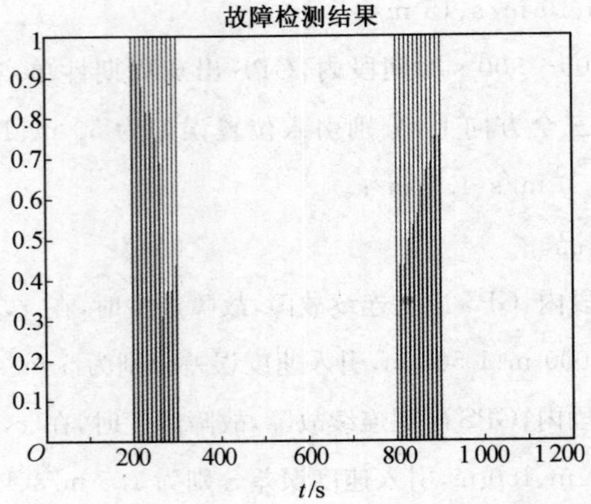

图 13.19　残差 χ^2 检验故障检测结果

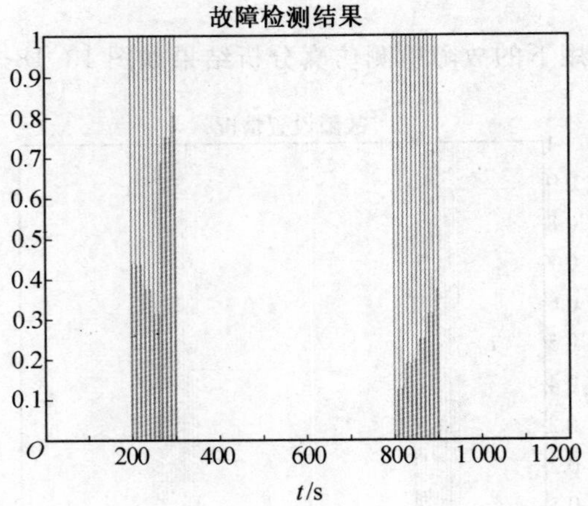

图 13.20　残差幅值检验故障检测结果

②在单点故障 b 作用下的故障检测仿真分析结果如图 13.21～13.23 所示。

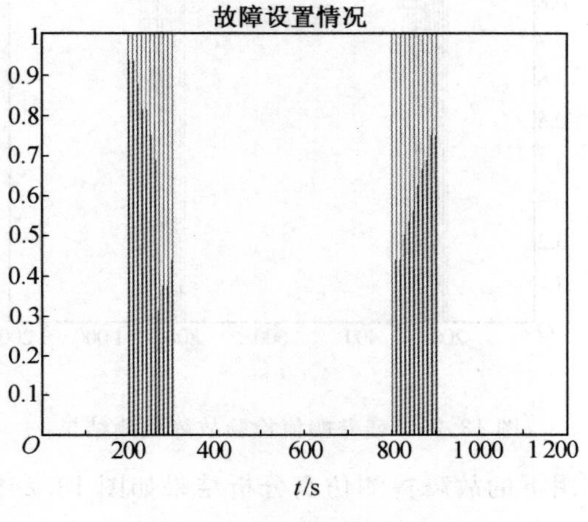

图 13.21 故障设置情况

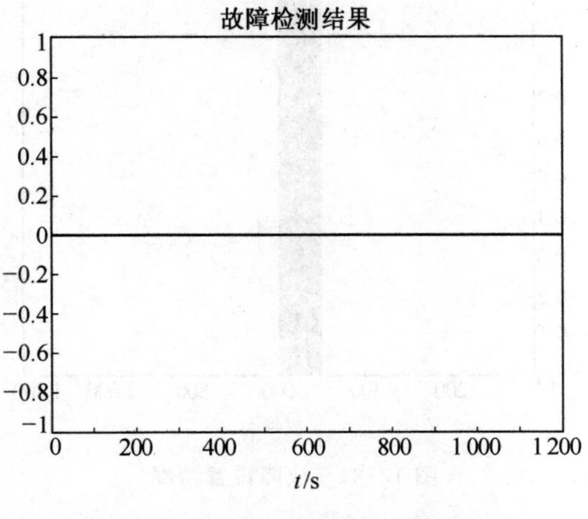

图 13.22 残差 χ^2 检验故障检测结果

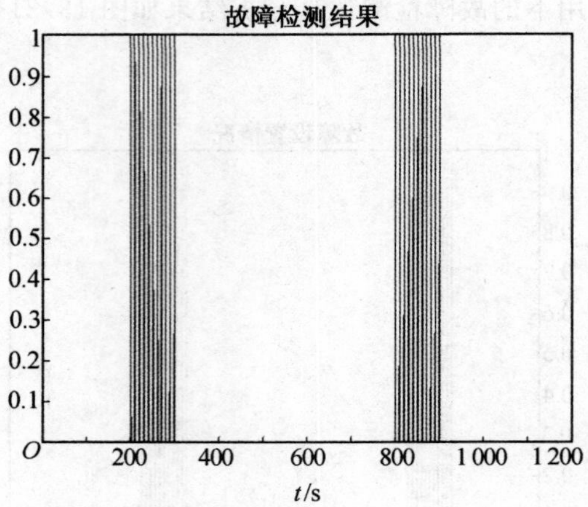

图 13.23　残差幅值检验故障检测结果

③在连续故障 a 作用下的故障检测仿真分析结果如图 13.24～13.26 所示。

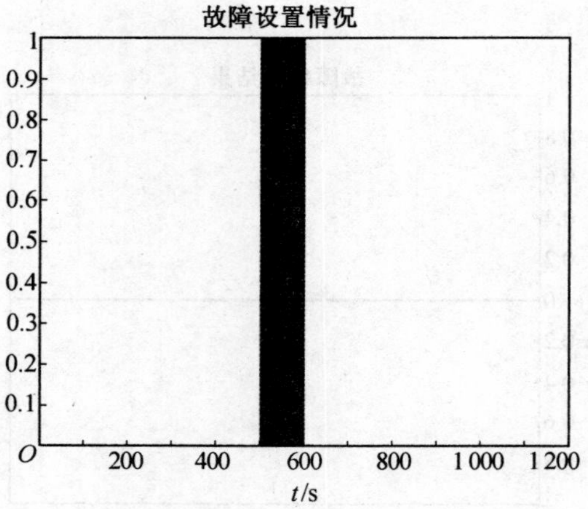

图 13.24　故障设置情况

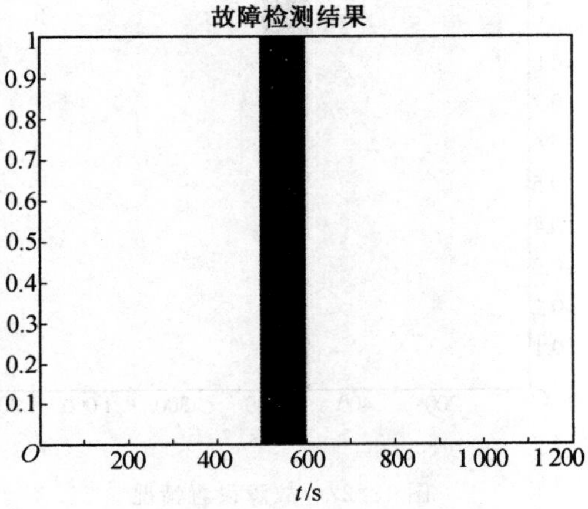

图 13.25　残差 χ^2 检验故障检测结果

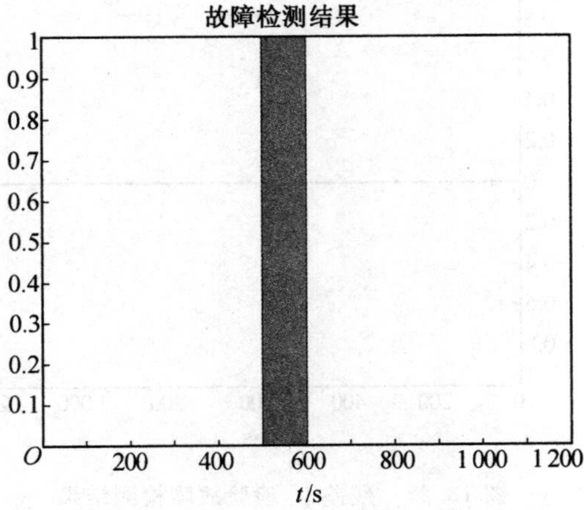

图 13.26　残差幅值检验故障检测结果

④在连续故障 b 作用下的故障检测仿真分析结果如图 13.27～13.29 所示。

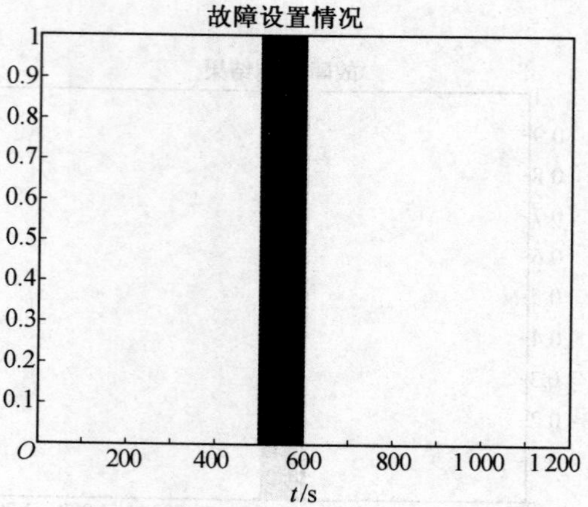

图 13.27　故障设置情况

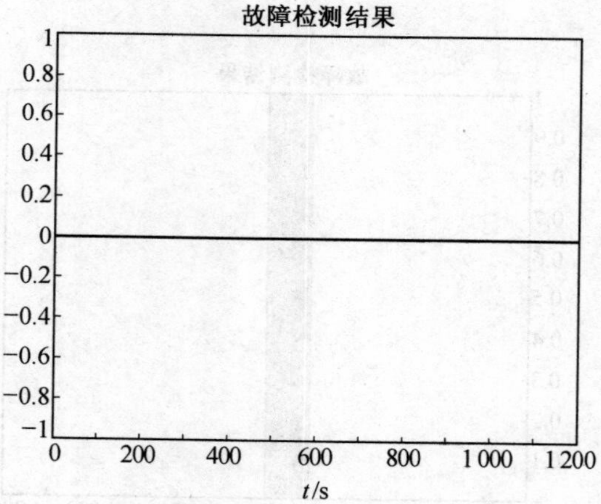

图 13.28　残差 χ^2 检验故障检测结果

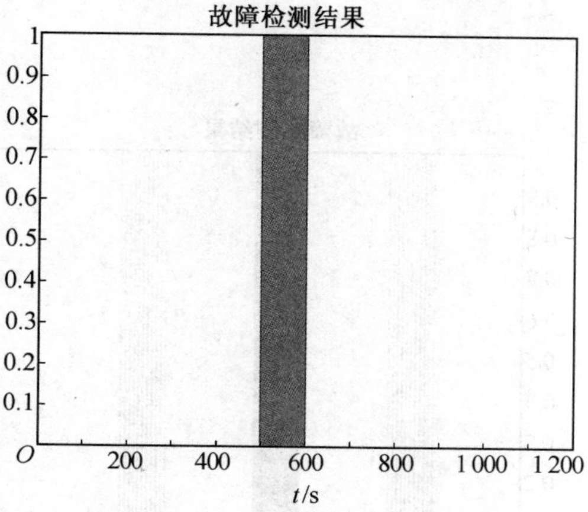

图 13.29　残差幅值检验故障检测结果

⑤在单点故障 a 和连续故障 a 的联合作用下，故障检测仿真分析结果如图 13.30～13.32 所示。

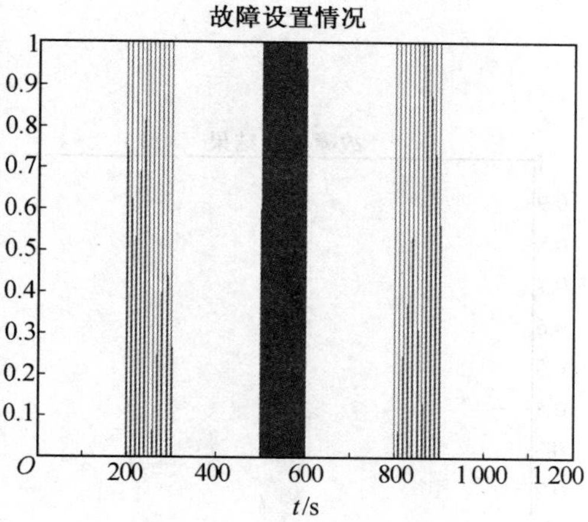

图 13.30　故障设置情况

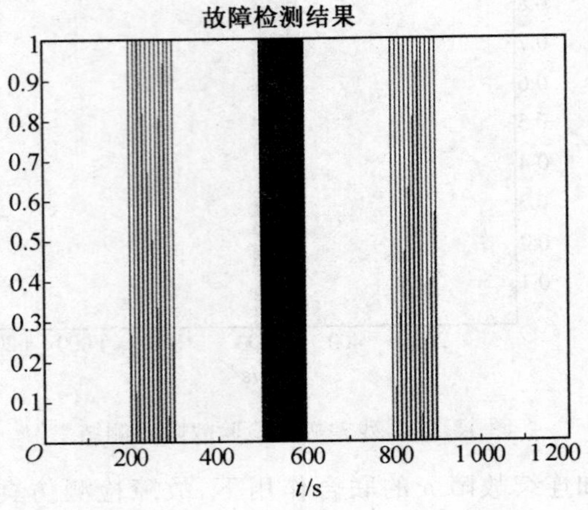

图 13.31　残差 χ^2 检验故障检测结果

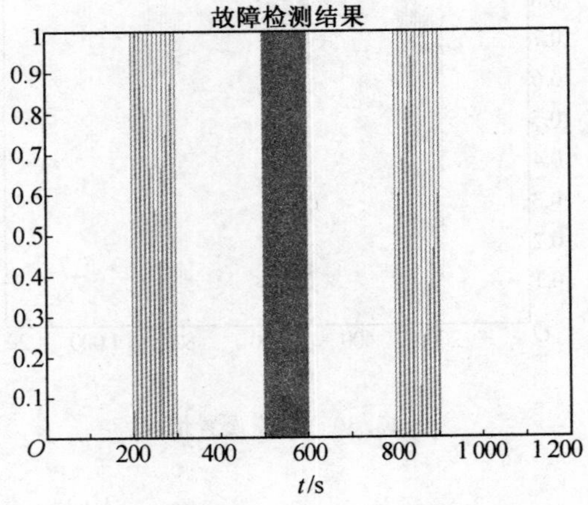

图 13.32　残差幅值检验故障检测结果

(3)仿真结果分析。由上述仿真结果可知,在故障幅值较大的情况下:基于残差 χ^2 检验的故障检测方法和基于残差幅值检验的故障检测方法对连续故障和单点故障都具有较强的检测能力,检测出了全部的故障。在故障幅值较小的情况下:基于残差 χ^2 检验的故障检测方法不能检测出单点故障和连续故障,基于残差幅值检验的故障检测方法能够检测出全部故障,说明基于残差幅值检验的故障检测法具有较强的适应能力,对不同幅值的故障检验能力较强。在存在较大连续故障和单点故障情况下:基于残差 χ^2 检验的故障检测方法和基于残差幅值检验的故障检测方法都检测出了全部的故障状态,说明上述两种故障检验方法对连续和单点故障都具有较强的检测能力。

参考文献

[1] 钱杏芳，林瑞雄，赵亚男. 导弹飞行力学[M]. 北京：北京理工大学出版社，2008.

[2] 列别捷夫 A A，契尔诺勃洛夫 JI C. 无人驾驶飞行器的飞行动力学[M]. 张炳暄，等译. 北京：国防工业出版社，1964.

[3] 严恒元. 飞行器气动特性分析与工程估算[M]. 西安：西北工业大学出版社，1990.

[4] 徐明友. 弹箭飞行动力学[M]. 北京：国防工业出版社，2003.

[5] 袁子怀，钱杏芳. 有控飞行力学与计算机仿真[M]. 北京：国防工业出版社，2001.

[6] 刘同仁，肖业伦. 空气动力学与飞行力学[M]. 北京：北京航空学院出版社，1987.

[7] 瞿章华. 高超声速空气动力学[M]. 长沙：国防科技大学出版社，2001.

[8] 肖亚伦. 飞行器运动方程[M]. 北京：航空工业出版社，1987.

[9] 吕学富. 飞行器飞行力学[M]. 西安：西北工业大学出版社，1995.

[10] 刘莹莹，周军. 挠性多体航天器姿态动力学建模与分析[J]. 飞行力学，2005,23(3)：60-63.

[11] 张嘉钟，魏英杰. 飞行器动力学与控制[M]. 哈尔滨：哈尔滨工业大学出版社，2011.

[12] 刘林. 天体力学方法[M]. 南京：南京大学出版社，1998.

[13] 周慧钟，李忠应. 有翼导弹飞行动力学：上、下册[M]. 北京：航空专业教材编审组，1983.

[14] 张有济. 战术导弹飞行力学设计：上、下册[M]. 北京：宇航出版社，1998.

[15] 朱亮，姜长生，方炜. 空天飞行器六自由度数学建模研究[J]. 航天控制，2006,24(4)：39-44.

[16] 肖亚伦，陈万春. 飞行器相对姿态运动的静力学、运动学和动力学方法[J]. 中国空间科学技术，2003(5)：10-15.

[17] 邹仕军，胡孟权，李嘉林．某型战斗机六自由度动力学建模与仿真[J]．空军工程大学学报，2005,6(6):10-12.

[18] 曲忠志．惯性导航系统[M]．北京：国防工业出版社，1983.

[19] 任思聪．实用惯导系统原理[M]．北京：宇航出版社，1986.

[20] 丁衡高．惯性技术文集[M]．北京:国防工业出版社，1994.

[21] 邓正隆．惯性技术[M]．哈尔滨:哈尔滨工业大学出版社，2006.

[22] 张宗麟．惯性导航与组合导航[M]．北京：航空工业出版社，2000.

[23] 秦永元．惯性导航[M]．北京:科学出版社，2006.

[24] 陆元九．惯性器件:上、下册 [M]．北京：宇航出版社，1990.

[25] 周徐昌，沈建森．惯性导航技术的发展及其应用[J]．兵工自动化，2006,25(9):55-59.

[26] 周红进，许江宁．无陀螺惯性导航系统对准误差分析[J]．弹箭与制导学报，2007,27(4):1-4.

[27] 陈哲．捷联惯性导航系统原理[M]．北京：宇航出版社，1986.

[28] 张荣辉，贾宏光，陈涛，等．基于四元数法的捷联式惯性导航系统的姿态解算[J]．光学精密工程，2008,16(10):1963-1970.

[29] 郭访社，于云峰，刘书盼，等．捷联惯性导航系统姿态算法研究[J]．航天控制，2010,31(1):45-50.

[30] 曹岩，赵家胜，王伟，等．弹载捷联惯性导航系统算法及仿真[J]．西安工业大学学报，2011,31(3):231-235.

[31] 李涛，武元新，薛祖瑞，等．捷联惯性导航系统误差模型综述[J]．中国惯性技术学报，2003,11(4):66-72.

[32] 孙丽，秦永元，朱启举．捷联式惯导系统动态误差分析[J]．弹箭与制导学报，2007,27(4):13-15.

[33] DANG YAMIN, BI JINZHONG, CHENG YINGYAN. Principles and Applications of Globle Satellite System [M]. Beijing: Surveying and Mapping Press, 2007.

[34] WELLENHOF B H, LICHTENEGGER H. Global Positioning Sys－Theory and Practice [M]. New York:Springer Wien, 2001.

[35] 刘国锦，周波，殷奎喜，等. GPS 导航定位误差分析及处理[J]. 南京师范大学学报:工程技术版，2008,8(3):88-92.

[36] 刘基余. GPS 卫星导航定位、原理与方法[M]. 北京：科学出版社，2003.

[37] 张勤. GPS 测量原理及应用[M]. 北京:科学出版社，2010.

[38] 李明峰，冯宝红，刘三枝. GPS 定位技术及其应用[M]. 北京:国防工业出版社，2006.

[39] 张守信. GPS 卫星测量定位理论与应用[M].长沙:国防科技大学出版社，1996.

[40] 王权. 全球定位系统(GPS)定位原理及应用[J]. 中国计算机用户，1996(7):5-8.

[41] 关桂霞，朱虹，关永，等. GPS 定位误差分析与状态估计[J]. 计算机工程，2008,34(1):236-237.

[43] 陈剑青. GPS 的原理与应用[J]. 电信技术，1996(1):11-14.

[44] 张松涛. GPS 的接收原理与定位技术[J]. 兵工自动化，2004,23(1):9-12.

[45] 李征航，黄劲松. GPS 测量与数据处理[M]. 武汉:武汉大学出版社，2005.

[46] 韩鹏鑫，崔乃刚，穆荣军. GPS 可用性建模与仿真[J]. 系统仿真学报，2009,21(21):6983-6987.

[47] 刘小慧. GPS 系统概述及其定位原理[J]. 科技资讯，2006(6):11.

[48]吴广华，张杏谷. 卫星导航[M]. 北京:人民交通出版社，1998.

[49] 刘经南. 广域差分 GPS 原理和方法[M]. 北京:测绘出版社，1999.

[50] 夏熙梅. 差分 GPS 定位技术及应用[J]. 现代情报，2002(3):99-100.

[51] 王军，于洪喜，曹桂兴. 差分 GPS 定位技术[J]. 空间电子技术，2001(1－2):107-110.

[52] 房建成，宁晓林. 天文导航原理及应用[M]. 北京:北京航空航天大学出版社，2006.

[53] 房建成，宁晓琳，田玉龙. 航天器自主天文导航原理与方法[M]. 北京:国防工业出版社，2006.

[54] 穆荣军，韩鹏鑫，崔乃刚．星光导航原理及捷联惯导/星光组合导航方法研究[J]．南京理工大学学报：自然科学版，2007,31(5):585-589.

[55] 王鹏，张迎春．基于星敏感器/红外地平仪的自主导航算法研究[J]．系统工程与电子技术，2008,30(8):1514-1518.

[56] 袁孝康．星载合成孔径雷达导论[M]．北京：国防工业出版社，2003.

[57] 王素红．激光多普勒测速技术[J]．现代物理知识，2008,20(4):31-33.

[58] 任猷彬，姜永华．多普勒导航雷达自动检测的设计与实现[J]．宇航计测技术，2002,22(3):49-53.

[59] 胡江，黄景德，解维河．基于测速雷达的舰炮初速测量技术研究[J]．舰船电子工程，2011,31(6):94-96.

[60] 罗建军．组合导航原理与应用[M]．西安：西北工业大学出版社，2012.

[61] 李言俊，张科．景象匹配与目标识别技术[M]．西安：西北工业大学出版社，2009.

[62] 贾万波，王宏力，杨建飞．景象匹配辅助导航在弹道导弹末制导中的应用[J]．战术导弹技术，2009(5):62-65.

[63] 陈方，熊智，许允喜，等．惯性组合导航系统中的快速景象匹配算法研究[J]．宇航学报，2009,30(6):2308-2316.

[64] 帅平，李明，陈绍龙，等．X射线脉冲星导航系统原理与方法[M]．北京：中国宇航出版社，2009.

[65] 毛悦，宋小勇．X射线脉冲星导航几何法确定航天器位置[J]．武汉大学学报：信息科学版，2009,34(7):790-793.

[66] 帅平，李明，陈绍龙，等．基于X射线脉冲星的导航卫星自主导航[J]．中国空间科学技术，2008,2(4):1-7.

[67] 乔黎，刘建业，贺亮，等．基于X射线脉冲星的自主天文导航技术[J]．航天控制，2008,26(6):86-89.

[68] 付梦印，邓志红，张继伟．Kalman滤波理论及其在导航系统中的应用[M]．北京：科学出版社，2003.

[69] 秦永元．卡尔曼滤波与组合导航原理[M]．西安：西北工业大学出版社，1998.

[70] 宋文尧，张牙. 卡尔曼滤波[M]. 北京:科学出版社，1991.

[71] 杨文，侍洪波，汪小帆. 卡尔曼一致滤波算法综述[J]. 控制与决策，2011,26(4):481-488.

[72] 王新洲. 非线性模型参数估计理论与应用[M]. 武汉：武汉大学出版社，2002.

[73] 章燕申. 最优估计与工程应用[M]. 北京:宇航出版社，1991.

[74] 张金槐. 线性模型参数估计及其改进[M]. 长沙:国防科技大学出版社，1999.

[75] 邓自立. 最优滤波理论及其应用：现代时间序列分析方法[M]. 哈尔滨:哈尔滨工业大学出版社，2000.

[76] 邓自立. 卡尔曼滤波与维纳滤波：现代时间序列分析方法[M]. 哈尔滨:哈尔滨工业大学出版社，2001.

[77] 邓自立，顾磊，冉陈键. 带相关噪声的观测融合稳态 Kalman 滤波算法及其全局最优性[J]. 电子与信息学报，2009,31(3):556-560.

[78] 徐守寿. 随机信号估计与系统控制[M]. 北京：北京工业大学出版社. 2001.

[79] 沈凤麟，叶中村，钱玉美. 信号统计分析与处理[M]. 合肥：中国科学技术大学出版社，2001.

[80] 荣思远，穆荣军，崔乃刚. EKF 容错滤波方法在磁测自主导航中的应用研究[J]. 电子学报，2006,34(12):2268-2271.

[81] JULIER S J，UHLMAN J K. A general method for approximating nonlinear transformation of probability，distributions[R]. Oxford：Technical Report，University of Oxford，1996.

[82] JULIER S J，UHLMAN H F，DURRANT－WHYTE. A new method for the Nonlinear Trans. of Means and Covariances in Filters and Estimators[J]. IEEE Trans. on Automatic Control，2000,45:477-482.

[83] 胡士强，敬忠良. 粒子滤波算法综述[J]. 控制与决策，2005,20(4):361-365.

[84] ARULAMPALAM M S，MASKELL S，et al. A tutorial on particle filters for online nonlinear/non-Gaussian Bayesian tracking[J]. IEEE Transactions on Signal Processing，2002,50(2):174-185.

[85] 吕娜，冯祖仁．非线性交互粒子滤波算法[J]．控制与决策，2007,22(4):378-383.

[86] 高显忠，赵伟，侯中喜．粒子滤波改进算法研究[J]．弹箭与制导学报，2009,29(3):241-244.

[87] 马跃龙，詹武．基于贝叶斯网络动态推理的信息融合方法探讨[J]．舰船电子工程，2010,30(3):67-69.

[88] 胡士强．粒子滤波原理及其应用[M]．北京:科学出版社，2010.

[89] 朱志宇．粒子滤波算法及其应用[M]．北京:科学出版社，2010.

[90] ITO K，XIONG K. Gaussian filters for nonlinear filtering problems[J]. IEEE Transactions on Automatic Control，2000,45(5):910-927.

[91] GORDON N，SALMOND D J，EWING C. Bayesian state estimation for tracking and guidance using the bootstrap filter[J]. Journal of Guidance，Control and Dynamics，1995,18(6):1434-1443.

[92] WEI XIONG，JING WEIZHANG，YOU HE，et al. A new multisensor particle filter method[C]// IEEE Proc. of the 4th Int. Conference on Machine Learning and Cybernetics，2005: 614-617.

[93] 徐章遂．故障信息诊断原理及应用[M]．北京:国防工业出版社，2000.

[94] 陆廷孝，郑鹏洲．可靠性设计与分析[M]．北京:国防工业出版社，1995.

[95] 吴今培，肖健华．智能故障诊断与专家系统[M]．北京:科学出版社，1997.

[96] 闻新，张洪钺，周露．控制系统的故障诊断和容错控制[M]．北京:机械工业出版社，1998.

[97] 张育林，李东旭．动态系统故障诊断理论与应用[M]．长沙:国防科技大学出版社，1997.

[98] 周东华，叶银忠．现代故障诊断与容错控制[M]．北京:清华大学出版社，2000.

[99] 崔乃刚，韩鹏鑫，穆荣军．基于强跟踪 UKF 的导航系统故障检测方法[J]．哈尔滨工程大学学报，2011,32(10):1295-1299.

[100] 程洪炳，黄国荣，刘华伟．导航系统故障检测与诊断技术综述[J]．传感器与微系统，2010,29(3):1-4.

[101] 李学聪，万频，李敏，等. 基于组合导航系统的网络故障检测与容错技术研究[J]. 计算技术与自动化，2005,24(2):33-35.

[102] 马昕，于海田，袁信. 组合导航系统故障检测问题研究[J]. 东南大学学报，1999,29(3):78-82.

[103] 张洪钺. 动态系统的容错技术[J]. 北京航空航天大学学报，1997,23(6):685-691.

[104] 刘宗玉，陈明，王玮. 综合导航系统中的多级故障检测与隔离技术研究[J]. 中国空间科学技术，2005,2(1):48-52.

[105] 程洪炳，倪世宏，黄国荣，等. UKF强跟踪滤波在组合导航故障诊断中的应用[J]. 压电与声光，2011,33(6):901-905.

[106] 徐景硕，程传金，邸亚洲. 冗余配置陀螺仪故障诊断方法研究[J]. 科技信息，2010(31):482-483.

[107] 王丹力，张洪钺. 几种可观性分析方法及在惯导中的应用[J]. 北京航空航天大学学报，1999,25(3):342-346.

[108] 卫开夏，郝国生，巩固. 惯导系统中自适应卡尔曼滤波的研究[J]. 微计算机信息，2009,25(11－1):42-44.

[109] 王秋平，陈娟，王显利，等. 一种新的自适应非线性卡尔曼滤波算法[J]. 光电工程，2008,35(7):17-27.

[110] 柏青，刘建业. 袁信. 模糊自适应卡尔曼滤波技术研究[J]. 航天控制，2002,31(3):193-197.

[111] 崔先强. 噪声协方差矩阵加权估计的Sage自适应滤波[J]. 测绘科学，2002,27(2):26-30.

[112] 杨元喜，何海波，徐天河. 论动态自适应滤波[J]. 测绘学报，2001,30(4):293-298.

[113] 夏启军，孙优贤，周春晖. 渐消卡尔曼滤波器的最佳自适应算法及其应用[J]. 自动化学报，1990,16(3):210-216.

[114] 杨元喜，高为广. 两种渐消滤波与自适应抗差滤波的综合比较分析[J]. 武汉大学学报:信息科学版，2006,31(11):980-982.

[115] 王耀南，邓霞，赵伟. 基于权值矩阵的模糊自适应卡尔曼滤波在组合导航中的应用[J]. 中国惯性技术学报，2008,16(3):334-338.

[116] 刘百奇，房建成. 一种基于可观测度分析的 SINS/GPS 自适应反馈校正滤波新方法[J]. 航空学报，2008,29(2):430-436.

[117] 李弼程. 信息融合技术及其应用[M]. 北京:国防工业出版社，2010.

[118] 韩崇昭，朱洪艳，段战胜，等. 多源信息融合[M]. 北京:清华大学出版社，2006.

[119] 刘同明，夏祖勋，解洪成. 数据融合技术及其应用[M]. 北京:国防工业出版社，1998.

[120] 何友，王国宏，彭应宁，等. 多传感器信息融合及应用[M]. 2 版. 北京:电子工业出版社，2007.

[121] 杨露菁，余华. 多源信息融合理论与应用[M]. 北京:北京邮电大学出版社，2006.

[122] 穆荣军，崔乃刚. 多传感器分层多级变结构组合导航信息融合方法[J]. 上海航天，2007,24(1):6-11.

[123] 穆荣军，崔乃刚. 多传感器优化融合模型的理论与仿真研究[J]. 仪器仪表学报，2006,27(6):326-328.

[124] 吕漫丽，孙灵芳. 多传感器信息融合技术[J]. 自动化技术与应用，2008,27(2):79-82.

[125] 金开春，王厅. 对多传感器数据融合的综合研究[J]. 科技信息，2010(1):20.

[126] 孙连霞，穆荣军，崔乃刚. 多传感器信息融合联邦滤波一般模型的理论与仿真研究[J]. 航空兵器，2006(4):7-10.

[127] 盛三元，王建华. 联合卡尔曼滤波在多传感器信息融合中的应用[J]. 雷达与对抗，2002(1):27-33.

[128] 马昕，于海田，袁信. 组合导航系统中的联邦滤波算法研究[J]. 东南大学学报，1998,28(5):49-53.

[129] 崔平远，黄晓瑞. 基于联合卡尔曼滤波的多传感器信息融合算法及其应用[J]. 电机与控制学报，2001,5(3):204-207.

[130] 杨宏，吴旭光. 卡尔曼滤波算法在多传感器融合技术中的应用[J]. 弹箭与制导学

报，2009,29(5):251-254.

[131] 邓自立，毛琳，高媛. 多传感器最优信息融合稳态 Kalman 滤波器[J]. 科学技术与工程，2004,4(9):743-748.

[132] 杨承凯，曾军，黄华. 多传感器融合中的卡尔曼滤波探讨[J]. 现代电子技术，2009(14):159-161.

[133] 穆荣军，韩鹏鑫，崔乃刚. 基于 DBNs 理论的多传感器信息融合方法[J]. 控制与决策，2009,24(9):1340-1344.

[134] 何秀凤，杨光. 扩展区间 Kalman 滤波器及其在 GPS/INS 组合导航中的应用[J]. 测绘学报，2004,33(1):47-52.

[135] 周金龙，于之音，刘洋，等. 惯性导航与卫星导航紧耦合和松组合对比分析[C]// 2010 年惯性技术发展动态发展方向研讨会文集，2010(6).

[136] 蒋金龙，穆荣军，王刚，等. GPS/SINS 组合导航系统在运载火箭中的应用[J]. 中国惯性技术学报，2007,15(4):442-444.

[137] 尹冉冉. SINS/GNSS 组合导航技术研究[J]. 数字通信世界，2012(6):66-70.

[138] 皮运生，施国梁. 低成本 GPS/SINS 组合导航系统的设计及实现方案[J]. 微计算机信息，2008,24(32):22-23.

[139] 刘海涛，段志勇. 低成本 INS/GPS 组合导航系统算法研究及其实现[J]. 遥测遥控，2003,24(2):36-41.

[140] 张俊青，程农，宋靖雁. 捷联惯性/多卫星系统组合导航技术研究[J]. 系统仿真学报，2010,22(S1):262-265.

[141] 吴平，雷虎民，刘代军，等. 基于 UKF 算法的 SINS/GPS 全组合导航系统研究[J]. 现代防御技术，2010,38(4):48-52.

[142] 崔乃刚，韩鹏鑫，穆荣军. 基于微小型传感器的惯性/卫星/天文组合导航方法[J]. 中国惯性技术学报，2008,16(1):68-72.

[143] 敖宏奎，王宏力，张明源. INS/GNSS/CNS 组合导航系统仿真研究[J]. 弹箭与制导学报，2007,27(5):78-80.

[144] 张国良，曾静，邓方林. INS/CNS/GNSS 组合导航系统信息分析及其滤波器设

计[J].航天控制，2003(3):35-40.

[145] 张国良，李呈良，邓方林，等. 弹道导弹 INS/GNSS/CNS 组合导航系统研究[J]. 导弹与航天运载技术，2004(2):11-15.

[146] 万德钧，房建成. 惯性导航初始对准[M]. 南京：东南大学出版社，1998.

[147] 吴铁军，马龙华，李宗涛. 应用捷联惯导系统分析[M]. 北京：国防工业出版社，2011.

[148] 杨亚非，谭久彬，邓正隆. 惯导系统初始对准技术综述[J]. 中国惯性技术学报，2002,10(2):68-72.

[149] 陈兵舫，张育林. 惯导系统初始对准误差模型研究[J]. 上海航天，2001,18(6):4-8.

[150] 魏春岭，张洪钺. 捷联惯导系统粗对准方法比较[J]. 航天控制，2000,18(3):16-21.

[151] 王新龙，申功勋. 一种快速精确的捷联惯导系统初始对准方法研究[J]. 中国惯性技术学报，2003,11(6):34-38.

[152] 柴卫华，张树侠. 捷联惯导系统静基座解析粗对准的误差研究[J]. 中国惯性技术学报，1999,7(4):34-37.

[153] 李利，赵忠，王蕴慧. 捷联式惯导系统两种对准方案研究与比较[J]. 压电与声光，2009,31(5):640-642.

[154] 徐海岩，祝世兴. 卡尔曼滤波技术在捷联惯导系统初始对准中的应用[J]. 装备制造技术，2009(12):36-38.

[155] 胡宏灿，郭立，朱俊株. 卡尔曼滤波器在导航系统初始对准中的应用[J]. 微电子学与计算机，2006,23(2):163-165.

[156] 韩鹏鑫，穆荣军，崔乃刚，等. 一种动基座传递对准算法性能评估的工程方法[J]. 中国惯性技术学报，2009,17(3):272-277.

[157] 钱伟行，刘建业，赵伟，等. 基于转动基座的 SINS 初始对准方法研究[J]. 宇航学报，2008,29(3):928-932.

[158] 程向红，郑梅. 捷联惯导系统初始对准中 Kalman 参数优化方法[J]. 中国惯性技

术学报，2006,14(4):12-17.

[159] 陈凯，鲁浩，赵刚，等. 传递对准姿态匹配算法的统一性[J]. 中国惯性技术学报，2008,16(2):127-131.

[160] CHAUDHURI S K，NANDI P K. Transfer alignment for space vehicles launched from a moving base[J]. Defence Science Journal，2005,55(3):245-252.

名词索引

H

J

K

L

M

N

P

Q

R

S

T

U

W

X

Y

Z

注:后面的数字是本书节的编号。